U0202088

# 浙江海洋资源环境与海洋开发

金翔龙　主编

海洋出版社

2014 年·北京

**图书在版编目（CIP）数据**

浙江海洋资源环境与海洋开发/金翔龙主编. —北京：海洋出版社，2014.8
ISBN 978 – 7 – 5027 – 8872 – 8

Ⅰ. ①浙… Ⅱ. ①金… Ⅲ. ①海洋资源 – 资源开发 – 研究 – 浙江省②海洋环境 – 环境资源 – 研究 – 浙江省 Ⅳ. ①X145②P74

中国版本图书馆 CIP 数据核字（2014）第 099214 号

责任编辑：苏　勤
责任印制：赵麟苏

海洋出版社　出版发行

http://www.oceanpress.com.cn
北京市海淀区大慧寺路 8 号　邮编：100081
北京旺都印务有限公司印刷　新华书店北京发行所经销
2014 年 8 月第 1 版　2014 年 8 月第 1 次印刷
开本：787mm×1092mm　1/16　印张：27.5
字数：700 千字　定价：168.00 元
发行部：62132549　邮购部：68038093　总编室：62114335
海洋版图书印、装错误可随时退换

# 前 言
## Foreword

近 10 年来，在浙江省科学技术厅（原浙江省科学技术委员会）院士基金的资助下，围绕与发展浙江海洋经济有关的海洋资源环境与海洋开发等问题进行了一些粗浅的研究与探讨，旨在促进浙江省的海洋经济发展。浙江省科学技术厅每年资助一个课题，由于研究专业所限，课题基本上只能从浙江海洋基础环境和海洋资源状况出发来探讨发展浙江海洋经济的相关问题，未对海洋经济本身做深入研究。本书是这类研究的概括，现提供给有关人员参考，望能为浙江省海洋经济的发展添砖加瓦。

正当上述研究结束之际，历时八年的国家重大海洋专项"我国近海海洋综合调查与评价"（即 908 专项）也在同时完成，而执行国家海洋专项的骨干成员也是参加浙江科技厅院士基金研究课题的绝大多数人员，他们从我国近海整体视野的角度对浙江近海调查倾注过大量的心血，进行了系统的研究，其成果体现了当前我国最新的调查研究结果。为进一步促进浙江海洋经济的快速发展，特将"我国近海海洋综合调查与评价"专项中有关浙江近海海洋调查的研究内容简要摘编为本书的第一篇（总论－浙江海洋基本状况）。第二篇（各论）主要由历年来的课题研究内容组成，这些课题是：浙沪海域划界原则研究（2000）、浙江省海洋能源的分析与探讨（2001）、浙江省海洋资源合理开发利用的原则分析（2002）、海平面上升对浙江沿岸环境与经济可能的影响（2003）、浙江邻近海域断裂与地壳稳定性研究（2004）、浙江沿海全新世海滩岩与沿海环境变迁研究（2005）、浙江省岸线分形特征研究（2006）、浙江省近岸海洋地质灾害与防治研究（2007）、浙江深水港口的发展空间分析（2008）、跨海大桥对海洋环境影响趋势分析（2009）、浙江沿海及海岛综合开发战略研究（2010）、浙江省围填海现状及环境影响评价（2011）、浙江海洋资源环境与海洋开发（2012）。

需指出的是，基金研究历时较久（10年左右），整个政治经济形势已有较大变化，况且当时参用的海洋资源环境数据主要是1980—1985年和1989—1994年的数据，即"浙江海岸带和海涂资源综合调查"和"浙江海岛资源综合调查"两个专项的研究资料。故而，部分早期课题的研究结果已不能充分反映和满足当前形势的需要，有待未来课题的进一步研究与探讨。如，2000年基金课题"浙沪海域划界原则研究"的研究成果虽能反映当时的客观情况，但由于种种复杂原因，浙沪、浙闽海域界线至今仍然未能最终划定，今后走向如何，难以单纯从海洋自然环境的调查研究给出判断，故本书的相关内容未作较大改动，等等。

参加院士基金课题研究与主要编写人员有（按姓氏拼音排序）：蔡廷禄、陈一宁、方银霞、葛倩、金翔龙、李家芳、刘建华、时连强、王欣凯、夏小明、徐赛英、叶黎明、赵建如。方银霞在课题立项组织与执行管理和夏小明在统稿编写与数据核查等方面有诸多贡献。

院士基金课题研究得到了浙江省科学技术厅的大力支持与资助，以及国家海洋局海底科学重点实验室的鼎力支撑和国家海洋局第二海洋研究所科研发展处的关心，在此表示衷心的感谢。本书肯定存在谬误与考虑不全之处，还望大家不吝指教。

2014年3月20日

# CONTENTS 目 次

浙江海洋资源环境与海洋开发

# 第一篇　总　论
## 浙江海洋基本状况

　　浙江地处长江三角洲南翼，东临东海、南接福建，西与江西、安徽相连，北与上海、江苏接壤。浙江省下设杭州、宁波、舟山3个副省级城市（新区）及温州、嘉兴、湖州、绍兴、金华、衢州、台州、丽水8个地级市，辖32个市辖区、22个县级市、35个县、1个自治县（图1.0）。浙江地跨27°02′—31°11′N，118°01′—123°10′E，东西和南北的直线距离均为450 km左右，陆域面积10.36×10⁴ km²。全省范围内的领海和内水面积为4.44×10⁴ km²，连同可管辖的毗连区、专属经济区和大陆架，海域面积达26×10⁴ km²，为陆域面积的2.6倍。据调查统计[1]，浙江省海岸线总长6 715 km，包括大陆海岸线2 218 km和海岛岸线4 497 km；海岛总数3 820个。海岸线长度与海岛个数均居全国首位。

　　浙江海域地处东海中部，位于长江黄金水道入海口，对内是江海联运枢纽，对外是远东国际航运要冲，浙江沿海地区位于我国"T"字形经济带和长三角世界级城市群的核心区。浙江拥有丰富的港口、渔业、旅游、油气、滩涂、海岛、海洋能等资源，为全省加快发展海洋经济，建设海洋强省，提供了优越的区位条件和坚实的资源基础。近年来，浙江省海洋经济的发展呈现出良好势头，2010年，浙江省海洋及相关产业总产出12 350亿元[2]，海洋及相关产业增加值3 775亿元，海洋及相关产业增加值比上年增长25.8%，海洋经济第一、第二、第三产业增加值分别为287亿元、1 599亿元和1 889亿元，三次产业结构比例为7.6∶42.4∶50。海洋经济占浙江省地区生产总值的比重为13.6%，在浙江国民经济中已经占据重要地位。2011年，国务院相继批准设立浙江海洋经济发展示范区和舟山群岛新区，从国家战略层面为浙江省海洋经济发展提供了强有力的政策支持和制度保障。

---

[1]　国家海洋局第二海洋研究所，2012，浙江省海岛、海岸带调查成果集成报告。
[2]　浙江省海洋与渔业局、浙江省统计局，2011，浙江省2010年海洋统计资料。

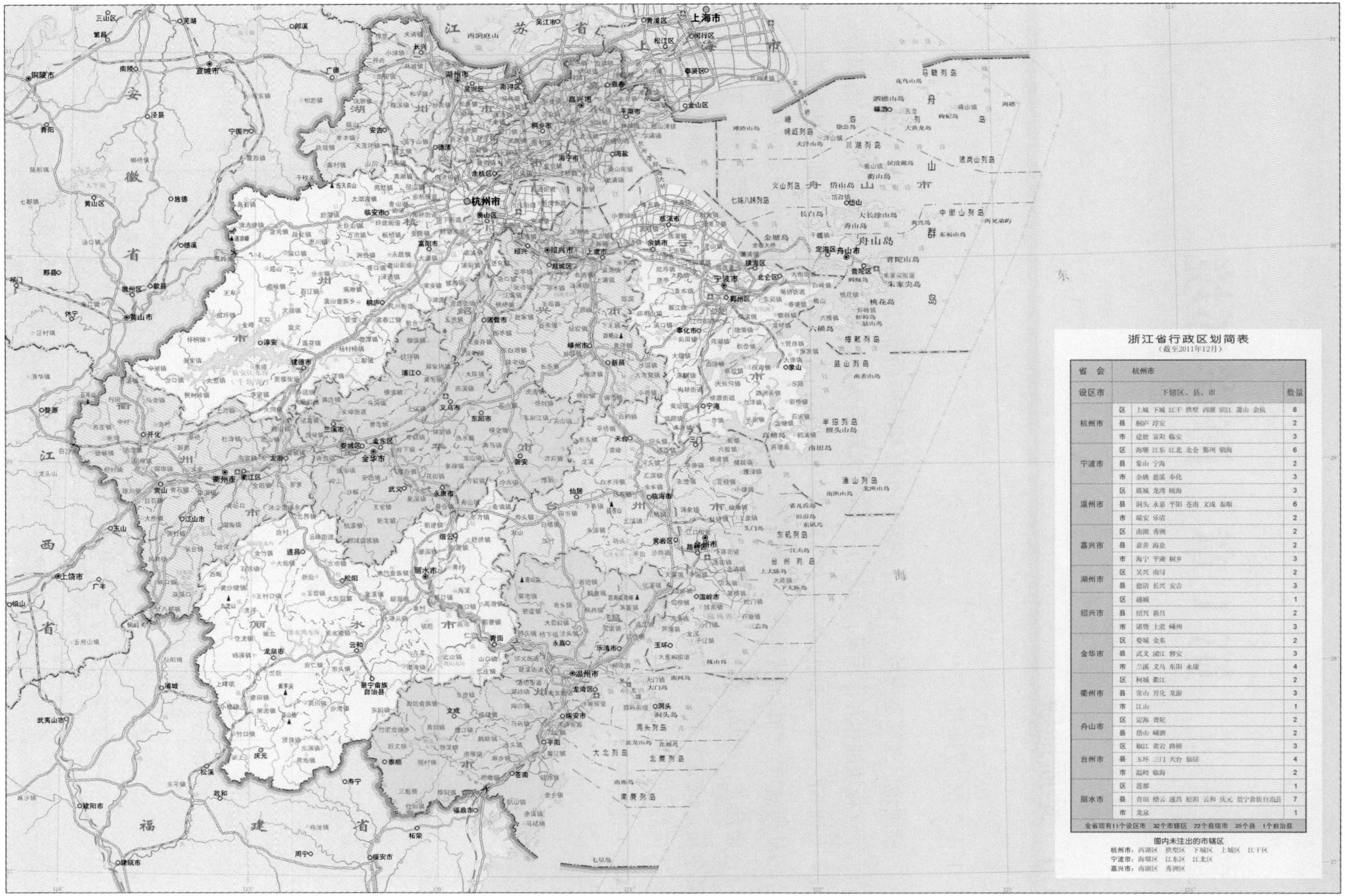


**浙江省行政区划简表**
（截至2011年12月）

| 省会 | 杭州市 | | |
|---|---|---|---|
| 设区市 | 下辖区、县、市 | | 数量 |
| 杭州市 | 区 | 上城 下城 江干 拱墅 西湖 滨江 萧山 余杭 | 8 |
| | 县 | 桐庐 淳安 | 2 |
| | 市 | 建德 富阳 临安 | 3 |
| 宁波市 | 区 | 海曙 江东 江北 北仑 鄞州 镇海 | 6 |
| | 县 | 象山 宁海 | 2 |
| | 市 | 余姚 慈溪 奉化 | 3 |
| 温州市 | 区 | 鹿城 龙湾 瓯海 | 3 |
| | 县 | 洞头 永嘉 平阳 苍南 文成 泰顺 | 6 |
| | 市 | 瑞安 乐清 | 2 |
| 嘉兴市 | 区 | 南湖 秀洲 | 2 |
| | 县 | 嘉善 海盐 | 2 |
| | 市 | 海宁 平湖 桐乡 | 3 |
| 湖州市 | 区 | 吴兴 南浔 | 2 |
| | 县 | 德清 长兴 安吉 | 3 |
| 绍兴市 | 区 | 越城 | 1 |
| | 县 | 绍兴 新昌 | 2 |
| | 市 | 诸暨 上虞 嵊州 | 3 |
| 金华市 | 区 | 婺城 金东 | 2 |
| | 县 | 武义 浦江 磐安 | 3 |
| | 市 | 兰溪 义乌 东阳 永康 | 4 |
| 衢州市 | 区 | 柯城 衢江 | 2 |
| | 县 | 常山 开化 龙游 | 3 |
| | 市 | 江山 | 1 |
| 舟山市 | 区 | 定海 普陀 | 2 |
| | 县 | 岱山 嵊泗 | 2 |
| 台州市 | 区 | 椒江 黄岩 路桥 | 3 |
| | 县 | 玉环 三门 天台 仙居 | 4 |
| | 市 | 温岭 临海 | 2 |
| 丽水市 | 区 | 莲都 | 1 |
| | 县 | 青田 缙云 遂昌 松阳 云和 庆元 景宁畲族自治县 | 7 |
| | 市 | 龙泉 | 1 |
| 全省现有11个设区市 32个市辖区 22个县级市 35个县 1个自治县 | | | |

**图内未注出的市辖区**

杭州市：西湖区 拱墅区 下城区 上城区 江干区
宁波市：海曙区 江东区 江北区
嘉兴市：南湖区 秀洲区

图 1.0 浙江行政区划

# 第1章 海洋环境

## 1.1 地质地貌

### 1.1.1 区域地质

浙闽地区及邻近海域位于新生代环太平洋构造带西部边缘岛弧的内侧，是欧亚板块和太平洋板块的相互作用带，以江山—绍兴大断裂为界，西北部为杨子地块，东南部形成一系列 NE—SW 走向的隆起带和沉降带，通常被称为"三隆夹两盆"，即浙闽隆起带、东海陆架盆地、钓鱼岛隆起带（又称钓鱼岛岩浆岩带）、冲绳海槽盆地和琉球岛弧隆起带（金翔龙，1992；刘光鼎，1992），这些彼此平行的条带状构造，自西向东，时代由老至新，构成了本区域构造的基本格局。位于东海陆架的浙闽隆起带、东海陆架盆地和钓鱼岛隆起带已被巨厚的沉积物所覆盖，从地形上已无法分辨，但冲绳海槽—琉球岛弧—琉球海沟组成的西太平洋边缘典型的沟 - 弧 - 盆系仍清稀可辨（图 1.1）。

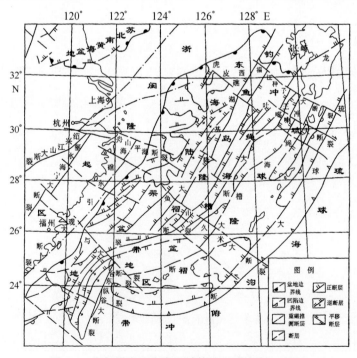

图 1.1 浙闽沿岸及东海区域构造（李家彪，2008）

　　断裂是构造运动的主要形迹之一。本区域地处中国大陆东缘，属西太平洋活动大陆边缘的组成部分，构造活动强度大，频率高，构造断裂十分发育。根据走向，本区域断裂可划分为 NE 至 NNE、NW 和近 EW 向三组。①NE 至 NNE 向断裂：此组断裂是区域内数量最多、分布范围最广的一组断裂，其走向与区域构造走向一致，构成了区域构造的主要格架，对各构造单元起主导作用；②NW 向断裂：该组断裂属于剪切平移性质断裂，与构造走向近于垂直，是古老基底或基础层内部的断裂，在新生代期间复活。此组断裂构成了东海"南北分块"的构造格局；③近 EW 向断裂：系东海较年青的断裂系统，属平移剪切性质断裂，规模较小，在图 1.1 中未反映出来，主要分布在西湖凹陷的中央背斜带和冲绳海槽盆地内。

## 1.1.2　地形地貌

　　浙江省陆域地势由西南向东北倾斜，大致可分为浙北平原、浙西丘陵、浙东丘陵、中部金衢盆地、浙南山地、东南沿海平原及沿海岛屿 6 个地形区。大陆海岸线曲折，北起平湖市金丝娘桥，南至苍南县虎头鼻，分布着杭州湾、象山港、三门湾、乐清湾等诸多海湾。杭州湾两岸地区以海相堆积地貌为特征，构成了地势平坦开阔的北部浙北平原和南部的宁绍平原区。浙东沿海地区主要发育侵蚀剥蚀丘陵地貌，由中生代早白垩世火山碎屑岩类和燕山期侵入岩组成。堆积地貌主要分布在温岭—黄岩滨海平原、温州—瑞安—平阳滨海平原和宁波滨海平原，以及沿海丘陵海湾平原区。海岛地貌形态主要受北东向、北西向和东西向构造线控制。舟山本岛及朱家尖、桃花岛、虾峙岛、六横岛，明显受北西向和北东向断裂影响，呈现北西向展布的格局。北部岱山列岛、大衢山列岛和嵊泗列岛明显受近东西向和北东向断裂影响，呈现近东西向展布；而中、南部的玉环岛、洞头岛、南麂列岛及其他岛屿主要受北东向和北西向断裂影响。

　　浙江省近海是东海的重要组成部分。根据海底地形变化及等深线分布特征，可将浙江近海及邻近海域分为 4 个大的地形分区：杭州湾地形区、舟山群岛地形区、浙江近岸斜坡地形区（含象山港、三门湾、乐清湾等港湾区）和浙江毗邻陆架沙脊地形区（图 1.2）。①杭州湾是东西走向的喇叭形强潮河口湾，东西长 90 km，湾口宽 100 km，平均水深 8 ~ 10 m，湾顶接钱塘江，湾口经舟山群岛各潮汐通道与东海相通，形成河口沙坎、潮流槽脊系和湾口浅滩 3 个沉积地貌单元。②舟山群岛海域岛礁林立，水道纵横交错，地形起伏不定，最大水深超过 100 m，海域地形地貌以潮流冲刷沟槽为骨干，配套以淤积为主的水下岸坡和水下浅滩。③浙江近岸斜坡地形区，等深线呈密集状、近似平行海岸线，呈 SW—NE 向延伸，与相邻海区等深线走势差异甚大，这种平直等深线一直向海推进到水深 60 ~ 70 m 一线。该地形区从舟山群岛的嵊泗列岛一直延伸到台湾海峡北部近岸福建南日列岛。相对平坦陆架，浙江近岸斜坡地形区坡度较大，60 m 等深线距岸线约 90 km，坡降达到 6.6‰。沿岸

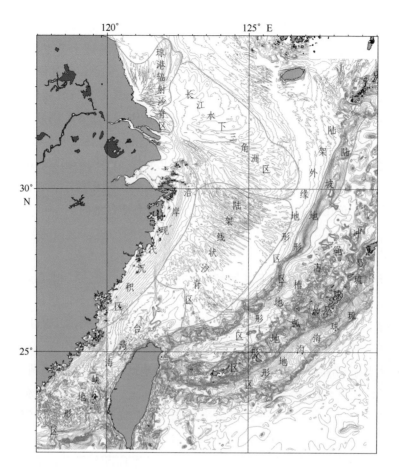

图 1.2　东海地形地貌分区

自北向南分布象山港、三门湾、乐清湾等三大海湾。象山港呈 EN—WS 走向的狭长形半封闭海湾，纵深 60 km，口门宽约 10 km，水深 7～8 m，东北通过佛渡水道、双屿门水道与舟山群岛海域毗邻，东南通过牛鼻山水道与大目洋相通。港内较窄，宽 3～8 km，水深 10～20 m，港中部水深达 20～55 m。三门湾北与象山港接壤，通过东南湾口及石浦水道与猫头洋相通，呈 WN—ES 向的半封闭海湾，形状犹如伸开五指的手掌，港汊呈指状深嵌内陆。纵深 42 km，湾口宽 22 km，水深一般为 5～10 m，湾中部的猫头水道最大水深可达 45 m。乐清湾位于浙江省南部沿海，湾口向西由沙头水道进入瓯江，向东南过黄大峡水道与外海相通，呈 NNE—SSW 走向的半封闭海湾，形似葫芦状，纵深达 42 km，口门宽 21 km，湾中部变窄，宽约 4.5 km。海域平均水深 10 m 左右，口门水道最大水深超过 100 m。④浙江近海陆架最典型的地形单元就是槽脊相间的线状沙脊地形（图 1.2），呈 NW—SE 向、近平行、线状排列，单个主支沙脊长逾 200 km，宽 10～15 km，沙脊高 10～15 m，西南侧坡度 0.25°左右，东北侧坡度 0.15°左右，有自东北向西南倾伏趋势。线状沙脊分布甚广，向陆侧几乎达到 60 m 等深线，向海侧南部达到 150 m 等深线、北部达到 120 m 等深线，几乎到达陆坡边缘（Wu Ziyin et al.，2005；吴自银等，2010）。

### 1.1.3 海洋沉积

根据沉积物的物质组成、成因，及所处的地形地貌、水动力环境，浙江海域可划分为 3 个主要的沉积环境区：近岸浅海现代沉积环境区（I₂）、浅海混合沉积环境区（Ⅲ₂）、陆架残留沉积环境区（Ⅱ₂）（图 1.3）。

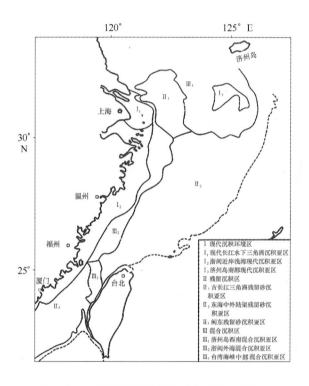

图 1.3　东海沉积环境分区（金翔龙，1992）

近岸浅海现代沉积环境区，分布在近岸水深 50~60 m 以浅的内陆架，包括沿岸河口、港湾、水道区。黏土质粉砂和粉砂质黏土是主要的沉积物类型（图 1.4），粗颗粒沉积物仅分布在杭州湾西部以及港湾、水道的潮流深槽区。长江入海泥沙和长江水下三角洲再悬浮物质，随浙闽沿岸流扩散南下，是浙江沿岸细颗粒沉积物的主要来源。

陆架残留沉积环境区，分布在东海中、外陆架和陆架坡折带，粗砂、中细砂、细砂是主要的沉积物类型（图 1.4），晚更新世和全新世早期低海面时的滨海粗颗粒沉积残留在海底，虽受到现代动力作用的改造，但没有接收现代陆源沉积物。

浅海混合沉积环境区，介于现代沉积与残留沉积环境区之间，分布着砂－粉砂－黏土、粉砂质细砂和黏土质细砂等过渡型的砂泥沉积物（图1.4），分选极差。晚更新世末低海面时的滨海沉积，海面上升，环境改变，原来的沉积物受到不同程度的改变，在它上面覆盖了一层厚度不等的现代细颗粒沉积，但不足以改变残留滨海沉积的基本特征。

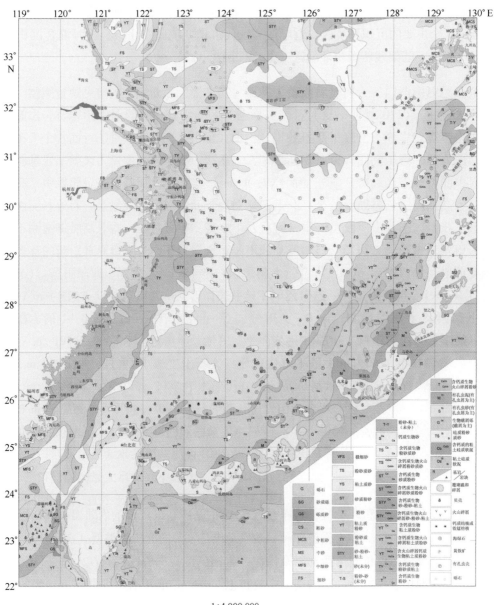

1 : 4 000 000

图 1.4　东海沉积物类型分布（李家彪，2008）

## 1.2　气候与气象

　　浙江沿海处于欧亚大陆与西北太平洋的过渡地带，该地带属典型的亚热带季风气候区。受东亚季风影响，浙江冬夏盛行风向有显著变化，降水有明显的季节变化。浙江气候总的特点是：季风显著，四季分明，年气温适中，光照较多，雨量丰沛，空气湿润，雨热季节变化同步，气候资源配置多样，气象灾害繁多。据沿海各气象台站长期观测资料统计分析[①]，浙江年平均气温 15.6～18.3℃；年平均日照时数 1 710～2 100 小时；年平均雨量在 980～2 000 mm；年平均风速为 2.6 m/s，平均风速由近海—沿海—内陆递减，近海地区平均风速一般在 5.0 m/s 以上，离大陆较远的海岛地区平均风速可达 7.0 m/s。各气象要素特征分述如下。

### 1.2.1　气温

　　浙江省年平均气温为 15.6～18.3℃，自北向南逐步递增（图 1.5），其中 17℃

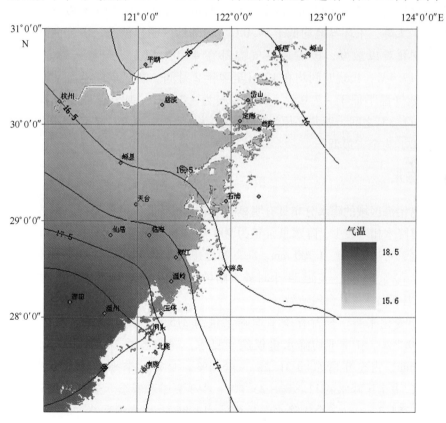

图 1.5　浙江省累年平均气温

　　① 浙江省海洋监测预报中心，2011，浙江省海岛区域气候调查专题报告。

等温线横贯浙江中部。全省冬冷夏热，四季分明。春季（3—5月）平均气温为13.3～17.4℃，由东北部沿海向浙江西南山间盆地逐步递增。夏季（6—8月）平均气温为24.7～28.0℃，东南沿海低，西部内陆高。东部沿海岛屿与南部山区气温在26.0℃以下，浙北平原和东部沿海平原在26.0～27.0℃之间，浙中盆地平均气温达到27.0℃以上。秋季（9—11月）平均气温为16.7～20.5℃，由浙西北向浙东南逐步递增。浙北平原为17.2～18.5℃，浙中盆地平均为18.0～19.4℃以上，浙东沿海平原、南部山区大部为18.3～20.3℃，沿海岛屿平均气温均在19.0℃以上。南部地区平均气温达到20.0℃以上。冬季（12至翌年2月）平均气温为3.3～9.1℃，浙北低于浙南。浙北平原为4.5～6.1℃，为全省最低。浙中盆地大部分平均气温为5.4～7.0℃，浙南山区、浙东沿海平原大部以及南部海岛等地平均气温在9.0℃以上，为全省最高。

全省极端最高气温为33.5～42.9℃，出现时段主要集中在夏季7月、8月，个别地区如丽水、舟山极端气温出现在9月。浙北平原极端最高气温为38.4～40.5℃，浙中盆地为39.5～41.3℃，浙江东部沿海地区为36.6～40.2℃。沿海地区和海岛地区因受海洋气候调节，极端最高气温相对较低，在39.0℃以下，尤其是嵊泗、洞头、大陈、玉环等地均低于37.0℃。内陆地区明显偏高，中部内陆盆地因地形闭塞，热量难以散发，极端最高气温都在40.0℃以上。全省极端最低气温为-3.5～-17.4℃，出现时间均在12月至翌年2月间。浙江东部沿海平原与岛屿地区极端最低气温不低于-7.0℃，其中瑞安为-3.5℃，为全省最高，浙中盆地为-7.5～-11.3℃之间，浙北平原大部分地区为-7～-14.0℃之间，其中安吉曾达到-17.4℃，为全省最低。

## 1.2.2 降水

浙江省沿海区域的降水分布具有明显的季节分布特征：3—9月降水量较多，10月至翌年2月降水相对较少，降水量常年为900～1 700 mm（图1.6）；其中浙中、南沿岸是高值区，可达1 500～1 700 mm；海岛和杭州湾北岸较少，为900～1 200 mm；沿海地区是全省高暴雨区，实测24小时最大雨量在400～500 mm；最大曾达617.4 mm（北雁荡山庄屋站），系台风所致。

从季节变化来看，全省春季平均降水量为315.0～697.3 mm，占全年降水的24.1%～39.7%。春季平均降水量仅次于夏季，属多雨季节。夏季平均降水量为380～789 mm，占全年降水的31.2%～45.4%。全省秋季平均降水量为203.8～390.4 mm，占全年降水的11.8%～25.1%，少于夏季和春季。全省冬季平均降水量为154.5～254.3 mm，占全年降水的9.6%～14.8%，属少雨季节。

## 1.2.3 风

浙江省累年（2分钟）平均风速2.6 m/s。平均风速由近海—沿海—内陆递减

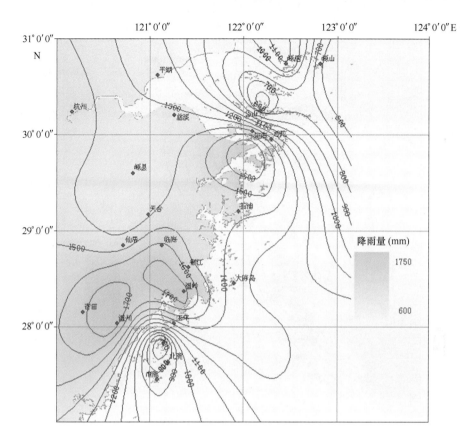

图 1.6    浙江省累年平均降雨量

（见图1.7），沿海地区平均风速一般在 5.0 m/s 以上，离大陆较远的海岛地区平均风速可达 7.0 m/s。沿海及一些面积较大的海岛中央部分年平均风速在 3～5 m/s 之间；内陆高山的山顶以及一些特殊地形条件的地方风速也可达 5 m/s 以上；除高山站外，内陆地区平均风速一般在 3 m/s 以下。

浙江省属于亚热带季风气候区，风向、风速有明显的季节变化。春季，峰面、气旋活动频繁，风速较大，风向多变，但是多偏东风；夏季，主要受副热带高压控制，盛行东南风和偏南风，风速一般较小，但是在 7—8 月台风影响期间风速高涨；秋季，冬季风逐渐取代夏季风，初秋，风向多变，仲秋以后多偏北风，但风速比冬季小；冬季，处于强大而又稳定的蒙古高压东南部，盛行偏北风，风速较大。风向的年变化特点为偏南风与偏北风的季节交替，偏北风主导时间长，偏南风主导时间短。10 月至翌年 2 月，偏北风占绝对优势；3 月以后偏北风和偏南风频率相互消长；4 月、5 月偏南风与偏北风势均力敌；7 月偏南风最盛，偏北风最弱；8 月偏南风迅速消退，但仍比偏北风稍占优势；9 月偏北风又重占上风。

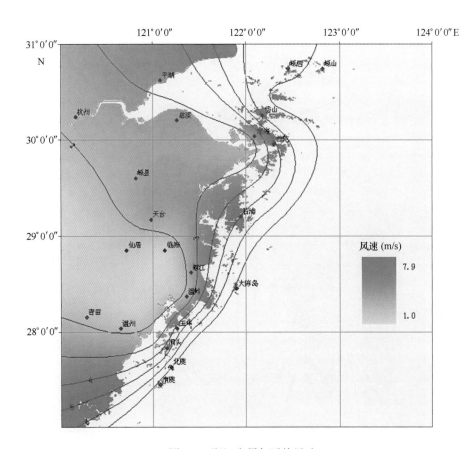

图 1.7　浙江省累年平均风速

## 1.3　陆地水文

浙江省河流众多，沿海主要有 6 条入海河流（曹娥江口已建挡潮闸，不再作为入海河流），自北向南分别为钱塘江、甬江、椒江、瓯江、飞云江、鳌江，由于流程短，河流携带泥沙较粗，绝大部分沉积在河口以内，只有少量泥沙在汛期输出在口外海滨沉积。

### 1.3.1　钱塘江

钱塘江全长 605 km，流域面积 49 900 km²，在浙江省的海盐市澉浦至余姚市西三闸一线注入杭州湾。钱塘江径流主要来自降水，径流量的年内、年际分配与降水相对应。据 1932—1959 年芦茨埠水文站观测资料，径流量年内分配呈单峰型，多年平均最大月径流量出现在 6 月，占年径流量 22.1%，3—6 月径流量占全年径流量的61.3%；10 月至翌年 2 月为枯水期，5 个月的径流量仅占年径流量的 18.1%（表1.1）。1960 年新安江水库建成后，由于水库的调节作用，芦茨埠水文站径流年内分配有显著变化，汛期（3—7 月）下泄水量大幅度减小，枯水季节下泄水量明显增大（表 1.2），年内分配趋向均匀（韩曾萃等，2003）。

表 1.1　多年平均径流量年内分配（1932—1959 年）

| 月份 | 1 | 2 | 3 | 4 | 5 | 6 | 7 | 8 | 9 | 10 | 11 | 12 | 全年 |
|---|---|---|---|---|---|---|---|---|---|---|---|---|---|
| 径流量（×10$^8$ m$^3$） | 10.52 | 20.39 | 33.83 | 33.15 | 56.27 | 69.39 | 34.07 | 14.33 | 16.02 | 10.39 | 8.58 | 7.20 | 314.14 |
| 占年径流量（%） | 3.3 | 6.5 | 10.8 | 10.5 | 17.9 | 22.1 | 10.9 | 4.6 | 5.1 | 3.3 | 2.7 | 2.3 | 100 |

表 1.2　芦茨埠水文站各季建库前、后平均流量值　　　单位：m$^3$/s

| 频率（%） | 1—3 月 | | | 4—6 月 | | | 7—9 月 | | | 10—12 月 | | |
|---|---|---|---|---|---|---|---|---|---|---|---|---|
| | 前 | 后 | 差 | 前 | 后 | 差 | 前 | 后 | 差 | 前 | 后 | 差 |
| 5 | 1400 | 1150 | -250 | 3900 | 3050 | -850 | 1650 | 1650 | 0 | 1150 | 1050 | -100 |
| 10 | 1140 | 1080 | -60 | 3150 | 2450 | -700 | 1600 | 1350 | -250 | 1000 | 1000 | 0 |
| 20 | 1060 | 1010 | -50 | 2800 | 2300 | -500 | 1350 | 1200 | -150 | 460 | 760 | 300 |
| 30 | 950 | 950 | 0 | 2300 | 1800 | -500 | 850 | 1050 | 200 | 350 | 630 | 280 |
| 50 | 800 | 860 | 60 | 1800 | 1400 | -400 | 750 | 850 | 100 | 240 | 540 | 300 |
| 70 | 620 | 660 | 40 | 1500 | 1250 | -250 | 500 | 700 | 200 | 180 | 410 | 230 |
| 80 | 550 | 550 | 0 | 1350 | 1200 | -150 | 450 | 550 | 100 | 140 | 340 | 200 |
| 90 | 450 | 380 | -70 | 1200 | 1100 | -100 | 300 | 450 | 150 | 80 | 240 | 160 |
| 95 | 410 | 280 | -130 | 600 | 800 | 200 | 200 | 350 | 150 | 50 | 180 | 130 |

根据建库后的芦茨埠水文站资料（1960—1998 年）（表 1.2），1—3 月建库前后变化较小，4—6 月以蓄水为主，丰水年蓄 500～850 m$^3$/s，枯水年蓄 100～250 m$^3$/s。7—9 月枯水年水库放水量增加 100～200 m$^3$/s，丰水年蓄水。10—12 月水库增加放水流量 130—300 m$^3$/s。就平水年而言，4—6 月为蓄水期，蓄水 400～500 m$^3$/s，7—9 月为放水期约增加 150 m$^3$/s，10—12 月增加放水约 250 m$^3$/s，1—3 月变化较小，除特枯、特丰年外基本平衡。

钱塘江多年平均径流量，按 1932—1995 年统计，芦茨埠 301×10$^8$ m$^3$，闸口 386.4×10$^8$ m$^3$，澉浦 436.7×10$^8$ m$^3$（钱塘江志编纂委员会，1998）。径流量年际分配不均，芦茨埠最大年径流量 539×10$^8$ m$^3$（1954 年），最小年径流量 130×10$^8$ m$^3$（1979 年），前者为后者的 4.15 倍；实测最大流量 29 000 m$^3$/s（1955 年），最小流量 15.4 m$^3$/s（1934 年），前者为后者的 1 883 倍。闸口最大年径流量 692.0×10$^8$ m$^3$（1954 年），最小年径流量 179.0×10$^8$ m$^3$（1979 年），前者为后者的 3.86 倍。

钱塘江流域植被覆盖较好，暴雨侵蚀地表随水流进入河流的泥沙，含沙量低，实测最大含沙量 1.04 kg/m³，多年平均含沙量 0.25 kg/m³，属少沙河流。钱塘江流域来沙量年内分配和年际变化一般与来水相应，即径流量大，输沙量也大，径流量小，输沙量也小。但输沙量年内分布和年际变化更不均匀（表 1.3）。

**表 1.3 芦茨埠站 1958 年径流量、输沙量月变化**

| 月份 | 1 | 2 | 3 | 4 | 5 | 6 | 7 | 8 | 9 | 10 | 11 | 12 |
|---|---|---|---|---|---|---|---|---|---|---|---|---|
| 含沙量（kg/m³） | 0.007 | 0.019 | 0.359 | 0.274 | 0.413 | 0.104 | 0.02 | 0.073 | 0.058 | 0.037 | 0.006 | 0.004 |
| 径流量（×10⁸ m³） | 5.06 | 8.90 | 45.26 | 44.32 | 109.54 | 9.93 | 2.64 | 4.28 | 13.01 | 12.24 | 2.98 | 1.43 |
| 占年径流量（%） | 1.94 | 3.43 | 17.4 | 17.07 | 42.19 | 3.82 | 1.02 | 1.65 | 5.01 | 4.71 | 1.15 | 0.55 |
| 输沙量（×10⁴ t） | 0.36 | 1.60 | 16.07 | 135.0 | 449.9 | 10.34 | 0.52 | 3.19 | 7.59 | 4.52 | 0.18 | 0.06 |
| 占年输沙量（%） | 0.06 | 0.26 | 2.55 | 21.6 | 71.4 | 1.64 | 0.08 | 0.5 | 1.2 | 0.72 | 0.03 | 0.01 |

新安江建库前，潮区界芦茨埠水文站 1956—1959 年实测平均年输沙量为 616 × 10⁴ t，芦茨埠至闸口区间和闸口至澉浦区间多年平均输沙量分别为 180 × 10⁴ t（钱塘江志编纂委员会，1998）、129 × 10⁴ t（浙江省水文志编纂委员会，2000）。新安江建库后，新安江水库坝址以上流域来沙基本上全部被拦截在水库内。鉴于新安江水库坝址处无实测资料，根据前两站实测资料，推求新安江坝址处 1956—1959 年平均输沙量为 131.3 × 10⁴ t，即新安江建库后，芦茨埠多年平均输沙量减至 484.7 × 10⁴ t。芦茨埠以下各区间因不受建库影响，区间多年平均输沙量保持不变。因此，新安江建库前，闸口、澉浦多年平均输沙量分别为 796 × 10⁴ t、925 × 10⁴ t。新安江建库后，闸口、澉浦的多年平均输沙量分别为 664.7 × 10⁴ t、793.7 × 10⁴ t。

## 1.3.2 甬江

甬江有两源，由南源奉化江和北源姚江汇集而成，宁波市区三江口以下的河段习称甬江。从奉化江源大湾岗至入海口全长 118.7 km；从姚江源夏家岭眠岗山至入海口全长 133 km。甬江流域面积 4 518 km²。甬江多年平均径流量约为 35 × 10⁸ m³，其中姚江年径流量 16.4 × 10⁸ m³，奉化江年径流量 16.9 × 10⁸ m³。径流季节变化明显，汛期 4—10 月径流量占全年总的 64.4%。由于姚江流域系平原河网区，流域来沙少；奉化江流域年产沙量仅 17 × 10⁴ t（浙江水利志编纂委员会，1998）。

## 1.3.3 椒江

浙江中、南部入海河流（椒江、瓯江、飞云江、鳌江）均为典型的山溪型河流，其水、沙特征基本一致（表 1.4）。

椒江全长 197.7 km，流域面积 6519 km²，在台州市以北经台州湾流入东海。椒江多年平均入海流量为 110.3 m³/s，最大和最小年平均入海流量分别为 191 m³/s（1990 年）和 49.5 m³/s（1979 年），相应的模比系数 K 值分别为 1.732 和 0.449，两者之间的比值为 3.859；从各年的月平均流量来看，椒江最大值为 819 $m^3/s$，出现在 1990 年的 9 月，主要是连续受 9012 号、9015 号、9017 号、9018 号台风的影响，椒江最小值为 0.56 $m^3/s$，出现在 1967 年 10 月；椒江多年平均入海悬沙量为 60.82 × $10^4$ t，相应的多年平均悬沙通量为 18.98 kg/s，最大和最小年平均入海悬沙通量分别为 92.9 kg/s（1962 年）和 1.75 kg/s（2003 年），相应的模比系数 K 值分别为 4.89 和 0.09，两者之间的比值为 53.15；从各年的月平均流量来看，椒江最大值为 722 kg/s，出现在 1962 年的 9 月，主要受到 6214 号台风的影响；流域来沙也主要集中在汛期（4—9 月），输沙量占全年的 91.8%（宋乐，2011）。只有大洪水时，才有可能使较多粉砂级物质运移到椒江口外而沉积于台州湾海域，参与台州湾的塑造过程。河口的含沙量较高，平均含沙量为 4～8 kg/$m^3$，曾记录到底层最大的含沙量达 42 kg/$m^3$。

表 1.4　浙江沿岸山溪性河流入海水沙特征值[①]

| 河流 | 控制站 | 平均流量（$m^3/s$） | 最大流量（$m^3/s$） | 最小流量（$m^3/s$） | 年输沙量（×$10^4$ t） | 悬沙通量（kg/s） | 资料统计年限 |
|---|---|---|---|---|---|---|---|
| 椒江 | 柏枝岙+沙段 | 110.3 | 191 | 49.5 | 60.82 | 18.98 | 1957—2008 |
| 瓯江 | 圩仁 | 442 | 725 | 213 | 195.2 | 61.49 | 1950—2008 |
| 飞云江 | 峃口 | 74.6 | 123 | 47.6 | 31.49 | 9.63 | 1957—2008 |
| 鳌江 | 埭头 | 16.3 | 28.9 | 8.38 | 7.06 | 2.17 | 1957—2008 |

### 1.3.4　瓯江

瓯江全长 338 km，流域面积 17 859 $km^2$，在温州市龙湾区与乐清市之间注入东海。据瓯江圩仁站 1956—2008 年实测资料统计（图 1.8），瓯江多年平均入海流量为 442 $m^3/s$，最大和最小年平均入海流量分别为 725 $m^3/s$（1975 年）和 213 $m^3/s$（1979 年），多年平均入海悬沙量为 195.2 × $10^4$ t，相应的多年平均悬沙通量为 61.9 kg/s，最大和最小的年均悬沙通量分别是 170 kg/s（1975 年）和 12.5 kg/s（1979 年），沙通量的年际变幅要大于水通量；瓯江入海的水、沙通量洪、枯季变化明显，梅汛期（4—6 月）和台汛期（7—9 月）为主要输水、输沙期，径流量占全年的 74.4%，输沙量占全年的 89.9%。沙通量的季节性变化幅度和不对称性比水通量更为明显（宋乐，2012）。圩仁站实测最大洪峰流量为 22 800 $m^3/s$（1952 年 7 月 20 日），最小流量为 10.6 $m^3/s$（1967 年 10 月 20 日），年际间最大与最小年平均流量和径流总量变化达 3.4 倍，实测最大和最小流量相差可达 2000 倍。瓯江洪、枯季流量悬殊，洪峰

---

① 宋乐，2011，《浙南山溪性河流入海水沙通量变化研究》，国家海洋局第二海洋研究所硕士学位论文。

暴涨暴落，洪峰过程是输水、输沙最集中时期。若考虑其推移质，按其悬沙量的 10% 量级估算，推移质也有 $20 \times 10^4 \sim 50 \times 10^4$ t（李孟国等，2007；吴以喜等，2007）。

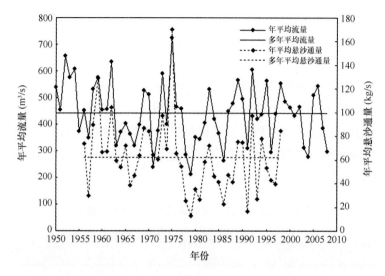

图 1.8　瓯江入海流量和悬沙通量年际变化（宋乐，夏小明，2012）

### 1.3.5　飞云江

飞云江全长 203 km，流域面积 3 250 km²。多年平均入海流量为 74.6 m³/s，最大和最小年平均入海流量分别为 123 m³/s（1962 年）和 37.6 m³/s（1967 年），相应的模比系数 K 值分别为 1.649 和 0.504，两者之间的比值为 3.271。多年平均入海悬沙量为 $31.49 \times 10^4$ t，相应的多年平均悬沙通量为 9.63 kg/s，最大和最小年平均入海悬沙通量分别为 49.3 kg/s（1958 年）和 0.42 kg/s（2003 年），相应的模比系数 K 值分别为 5.12 和 0.04，两者之间的比值为 118.51。

### 1.3.6　鳌江

鳌江全长 91.1 km，流域面积 15 400 km²。多年平均入海流量为 16.3 m³/s，最大和最小年平均入海流量分别为 28.9 m³/s（1960 年）和 8.38 m³/s（1967 年），相应的模比系数 K 值分别为 1.773 和 0.514，两者之间的比值为 3.449。鳌江多年平均入海悬沙量为 $7.06 \times 10^4$ t，相应的多年平均悬沙通量为 2.17 kg/s，最大和最小年平均入海悬沙通量分别为 9.39 kg/s（2005 年）和 0.39 kg/s（1964 年），相应的模比系数 K 值分别为 4.33 和 0.18，两者之间的比值为 23.89。

## 1.4　海洋水文

### 1.4.1　沿海水动力条件

#### 1.4.1.1　潮汐

潮波。浙江近海的潮汐，主要是由西北太平洋传入本海区形成的协振动潮波。从 $M_2$、$S_2$、$K_1$、$O_1$ 分潮的潮汐同潮图（图 1.9）可以看出，浙江近海的潮波是以半日潮波为主，即 $M_2$ 分潮所占的比率最大，$S_2$ 分潮次之，$K_1$ 分潮、$O_1$ 分潮的大小相当，居第三。潮波传播有以下几个主要特点（陈倩等，2003）：①半日潮波进入东海陆架后，由东南向西北挺进，在三门湾口附近达到高潮后，分成南、北两股继续传播，往北传播的一股潮波仍以东南—西北向前进，它先后传入浙北水域的磨盘洋、黄大洋、岱巨洋和黄泽洋。由于岱山北部的水域较开阔，潮波传入岱巨洋和黄泽洋后便很快进入杭州湾；而岱山以南海区，当潮波进入马峙锚地，再经过螺头水道及舟山南侧十几条水道后，于大榭岛附近分成两支：一支向西经金塘水道进入杭州湾；另一支向西北进册子水道后分别从西堠门和富翅门进入杭州湾。往南传播的另一股潮波则以东北—西南向前进，先后传入披山洋、洞头洋、北麂、南麂等海区。进入港湾中的潮波，由于港湾尺度较小，几乎是沿着湾之轴线的方向传播的。$M_2$、$S_2$ 分潮等振幅线的分布有以下特征，杭州湾湾内，$M_2$、$S_2$ 分潮等振幅线几乎与岸线垂直（南北向）分布，到了湾口则逐渐倾斜，呈东南 – 西北向分布；$M_2$ 分潮 100～110 cm 等振幅线和 $S_2$ 分潮 40～50 cm 等振幅线几乎包围了舟山本岛及附近岛屿；舟山群岛以南海域，$M_2$、$S_2$ 分潮等振幅线又几乎与岸平行分布。②$K_1$、$O_1$ 分潮潮波系统大致相似。这两个分潮的同潮时线分布表明：$K_1$ 分潮是由北过舟山群岛后改向西南传播；$O_1$ 分潮则是西北—东南向传入浙江近海，过三门湾后向南传播。$K_1$、$O_1$ 分潮的等振幅线分布可以看出：两者的振幅由东向西均略有增大，但最大振幅均出现在杭州湾水域。③浙江外海的潮波属前进波。近岸水域，特别是港湾、河口区，潮波由于碰到岸壁、河床等发生反射，故逐渐丧失了前进波的性质而具有前进驻波或者驻波的性质，这一特点在三门湾以南的近岸水域尤其明显。

潮汐类型。通常是以主要分潮平均振幅的比值，$A = (H_{O_1} + H_{K_1})/H_{M_2}$ 和 $B = H_{M_4}/H_{M_2}$ 为判断依据，正规半日潮 $0 < A \leqslant 0.5$，不正规半日潮 $0.5 < A \leqslant 2.0$，不正规日潮 $2.0 < A \leqslant 4.0$，正规日潮 $A \geqslant 4.0$。根据浙江沿海数十个潮位观测站数据的分析，浙江近海的潮汐类型基本属正规半日潮区，唯杭州湾口以镇海为中心的局部水域和舟山群岛部分海区潮汐的类型为非正规半日潮混合潮区，近岸处因浅海分潮的影响，其潮汐的类型通常为非正规半日潮浅海潮区。

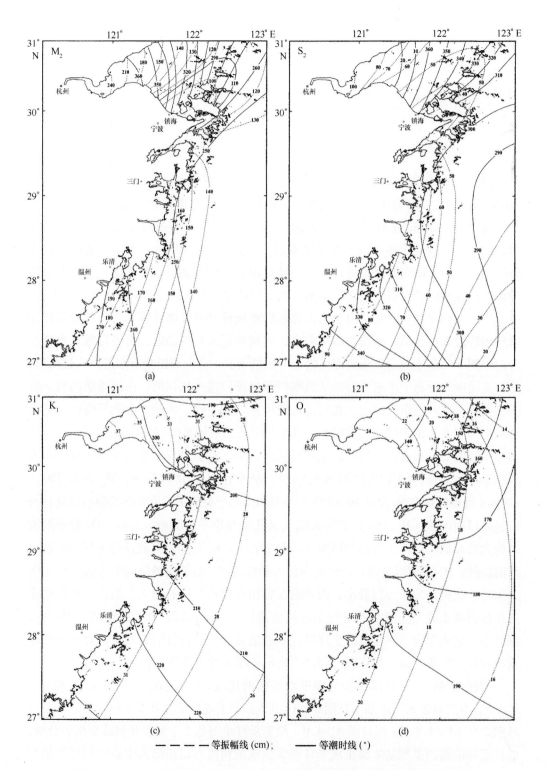

————— 等振幅线 (cm); ————— 等潮时线 (°)

图 1.9　M₂（a）、S₂（b）、K₁（c）、O₁（d）分潮的潮汐同潮（陈倩等，2003）

潮差。浙江近海是我国的强潮海区之一，其潮差普遍较大。潮差的分布规律如下：岸边、港湾潮差大，越往东潮差越小；近海和岛屿区的潮差从北往南，从东向西逐渐增大；港湾区的潮差则由湾口至湾顶逐渐增大。港湾区，杭州湾潮差最大，澉浦实测最大潮差达 8.93 m；乐清湾、三门湾次之，平均潮差达 4 m 左右；宁波—舟山深水港是浙江近海潮差最小的海域，平均潮差不足 2 m。

### 1.4.1.2　潮流

潮流主要受天文因素影响，此外还受地形、风、径流、外海流系消长等因素的影响。因此，潮流在区域上、大小潮间差别甚大。

潮流性质。用 $F = W_{K_1} + W_{O_1}/W_{M_2}$ 和 $G = W_{M_4}/W_{M_2}$ 来判别潮流的性质，浙江省沿海绝大多数测站 $F$ 小于 2.0，即为半日潮流，又可分为正规半日潮流（$F \leq 0.5$）和不正规半日潮流（$0.5 < F \leq 2.0$），但浅海分潮流也较大，确切地说为不规则半日浅海潮流。浙江近海半日分潮流以 $M_2$ 最大，$S_2$ 次之，$S_2$ 特征与 $M_2$ 分潮流相似，其大小约为 $M_2$ 的 1/2。日分潮流以 $K_1$ 最大，$O_1$ 次之，$O_1$ 分潮流特征与 $K_1$ 分潮流相似，其大小比 $K_1$ 略小（陈倩等，2003）。

运动形式。潮流的运动形式可以从实测流矢图及 $M_2$ 分潮流的旋转率 $K$ 值中得到反映，当 $K$ 值大于 0.25 时，表现出较强的旋转性，反之则往复性较强。浙江近岸海区，受地形、边界制约，多以往复流为主。离岸较远的外海区，呈旋转流态，且以右旋为主；浙南海区较为特殊，以左旋流为主。

流速。最大潮流方向与潮波传播方向一致，潮流强弱又与潮振幅相对应。总体上看，自东向西，浙江海区潮流速有增大趋势，强流速主要出现在杭州湾和岛群水道区。杭州湾是典型的强潮河口湾，由湾口向湾顶流速逐渐增大，以湾中部的跨海大桥断面为例，北岸附近海区实测最大流速超过 250 cm/s，南岸浅滩前沿实测最大流速超过 400 cm/s。舟山群岛海区，岛屿林立，水道纵横交错，流场复杂多变，深槽区最大实测流速也超过 400 cm/s。

### 1.4.1.3　海浪

根据生成原因和传播方式，海浪可以分成风浪、涌浪及其混合浪。浙江省近海，春、秋、冬季以混合浪为主，夏季以风浪为主。

春季，浙江近海海况主要介于 2~4 级之间，以混合浪为主。海区风浪向，最多浪向为 NE，频率约为 22%。涌浪向最多浪向为 E，频率为 40%；次多浪向为 NE，频率为 24%。有效波高（指平均值，其中波高为海浪波高，下同）为 0.9 m，有效周期（指平均值，其中周期为海浪周期，下同）为 4.4 s。最大波高和最大周期分别较有效波高和有效周期略大，分别为 1.0 m 和 4.8 s。

夏季，浙江近海海况主要介于 2~4 级，以风浪为主。海区风浪向，最多浪向为

SW，频率为35%；次多浪向为S，频率为20%。涌浪向最多浪向为S，频率为45%；次多浪向为SW，频率为15%。有效波高为1.1 m，有效周期为5.1 s。最大波高和最大周期分别较有效波高和有效周期略大，分别为1.3 m和5.5 s。

秋季，浙江近海海况主要介于3~4级，以混合浪为主。海区风浪向，最多浪向为NE，频率为47%；次多浪向为N，频率为45%。涌浪向最多浪向为NE，频率为31%；次多浪向为E，频率为12%。有效波高为1.4 m，有效周期为5.2 s。最大波高和最大周期分别较有效波高和有效周期略大，分别为1.6 m和5.8 s。

冬季，浙江近海海况主要介于3~4级之间，以混合浪为主。海区风浪向，最多浪向为N，频率约为56%。涌浪向最多浪向为N，频率为40%；次多浪向为NE，频率为39%。有效波高（指平均值，下同）为1.3 m，有效周期（指平均值，下同）为5.4 s。最大波高和最大周期分别较有效波高和有效周期略大，分别为1.4 m和5.8 s。

## 1.4.2　海水温、盐状况

海水温度和盐度是海洋中热平衡和水量平衡的反映。当平衡被打破，就会出现升温或降温、增盐或降盐。不同时期、不同区域热量收支、水量收支的不平衡便导致了温、盐度的时空变化。据我国近海海洋综合调查与评价专项水体调查成果[1][2]，浙江海域温、盐状况分述如下。

### 1.4.2.1　温度

春季，太阳辐射逐渐增加，海水温度逐渐升高，其空间分布格局向夏季分布型演变。浙江近海水温由近岸向外海逐渐升高，最高与最低水温相差约9℃。表层水温近岸较低（图1.10），外海较高，尤其是东南海域最高，水温升高至23℃以上，呈暖水舌向西北延伸，为台湾暖流和黑潮表层水共同影响，它们与沿岸水之间形成温度锋。底层与表层的水温分布大同小异（图1.11），东南部高温区中心水温降为19℃，明显低于表层，似为黑潮次表层水占据。

夏季太阳辐射最强，为全年温度最高的季节，浙江近海表层水温等温线稀疏，空间分布差异很小（图1.12）；底层则近岸高外海低，高温与低温区分布明显（图1.13）。表层水温较高，基本在28℃以上；舟山群岛附近，有一低温区，最低为25℃以下，这与该区锋面所产生的涌升流以及较强的垂向混合有关。底层水温分布极具规律性，从近岸向外海，呈现高—次高—低—次高的条带状分布，等温线几与岸线走向一致，30.5°N，122.5°E与27.0°N，121.8°E连线以西区域等温线密集，存在明显的温度梯度，即温度锋面，该锋面以西至海岸为高温区，以东至外海为低温区。

① 国家海洋局第二海洋研究所，2008，ST04区块物理海洋、海洋气象和海气边界层调查研究报告。
② 国家海洋局第二海洋研究所，2008，ST05区块物理海洋、海洋气象和海气边界层调查研究报告。

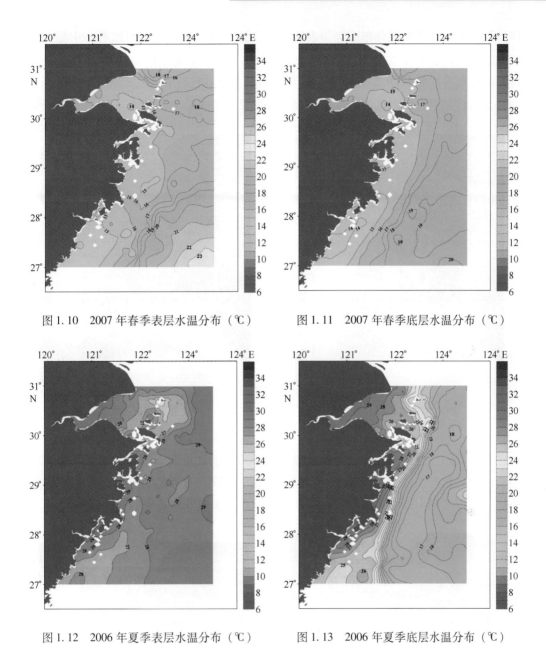

图 1.10　2007 年春季表层水温分布（℃）　　　图 1.11　2007 年春季底层水温分布（℃）

图 1.12　2006 年夏季表层水温分布（℃）　　　图 1.13　2006 年夏季底层水温分布（℃）

　　秋季，水温逐渐下降，其温度分布形势介于夏季型和冬季型之间，正向冬季型的特征转化。表层水温（图 1.14），以 29.5°N 为分界线，浙中、南海区的温度大于浙北；杭州湾区及其以东海区，水温基本在 16～21℃，而舟山群岛附近存在冷温中心，这可能与岛屿附近混合增强和三角洲效应有关；浙南高温区内存在一范围较大的暖水舌，中心水温大于 24℃，由南向北伸展，直至 29.5°N 北缘，该水温介于22～25℃，为台湾暖流和黑潮表层水侵入之影响。底层水温，明显展示三大系统（图 1.15）：一是杭州湾区及其以东海区和浙江省近岸水域，似为以长江冲淡水为主

**21**

体的沿岸水体，其水温分布态势与表层几乎一致；二是浙江西南海区有一中心大于
25℃暖水舌，它向东北延伸直至 29.0°N 以北，而其外侧存在一个中心温度小于
17℃的冷水舌北伸至 29.5°N 以北，这可谓第三系统。它与第二系统间形成一个强锋
面，显然西侧为台湾暖流为主水体，而东侧以黑潮次表层水为主体。

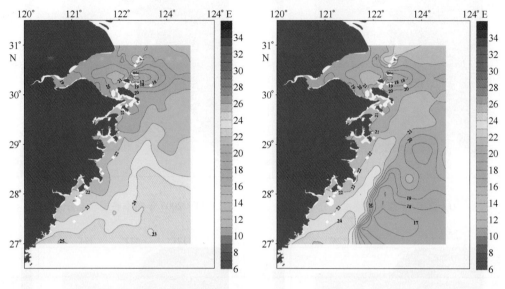

图 1.14　2007 年秋季表层水温分布（℃）　　　图 1.15　2007 年秋季底层水温分布（℃）

　　冬季太阳辐射最弱，为全年温度最低的季节。浙江近海海域水温处于垂向充分
混合的均匀状态，表层（图 1.16）和底层（图 1.17）分布趋势一致，量值差异很
小；水温由近岸向外海逐渐增加，存在与夏季底层水温分布类似的温度锋面。

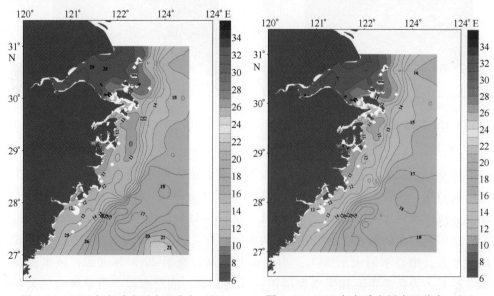

图 1.16　2006 年冬季表层水温分布（℃）　　　图 1.17　2006 年冬季底层水温分布（℃）

综上所述，浙江近海的水温分布充分反映了沿岸流、台湾暖流和东海黑潮流的相互关系。

### 1.4.2.2 盐度

春季，海面开始降盐，主要是偏南季风初兴、湿度增大、蒸发减小、降水和江河入海径流量增大的缘故。表层盐度分布（图 1.18），从湾顶到湾口，由近岸向外海逐渐增加；受长江冲淡水影响杭州湾盐度低于其他港湾区。底层盐度分布态势与表层相近（图 1.19），尤其是杭州湾及其口门区与表层几乎一致。但受台湾暖流和黑潮的影响，底层盐度大于 34 的水体，向北可到达浙江海域最北。

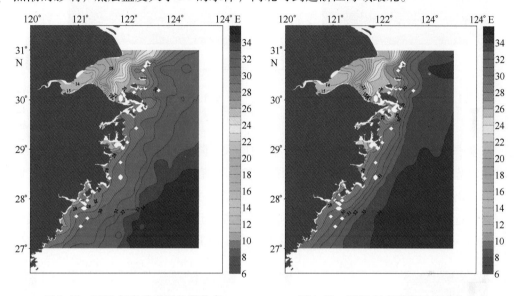

图 1.18　2007 年春季表层盐度分布　　　　图 1.19　2007 年春季底层盐度分布

夏季，浙江近海盛行偏南风，风速小，降水量大，入海径流大，导致表层盐度为全年最低。表层盐度的分布特点是（图 1.20）：①总体上，由近岸向外海，由湾顶向湾口，盐度逐渐增高，全水域变幅为 8 ~ 33；②杭州湾及其口门附近海域为盐度最低的区域，次低区为其他海湾及其附近区；③盐度锋面明显存在两条：一条是杭州湾中部至口门存在长江冲淡水作用为主形成的次级锋面，该锋面展布范围大，盐度跨度也大；另一条是长江冲淡水南下与外海水形成的，它北起 31°N 南至 27.5°N，几乎贯穿浙江海域南北，但最强梯度区在浙北水域；④29.5°N 以南的东南部水域及 30.0°—30.5°N，123.0°—123.5°E 存在两高盐水舌，它们占据了近一半浙江海区，东南侧高盐水舌向东北伸展尤远，这显然是台湾暖流和黑潮表层水影响的结果。底层盐度分布态势与表层相近（图 1.21）。

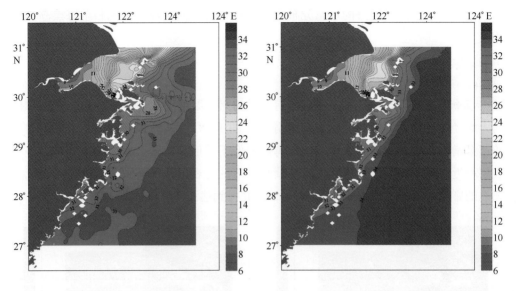

图 1.20　2006 年夏季表层盐度分布　　　图 1.21　2006 年夏季底层盐度分布

　　秋季，东北季风兴起，湿度减小、蒸发增大、降水和江河入海径流减少，沿岸冲淡水势力减小。表层盐度的分布（图 1.22）已基本上表现出夏季到冬季的过渡型，但仍保留夏季型的一些特点。该季长江冲淡水主体沿岸南下，使浙江沿岸普遍降盐，近岸水和外海水之间的盐锋更强，更完整，且贯穿沿海南北；盐度垂向混合较均匀，底层和表层的盐度分布态势基本一致（图 1.23）。

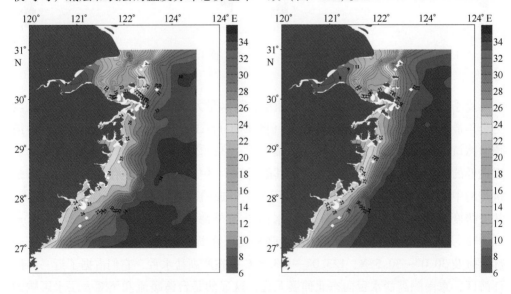

图 1.22　2007 年秋季表层盐度分布　　　图 1.23　2007 年秋季底层盐度分布

冬季，由于垂向混合较强，表、底层海水盐度分布态势几乎一致（图 1.24，图 1.25）。其主要表现为：①全域盐度分布由湾顶向湾口、由岸向外逐渐增加，沿岸线走向的盐度锋面表底几乎重合；②浙北海域，长江冲淡水在杭州湾形成的次级锋面及其沿舟山群岛南下的长江冲淡水体盐锋也与表层极为相似；③在杭州湾至舟山群岛海域，低盐度区及其极值一致，次低盐度区同样存在于象山港、三门湾等港湾区，且值亦相当；④外海高盐水（>34）西进，此种态势相近，尤其是北上之极限位置几乎一致。

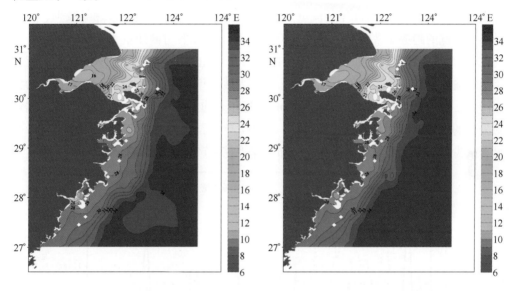

图 1.24　2006 年冬季表层盐度分布　　　　　图 1.25　2006 年冬季底层盐度分布

## 1.4.3　悬浮泥沙特征

### 1.4.3.1　悬浮泥沙来源

浙江海域悬浮泥沙的主要来源有二：一是长江及其他入海河流（钱塘江、椒江、瓯江等）携带入海的陆源物质，其中，长江携带入东海的悬浮物质占沿岸河流输入东海总量的 95% ~ 99%（程天文 等，1984）；二是黄海沿岸流携带黄海悬浮和再悬浮物质输入东海，包括废黄河口被侵蚀物质，每年有 $2\,500 \times 10^4$ ~ $10\,000 \times 10^4$ t（李本川，1980）。上述两部分悬浮泥沙随河口冲淡水和东海沿岸流扩散南下进入浙江、福建海域。其他还有一定量的风尘沉积输入，黑潮和台湾暖流带来的外洋物质，以及当地环境生长的生物体和陆架内部自身调整的物质。因此，长江是浙江海域悬沙的最主要物源，其水、沙通量变化直接影响到浙江海域悬浮物质的分布和输运规律。

据长江下游大通站多年水文资料统计（1950—2010 年）（中华人民共和国水利部，2011），长江挟带入河口区的多年平均径流总量为 $8\,964 \times 10^8$ $m^3$，多年平均输

沙量为 $3.90 \times 10^8$ t。但长江河口区的来水、来沙年内分配与年际分配极不均匀，5—10 月为洪季，6 个月的输水量和输沙量分别占全年的 71.1% 和 87.4%（其中 7 月、8 月、9 月三个月分别占全年的 37.9% 和 52.9%），11 月至翌年 4 月为枯季，其输水量和输沙量分别占全年的 28.9% 和 13.6%。7 月为输水、输沙高峰季节，其流量和沙量分别占全年的 14% 和 21%，1 月为输水、输沙量最小月份，其流量及沙量分别占全年的 3.2% 和 0.7%。

长江来水、来沙年际分配也极不平衡，从大通站半个多世纪的输水量和输沙量的变化来看（图 1.26），长江年径流量无显著的趋势变化，而长江来沙逐年减少、含沙量逐年降低的趋势非常明显。1950—2010 年间，多年平均输沙量为 $3.90 \times 10^8$ t，大约以 1985 年为界，以前的大多数年份的输沙量均超过平均值，而 1985 年后，所有年份的输沙量均低于平均值。相应地，长江大通站年平均含沙量也从 1986 年开始大幅降低，多年平均含沙量为 0.437 kg/m³，近年来均不足 0.2 kg/m³（表 1.5）。据最新公布的中国河流泥沙公报（表 1.5），2011 年长江来沙为历年最少。长江来沙的显著减少将对浙江海域的悬浮泥沙分布及岸滩演变产生深刻影响。

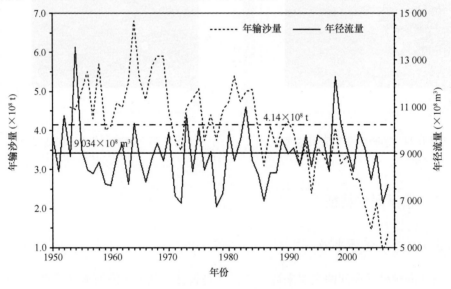

图 1.26　长江大通站年径流量与输沙量变化过程

据《中国河流泥沙公报》

表 1.5　长江大通站水、沙统计值（2001—2011 年）

| 年份 | 年径流量（m³） | 年输沙量（t） | 年平均含沙量（kg/m³） |
|------|--------------|--------------|----------------------|
| 2001 | $8\,250 \times 10^8$ | $2.76 \times 10^8$ | 0.336 |
| 2002 | $9\,926 \times 10^8$ | $2.75 \times 10^8$ | 0.277 |
| 2003 | $9\,248 \times 10^8$ | $2.06 \times 10^8$ | 0.223 |
| 2004 | $7\,884 \times 10^8$ | $1.47 \times 10^8$ | 0.186 |
| 2005 | $9\,015 \times 10^8$ | $2.16 \times 10^8$ | 0.239 |
| 2006 | $6\,886 \times 10^8$ | $0.848 \times 10^8$ | 0.123 |
| 2007 | $7\,708 \times 10^8$ | $1.38 \times 10^8$ | 0.179 |
| 2008 | $8\,291 \times 10^8$ | $1.30 \times 10^8$ | 0.157 |
| 2009 | $7\,219 \times 10^8$ | $1.11 \times 10^8$ | 0.142 |
| 2010 | $10\,220 \times 10^8$ | $1.85 \times 10^8$ | 0.181 |
| 2011 | $6\,671 \times 10^8$ | $0.718 \times 10^8$ | 0.108 |

注：据《中国河流泥沙公报》（2001—2011）。

### 1.4.3.2　悬沙浓度分布

悬浮泥沙含量的分布变化取决于泥沙来源、流系消长、流速大小、风浪强弱等诸多因素，其中有的因素具有周期性变化规律，有的因素则为随机性，诸多因素叠加在一起，使含沙量的分布变化复杂多变。然而，还是有若干规律性可寻（图 1.27）。一般情况下，愈近大陆含沙量愈高；大潮含沙量大于小潮，底层含沙量高于表层；平均而言，冬季含沙量高于夏季，但最高值却在夏季的河口区；岛屿区的含沙量高于邻近海域。

1）杭州湾

杭州湾终年是悬浮泥沙浓度高值区，而且冬季明显高于其他季节，悬浮泥沙主要来源于长江口，长江冲淡水的次级锋面从杭州湾北侧带入悬浮物质，湾内锋面起到辐聚并向南输运悬浮物质的作用，在湾中部沿锋面形成高浓度带，其底层悬浮物质浓度经常大于 5 g/L。

2）岛群区域

浙江海域岛屿众多，含沙量的主要影响因素各岛屿海区不尽相同，且其随机性特强，故存在岛屿密集区与稀疏区、水道区与开阔区、边远区与近岸区的差异。从南到北很难用统一的分布规律来说明，但有几个相对的高值区和低值区是始终存在的，其他均变化于其间。

象山港以北的岛屿海区，主要包括舟山群岛区，平均含沙量为全省之冠，分布特征为东低西高、北低南高。其中，崎岖列岛、火山列岛、舟山岛、岱山岛、金塘

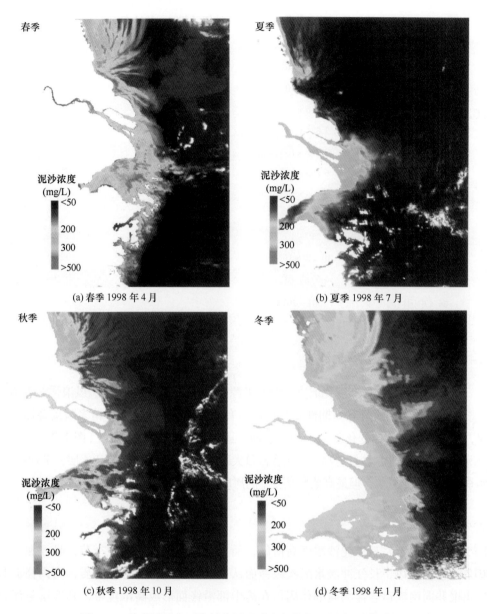

图 1.27　杭州湾及邻近海域表层悬沙浓度分布（恽才兴，2005）

岛等邻近水道、海域为高值区，马鞍列岛、嵊泗列岛、中街山列岛等附近海域及黄大洋、黄泽洋、磨盘洋等海区为为低值区。

　　象山港以南至玉环岛屿海区，含沙量相对较低，高值区仅在椒江口、松门湾等近岸海区和三门湾南口至浦坝港一线，一般含沙量在 0.3 g/L 以上；低值区在韭山列岛、渔山列岛、台州列岛等邻近海域，量值在 0.1 g/L 以下。

　　玉环以南岛屿海区，含沙量分布基本以温州湾为中心，向外逐渐降低，瓯江口和飞云江口始终为高值区，南北麂列岛附近海域始终为低值区。

### 3）半封闭海湾

象山港内终年水色清澈，悬沙含量低，含沙量从口门向港顶减少，以冬季为例，平均含沙量在口门附近为 0.4 ~ 0.6 g/L，港内含沙量基本小于 0.1 g/L，至港顶仅为 0.024 ~ 0.028 g/L。

三门湾悬沙含量大于象山港，冬季大潮平均含沙量为 0.2 ~ 0.65 g/L，小潮为 0.03 ~ 0.07 g/L；夏季大潮平均含沙量为 0.1 ~ 0.5 g/L，小潮为 0.02 ~ 0.05 g/L。平面分布上，悬沙含量从湾外向湾口递增，至湾中部猫头水道、满山水道达最大，冬季垂线平均含沙量为 0.7 ~ 1.2 g/L，然后向湾顶、港汊逐渐递减。

乐清湾含沙量稍低于三门湾，大潮垂线平均含沙量为 0.034 ~ 0.331 g/L。平面分布上，与三门湾类似，悬沙含量从湾外向湾口递增，至湾中部达最大，冬季垂线平均含沙量达 0.331 g/L，然后向湾顶、港汊逐渐递减。

## 1.5　海洋化学

### 1.5.1　海水化学

#### 1.5.1.1　近岸海水化学环境

浙江近岸海域化学物质的分布特征主要受外海物理海洋过程（如黑潮、上升流）和近岸径流输入等多重影响。浙江沿海及其毗邻的长江三角洲是我国经济最发达的地区之一，入海径流带来许多陆源污染物，此外，海水养殖业在浙江省主要港湾成为支柱产业，这些均在一定范围内影响到化学要素的分布和循环，并成为制约或促进海洋生物生长的环境条件。2006—2007 年度 4 个季节的水体环境调查结果显示（曾江宁，2012），浙江沿岸海域的海水化学参数的含量分布规律大体相似：高值区集中在各主要港湾（杭州湾、象山港、三门湾、乐清湾），并且近岸大于离岸，湾内大于湾外，陆源输入是造成这一现象的主要原因。各海水化学要素分布特征简述如下。

溶解氧（DO）冬季溶解氧均值最高，夏季变化范围大。春季的变化范围为 6.26 ~ 9.92 mg/L，平均值为 8.47 mg/L；夏季介于 3.21 ~ 11.20 mg/L，平均值为 6.34 mg/L；秋季介于 3.00 ~ 9.81 mg/L，平均值为 7.07 mg/L；冬季介于 7.28 ~ 11.32 mg/L，平均值为 9.14 mg/L。

pH 值 春季变化范围为 7.88 ~ 8.38，夏季为 7.78 ~ 8.66，秋季为 7.74 ~ 8.32，冬季为 7.96 ~ 8.31。

总碱度 春季变化范围为 1.84 ~ 4.96 mmol/L，平均值 2.63 mmol/L；夏季为 1.62 ~ 3.37 mmol/L，平均值 2.29 mmol/L；秋季为 2.01 ~ 4.94 mmol/L，平均值

2. 57 mmol/L；冬季为1. 84 ～5. 05 mmol/L，平均值2. 66 mmol/L。

有机碳 春季变化范围为未检出至11. 56 mg/L，平均值2. 01 mg/L；夏季为0. 34 ～ 8. 21 mg/L，平均值1. 59 mg/L；秋季为未检出至11. 08 mg/L，平均值1. 96 mg/L；冬季为未检出至15. 58 mg/L，平均值2. 12 mg/L。

总氮 春季变化范围为0. 02 ～3. 52 mg/L，平均值0. 91 mg/L；夏季为0. 04 ～ 4. 56 mg/L，平均值0. 86 mg/L；秋季为0. 03 ～3. 52 mg/L，平均值0. 90 mg/L；冬季为0. 14 ～3. 65 mg/L，平均值1. 26 mg/L。

总磷 春季变化范围为0. 004 ～0. 839 mg/L，平均值0. 087 mg/L；夏季为0. 003 ～ 0. 285 mg/L，平均值0. 058 mg/L；秋季为0. 011 ～0. 163 mg/L，平均值0. 076 mg/L；冬季为0. 014 ～0. 301 mg/L，平均值0. 084 mg/L。

溶解态氮 春季变化范围为0. 06 ～2. 72 mg/L，平均值0. 75 mg/L；夏季为0. 02 ～ 2. 81 mg/L，平均值0. 81 mg/L；秋季为0. 03 ～2. 70 mg/L，平均值0. 83 mg/L；冬季为0. 07 ～3. 41 mg/L，平均值1. 04 mg/L。

溶解态磷 春季变化范围为0. 002 ～0. 124 mg/L，平均值0. 031 mg/L；夏季为0. 002 ～0. 198 mg/L，平均值0. 038 mg/L；秋季为0. 009 ～0. 193 mg/L，平均值0. 046 mg/L；冬季为0. 009 ～0. 193 mg/L，平均值0. 046 mg/L。

硝酸盐 春季变化范围为0. 01 ～2. 47 mg/L，平均值0. 50 mg/L；夏季为未检出至 2. 03 mg/L，平均值0. 37 mg/L；冬季为0. 06 ～1. 82 mg/L，平均值0. 59 mg/L。

亚硝酸盐 春季变化范围为未检出至0. 064 mg/L，平均值0. 007 mg/L；夏季为未检出至0. 118 mg/L，平均值0. 015 mg/L；秋季为未检出至0. 047 mg/L，平均值0. 011 mg/L；冬季为未检出至0. 042 mg/L，平均值0. 005 mg/L。

铵盐 春季变化范围为0. 001 ～0. 072 mg/L，平均值0. 012 mg/L；夏季为未检出 ～ 0. 161 mg/L，平均值0. 016 mg/L；秋季为0. 003 ～0. 115 mg/L，平均值0. 014 mg/L；冬季为未检出至0. 178 mg/L，平均值0. 024 mg/L。

磷酸盐 春季变化范围为0. 000 3 ～0. 084 mg/L，平均值0. 022 mg/L；夏季为未检出至0. 108 mg/L，平均值0. 026 mg/L；秋季为0. 004 ～0. 207 mg/L，平均值0. 041 mg/L；冬季为0. 004 ～0. 142 mg/L，平均值0. 035 mg/L。

硅酸盐 春季变化范围为0. 17 ～2. 07 mg/L，平均值0. 88 mg/L；夏季为0. 02 ～ 2. 70 mg/L，平均值0. 79 mg/L；秋季为0. 06 ～3. 70 mg/L，平均值1. 36 mg/L；冬季为0. 06 ～2. 28 mg/L，平均值1. 00 mg/L。

石油类 春季变化范围为0. 004 ～0. 228 mg/L，平均值0. 070 mg/L；夏季为0. 015 ～0. 650 mg/L，平均值0. 082 mg/L；秋季为未检出至1. 110 mg/L，平均值0. 100 mg/L；冬季为0. 005 ～0. 133 mg/L，平均值0. 043 mg/L。

汞 春季变化范围为0. 025 ～0. 111 μg/L，平均值0. 062 μg/L；夏季为未检出至 0. 240 μg/L，平均值0. 068 μg/L；秋季为0. 020 ～0. 250 μg/L，平均值0. 066 μg/L；

冬季为未检出至 0.232 μg/L，平均值 0.064 μg/L。

砷 春季变化范围为未检出至 9.53 μg/L，平均值 3.91 μg/L；夏季为 0.52～9.78 μg/L，平均值 3.41 μg/L；秋季为 1.20～9.78 μg/L，平均值 3.96 μg/L；冬季为未检出至 8.40 μg/L，平均值 3.81 μg/L。

铜 春季变化范围为 0.37～2.35 μg/L，平均值 1.13 μg/L；夏季为 0.50～3.54 μg/L，平均值 1.52 μg/L；秋季为 0.23～3.99 μg/L，平均值 1.47 μg/L；冬季为 0.50～5.98 μg/L，平均值 1.60 μg/L。

铅 春季变化范围为 0.11～14.60 μg/L，平均值 1.01 μg/L；夏季为 0.08～8.08 μg/L，平均值 1.25 μg/L；秋季为未检出至 4.98 μg/L，平均值 0.83 μg/L；冬季为 0.50～5.98 μg/L，平均值 1.60 μg/L。

锌 春季变化范围为未检出至 24.5 μg/L，平均值 7.9 μg/L；夏季为未检出至 112.3 μg/L，平均值 7.9 μg/L；秋季为未检出至 28.7 μg/L，平均值 8.2 μg/L；冬季为未检出至 23.3 μg/L，平均值 10.6 μg/L。

镉 春季变化范围为 0.01～0.31 μg/L，平均值 0.07 μg/L；夏季为 0.001～0.60 μg/L，平均值 0.08 μg/L；秋季为 0.02～1.38 μg/L，平均值 0.17 μg/L；冬季为 0.03～0.23 μg/L，平均值 0.03 μg/L。

总铬 春季变化范围为未检出至 6.50 μg/L，平均值 0.63 μg/L；夏季为未检出至 6.10 μg/L，平均值 0.96 μg/L；秋季为 0.07～5.74 μg/L，平均值 0.67 μg/L；冬季为未检出至 4.06 μg/L，平均值 0.85 μg/L。

### 1.5.1.2 重点河口港湾海水化学环境

1）杭州湾

杭州湾是一个河口水与外海水相互交汇剧烈的水域。2008—2009 年间该海域的 pH 值均能达到一类海水水质标准；化学需氧量含量除个别站位达到二类海水水质标准外，其余大部分站位均能达到一类海水水质标准；活性磷酸盐含量超出四类海水水质标准的比例逐渐升高；无机氮含量则 100% 超出四类海水水质标准。

杭州湾水体的化学需氧量值在丰水期呈逐年升高的趋势（2005 年略有降低），但总体相对较低，2004 年、2007 年和 2005 年全都达到一类水质标准，2006 年及 2009 年仅个别站位超出一类水质标准，而 2008 年超一类水质标准的站位增加并且是近 6 年来超一类站位最多的，2009 年有所下降，但仍有站位超一类标准。2004—2009 年间，化学需氧量值略有上升，这说明杭州湾水域受有机物污染呈逐步升高趋势。

杭州湾海域的无机氮含量自 2004 年至 2006 年的丰水期呈下降趋势，降幅达 63.3%，但 2007 年、2008 年、2009 年无机氮含量又呈回升趋势（图 1.28）。杭州湾无机氮两个水期自2004年到2009年几乎都为超四类海水水质标准（0.50 mg/L）污染非常严重。活性磷酸盐也是杭州湾海域重要的污染因子，丰水期总体呈现震荡上升趋势，2008年到2009年升幅相对较大，2009年，杭州湾海域活性磷酸盐污染比较严重，2005年、2007年和2009年多数站位为四类和劣四类水质（图1.29），2004年和2008年的大部分站位符合三类水质。

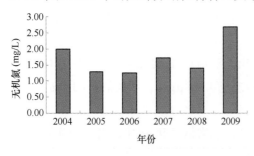

图1.28　杭州湾无机氮含量年际变化　　　　图1.29　杭州湾活性磷酸盐含量年际变化

　　杭州湾的化学需氧量和活性磷酸盐的分布总体上从高到低依次为湾内、湾中、湾口的趋势；无机氮分布呈现南岸高于北岸的趋势。引起化学需氧量、无机氮和活性磷酸盐呈现上述分布特点的原因是长江、钱塘江等江河的径流每年携带了大量的营养盐类进入杭州湾海域，这种高氮含量的输入引起湾内营养盐结构的变化，形成了湾顶水体中氮、磷及化学需氧量含量高、湾口水体含量低的分布趋势。另外外海水的入侵及沿岸流的南下，使不同的水团在湾中和口门段海域交汇，海域水体中的污染物质在湾中部及口门段的稀释、扩散以及生物、化学的降解过程加快，水体中的氮、磷含量通过海洋自身的净化作用而明显降低，因此，一定程度上改善了湾口段的水质。

　　2）宁波—舟山港

　　宁波—舟山港海区，2005—2009年间该海域的pH值波动范围不大，pH值均能达到一类海水水质标准；活性磷酸盐除金塘岛附近海域部分站位能达到二类、三类海水水质标准外，其余大部分站位均为四类或者劣四类海水水质；陆源物质输入是无机氮负荷增加的主要原因，该海域所有站位的无机氮均达到或者超过四类海水水质标准。总体而言，宁波—舟山港海域为劣四类海水，主要污染物为无机氮，其次为活性磷酸盐。而调查海域所有站位沉积物有机碳和硫化物以及石油类均能达到一类海洋沉积物标准。

　　宁波舟山海域夏秋季节化学需氧量的变化范围为0.22～1.78 mg/L，平均值为0.77 mg/L，受陆源物质输入的影响，靠近陆地的站位化学需氧量较高，数值模拟和实测资料都显示化学需氧量呈现由西北向东南方向递减的趋势，工业发展和陆源排放对海域化学需氧量增加产生了重要的影响。平面分布呈现近岸高，离岸低的分布特征，特别是靠近舟山岛的岙山海域、宁波北仑—大榭岛中间海域，化学需氧量含量明显高于其他海域，表明该海域化学需氧量受船只污水排放和陆源工厂排放影响较为明显。

总无机氮和活性磷酸盐的分布除了受陆源工业生活污水排放影响外，还受到沿岸上升流以及附近海域外来海水的影响，宁波—舟山港地处浙闽沿岸流上升区边缘，同时受到钱塘江冲淡水影响，无机氮和活性磷酸盐含量平面分布与化学需氧量相似，均呈现近岸高、离岸低的趋势，岙山海域、北仑海域近岸含量较高，而在金塘岛北部海域受陆源污染和钱塘江冲淡水的叠加影响，活性磷酸盐与无机氮呈现上升的趋势。宁波舟山海域在 20 世纪 80 年代夏秋季节无机氮的平均值为 0.33 mg/L。而近几年夏秋季节的实测数据显示，无机氮的平均浓度达到了 0.6 mg/L 左右，几乎是 20 世纪 80 年代的两倍。活性磷酸盐夏秋季节的变化范围为 0.015~0.038 mg/L，平均值为 0.025 mg/L，为二类、三类水质，90 年代该海域活性磷酸盐的含量范围在 0.01~0.04 mg/L 之间，而 21 世纪初该海域夏秋季节的活性磷酸盐变化范围为 0.026~0.086 mg/L，平均值为 0.038 mg/L，超过三类海水水质标准值 0.030 mg/L，近 30 多年来该海域的无机氮和活性磷酸盐浓度增加主要是受到了陆地污染源特别是径流输入的影响。

3）象山港

象山港海域海水化学主要污染物是无机氮，其次是活性磷酸盐。无机氮在四个季节调查航次的所有样品中劣四类站位占 88%，其中，春季、秋季和冬季所有样品均为劣四类。活性磷酸盐四个季节所有样品达到二至三类海水水质标准、四类和劣四类的分别占 9%、40% 和 51%。其中，秋季和冬季污染较为严重。就季节变化而言，夏季水质相对最好，其他三个季节污染均较为严重。在沉积环境方面，硫化物、有机碳和石油类均达到一类海洋沉积物质量标准，表层沉积物样品中铜和总铬含量有部分站位超过一类海洋沉积物质量标准。

近 30 年来，象山港海域的化学需氧量含量平均值在 1998 年达到最低值，之后又逐渐上升，2001 年出现较高值，之后化学需氧量含量有所下降，2005 年平均含量在 0.6 mg/L 左右，到 2010 年略有上升。但总体而言，近 30 年来化学需氧量的平均含量变化波动不大，基本维持在 1 mg/L 左右，相较于 80 年代的平均水平，近几年的化学需氧量含量有所降低。

对象山港近 20 年来各个季节无机氮和活性磷酸盐的含量分析统计和趋势变化分析可知，无机氮和活性磷酸盐含量呈现逐步上升趋势。无机氮由 20 世纪 80 年代的 0.3 mg/L（二类海水水质标准值）上升到 2000 年的 0.6 mg/L，至 2006—2007 年则升高到了 0.75 mg/L，超过了四类海水水质标准值 0.50 mg/L。磷酸盐的平均含量也是由 80 年代的 0.024 mg/L 上升到了 2000 年的 0.043 mg/L，2006—2007 年象山港

**33**

的活性磷酸盐上升为 0.054 mg/L，尽管在过去的 20 多年里，象山港海水中氮和磷含量呈上升的趋势，但是这种上升趋势增加的幅度在逐渐减小（图 1.30 和图 1.31）。

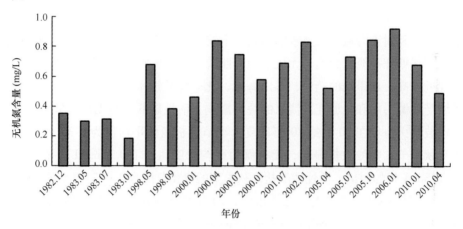

图 1.30　象山港海域无机氮含量的年际变化

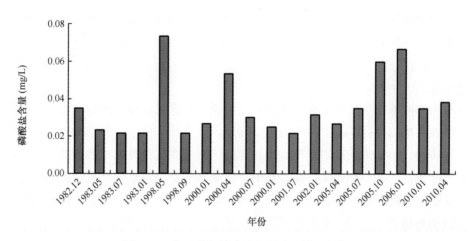

图 1.31　象山港海域磷酸盐含量的年际变化

4）三门湾

三门湾海域水体污染特征与象山港相似，主要污染物为无机氮，其次为活性磷酸盐，其中又以无机氮污染最为严重，营养盐超标是制约三门湾水体的主要因素。无机氮四个季节所有样品达到三类、四类和劣四类海水水质标准的样品分别占14%、8%和78%。其中，春季、秋季和冬季所有样品均属于劣四类海水水质，污染非常严重。全年当中，以夏季水质最好，其他季节污染均较为严重。表层沉积物中的铜和铬在调查期间有部分站位超过了一类沉积物质量标准。

三门湾海水中化学需氧量的平均含量近 20 年来稍有下降。无机氮和磷酸盐的平均含量在近 20 年的变化趋势如图 1.32 和图 1.33 所示。可以看出,三门湾的无机氮含量呈逐渐上升的趋势,而磷酸盐含量下降之后又略有上升,总体而言,近 10 年海水均为三类、四类。

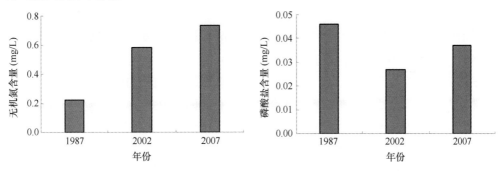

图 1.32　三门湾无机氮含量年际变化　　　　图 1.33　三门湾活性磷酸盐含量年际变化

### 5）乐清湾

乐清湾海域水体无机氮和活性磷酸盐污染严重,大部分海区已处于四类和劣四类水质状态,石油类也有所污染,大部分海区处于三类水质状态,非离子氨污染较严重,部分海域已处于劣四类水质状态,汞也有部分海区水质处于二类水质状态,其他水环境因子测值普遍较低,均在一类水质状态。在时间分布上,无机氮、活性磷酸盐和石油类在夏季都较低,而汞则在夏季较高。

综合分析 20 世纪 80 年代以来乐清湾海域的研究数据（图 1.34）。可以看出,从 20 世纪 80 年代到 21 世纪初,乐清湾的营养盐浓度呈不断上升的趋势,磷酸盐的浓度增加了 50% 以上,而硝酸盐、亚硝酸盐和氨盐的年平均浓度在 2002—2006 年已经达到了 20 世纪 80 年代的 3～4 倍,而从 2006 年开始,无机氮以及磷酸盐呈略微下降的趋势。

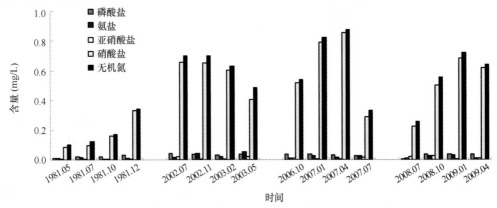

图 1.34　乐清湾营养盐浓度年际季节变化

## 1.5.2 沉积物化学

### 1.5.2.1 总氮和总磷

浙江近海表层沉积物中总氮含量的变化范围为 0.012% ~ 0.089%，平均值为 0.046%。沉积物中总磷含量的变化范围为 0.011% ~ 0.058%，平均值为 0.036%。从平面分布来看（图 1.35，图 1.36），总氮和总磷的高值区均出现在浙北的杭州湾北部靠近长江口海域，陆源输入是该区域总氮总磷的主要来源，大量生活污水、工业废水以及农业面源污染产生的物质通过径流、排污口进入杭州湾，加上长江冲淡水携带的大量营养物质，使得长江口南部和杭州湾北部海域的表层沉积物总氮和总磷含量较高。而在浙江中部和浙江南部海域，总氮的高值区主要集中在海湾，如象山港、乐清湾。除了陆源污染之外，海水养殖过程中投放的饵料等也是海湾表层沉积物中总氮的来源之一。而在总磷的平面分布上，在三门湾南部海域以 28.5°N，122°E 为中心有一个总磷的含量高值区，可能是近岸海流携带营养物质在该区域聚集产生的。

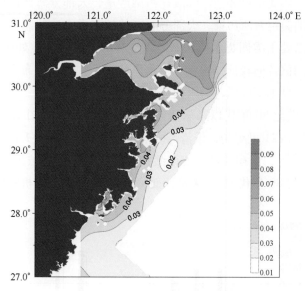

图 1.35 浙江近海表层沉积物总氮的平面分布（%）

### 1.5.2.2 油类

浙江近海表层沉积物油类含量的变化范围为 $1.0 \times 10^{-6}$ ~ $74.8 \times 10^{-6}$，平均值为 $17.7 \times 10^{-6}$。在平面分布上，表层沉积物的油类高值区主要集中在浙江的主要港湾，如象山港、三门湾等（图 1.37），这些海湾一方面受到陆源输入（造船厂，码头，

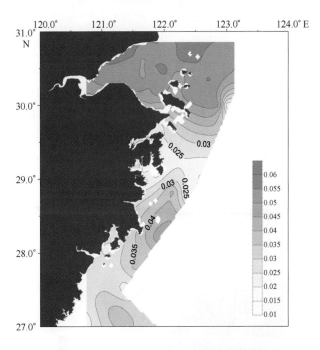

图 1.36　浙江近海表层沉积物总磷的平面分布（%）

油库等）的影响，另外由于港湾是船舶避风停靠的主要聚集地，船舶废水的排放也带来了大量油类物质，油类的另外一个高值区出现在长江口东南 122.5°E 海域，表层沉积物油类含量高可能与该海域是长江口锚地有关。

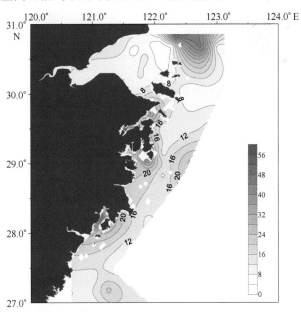

图 1.37　浙江近海表层沉积物油类的平面分布（$\times 10^{-6}$）

### 1.5.2.3 重金属

浙江近海表层沉积物中重金属含量的变化范围为：汞 $0.025 \times 10^{-6} \sim 0.021 \times 10^{-6}$，平均值 $0.054 \times 10^{-6}$（图 1.38）；砷 $3.4 \times 10^{-6} \sim 20.0 \times 10^{-6}$，平均值 $10.6 \times 10^{-6}$（图 1.39）；铜 $11.9 \times 10^{-6} \sim 82.0 \times 10^{-6}$，平均值 $32.0 \times 10^{-6}$（图 1.40）；铅 $15.0 \times 10^{-6} \sim 70.9 \times 10^{-6}$，平均值 $32.3 \times 10^{-6}$（图 1.41）；锌 $59.7 \times 10^{-6} \sim 182.0 \times 10^{-6}$，平均值 $98.8 \times 10^{-6}$（图 1.42）；镉 $0.02 \times 10^{-6} \sim 0.30 \times 10^{-6}$，平均值 $0.12 \times 10^{-6}$（图 1.43）；铬 $10.9 \times 10^{-6} \sim 94.0 \times 10^{-6}$，平均值 $44.2 \times 10^{-6}$（图 1.44）。

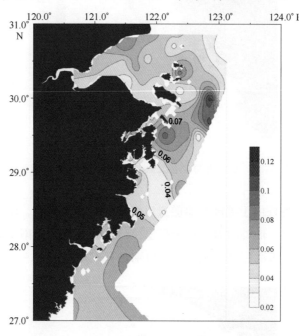

图 1.38　浙江近海表层沉积物中汞的平面分布（$\times 10^{-6}$）

浙江近岸海域重金属污染与浙江沿海地区工业发展有着密切的关系，工业发展带来石油、煤炭的大量燃烧和使用使得近海环境中的汞、铅等重金属元素积累，而浙江沿海的化工企业以及电子工业企业排放的污水也将铜、铬等重金属元素通过径流和大气等方式最终汇聚到海洋环境中。同时需要指出的是，很多重金属元素的积累与沉积物的有机质含量有一定相关性，浙江海湾和近岸海域沉积物类型多为黏土，特别是浙闽沿岸泥质区和海湾沉积物中有机质含量较高，这也为重金属在沉积物中的积累提供了客观的环境条件。

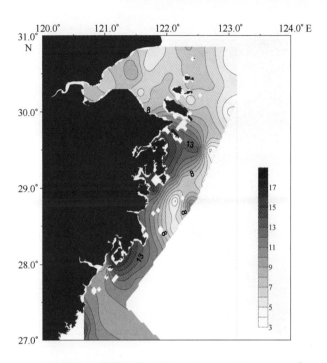

图 1. 39 浙江近海表层沉积物中砷的平面分布 （ $\times 10^{-6}$ ）

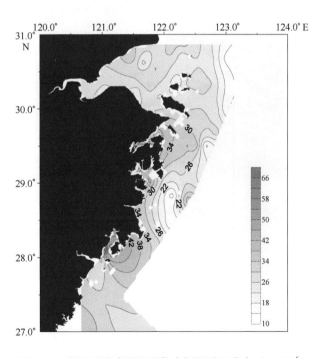

图 1. 40 浙江近海表层沉积物中铜的平面分布 （ $\times 10^{-6}$ ）

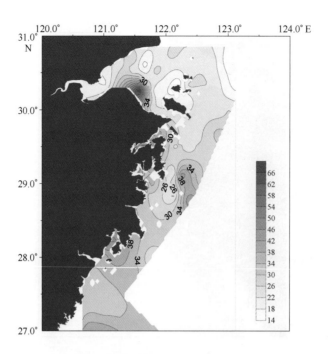

图 1.41　浙江近海表层沉积物中铅的平面分布 （ $\times 10^{-6}$ ）

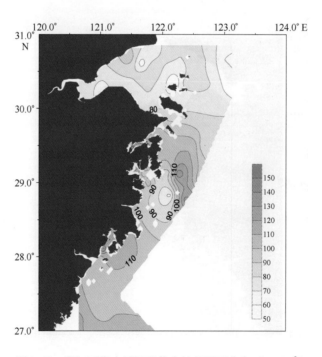

图 1.42　浙江近海表层沉积物中锌的平面分布 （ $\times 10^{-6}$ ）

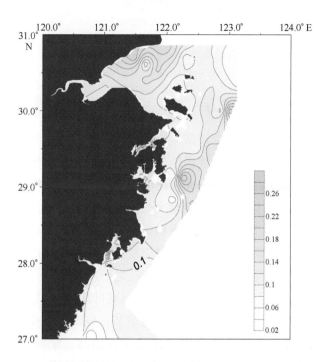

图 1.43　浙江近海表层沉积物中镉的平面分布（×10$^{-6}$）

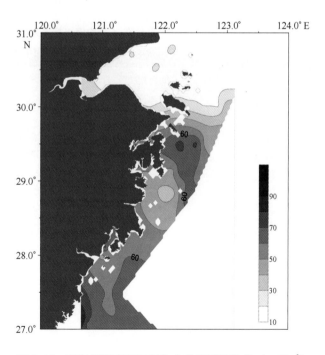

图 1.44　浙江近海表层沉积物中铬的平面分布（×10$^{-6}$）

## 1.6 海洋生物与生态

### 1.6.1 叶绿素 a 和初级生产力

叶绿素 a 浓度表征海域中光合浮游生物现存生物量，是近海海域基础饵料生物多寡、水域肥瘠程度和可养育生物资源能力的直接指标，也是估算海区初级生产力的重要参数之一。初级生产力是海域光合浮游生物通过光合作用把无机碳转化成有机碳的能力，是减缓海水 $CO_2$ 浓度并驱使大气 $CO_2$ 向海洋转移的重要环节。初级生产力不仅与海水中的光合浮游植物现存生物量有直接关系，而且与海水中的营养物质浓度、真光层深度、表面辐照度与光透射强度以及海水稳定性以及气候特征等环境要素紧密关联，是海域生产力潜能的重要指标之一。

据调查统计分析（曾江宁，2012），浙江海域叶绿素 a 具有明显的时空分布特征（表 1.6）。时间上，夏季明显高于其他季节；空间上，中部近海（象山港、三门湾、椒江口）高于南北两侧及外侧海域（杭州湾、宁波—舟山海域、乐清湾、浙中南）。而初级生产力一年四季均呈现近岸海域低于远岸海域的总体分布趋势。

表 1.6　叶绿素 a 浓度区域水平分布（平均值 ± 标准差）　单位：$\mu g/dm^3$

| 区域 | 春季 | 夏季 | 秋季 | 冬季 |
|---|---|---|---|---|
| 杭州湾 | 0.98 ± 0.31 | 3.06 ± 3.71 | 1.03 ± 0.54 | 1.45 ± 0.55 |
| 椒江口 | 3.48 ± 1.70 | 3.73 ± 2.62 | 1.13 ± 0.25 | 0.50 ± 0.06 |
| 乐清湾 | 0.87 ± 0.21 | 2.34 ± 1.06 | 1.90 ± 0.51 | 0.76 ± 0.47 |
| 宁波—舟山海域 | 1.53 ± 1.57 | 4.19 ± 7.29 | 0.54 ± 0.25 | 0.68 ± 0.34 |
| 三门湾 | 1.24 ± 0.18 | 3.30 ± 0.94 | 2.47 ± 0.63 | 0.70 ± 0.29 |
| 象山港 | 2.52 ± 1.44 | 2.33 ± 1.35 | 1.28 ± 0.52 | 0.85 ± 0.97 |
| 浙中南沿海 | 1.94 ± 2.10 | 2.55 ± 2.74 | 0.97 ± 0.69 | 0.53 ± 0.18 |

### 1.6.2 浮游植物

#### 1.6.2.1 种类组成与分布

浙江近海四季调查共鉴定出浮游植物 9 门 483 种。其中，硅藻 304 种，甲藻 122 种，绿藻 14 种，蓝藻 12 种，金藻 5 种，定鞭藻 6 种，隐藻 12 种，裸藻 6 种，黄藻 2 种。夏季最多，为 344 种；冬季 281 种；秋季 232 种；春季 214 种。从种类数的空间分布来看，从高到低为，宁波—舟山海域（341）、浙中南沿海（325）、象山港（122）、杭州湾（120）、三门湾（103）、乐清湾（90）、椒江口（66）。全省海域优势种变化情况见表 1.7。

**表 1.7　浮游植物优势种季节变化**

| 季节 | 水采优势种 | 网采优势种 |
|---|---|---|
| 春季 | 琼氏圆筛藻、中肋骨条藻、裸甲藻、东海原甲藻、菱形藻、柔弱伪菱形藻、舟形藻和新月筒柱藻 | 琼氏圆筛藻、虹彩圆筛藻、辐射圆筛藻、星脐圆筛藻、中华齿状藻、中心圆筛藻、苏氏圆筛藻和蛇目圆筛藻 |
| 夏季 | 中肋骨条藻、琼氏圆筛藻、菱形藻、菱形海线藻、尖刺伪菱形藻、脆根管藻、柔弱伪菱形藻和丹麦细柱藻 | 琼氏圆筛藻、梭角藻、虹彩圆筛藻、三角角藻、菱形海线藻、中肋骨条藻、洛氏角毛藻和星脐圆筛藻 |
| 秋季 | 琼氏圆筛藻、中肋骨条藻、菱形藻海线藻、柔弱伪菱形藻、辐射圆筛藻、舟形藻、尖刺伪菱形藻和星脐圆筛藻 | 琼氏圆筛藻、辐射圆筛藻、中心圆筛藻、有棘圆筛藻、苏氏圆筛藻、中华齿状藻、星脐圆筛藻和中肋骨条藻 |
| 冬季 | 具槽帕拉藻、菱形藻、琼氏圆筛藻、中肋骨条藻、新月筒柱藻、舟形藻、蛇目圆筛藻和圆筛藻 | 琼氏圆筛藻、中华齿状藻、虹彩圆筛藻、辐射圆筛藻、蛇目圆筛藻、中心圆筛藻、星脐圆筛藻和苏氏圆筛藻 |

#### 1.6.2.2　细胞总丰度与分布

浙江海域 4 季浮游植物水样细胞总丰度平均值为 $214.66 \times 10^3$ 个/dm³。春、夏、秋、冬 4 季分别为 $52.51 \times 10^3$ 个/dm³、$784.69 \times 10^3$ 个/dm³、$15.50 \times 10^3$ 个/dm³ 和 $5.94 \times 10^3$ 个/dm³。浮游植物网采样品细胞丰度夏季最高，春季次之，秋季再次，冬季最低，4 季平均值为 $11.05 \times 10^6$ 个/m³。春、夏、秋、冬季细胞总丰度分别为 $6.32 \times 10^6$ 个/m³、$33.14 \times 10^6$ 个/m³、$4.29 \times 10^6$ 个/m³ 和 $0.46 \times 10^6$ 个/m³。

### 1.6.3　浮游动物

#### 1.6.3.1　种类组成与分布

总体上，在浮游动物群落中，桡足类占优势地位，幼体类和水母类分列第二、第三优势类群（表 1.8）。

表1.8　浮游动物种类组成季节变化

| 种类 | 春季 | 夏季 | 秋季 | 冬季 |
|---|---|---|---|---|
| 桡足类 | 99 | 129 | 100 | 57 |
| 浮游幼体 | 40 | 45 | 35 | 25 |
| 水母类 | 35 | 44 | 39 | 6 |
| 十足类 | 18 | 13 | 15 | 10 |
| 毛颚动物 | 14 | 21 | 16 | 10 |
| 翼足类 | 11 | 13 | 13 | 4 |
| 端足类 | 10 | 18 | 16 | 6 |
| 枝角类 | 6 | 9 | 0 | 0 |
| 被囊类 | 7 | 6 | 6 | 5 |
| 浮游多毛类 | 6 | 11 | 11 | 0 |
| 其他类群 | 15 | 31 | 23 | 15 |
| 总数 | 261 | 340 | 274 | 138 |

从季节变化看，春、夏、秋3季，桡足类、浮游幼体、水母类、十足类、毛颚动物和翼足类为浮游动物优势类群，占浮游动物总种类数75%以上；冬季，桡足类、浮游幼体、毛颚动物和十足类为浮游动物的优势类群，占浮游动物总种类数70%以上。枝角类在春、夏季较丰富，秋、冬季则消失。此外，浮游动物优势种季节变化明显（表1.9），纳嘎带箭虫是唯一四季共有的优势种。

表1.9　浮游动物优势种季节变化

| 调查时间 | 优势种 | 占总个体密度百分比 |
|---|---|---|
| 春季 | 中华哲水蚤、针刺拟哲水蚤、百陶箭虫、中华假磷虾、真刺唇角水蚤、平滑真刺水蚤、中华箭虫、短尾类幼虫 | 19.57% |
| 夏季 | 背针胸刺水蚤、太平洋纺锤水蚤、精致真刺水蚤、针刺拟哲水蚤、中华假磷虾、肥胖箭虫、真刺唇角水蚤、短尾类幼虫 | 38.71% |
| 秋季 | 亚强真哲水蚤、百陶箭虫、短尾类幼虫、太平洋纺锤水蚤、肥胖箭虫、球型侧腕水母、微刺哲水蚤、双生水母 | 35.15% |
| 冬季 | 中华哲水蚤、捷氏歪水蚤、真刺唇角水蚤、针刺拟哲水蚤、三叶针尾涟虫、拿卡箭虫、精致真刺水蚤、百陶箭虫 | 42.89% |

从空间分布看，4季总种类数从大到小为宁波—舟山海域（290种）、浙中南沿海（248种）、杭州湾（165种）、椒江口（106种）、乐清湾（99种）、三门湾（98

种）、象山港（70 种）。

## 1.6.3.2 生物量组成与分布

浙江海域浮游动物生物量时空变化明显，春、夏、秋、冬四季逐季递减，生物量平均值依次为 501 mg/m³、201 mg/m³、126 mg/m³、64 mg/m³。空间分布上，四季浮游动物生物量累计最高值位于宁波—舟山海域，三门湾、浙中南海域、杭州湾次之，乐清湾、椒江口和象山港最低。

浙江沿海浮游动物生物密度与生物量时空变化一致，春、夏、秋、冬四季逐季递减，生物密度平均值依次为 664.18 ind/m³、300.93 ind/m³、103.73 ind/m³ 和 18.78 ind/m³。空间分布上，四季浮游动物生物密度累计高值位于宁波—舟山海域，浙中南沿海、三门湾、杭州湾次之，椒江口、象山港和椒江口最低。

## 1.6.4 底栖生物

### 1.6.4.1 种类组成与分布

浙江省海域大型底栖生物共鉴定出 583 种。其中，多毛类 193 种，软体动物 148 种，甲壳动物 114 种，棘皮动物 39 种，其他类动物 89 种。多毛类、软体动物占总种数的 58.5%，构成浙江省海域大型底栖生物的主要类群。不同海区大型底栖生物四季种类数组成见表 1.10，优势种变化见表 1.11。

**表 1.10 大型底栖生物种类组成**

| 海区 | 多毛类 | 软体动物 | 甲壳动物 | 棘皮动物 | 其他类 | 合计 |
|------|--------|---------|---------|---------|--------|------|
| 杭州湾 | 33 | 16 | 13 | 10 | 10 | 82 |
| 宁波—舟山海域 | 108 | 56 | 31 | 18 | 19 | 232 |
| 象山港 | 47 | 62 | 37 | 26 | 35 | 207 |
| 三门湾 | 53 | 59 | 51 | 17 | 35 | 215 |
| 椒江口 | 31 | 18 | 16 | 7 | 8 | 80 |
| 乐清湾 | 54 | 63 | 67 | 15 | 45 | 244 |
| 浙中南海域 | 90 | 28 | 20 | 12 | 10 | 160 |
| 全海区 | 193 | 148 | 114 | 39 | 89 | 583 |

表 1.11　大型底栖生物优势种变化

| 区域 | 春季 | 夏季 | 秋季 | 冬季 |
|---|---|---|---|---|
| 杭州湾 | 双鳃内卷齿蚕、不倒翁虫 | 西方似蛰虫、不倒翁虫、双鳃内卷齿蚕 | 不倒翁虫 | 双鳃内卷齿蚕和不倒翁虫 |
| 椒江口 | 焦河蓝蛤 | | 光滑河蓝蛤、锯鳃鳍缨虫、锥螺 | |
| 乐清湾 | 不倒翁虫、东方长眼虾、棘刺锚参、西奈索沙蚕、双鳃内卷齿蚕 | 不倒翁虫、婆罗囊螺、纵肋织纹螺 | 不倒翁虫、东方长眼虾 | 不倒翁虫、西奈索沙蚕、小头虫 |
| 宁波舟山海域 | 双形拟单指虫、不倒翁虫、小头虫 | 不倒翁虫、中华异稚虫、小头虫、双形拟单指虫 | 双形拟单指虫、圆筒原盒螺 | 双形拟单指虫、双鳃内卷齿蚕 |
| 三门湾 | 双鳃内卷齿蚕、小头虫、不倒翁虫、西奈索沙蚕、双形拟单指虫 | 不倒翁虫、双鳃内卷齿蚕、马丁海稚虫 | 不倒翁虫、小头虫、双鳃内卷齿蚕、白沙箸 | 双鳃内卷齿蚕、小头虫、不倒翁虫、后指虫、西奈索沙蚕 |
| 象山港 | 纵肋织纹螺、滩栖阳遂足 | 不倒翁虫、马丁海稚虫 | 纵肋织纹螺、不倒翁虫 | 滩栖阳遂足 |
| 浙中南沿海 | 不倒翁虫、双鳃内卷齿蚕、圆筒原盒螺、短脊虫、豆形短眼蟹和凹裂星海胆 | 红带织纹螺、背蚓虫、双形拟单指虫、双鳃内卷齿蚕、不倒翁虫、螺蠃蜚属、棘刺锚参、后指虫 | 双鳃内卷齿蚕、双形拟单指虫、背蚓虫、不倒翁虫、圆筒原盒螺、纽虫 | 中蚓虫、双形拟单指虫、棘刺锚参、双纹须蚶 |

## 1.6.4.2　生物量组成与分布

　　浙江省海域大型底栖生物密度呈现类群和季节差异（表 1.12）。年平均生物密度为 129 个/m²，整体表现从高到低为多毛类、软体动物、甲壳动物、棘皮动物、其他类动物。各类群的季节差异从高到低表现为春季、冬季、夏季、秋季。

表 1.12　大型底栖生物生物密度季节变化　　　　　单位：个/m²

| 季节 | 多毛类 | 软体动物 | 甲壳动物 | 棘皮动物 | 其他类动物 | 合计 |
|---|---|---|---|---|---|---|
| 春季 | 53 | 108 | 24 | 7 | 4 | 196 |
| 夏季 | 65 | 16 | 9 | 9 | 6 | 105 |
| 秋季 | 52 | 32 | 5 | 6 | 7 | 102 |
| 冬季 | 75 | 11 | 10 | 8 | 8 | 112 |
| 平均值 | 61 | 42 | 12 | 8 | 6 | 129 |

　　浙江省海域大型底栖生物量亦呈现类群和季节差异（表1.13）。年平均生物量为 $21.94\ g/m^2$，整体表现从高到低为棘皮动物、软体动物、其他类动物、多毛类、甲壳动物。各类群的季节差异从高到低表现为秋季、春季、冬季、夏季。

表1.13　大型底栖生物生物量季节变化　　　　　　　　单位：$g/m^2$

| 季节 | 多毛类 | 软体动物 | 甲壳动物 | 棘皮动物 | 其他动物 | 合计 |
| --- | --- | --- | --- | --- | --- | --- |
| 春季 | 1.82 | 5.40 | 0.97 | 13.01 | 2.33 | 23.53 |
| 夏季 | 1.87 | 3.48 | 0.84 | 8.98 | 2.42 | 17.59 |
| 秋季 | 2.46 | 15.92 | 2.22 | 4.87 | 1.36 | 26.83 |
| 冬季 | 1.54 | 4.93 | 1.03 | 8.17 | 4.11 | 19.78 |
| 平均值 | 1.92 | 7.43 | 1.27 | 8.76 | 2.56 | 21.93 |

## 1.6.5　潮间带生物

　　2006秋、2007春两季，浙江省潮间带共鉴定出潮间带生物653种。其中，软体类种类数最多（231种），其次是甲壳类（143种）、藻类（101种）和多毛类（99种），棘皮类种类数最少（19种）。种类从高到低呈现为浙北、浙南、浙中的趋势，分别为282种、236种、178种。

　　春、秋两季种类数差别不大，但主要类群有所差异，春季的藻类、多毛类和棘皮类多于秋季，秋季则软体类、甲壳类和其他类多于春季。潮间带生物种类的垂直分布与潮汐密切相关，种类垂直分布从高到低为中潮区、低潮区、高潮区。

　　浙江省潮间带生物平均生物量为 $1\ 287.86\ g/m^2$，平均生物密度为741个$/m^2$。生物量和生物密度都是软体类所占比重最高，分别为50.3%和59.6%；生物量和生物密度的次席分别为甲壳类（28.3%）和多毛类（20.1%）占据。

　　浙江省潮间带底栖生物数量由北向南逐渐增加。春、秋季平均生物量从高到低为浙南区域（$2009.08\ g/m^2$）、浙中区域（$664.73\ g/m^2$）、浙北区域（$177.77\ g/m^2$）；平均生物密度从高到低则为浙南区域（$1\ 192$个$/m^2$）、浙中区域（203个$/m^2$）、浙北区域（175个$/m^2$）。

# 第2章 海洋资源

## 2.1 海岛资源

### 2.1.1 概况

浙江省共有海岛 3 820 个，海岛总面积 1 818.025 km²，岸线总长 4 496.706 km（夏小明，2012），分别隶属于嘉兴市、舟山市、宁波市、台州市和温州市的 27 个县（市、区）。

浙江海岛分布于 27°05.9′—30°51.8′N、120°27.7′—123°09.4′E，分布区南北跨距 420 km，东西跨距约 250 km，即北起灯城礁，南至横峙，西始木林屿，东迄东南礁。纵观浙江海岛的分布态势，具有两个明显特征：①东西成列、南北如链、面上成群。比较著名的群岛、列岛就有 10 余个，如嵊泗列岛、崎岖列岛、中街山列岛、韭山列岛、渔山列岛、东矶列岛、台州列岛、洞头列岛、南麂列岛等；群岛当属舟山群岛最为闻名。②近岸海岛量多、面广、地势较高，远岸海岛散少、面小、地势低。若以 20 m 等深线作为近岸岛与远岸岛的分界线，则浙江海岛体现出近岸浅水的特征。

### 2.1.2 海岛数量及分布

按照沿海 5 个地级市的海岛分布情况来看（表 2.1），舟山市海岛数量最多，共计 1814 个，占浙江省海岛总数的 47.49%，台州市次之，占海岛总数的 20.35%，嘉兴市最少，仅占 0.89%。按照沿海县（市、区）的海岛分布情况来看，普陀区海岛数量最多，计 658.5 个，占浙江省海岛总数的 17.24%，岱山县次之，余姚市、慈溪市最少，各有 0.5 个。

表 2.1　浙江省沿海市、县（市、区）海岛数量、面积、岸线汇总①

| 市名 | 县名 | 数量（个） | 面积（km²） | 岸线长度（km） | 备注 |
|---|---|---|---|---|---|
| 舟山市 | 嵊泗县 | 499 | 81.104 | 460.097 | |
| | 岱山县 | 519 | 275.820 | 692.742 | |
| | 定海区 | 137.5 | 539.713 | 406.809 | 舟山岛为定海区、普陀区分界岛，各计0.5个 |
| | 普陀区 | 658.5 | 402.717 | 828.598 | |
| | 合计 | 1 814 | 1 299.354 | 2 388.246 | |
| 嘉兴市 | 平湖市 | 17 | 0.228 | 6.071 | |
| | 海盐县 | 16 | 0.483 | 9.668 | |
| | 海宁市 | 1 | 0.004 | 0.258 | |
| | 合计 | 34 | 0.715 | 15.997 | |
| 宁波市 | 余姚市 | 0.5 | 0.113 | 1.538 | 西三岛为余姚市、慈溪市分界岛，各计0.5个 |
| | 慈溪市 | 0.5 | 0.341 | 3.61 | |
| | 镇海区 | 2 | 0.031 | 0.823 | |
| | 北仑区 | 43 | 63.136 | 89.401 | |
| | 鄞州区 | 5 | 0.025 | 1.189 | |
| | 奉化市 | 23 | 7.138 | 42.033 | |
| | 宁海县 | 58 | 2.951 | 38.872 | |
| | 象山县 | 511 | 187.749 | 540.427 | |
| | 合计 | 643 | 261.484 | 717.848 | |
| 台州市 | 三门县 | 151 | 13.112 | 119.310 | |
| | 临海市 | 166 | 19.077 | 164.598 | |
| | 椒江区 | 121 | 15.075 | 108.922 | |
| | 路桥区 | 31 | 5.894 | 48.833 | |
| | 温岭市 | 173.5 | 10.657 | 130.385 | 横仔岛为温岭市、乐清市分界岛，各计0.5个 |
| | 玉环县 | 135 | 18.500 | 133.569 | |
| | 合计 | 777.5 | 82.315 | 705.617 | |
| 温州市 | 乐清市 | 11.5 | 8.529 | 23.991 | 横仔岛为温岭市、乐清市分界岛，各计0.5个 |
| | 龙湾区 | 1 | 28.136 | 29.068 | |
| | 洞头县 | 220 | 104.359 | 342.364 | |
| | 瑞安市 | 114 | 11.969 | 111.824 | |
| | 平阳县 | 85 | 11.593 | 80.603 | |
| | 苍南县 | 120 | 9.570 | 81.103 | |
| | 合计 | 551.5 | 174.156 | 668.953 | |
| 全省 | | 3 820 | 1 818.024 | 4 496.661 | |

① 国家海洋局第二海洋研究所，2012，浙江省海岛调查研究报告。

按照社会属性分类（表2.2），浙江省有居民海岛共计254个，其中地市级岛1个，县（市、区）级岛3个，乡（镇、街道）级岛59个，村（社区）级和自然村岛192个；无居民海岛3566个。其中又以舟山市有居民海岛数量最多，计141个，占浙江省总数的一半以上。

表2.2 浙江省分市、县（市、区）海岛数量统计（按社会属性分类）

| | 县 | 有居民海岛（个） | 无居民海岛（个） | 合计 |
| --- | --- | --- | --- | --- |
| 舟山市 | 嵊泗县 | 28 | 471 | 499 |
| | 岱山县 | 29 | 490 | 519 |
| | 定海区 | 38.5 | 99 | 137.5 |
| | 普陀区 | 45.5 | 613 | 658.5 |
| | 合计 | 141 | 1 673 | 1 814 |
| 嘉兴市 | 平湖市 | 0 | 17 | 17 |
| | 海盐县 | 0 | 16 | 16 |
| | 海宁市 | 0 | 1 | 1 |
| | 合计 | 0 | 34 | 34 |
| 宁波市 | 余姚市 | 0 | 0.5 | 0.5 |
| | 慈溪市 | 0 | 0.5 | 0.5 |
| | 镇海区 | 0 | 2 | 2 |
| | 北仑区 | 6 | 37 | 43 |
| | 鄞州区 | 0 | 5 | 5 |
| | 奉化市 | 8 | 15 | 23 |
| | 宁海县 | 5 | 53 | 58 |
| | 象山县 | 18 | 493 | 511 |
| | 合计 | 37 | 606 | 643 |
| 台州市 | 三门县 | 6 | 145 | 151 |
| | 临海市 | 5 | 161 | 166 |
| | 椒江区 | 2 | 119 | 121 |
| | 路桥区 | 3 | 28 | 31 |
| | 温岭市 | 13 | 160.5 | 173.5 |
| | 玉环县 | 12 | 123 | 135 |
| | 合计 | 41 | 736.5 | 777.5 |
| 温州市 | 乐清市 | 3 | 8.5 | 11.5 |
| | 龙湾区 | 1 | 0 | 1 |
| | 洞头县 | 12 | 208 | 220 |
| | 瑞安市 | 13 | 101 | 114 |
| | 平阳县 | 3 | 82 | 85 |
| | 苍南县 | 3 | 117 | 120 |
| | 合计 | 35 | 516.5 | 551.5 |
| | 全省 | 254 | 3 566 | 3 820 |

按照成因分类，浙江海岛类型单一，仅西三岛、凫溪岛为 2 个堆积岛，其余 3 818 个海岛均为大陆地块延伸到海洋并露出海面的基岩岛。

　　按照面积大小分类（表 2.3），浙江省没有面积大于 2 500 $km^2$ 的大岛；面积在 100 ~ 2 500 $km^2$ 的大岛仅有舟山岛、岱山岛 2 个；面积在 5 ~ 100 $km^2$ 的中岛有 39 个；大部分海岛均为面积小于 5 $km^2$ 的小岛和微型海岛，占海岛总数的 99%。

表 2.3　浙江省分市、县（市、区）海岛数量统计（按面积分类）

| 市名 | 县名 | 按面积分类 | | | | | 合计 |
| | | 特大岛 | 大岛 | 中岛 | 小岛 | 微型岛 | |
| | | 面积 ≥2 500 $km^2$ | 面积 100 ~ 2 500 $km^2$ | 面积 5 ~ 100 $km^2$ | 面积 500 $m^2$ 至 5 $km^2$ | 面积 <500 $m^2$ | |
|---|---|---|---|---|---|---|---|
| 舟山市 | 嵊泗县 | 0 | 0 | 4 | 453 | 42 | 499 |
| | 岱山县 | 0 | 1 | 5 | 468 | 45 | 519 |
| | 定海区 | 0 | 0.5 | 5 | 119 | 13 | 137.5 |
| | 普陀区 | 0 | 0.5 | 8 | 558 | 92 | 658.5 |
| 嘉兴市 | 平湖市 | 0 | 0 | 0 | 15 | 2 | 17 |
| | 海盐县 | 0 | 0 | 0 | 14 | 2 | 16 |
| | 海宁市 | 0 | 0 | 0 | 1 | 0 | 1 |
| | 余姚市 | 0 | 0 | 0 | 0.5 | 0 | 0.5 |
| 宁波市 | 慈溪市 | 0 | 0 | 0 | 0.5 | 0 | 0.5 |
| | 镇海区 | 0 | 0 | 0 | 2 | 0 | 2 |
| | 北仑区 | 0 | 0 | 2 | 34 | 7 | 43 |
| | 鄞州区 | 0 | 0 | 0 | 4 | 1 | 5 |
| | 奉化市 | 0 | 0 | 0 | 19 | 4 | 23 |
| | 宁海县 | 0 | 0 | 0 | 44 | 14 | 58 |
| | 象山县 | 0 | 0 | 4 | 451 | 56 | 511 |
| 台州市 | 三门县 | 0 | 0 | 1 | 143 | 7 | 151 |
| | 临海市 | 0 | 0 | 0 | 159 | 7 | 166 |
| | 椒江区 | 0 | 0 | 1 | 111 | 9 | 121 |
| | 路桥区 | 0 | 0 | 0 | 27 | 4 | 31 |
| | 温岭市 | 0 | 0 | 0 | 167.5 | 6 | 173.5 |
| | 玉环县 | 0 | 0 | 1 | 118 | 16 | 135 |
| 温州市 | 乐清市 | 0 | 0 | 1 | 10.5 | 0 | 11.5 |
| | 龙湾区 | 0 | 0 | 1 | 0 | 0 | 1 |
| | 洞头县 | 0 | 0 | 5 | 204 | 11 | 220 |
| | 瑞安市 | 0 | 0 | 0 | 108 | 6 | 114 |
| | 平阳县 | 0 | 0 | 1 | 76 | 8 | 85 |
| | 苍南县 | 0 | 0 | 0 | 105 | 15 | 120 |
| 全省 | | 0 | 2 | 39 | 3 412 | 367 | 3 820 |

### 2.1.3 海岛面积及分布

全省海岛总面积 1 818.025 km²。按照地市级行政区划来看，舟山市海岛面积最大，1 299.354 km²，占全省海岛总面积的 70% 以上；宁波市次之；嘉兴市海岛面积最少（图 2.1）。按照县（市、区）级行政区划来看，定海区海岛面积最大，为 539.713 km²；普陀区次之。

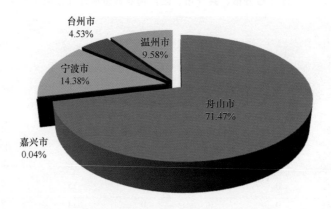

图 2.1　浙江省沿海各市海岛面积统计

按照社会属性划分来看，全省有居民海岛数量为 254 个，仅占海岛总数的 7%，却占海岛总面积的 91.4%，体现了浙江海岛的鲜明特点。

## 2.2 海岸线资源

### 2.2.1 概况

据调查统计[①]，浙江省海岸线总长为 6 714.663 km，其中，大陆海岸线长度为 2 217.957 km,海岛岸线长度为 4 496.706 km（表 2.4）。按照海岸线类型，全省人工岸线长度为 2 342.356 km，占 34.9%；基岩岸线长度 4 255.532 km，占 63.4%；砂质岸线长度 98.362 km，占 1.5%，河口岸线长度 18.414 km，占 0.2%。

---

① 国家海洋局第二海洋研究所，2012，浙江省海岛、海岸带调查成果集成报告。

表 2.4　浙江省沿海县（市、区）海岸线类型与分布　　　单位：km

| 地市 | 县市 | 人工岸线 | 基岩岸线 | 砂质岸线 | 河口岸线 | 合计 |
|---|---|---|---|---|---|---|
| 嘉兴市 | 平湖市 | 21.732 | 13.342 | | | 35.074 |
| | 海盐县 | 48.315 | 13.107 | | | 61.422 |
| | 海宁市 | 26.096 | 0.258 | | 1.624 | 27.978 |
| | 合计 | 96.143 | 26.707 | | 1.624 | 124.474 |
| 杭州市 | 萧山市 | 14.556 | | | 2.037 | 16.593 |
| 绍兴市 | 绍兴市 | 7.568 | | | | 7.568 |
| | 上虞市 | 25.333 | | | | 25.333 |
| | 合计 | 32.901 | | | | 32.901 |
| 舟山市 | 嵊泗县 | 90.392 | 361.028 | 8.677 | | 460.097 |
| | 岱山县 | 114.102 | 555.922 | 22.718 | | 692.742 |
| | 定海区 | 213.419 | 190.795 | 2.595 | | 406.809 |
| | 普陀区 | 206.331 | 597.653 | 24.615 | | 828.599 |
| | 合计 | 624.244 | 1 705.398 | 58.605 | | 2 388.247 |
| 宁波市 | 余姚市 | 26.101 | | | | 26.101 |
| | 慈溪市 | 79.144 | | | | 79.144 |
| | 镇海区 | 21.769 | 1.306 | | 0.270 | 23.345 |
| | 北仑区 | 137.837 | 49.297 | 0.363 | 0.247 | 187.745 |
| | 鄞州区 | 28.691 | 1.672 | | 0.358 | 30.721 |
| | 奉化市 | 42.942 | 52.449 | | 0.036 | 95.427 |
| | 宁海县 | 161.611 | 51.959 | | 3.783 | 217.353 |
| | 象山县 | 238.221 | 620.714 | 14.357 | 0.513 | 873.805 |
| | 合计 | 736.316 | 777.397 | 14.720 | 5.207 | 1 533.641 |
| 台州市 | 三门县 | 167.940 | 200.190 | 0.910 | 1.027 | 370.067 |
| | 临海市 | 32.607 | 187.926 | 3.449 | 0.041 | 224.023 |
| | 路桥区 | 21.544 | 61.996 | 1.127 | 0.092 | 84.759 |
| | 椒江区 | 44.828 | 106.426 | 0.545 | 1.791 | 153.590 |
| | 温岭市 | 87.232 | 203.674 | 1.812 | 0.872 | 293.590 |
| | 玉环县 | 92.219 | 226.829 | 0.778 | 0.021 | 319.847 |
| | 合计 | 446.370 | 987.041 | 8.621 | 3.844 | 1 445.876 |
| 温州市 | 乐清市 | 138.885 | 26.414 | | 2.026 | 167.325 |
| | 鹿城区 | 7.450 | | | 0.916 | 8.365 |
| | 龙湾区 | 74.171 | 0.614 | | 0.636 | 75.420 |
| | 洞头县 | 40.916 | 300.552 | 0.880 | 0.016 | 342.364 |
| | 瑞安市 | 65.929 | 108.126 | 0.249 | 1.193 | 175.496 |
| | 平阳县 | 18.284 | 95.966 | 0.759 | 0.168 | 115.177 |
| | 苍南县 | 46.192 | 227.317 | 14.528 | 0.748 | 288.784 |
| | 合计 | 391.827 | 758.989 | 16.416 | 5.702 | 1 172.931 |
| 全省合计 | | 2 342.356 | 4 255.532 | 98.362 | 18.414 | 6 714.663 |

全省岸线类型主要为人工岸线和基岩岸线，其中，大陆人工岸线长度为
1 427.33 km，基岩岸线长度为 746.62 km；海岛人工岸线长度为 915.022 km，基岩
岸线长度为 3 508.913 km。大陆人工岸线以围垦和堵港蓄淡的海塘占绝对多数，如
果不考虑河口岸线，则海宁、萧山、绍兴、上虞、余姚、慈溪、椒江、鹿城、瑞安
等九地的海岸线全部人工化；海岛人工岸线主体分布于舟山市，占海岛人工岸线总
长度比例为 68%。全省基岩岸线以海岛基岩岸线为主体，占全省比例为 82%；大陆
基岩岸线分布比较集中，象山、玉环、苍南三县基岩岸线长度超过 120 km，三门、
温岭两地的基岩岸线长度在 80~90 km 之间，仅上述五县（市）的基岩岸线即占到
全省大陆基岩岸线的 80% 以上。

砂质岸线均发育在基岩岬角拥护的半开敞小海湾，类型单一，大陆砂质岸线主
要分布在象山县东部和苍南县，上述两地的砂质岸线占浙江省大陆砂砾质岸线总长
的 85%；海岛砂质岸线主要分布于舟山市，占全部海岛的 81%。

河口岸线总长 18.4 km，其中钱塘江、甬江等六大河口岸线的长度所占比例超
过 50%。

浙江省沿海各地市海岸线长度分布，舟山市岸线最长，占到全省总长度的
35.57%，其次为宁波市 22.84%、台州市 21.53%、温州市 17.47%，以上四市共占
97.41%；嘉兴市、绍兴市、杭州市依次为 1.85%、0.49%、0.25%。

## 2.2.2  海岛岸线长度及分布

本次海岛调查结果显示，浙江海岛岸线总长 4 496.706 km（表 2.5）。按照地市
级行政区划来看，舟山市海岛岸线最长，2 388.247 km，占全省海岛岸线总长度的
53% 以上；宁波市次之；嘉兴市海岛岸线最短。按照县（市、区）级行政区划来
看，普陀区海岛岸线最长，为 828.599 km；岱山县次之。

**表 2.5  浙江省分市、县（市、区）海岛岸线统计（2008 年）**

| 市名 | 县名 | 岸线长度（km） | | | | | |
| | | 自然岸线 | | | 人工岸线 | 河口岸线 | 合计 |
| | | 基岩岸线 | 砂砾质岸线 | 粉砂淤泥质岸线 | | | |
| 舟山市 | 嵊泗县 | 361.028 | 8.677 | 0.000 | 90.392 | 0.000 | 460.097 |
| | 岱山县 | 555.922 | 22.718 | 0.000 | 114.102 | 0.000 | 692.742 |
| | 定海区 | 190.795 | 2.595 | 0.000 | 213.419 | 0.000 | 406.809 |
| | 普陀区 | 597.653 | 24.615 | 0.000 | 206.331 | 0.000 | 828.599 |
| | 合计 | 1 705.398 | 58.605 | 0.000 | 624.244 | 0.000 | 2 388.247 |

续表 2.5

| 市名 | 县名 | 岸线长度（km） | | | | | |
| --- | --- | --- | --- | --- | --- | --- | --- |
| | | 自然岸线 | | | 人工岸线 | 河口岸线 | 合计 |
| | | 基岩岸线 | 砂砾质岸线 | 粉砂淤泥质岸线 | | | |
| 嘉兴市 | 平湖市 | 6.071 | 0.000 | 0.000 | 0.000 | 0.000 | 6.071 |
| | 海盐县 | 9.668 | 0.000 | 0.000 | 0.000 | 0.000 | 9.668 |
| | 海宁市 | 0.258 | 0.000 | 0.000 | 0.000 | 0.000 | 0.258 |
| | 合计 | 15.997 | 0.000 | 0.000 | 0.000 | 0.000 | 15.996 |
| 宁波市 | 余姚市 | 0.000 | 0.000 | 0.000 | 1.538 | 0.000 | 1.538 |
| | 慈溪市 | 0.000 | 0.000 | 0.000 | 3.611 | 0.000 | 3.611 |
| | 镇海区 | 0.823 | 0.000 | 0.000 | 0.000 | 0.000 | 0.823 |
| | 北仑区 | 27.320 | 0.000 | 0.000 | 62.081 | 0.000 | 89.401 |
| | 鄞州区 | 1.189 | 0.000 | 0.000 | 0.000 | 0.000 | 1.189 |
| | 奉化市 | 37.372 | 0.000 | 0.000 | 4.661 | 0.000 | 42.033 |
| | 宁海县 | 36.114 | 0.000 | 0.000 | 2.758 | 0.000 | 38.872 |
| | 象山县 | 456.323 | 5.400 | 0.000 | 78.704 | 0.000 | 540.427 |
| | 合计 | 559.141 | 5.400 | 0.000 | 153.353 | 0.000 | 717.893 |
| 台州市 | 三门县 | 111.370 | 0.545 | 0.000 | 7.395 | 0.000 | 119.310 |
| | 临海市 | 160.794 | 3.449 | 0.000 | 0.355 | 0.000 | 164.598 |
| | 椒江区 | 106.426 | 0.545 | 0.000 | 1.950 | 0.000 | 108.922 |
| | 路桥区 | 47.248 | 0.534 | 0.000 | 1.051 | 0.000 | 48.833 |
| | 温岭市 | 124.098 | 0.393 | 0.000 | 5.895 | 0.000 | 130.386 |
| | 玉环县 | 105.594 | 0.220 | 0.000 | 27.754 | 0.000 | 133.569 |
| | 合计 | 655.530 | 5.686 | 0.000 | 44.401 | 0.000 | 705.617 |
| 温州市 | 乐清市 | 6.631 | 0.000 | 0.000 | 17.360 | 0.000 | 23.991 |
| | 龙湾区 | 0.000 | 0.000 | 0.000 | 29.068 | 0.000 | 29.068 |
| | 洞头县 | 300.552 | 0.880 | 0.000 | 40.916 | 0.016 | 342.364 |
| | 瑞安市 | 108.126 | 0.249 | 0.000 | 3.449 | 0.000 | 111.824 |
| | 平阳县 | 78.716 | 0.759 | 0.000 | 1.127 | 0.000 | 80.603 |
| | 苍南县 | 78.821 | 1.176 | 0.000 | 1.106 | 0.000 | 81.103 |
| | 合计 | 572.847 | 3.064 | 0.000 | 93.025 | 0.016 | 668.952 |
| 全省 | | 3 508.913 | 72.755 | 0.000 | 915.022 | 0.016 | 4 496.706 |

　　按照岸线类型（自然岸线、人工岸线）划分来看，全省海岛岸线以基岩岸线为主，占岸线总长度的 78%；人工岸线次之，占 20.35%；砂砾质岸线长度为 72.755 km，占总长度的 1.62%；粉砂淤泥质岸线已几乎没有。

### 2.2.3  大陆岸线长度及分布

浙江省大陆海岸线，北起平湖市金山石化总厂厂区，南至苍南县虎头鼻，全长 2 217.96 km。其中，人工岸线长 1 427.33 km，占 64.4%；基岩岸线长 746.62 km，占 33.7%；砂砾质岸线长 25.61 km，占 1.2%；河口岸线长 18.40 km，不足 1%（表 2.6）。

表 2.6  浙江省沿海县（市、区）大陆海岸线类型与分布    单位：km

| 市 | 县 | 河口岸线 | 基岩岸线 | 砂砾质岸线 | 人工岸线 | 合计 |
|---|---|---|---|---|---|---|
| 嘉兴 | 平湖 | | 7.27 | | 21.73 | 29.00 |
| | 海盐 | | 3.44 | | 48.31 | 51.75 |
| | 海宁 | 1.62 | | | 26.10 | 27.72 |
| | 合计 | 1.624 | 10.710 | | 96.143 | 108.477 |
| 杭州 | 萧山 | 2.04 | | | 14.56 | 16.59 |
| 绍兴 | 绍兴 | | | | 7.57 | 7.57 |
| | 上虞 | | | | 25.33 | 25.33 |
| | 合计 | | | | 32.90 | 32.90 |
| 宁波 | 余姚 | | | | 24.56 | 24.56 |
| | 慈溪 | | | | 75.53 | 75.53 |
| | 镇海 | 0.27 | 0.48 | | 21.77 | 22.52 |
| | 北仑 | 0.25 | 21.98 | 0.36 | 75.76 | 98.34 |
| | 鄞州 | 0.36 | 0.48 | | 28.69 | 29.53 |
| | 奉化 | 0.04 | 15.08 | | 38.28 | 53.39 |
| | 宁海 | 3.78 | 15.85 | | 158.85 | 178.48 |
| | 象山 | 0.51 | 164.39 | 8.96 | 159.52 | 333.38 |
| | 合计 | 5.21 | 218.26 | 9.32 | 582.96 | 815.75 |
| 台州 | 三门 | 1.03 | 88.82 | 0.36 | 160.54 | 250.76 |
| | 临海 | 0.04 | 27.13 | | 32.25 | 59.43 |
| | 椒江 | 1.79 | | | 42.88 | 44.67 |
| | 路桥 | 0.09 | 14.75 | 0.59 | 20.49 | 35.93 |
| | 温岭 | 0.87 | 79.58 | 1.42 | 81.34 | 163.20 |
| | 玉环 | 0.02 | 121.23 | 0.56 | 64.46 | 186.28 |
| | 合计 | 3.84 | 331.51 | 2.93 | 401.97 | 740.27 |

续表 2.6

| 市 | 县 | 河口岸线 | 基岩岸线 | 砂砾质岸线 | 人工岸线 | 合计 |
|---|---|---|---|---|---|---|
| 温州 | 乐清 | 2.03 | 19.78 | | 121.53 | 143.33 |
| | 鹿城 | 0.92 | | | 7.45 | 8.37 |
| | 龙湾 | 0.64 | 0.61 | | 45.10 | 46.35 |
| | 瑞安 | 1.19 | | | 62.48 | 63.67 |
| | 平阳 | 0.17 | 17.25 | | 17.16 | 34.57 |
| | 苍南 | 0.75 | 148.50 | 13.35 | 45.09 | 207.68 |
| | 合计 | 5.70 | 186.14 | 13.35 | 298.81 | 503.98 |
| 全省合计 | | 18.40 | 746.62 | 25.61 | 1 427.33 | 2 217.96 |

按照地市级行政区划来看，宁波市海岸线总长 815.75 km，居浙江省沿海各市之首，占浙江省大陆海岸线的 36.78%；台州市和温州市海岸线长度分别是 740.26 km 和 503.98 km，分列第二、第三位，占全省比例为 33.38% 和 22.72%；嘉兴市海岸线总长 108.48 km，占 4.89%；绍兴市和杭州市的海岸线长度分别是 32.9 km 和 16.59 km，是浙江省大陆海岸线最短的两个市，占全省比例为 1.48% 和 0.75%。

## 2.2.4 深水岸线资源及分布

从浙江省深水岸线资源的情况来看（表 2.7），前沿水深大于 10 m 的深水岸线分布于 100 多处、总长 481.8 km。其中，前沿水深介于 10 ~ 15 m 的深水岸线为 212.4 km，占 44.1%；前沿水深介于 15 ~ 20 m 的岸线长度 19.2 km，占 4.0%；前沿水深大于 20 m 的深水岸线为 250.2 km，占 51.9%。

**表 2.7 浙江省沿海各市深水岸线资源量**[①]                    单位：km

| 地区 | 深水岸线长度 | | | | | | 小计 | |
|---|---|---|---|---|---|---|---|---|
| | >10 m | | >15 m | | >20 m | | | |
| | 长度（km） | 占该地比例（%） | 长度（km） | 占该地比例（%） | 长度（km） | 占该地比例（%） | 长度（km） | 占全省比例（%） |
| 嘉兴 | 26.3 | 83.5 | | | 5.2 | 16.5 | 31.5 | 6.5 |
| 宁波 | 57.4 | 55.9 | | | 45.3 | 44.1 | 102.7 | 21.3 |
| 舟山 | 95 | 33.2 | 19.2 | 6.7 | 171.9 | 60.1 | 286.1 | 59.4 |
| 台州 | 17 | 52.1 | | | 15.6 | 47.9 | 32.6 | 6.8 |
| 温州 | 16.7 | 57.8 | | | 12.2 | 42.2 | 28.9 | 6.0 |
| 全省合计 | 212.4 | 44.1 | 19.2 | 4.0 | 250.2 | 51.9 | 481.8 | 100.0 |

---

① 国家海洋局第二海洋研究所，2012，浙江省重要海洋资源及其承载力评价。

从沿海地市拥有深水岸线资源的情况来看，舟山市拥有深水岸线资源286.1 km，占浙江省总资源量的59.4%；其次是宁波市，拥有10 m以上深水岸线102.7 km，占全省21.3%。嘉兴、台州和温州分别拥有深水岸线资源31.5 km、32.6 km和28.9 km，占全省比例为6.5%、6.8%和6.0%。

## 2.3 滩涂资源

浙江省沿岸滩涂普遍发育，主要分布在河口平原外缘的开敞岸段、半封闭港湾的隐蔽岸段及岛屿岸段。受长江来沙的影响，浙江沿岸粉砂淤泥质潮滩具有不断淤涨的特点。

据调查统计[①]，浙江省海图0 m线以上滩涂资源为2 285.14 km²，其中分布于大陆沿岸的约为1 853.48 km²，分布于海岛四周的约为431.66 km²（表2.8）。从滩涂资源类型来看，主要是粉砂淤泥质滩（潮滩），面积达2 159.72 km²，占到了总面积的94.5%；其次是砂砾滩和岩石滩，两者面积相差不大，分别是64.84 km²和60.58 km²，占总面积的2.8%和2.7%。

**表2.8　浙江省沿岸滩涂资源分布区域面积统计**

| 分布地区 | 滩涂面积（km²） | 占总面积比例（%） |
|---|---|---|
| 舟山 | 184.42 | 8.07 |
| 嘉兴 | 141.40 | 6.19 |
| 杭州 | 11.20 | 0.49 |
| 绍兴 | 87.25 | 3.82 |
| 宁波 | 744.68 | 32.59 |
| 台州 | 460.13 | 20.13 |
| 温州 | 656.07 | 28.71 |
| 全省合计 | 2 285.14 | 100.00 |

从分布区域来看，宁波市滩涂面积最大，达到了744.68 km²，占总面积的32.59%；其次是温州市，面积达到了656.07 km²，占总面积的28.71%；台州市的滩涂面积也比较大，达到了460.13 km²，占总面积的20.13%。三个市的滩涂面积之和占总面积的81.43%。其他地区的滩涂面积都较小，其中杭州市滩涂的面积最小，仅有11.20 km²，占总面积的0.49%。

---

① 国家海洋局第二海洋研究所，2012，浙江省海岛、海岸带调查集成报告。

## 2.4　滨海旅游资源

浙江沿海气候宜人，自然环境独特，汇集着山、海、崖、岛礁等多种自然景观和成千上万种海洋生物。同时，浙江沿海又是历史上开发最早的地区，历代劳动人民在这里留下了丰富的历史文化遗产。因此，浙江沿海的旅游资源兼有自然和人文、海域和陆域、古代和现代、观赏和品尝等多种类型，交相辉映，美不胜收。浙江沿海地区分布着舟山普陀山、嵊泗列岛 2 个国家级风景名胜区，舟山桃花岛等 5 个省级风景名胜区。浙江主要海岛共有可供旅游开发的景区 450 余处。

据调查统计（表 2.9）[①]，浙江沿海 7 城市的旅游资源单体总数达 13 545 个，占全省总量的 3/4，是旅游资源最为集聚的区域。其中宁波市、温州市、台州市和舟山市四个主要沿海城市旅游资源单体数量分别为 1 900 个、3 279 个、1 782 个和 861个，共计 7 822 个，占浙江 7 个沿海城市的 58%。

表 2.9　浙江沿海地区旅游资源单体分布　　　　　　　　　单位：个

| 范围 | 杭州市 | 宁波市 | 温州市 | 嘉兴市 | 绍兴市 | 舟山市 | 台州市 | 合计 |
|---|---|---|---|---|---|---|---|---|
| 沿海 7 个城市 | 2 706 | 1 900 | 3 279 | 1 156 | 1 861 | 861 | 1 782 | 13 545 |
| 沿海地带 36 个县（市区） | 502 | 1 900 | 1 979 | 479 | 529 | 861 | 1 083 | 7 332 |
| 沿海 262 个乡镇街道 | 89 | 810 | 926 | 250 | 13 | 861 | 624 | 3 573 |

注：根据 2003 年浙江省旅游资源普查资源整理统计。宁波与绍兴梁祝文化单体重复，故第二栏合计少 1个，为 7 332。

沿海地带中的 36 个县（市、区）拥有各类单体 7 332 个，占全省的 34.7%，略低于全省平均数。宁波市、温州市、台州市和舟山市 4 个沿海重要城市分别为 1 900 个、1 979 个、1 083 个和 861 个，共为 5 823 个，是沿海地带 36 个沿海县（市、区）的 79.4%，占绝大多数。

浙江沿海地带旅游资源类型丰富，拥有所有八大主类，30 个亚类，141 个旅游资源基本类型，拥有的基本类型占全国旅游资源基本类型的 90%。

八大主类中建筑与设施类（F）单体数量最多，3 868 个，地文景观类（A）次之，为 1 496 个，水域风光类（B）第三位，471 个，此外，依次为人文活动类（H）389 个、遗址遗迹类（E）385 个、生物景观类（C）365 个，旅游商品类（G）321 个，天象与气候景观类（D）为 37 个。由此可见，沿海地带除建筑与设施类外，地文景观和水域风光类相对集中，这与浙江陆地岸线和岛屿岸线多基岩海岸、滨海地带多陆海水域有一定的关联。

---

① 浙江大学，2010，浙江省潜在滨海旅游区评价与选划报告。

## 2.5 矿产资源

### 2.5.1 海砂资源

浙江省海砂资源主要赋存在沙脊（沙堤、沙坝、沙丘、沙席）、冲刷槽、三角洲、河谷、滨海、砂质平原等各类地貌单元，时代上主要为全新世和更新世。全省表层与埋藏海砂资源分布面积为 3 469.73 $km^2$，其中，嘉兴 214.39 $km^2$，宁波 237.87 $km^2$，舟山 2 816.07 $km^2$，台州 54.56 $km^2$，温州 146.84 $km^2$。

浙江海域浅海表层可估算资源量的海砂资源潜力区面积为 1 470.98 $km^2$，砂体厚度 1 ~ 5 m，潜力区预测资源量为 502 584.78 × $10^4$ $m^3$。按最小海砂区面积为 0.5 $km^2$ 计算，砂体厚度 1 ~ 5 m，潜力区面积 1 453.48 $km^2$，潜力区预测资源量为 500 022.14 × $10^4$ $m^3$。

浙江浅海有用重矿物高值区集中在杭州湾—舟山海域、瓯江口外海区，主要为钛铁矿 91.03 $km^2$、石榴石 9.98 $km^2$、锆石 412.67 $km^2$、黄铁矿 193.1 $km^2$、锡石 149.58 $km^2$、独居石 118.33 $km^2$ 和磷钇矿 59.20 $km^2$。

合理开发利用海砂矿产资源，对浙江省沿海及海岛地区的经济社会发展有着重要的作用。但是，长期以来，浙江省部分海域存在较严重的非法采砂活动，造成海砂资源大量流失，还对海洋生态环境、海上航行、港口安全及渔业资源等造成了严重影响和危害。海砂开采在带来可观的经济效益的同时，也带来较大的环境问题，如海岸侵蚀、影响水产养殖、破坏珍稀物种的栖息地、破坏旅游资源、诱发风沙和海底地质灾害等。

### 2.5.2 油气资源

1974 年以来，东海进行了多轮油气资源评价工作。初步掌握了东海油气资源规模及其区域分布，指出了一批油气富集带，发现了一批油气和含油气构造。

东海油气资源丰富，主要分布于陆架盆地东部的西湖和基隆凹陷。东海各构造单元气推测资源量统计结果表明，其总推测资源量达 92.70 × $10^8$ t。其中东海陆架盆地为 83.33 × $10^8$ t，钓鱼岛台湾隆褶带为 1.80 × $10^8$ t，冲绳海槽弧后盆为 7.57 × $10^8$ t。陆架盆地占了东海总推测资源量的 89.90%，是东海油气资源主要分布地区，且资源规模巨大，具有极大的油气勘探潜力。

东海陆架盆地中的油气推测资源量，在东部坳陷、中部隆起、西部坳陷中分别为 66.38 × $10^8$ t，3.62 × $10^8$ t，13.33 × $10^8$ t，主要集中分布于东部坳陷之中，共推测资源量占东海总资源量的 71.61%，尤其是西湖和基隆这两个含油气凹陷，它们的推测资源量之和高达 53.98 × $10^8$ t，是东海油气资源最富集的地区。

西湖凹陷以气资源为主，瓯江凹陷则油、气并重。陆架盆地东部的西湖凹陷油气推测资源量规模达 $42.10 \times 10^8$ t，其中天然气推测资源量为 $34.13 \times 10^8$ t 油当量，约占凹陷总推测资源量的 81%，以天然气为主要资源特色。

西部坳陷的瓯江凹陷推测资源量为 $4.10 \times 10^8$ t，油气推测资源量分别为 $1.69 \times 10^8$ t 和 $2.51 \times 10^8$ t；油气推测资源量比值类似，表明瓯江凹陷具有油气并重的资源特色。

由煤岩形成的油气推测资源量，在西湖和瓯江凹陷中分别为 $4.44 \times 10^8$ t 和 $1.96 \times 10^8$ t，约各占这两个凹陷总油气资源量的 10.50% 和 46.60%。显然，煤是陆架盆地尤其是西部坳陷重要的油气资源提供者。

8 个地质构造单元油气潜在资源量统计分析表明，陆架盆地总潜在资源量非常可观，达 $24\,745.64 \times 10^8$ m³。其中潜在资源量最大者为西湖凹陷，达 $11\,043.10 \times 10^8$ m³，占盆地总潜在资源量的 44.66%，是形成大型油气田的最有利凹陷。

## 2.6　海洋渔业资源

浙江海域位于东海中北部。海域西部为广温、低盐的沿岸水系，东南部外海有高温高盐的黑潮暖流流过，其分支台湾暖流和对马暖流控制着浙江大部分海域。北部有黄海深层冷水楔入，三股水系相互交汇，饵料生物丰富。同时，浙江沿海岛屿众多，海岸线曲折漫长，滩涂广阔，水质肥沃，气候适宜，海洋初级生产力较高，海洋浮游动植物的丰度和广度都非常适合海洋经济生物的繁衍生息。得天独厚的优越条件造就了浙江沿海的生物多样性，水产种质资源非常丰富，成为我国渔业资源蕴藏量最为丰富、渔业生产力最高的渔场，近海最佳可捕量占到全国的 27.3%，舟山渔场是我国主要经济鱼类的集中产区。

渔业资源的组成有鱼类、虾类、蟹类、头足类、贝类和藻类等。浙江海域有鱼类 700 多种，但作为渔业主要捕捞对象只有 30~40 种。近几年浙江省鱼类产量约 $200 \times 10^4$ t，占海洋总捕捞量的 65% 左右，是海洋渔业资源中最重要的组成部分。浙江沿海虾类资源丰富，利用历史较长，近几年来浙江省虾类产量达到 60 多万吨，约占海洋总捕捞量的 20%，是浙江渔场重要的捕捞对象。浙江省蟹类年产量已超过 $10 \times 10^4$ t。头足类是浙江渔场重要的渔业捕捞对象，历史上盛产日本乌贼，由于强化捕捞的结果，致使日本乌贼于 20 世纪 80 年代末资源急剧衰退，渔汛消失。自 90 年代初以来，随着开发利用外海和远洋捕捞，使头足类产量明显上升，近几年浙江省头足类产量已达到 $30 \times 10^4$ t，占全省海洋捕捞量的 10% 左右。

在养殖方面，浙江省浅海、港湾和滩涂养殖资源丰富，养殖条件优越，养殖品种多样。2010 年全省海水养殖面积 93 905 hm²，海水养殖产量达 $87.2 \times 10^4$ t[①]。根

---

① 浙江省海洋与渔业局，浙江省统计局，2011，浙江省 2010 年海洋统计资料。

据浙江省养殖业实际情况，将全省海水养殖统一划分为：滩涂养殖、浅海养殖和池塘养殖。其中滩涂养殖面积占70%以上。

渔业资源增殖放流是世界通行的恢复渔业资源和修复水域生态环境的有效方法，也是促进渔业经济可持续发展有效途径。从1982年至今，浙江省先后进行过鱼类（大黄鱼、黑鳍棘鲷、石斑鱼、梭鱼、黄姑鱼、日本黄姑鱼等）、甲壳类（中国明对虾、日本囊对虾、三疣梭子蟹、拟穴青蟹等）、贝类（菲律宾蛤、文蛤、青蛤、毛蚶、鲍鱼、荔枝螺、日本乌贼等）、海蜇等种类的增殖放流，取得了良好的经济、生态和社会效益。从增殖放流的地点看，中国明对虾放流主要位于象山港海域；大黄鱼放流主要位于舟山沿海；黑鲷放流较为分散，浙江沿海均有分布；海蜇放流集中在杭州湾。

人工鱼礁建设既是改善渔业生态环境的重要手段，也是海洋生态的修复工程。浙江省大规模的人工鱼礁建设项目始于2001年，截至2006年浙江省已建成人工鱼礁7处，其中舟山市3处，温州市2处，宁波市、台州市各1处。全省人工鱼礁建成面积98.33 hm$^2$，其中舟山市50.40 hm$^2$，温州市34.26 hm$^2$，宁波市6.67 hm$^2$，台州市7 hm$^2$。已经完成的人工鱼礁建设数量到达43.07×10$^4$空立方米。2002—2006年，全省在人工鱼礁区放流石斑鱼、条石鲷、花尾胡椒鲷、黑鲷、真鲷、双斑东方鲀、大黄鱼、日本黄姑鱼8种鱼类，共计511.38万尾，从而加快了人工渔场的形成。

## 2.7　海洋可再生能资源

浙江沿海位于亚热带季风气候区，潮强流急，风大浪高，具有较丰富的潮汐能、潮流能、波浪能、温差能、盐差能以及风能等海洋能资源。海洋能源具有大面积、低密度、不稳定、可再生等特征。据最新的观测资料分析和数值计算[①]，各类海洋能资源量分述如下。

浙江省500 kW以上的潮汐能电站站址有19个，蕴藏量为964.36×10$^4$ kW，理论年发电量844.36×10$^8$ kW·h；技术可开发装机容量856.85×10$^4$ kW，年发电量37.5×10$^8$ kW·h，居全国第二位（图2.2）。

浙江省具开发价值的潮流水道有37条，潮流能蕴藏量达519×10$^4$ kW，开发利用条件居全国沿海省区第一位（图2.3）。

浙江省近海离岸20 km区域内波浪能蕴藏量为196.79×10$^4$ kW，理论年发电量172.39×10$^8$ kW·h；技术可开发装机容量191.60×10$^4$ kW，年发电量167.84×10$^8$ kW·h，居全国各省排名第四位（图2.4）。

---

① 国家海洋技术中心，2011，我国海洋可再生能资源调查研究报告。

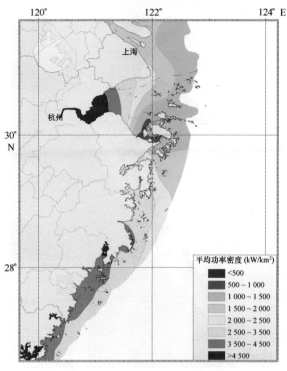

图 2.2　浙江省潮汐能资源分布

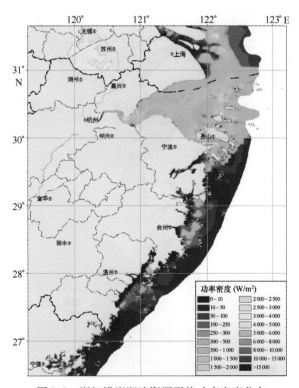

图 2.3　浙江沿岸潮流资源平均功率密度分布

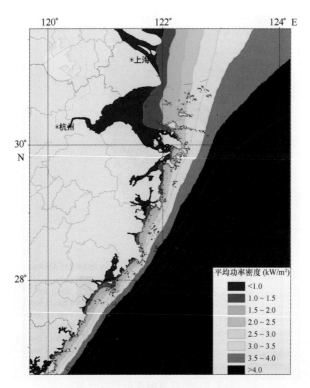

图 2.4　浙江省波浪能功率密度分布

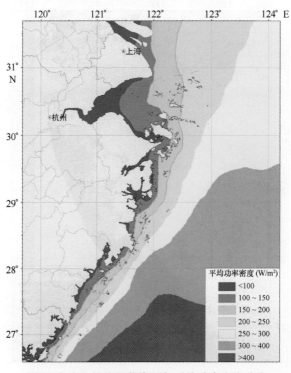

图 2.5　浙江沿海风能资源年平均功率密度分布

浙江省风能资源总蕴藏量为 $7\,550.0 \times 10^4$ kW，居全国第 6 位，技术可开发量为 $5\,001.5 \times 10^4$ kW，居全国第 5 位（图 2.5）。

此外，浙江省主要河流入海口盐差能蕴藏量为 $346 \times 10^4$ kW，理论年发电量 $303 \times 10^8$ kW·h；技术可开发装机容量 $34.6 \times 10^4$ kW，年发电量 $15 \times 10^8$ kW·h，居全国第四位。

# 第3章　海洋灾害

浙江省海洋灾害类型繁多，包括气象灾害（大风、海雾、冰雹、霜冻、台风、暴雨等）、水动力灾害（风暴潮、巨浪、急流、海平面上升等）、生态灾害（赤潮、绿潮、病原生物、外来生物入侵、滨海湿地退化等）和地质灾害（海岸侵蚀、港湾淤积、海底滑坡、断裂、地面沉降、海水入侵、浅层气等）等。综合分析上述各灾种对浙江的危害程度，台风、暴雨是主要的气象灾害；风暴潮、巨浪是主要的水动力灾害；赤潮、滨海湿地退化是主要的生态灾害；海岸侵蚀、港湾淤积、海底滑坡则是主要的地质灾害。

## 3.1　气象灾害

### 3.1.1　台风

据统计分析（陆建新，2012），1949—2008 年影响浙江的台风共计 312 个，分成 5 种路径：Ⅰ型为中转向台风，即在 125°E 以东 140°E 以西转向的台风；Ⅱ型为西转向台风，即在 125°E 以西转向；Ⅲ型为在浙江、江苏或上海登陆或在近海消失的台风；Ⅳ型为登陆福建或在台湾海峡消失的台风；Ⅴ型为路径往广东、海南的台风，主要为登陆广东的台风。

其中Ⅳ型台风最多，有 98 个，占 31.4%；其次是Ⅱ型，有 70 个，占 22.4%，再是Ⅴ型和Ⅲ型，有 68 个和 48 个，占 21.8% 和 15.4%；最后是Ⅰ型，有 28 个，占 9.0%（图 3.1）。

1）季节变化

从登陆台风的情况看（见表 3.1），8 月为最多的月份，其次为 7 月，再次为 9 月。因此 7—9 月为台风登陆集中期，共有 37 个台风在浙江登陆，占登陆台风总数的 92.5%。

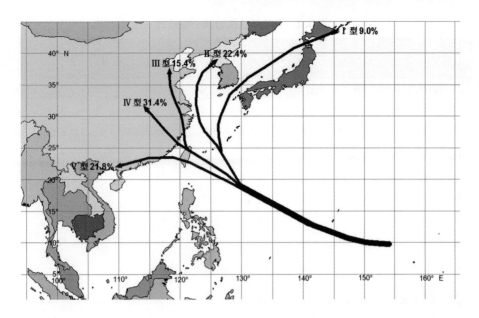

图 3.1 影响浙江的台风路径

**表 3.1 登陆浙江的台风个数统计**

| 年代 \ 月份 | 5 月 | 6 月 | 7 月 | 8 月 | 9 月 | 10 月 | 总数 |
|---|---|---|---|---|---|---|---|
| 1949 年 | 0 | 0 | 1 | 0 | 0 | 0 | 1 |
| 20 世纪 50 年代 | 0 | 0 | 3 | 1 | 1 | 0 | 5 |
| 20 世纪 60 年代 | 1 | 0 | 0 | 0 | 0 | 1 | 2 |
| 20 世纪 70 年代 | 0 | 0 | 3 | 4 | 0 | 0 | 7 |
| 20 世纪 80 年代 | 0 | 0 | 5 | 1 | 1 | 0 | 7 |
| 20 世纪 90 年代 | 0 | 0 | 0 | 4 | 2 | 0 | 6 |
| 2000—2008 年 | 0 | 0 | 2 | 5 | 4 | 1 | 12 |
| 总数 | 1 | 0 | 14 | 15 | 8 | 2 | 40 |

从影响浙江的台风来看（见表 3.2），8 月为最多的月份，有 106 个（占 34.0%），其次为 7 月，再次为 9 月。7—9 月，共有 256 个台风影响浙江，占总数的 82.1%。

表 3.2　影响浙江的台风个数统计

| 月份<br>年代 | 5 月 | 6 月 | 7 月 | 8 月 | 9 月 | 10 月 | 11 月 | 总数 |
|---|---|---|---|---|---|---|---|---|
| 1949 年 | 0 | 0 | 2 | 0 | 1 | 0 | 0 | 3 |
| 20 世纪 50 年代 | 0 | 3 | 10 | 19 | 13 | 1 | 2 | 48 |
| 20 世纪 60 年代 | 5 | 5 | 17 | 17 | 11 | 3 | 1 | 59 |
| 20 世纪 70 年代 | 0 | 2 | 16 | 18 | 8 | 5 | 1 | 50 |
| 20 世纪 80 年代 | 3 | 5 | 14 | 18 | 11 | 3 | 0 | 54 |
| 20 世纪 90 年代 | 0 | 5 | 9 | 19 | 16 | 5 | 0 | 54 |
| 2000—2008 年 | 1 | 1 | 11 | 15 | 11 | 5 | 0 | 44 |
| 总数 | 9 | 21 | 79 | 106 | 71 | 22 | 4 | 312 |

2）年际变化

浙江沿海平均每 2 年就会出现一次较大的台风灾害，20 世纪 70—90 年代，登陆和影响浙江的台风频率变化不大，登陆浙江的台风每年平均在 0.6～0.7 个之间，影响浙江的台风每年平均为 5.0～5.4 个。但是进入 21 世纪以来，登陆浙江沿海的台风明显增多，灾害发生强度有增强的趋势，每年平均登陆浙江的台风增加到 1.33 个，影响浙江的台风变化不大，为 4.9 个（表 3.3）。

表 3.3　1949—2008 年间登陆和影响浙江的台风个数统计

| 年代 | 总登陆个数 | 总影响个数 |
|---|---|---|
| 1949—2008（60 年） | 40 | 312 |
| 年平均 | 0.67 | 5.2 |
| 20 世纪 70 年代 | 7 | 50 |
| 年平均 | 0.7 | 5 |
| 20 世纪 80 年代 | 7 | 54 |
| 年平均 | 0.7 | 5.4 |
| 20 世纪 90 年代 | 6 | 54 |
| 年平均 | 0.6 | 5.4 |
| 2000—2008（9 年） | 12 | 44 |
| 年平均 | 1.33 | 4.9 |

近 10 年，强台风的出现频率也有明显增多的趋势，登陆华东沿海的台风增多，华南沿海减少。台风主要影响带有从华南沿海移向浙闽沿海的趋势，1949 年以来超强台风登陆浙江的有 10 个，其中 2000 年后就有 3 个；强台风以上登陆浙江的有 20 个，其中 2000 年以后就有 9 个（2000 年以后登陆浙江的有 12 个，占 75%）。随着

气候的变暖，海洋温度的增高，台风生成的时间提早，结束的时间偏迟。如 0716 号台风，10 月 7 日在浙江登陆。

## 3.1.2　暴雨

我国气象上规定，24 h 降水量为 50 mm 或以上的雨称为"暴雨"。按其降水强度大小又分为三个等级，即 24 h 降水量为 50 ～ 99.9 mm 称"暴雨"；100 ～ 200 mm 以下为"大暴雨"；200 mm 以上称"特大暴雨"。由于各地降水和地形特点不同，所以各地暴雨洪涝的标准也有所不同。特大暴雨是一种灾害性天气，往往造成洪涝灾害和严重的水土流失，导致工程失事、堤防溃决和农作物被淹等重大的经济损失。

台风是引起浙江省沿海大风和暴雨的主要因素。受台风影响，容易引起大风天气（平均风速≥6 级）的主要是大陈站，占 55.8%，嵊山站，占 55.0%；其次为嵊泗、南麂、大衢、北麂，所占比例都大于 44.0%。由于上述站点位置都比较靠外海，比较容易出现大风天气。天台和临海在台风影响浙江期间，没有出现大风天气；杭州和仙居也只出现了 1 次。

受台风影响，容易引起暴雨天气（日降水量≥50 mm）的是温岭，占 29.4%，其次是临海，占 27.0%，温州，占 24.5%。最不容易引起暴雨的是平湖、慈溪、大衢、嵊泗，占 10% 以下，主要是因为影响浙江中南部的台风多于浙江北部，而这几个站都处于浙江北部。

据统计，浙江省沿海每年暴雨天数平均有 2.4 ～ 6.0d（图 3.4），以浙江中、南部沿海最多，北部的嵊山为最少。

浙江省沿海一年四季都有可能出现暴雨，但主要集中在 5—10 月，各站分别占总暴雨日数的 77% ～ 91%。从图 3.5 可见，浙江省沿海暴雨日数的年变化呈双峰性，高峰位于 6 月和 8 月，正好处于浙江省的梅汛期和台汛期，主峰在 8 月。

大暴雨 4—12 月均可出现，但主要还是集中在 8—9 月，占大暴雨天数的 43% ～ 75%。特大暴雨大部分出现在 7—10 月，石浦出现在 5 月，7 月和 9 月出现的占 56%。可见，每年 7—9 月是大（特大暴雨）的多发期，其产生原因，主要是台风等热带东风系统和初秋弱冷空气共同作用的结果。

值得注意的是出现在 11—12 月的秋冬暴雨，其次数虽然不多，但其影响却不可忽视，如 1972 年 12 月 21—22 日，嵊山（海洋站）、洞头、北麂等站 24h 雨量分别达 78.5 mm、95.3 mm 和 70.5 mm。又如 1982 年 11 月 28 日，北部各站 24h 雨量在 61 ～ 95 mm。还有 1974 年、1984 年、1985 年的 11 月嵊山、大陈、洞头等站曾出现过日降水量超过 110 mm 的大暴雨。这种秋冬暴雨大多是低压槽与冷空气相结合的产物，往往伴有大风，所以，对渔船、渔网、水产等物资和人民的生命构成巨大威胁，要特别提防。

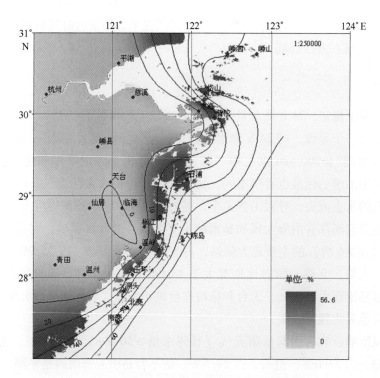

图 3.2　台风影响期间出现大风天气的频率

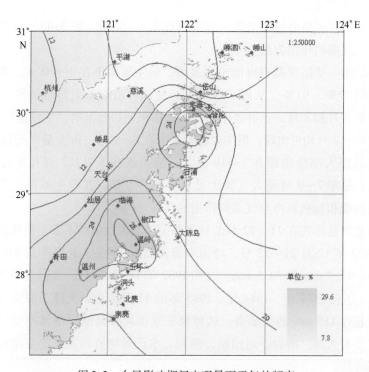

图 3.3　台风影响期间出现暴雨天气的频率

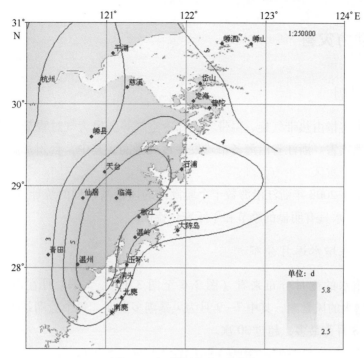

图 3.4　年平均暴雨日数分布

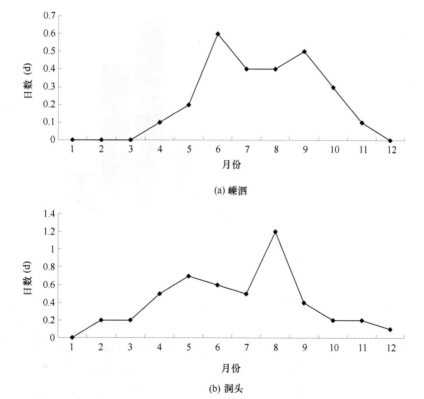

(a) 嵊泗

(b) 洞头

图 3.5　累年各月平均暴雨日数

## 3.2 水动力灾害

### 3.2.1 风暴潮

风暴潮灾害指由热带气旋、温带气旋和冷空气等强风天气过程造成的潮位暴涨所产生的自然灾害。浙江省沿海各市均发生过风暴潮，其中，台州及温州沿海为风暴潮频发区及严重区。

根据 1949—2008 年浙江沿海数十个验潮站的风暴潮过程的统计分析（陆建新，2012），风暴增水具有明显的季节和年际变化特征。

#### 3.2.1.1 风暴增水逐月分布

从风暴增水的逐月分布来看（图 3.6 至图 3.11），5—11 月在沿海均会发生 50 cm 以上增水的风暴潮，其中 7—9 月为风暴潮多发期，每个验潮站平均发生次数超过 10 次，8 月为最多，超过 30 次。

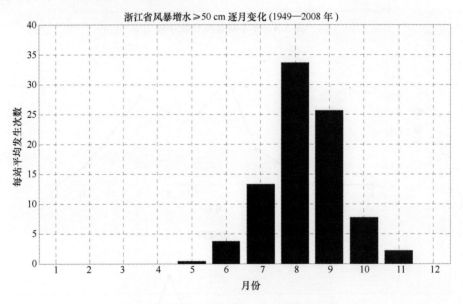

图 3.6　浙江省风暴增水≥50 cm 逐月变化

各级风暴增水的逐月分布规律也基本一致。增水超过 100 cm 以上的风暴潮过程主要集中在 7—9 月，其中 8—9 月发生增水 200 cm 的风暴潮过程次数较多。5—11 月期间均出现过 150 cm 以上增水的风暴潮过程，其中 8 月最多，每站平均出现次数超过 8 次；此外，8 月出现增水超过 200 cm 的风暴潮的平均发生次数接近 4 次/站，250 cm 以上增水的风暴潮次数为 1.5 次/站。和其他沿海省市相比，历史上只有浙江省和广东省出现过 I 级风暴潮。

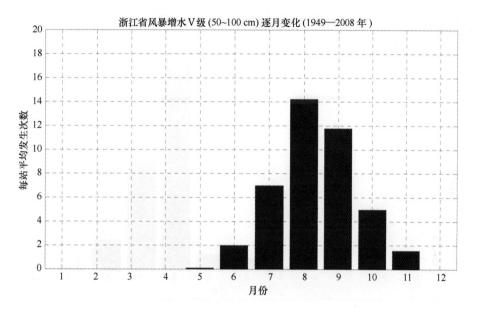

图 3.7　浙江省风暴增水 V 级逐月变化

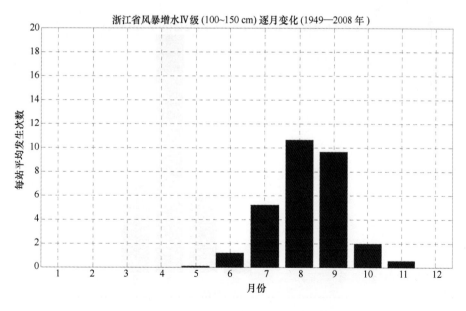

图 3.8　浙江省风暴增水 IV 级逐月变化

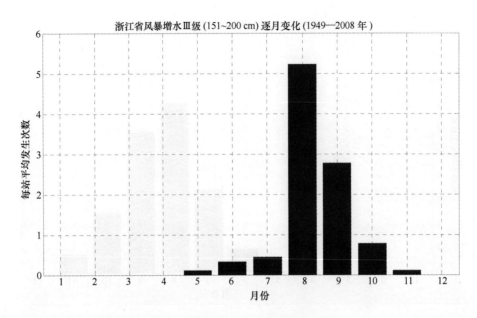

图 3.9　浙江省风暴增水Ⅲ级逐月变化

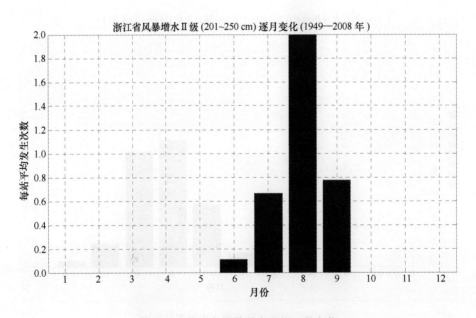

图 3.10　浙江省风暴增水Ⅱ级逐月变化

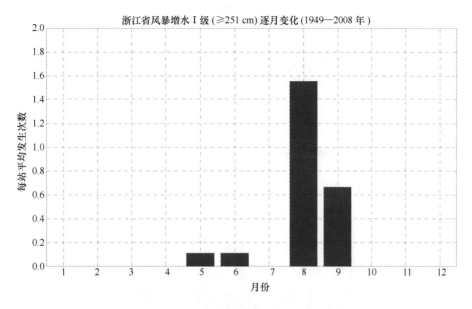

图 3.11　浙江省风暴增水 I 级逐月变化

### 3.2.1.2　风暴增水年际分布

从浙江省风暴潮年代际变化可以看出（图 3.12 至图 3.17），1949—2009 年间，虽然风暴潮发生次数不同年代间有着较为明显的波动，总体仍然呈上升的趋势，20世纪 60 年代前期为第一次峰值，约为 1.6 次/站，之后有所下降，直至 60 年代后期

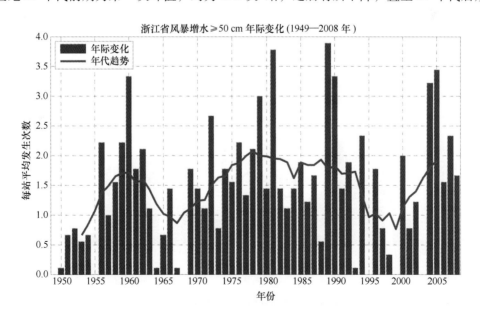

图 3.12　浙江省风暴增水 ≥50 cm 年际变化

起逐渐上升，70年代后期至80年代前期为第二次峰值，约为2次/站，之后波动微幅下降，至90年代前期发生次数基本维持在1.7次/站，90年代中期起呈现较明显的下降趋势，至90年代后期方开始逐渐上升，21世纪前10年中期出现第三次峰值，约为2次/站。

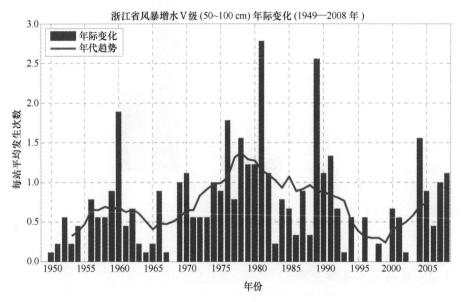

图 3.13 浙江省风暴增水 V 级年际变化

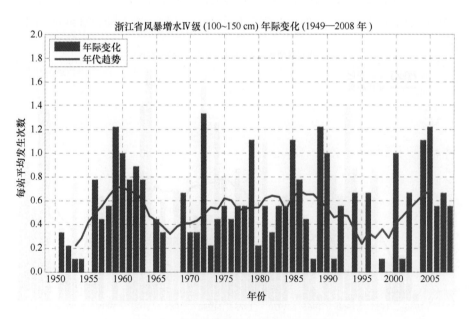

图 3.14 浙江省风暴增水 IV 级年际变化

V级和IV级风暴潮频次变化趋势也基本一致，只是在70年代后期达到峰值后从80

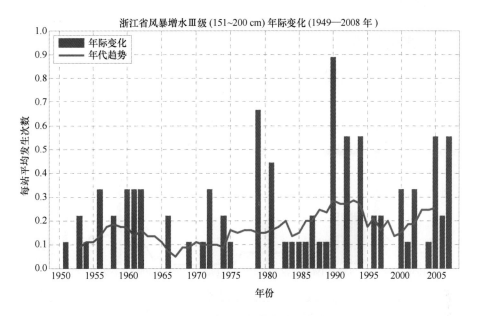

图 3.15　浙江省风暴增水Ⅲ级年际变化

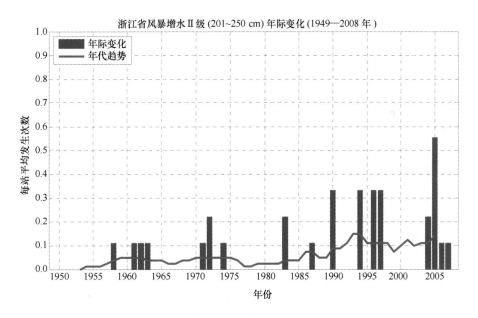

图 3.16　浙江省风暴增水Ⅱ级年际变化

年代前期便开始下降，90 年代后期逐渐上升；Ⅲ级风暴潮出现次数较多的时期为 90 年代前期至中期，略多于 50 年代中后期至 60 年代前期以及 21 世纪前 10 年；Ⅱ级风暴潮高发期为 90 年代中后期至 21 世纪前 10 年中期；Ⅰ级风暴潮主要出现的时期为 50 年代后期至 60 年代前期以及 90 年代中后期至 21 世纪前 10 年中期。可以看出，90 年代中后期虽然总风暴潮发生次数呈减少趋势，但Ⅱ级以上增水却为上升态势。

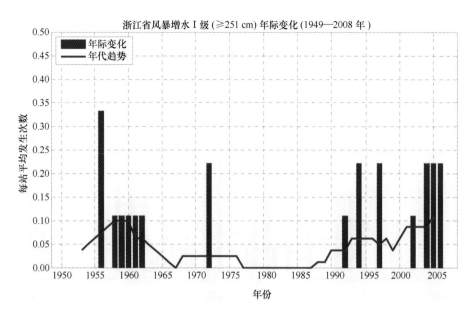

图 3.17　浙江省风暴增水Ⅰ级年际变化

风暴潮年代际变化趋势与全球气温变化有较为密切的关系。与 50 年来全球气温变化相比，20 世纪 50 年代中期全球气温偏低对应我国风暴潮发生次数明显偏少；50 年代后期至 60 年代初期的气温偏高则对应风暴潮次数偏多，为这一阶段的高峰期；70 年代末以来全球气温升高幅度较大，对应风暴潮次数显著增加；90 年代中后期至 21 世纪前 10 年中期虽然风暴潮发生次数有所减少，但仍然和 60 年代的峰值次数相当，平均发生次数约为 1 次/站。

### 3.2.2　海浪

#### 3.2.2.1　浙江北部海区灾害性海浪

1）浙江北部海区 4 m 以上灾害性海浪年际分布

根据国家海洋环境预报中心 42 年实况资料（1968—2009 年）统计分析（陆建新，2012），东海北部海区 42 年间共发生 4 m 以上灾害性海浪过程 797 次，累计 1 307 d；多年平均为 19.0 次/a，31.1 d/a（图 3.18）。主要致灾原因为强冷空气，次要致灾原因为冷空气与气旋配合。

历史上浙江北部海区发生 4 m 以上灾害性海浪过程频次偏多的年份共有 10 年，其中以 1980 年发生的频次最多，达到 34 次，累计 54 d；东海北部海区发生 4 m 以上灾害性海浪过程频次偏少的年份共有 12 年，其中以 1995 年发生的频次最少，为 9 次，累计 11 d；其余年份为正常年份。

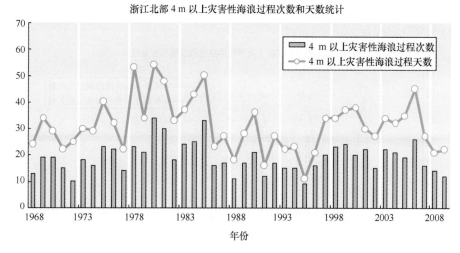

图 3.18 浙江北部海区 4 m 以上灾害性海浪年际分布

2）浙江北部海区 4 m 以上灾害性海浪季节分布

浙江北部海区 4 m 以上灾害性海浪过程的主要、次要致灾原因分别为强冷空气、冷空气与气旋配合，因而发生频次较多的月份为冬半年的 11 月至 12 月和翌年的 1 月至 3 月，其中发生频次最多的月份为 1 月，全年有 15.3% 的 4 m 以上灾害性海浪过程发生在本月；发生频次较少的月份为夏半年的 4 月至 10 月，其中发生频次最少的月份为 5 月，全年只有 1.6% 的 4 m 以上灾害性海浪过程发生在本月（图 3.19）。

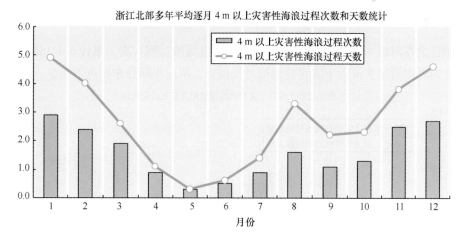

图 3.19 浙江北部海区 4 m 以上灾害性海浪多年平均逐月分布

3）浙江北部海区 6 m 以上灾害性海浪年际分布

浙江北部海区 42 年间共发生 6 m 以上灾害性海浪过程 101 次，累计 146 d；多

**79**

年平均为 2.4 次/a，3.5 d/a（图 3.20）。主要致灾原因为热带气旋，次要致灾原因为冷空气与气旋配合。

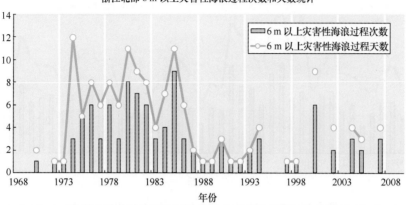

图 3.20　浙江北部海区 6 m 以上灾害性海浪年际分布

历史上浙江北部海区发生 6 m 以上灾害性海浪过程频次偏多的年份共有 8 年（1975 年、1976 年、1978 年、1980 年、1981 年、1982 年、1985 年和 2000 年），其中以 1985 年发生的频次最多，达到 9 次，累计 11 d；东海北部海区发生 6 m 以上灾害性海浪过程频次偏少的年份共有 11 年（1968 年、1969 年、1971 年、1995 年、1996 年、1996 年、2001 年、2003 年、2006 年、2008 年和 2009 年），均没有发生 6 m 以上灾害性海浪过程；其余年份为正常年份。

4）浙江北部海区 9 m 以上灾害性海浪年际分布

浙江北部海区 42 年间共发生 9 m 以上灾害性海浪过程 6 次，累计 6 d（图 3.21）。由于东海北部海区 9 m 以上灾害性海浪过程偏少，所以年际分布特点不明显。

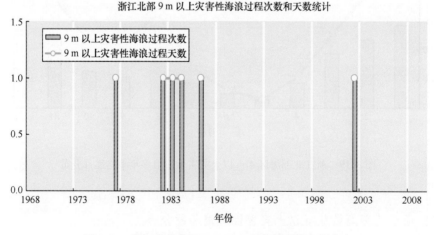

图 3.21　浙江北部海区 9 m 以上灾害性海浪年际分布

5）浙江北部海区各级特征波高分布

1968—2009 年，浙江北部海区出现无浪到大浪（即有效波高 0.0 ~ 3.9 m）的多年平均天数为 333.9 d/a；出现巨浪（即有效波高 4.0 ~ 5.9 m）的多年平均天数为 27.6 d/a；出现狂浪（即有效波高 6.0 ~ 8.9 m）的多年平均天数为 3.4 d/a；狂涛以上（即有效波高 ≥9.0 m）过去 42 年中只出现过 6 次（图 3.22）。

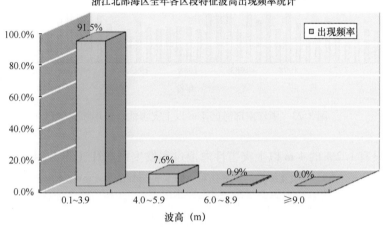

图 3.22　浙江北部海区各级特征波高出现频率分布

### 3.2.2.2　浙江南部海区灾害性海浪

1）浙江南部海区 4 m 以上灾害性海浪年际分布

根据国家海洋环境预报中心 42 年实况资料（1968—2009 年）分析，浙江南部海区 42 年间共发生 4 m 以上灾害性海浪过程 1 087 次，累计 2 400 d；多年平均为 25.9 次/a，57.1 d/a（图 3.23）。主要致灾原因为强冷空气，次要致灾原因为热带气旋。

历史上浙江南部海区发生 4 m 以上灾害性海浪过程频次偏多的年份共有 9 年，其中以 1985 年发生的频次最多，达到 41 次，累计 77 d；浙江南部海区发生 4 m 以上灾害性海浪过程频次偏少的年份共有 7 年，其中以 1972 年发生的频次最少，为 13 次，累计 31 d；其余年份为正常年份。

2）浙江南部海区 4 m 以上灾害性海浪季节分布

浙江南部海区 4 m 以上灾害性海浪过程的主要、次要致灾原因分别为强冷空气、热带气旋，发生频次较多的月份为冬半年的 10 月至 12 月和翌年的 1 月至 3 月，其中发生频次最多的月份为 12 月，全年有 16.2% 的 4 m 以上灾害性海浪过程发生在本月；发生频次较少的月份为夏半年的 4 月至 9 月，其中发生频次最少的月份为 5

**81**

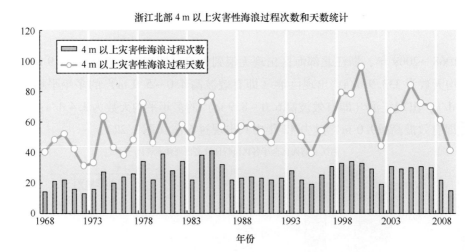

图 3.23    浙江南部海区 4 m 以上灾害性海浪年际分布

月，全年只有 1.2% 的 4 m 以上灾害性海浪过程发生在本月（图 3.24）。

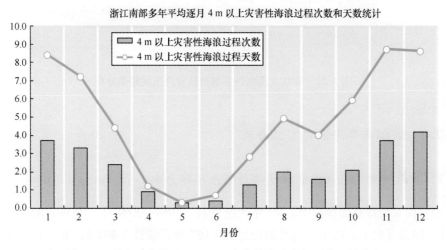

图 3.24    浙江南部海区 4 m 以上灾害性海浪多年平均逐月分布

3）浙江南部海区 6 m 以上灾害性海浪年际分布

根据国家海洋环境预报中心 42 年实况资料（1968—2009 年）分析，东海南部海区 42 年间共发生 6 m 以上灾害性海浪过程 224 次，累计 342 d；多年平均为 5.3 次/a，8.1 d/a。主要致灾原因为热带气旋，次要致灾原因为强冷空气。

历史上南部海区发生 6 m 以上灾害性海浪过程频次偏多的年份共有 11 年（1974 年、1977 年、1978 年、1980 年、1981 年、1982 年、1984 年、1985 年、2000 年、2005 年和 2007 年），其中以 1984 年发生的频次最多，达到 14 次，累计 20 d；东海南部海区发生 6 m 以上灾害性海浪过程频次偏少的年份共有 17 年（1968 年、1969 年、1970

年、1971 年、1972 年、1973 年、1988 年、1991 年、1993 年、1995 年、1996 年、1997 年、1998 年、1999 年、2001 年、2003 年和 2009 年），其中 1968 年、1970 年、1973 年和 1993 年均没有发生 6 m 以上灾害性海浪过程；其余年份为正常年份（图 3.25）。

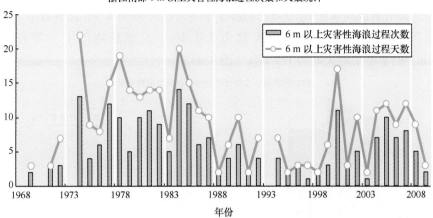

图 3.25　浙江南部海区 6 m 以上灾害性海浪年际分布

4）浙江南部海区 9 m 以上灾害性海浪年际分布

根据国家海洋环境预报中心 42 年实况资料（1968—2009 年）分析，浙江南部海区 42 年间共发生 9 m 以上灾害性海浪过程 34 次，累计 46 d；多年平均为 0.8 次/a，1.1 d/a。主要致灾原因为热带气旋，次要致灾原因为冷空气与气旋配合（图 3.26）。

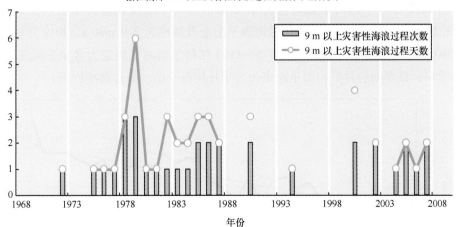

图 3.26　浙江南部海区 9 m 以上灾害性海浪年际分布

历史上浙江南部海区发生 9 m 以上灾害性海浪过程频次偏多的年份共有 2 年（1978 年和 1979 年），均达到 3 次，累计 3～6 d；其余年份为正常年份。

5）浙江南部海区各级特征波高分布

根据国家海洋环境预报中心 42 年实况资料（1968—2009 年）分析，浙江南部海区出现无浪到大浪（即有效波高 0.0~3.9 m）的多年平均天数为 307.9 d/a；出现巨浪（即有效波高 4.0~5.9 m）的多年平均天数为 49.0 d/a；出现狂浪（即有效波高 6.0~8.9 m）的多年平均天数为 7.0 d/a；出现狂涛以上（即有效波高 ≥9.0 m）的多年平均天数为 1.1 d/a（图 3.27）。

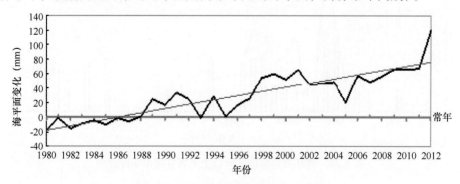

图 3.27　浙江南部海区各级特征波高出现频率分布

## 3.2.3　海平面上升

据 2012 年《中国海平面公报》①，中国沿海海平面变化总体呈波动上升趋势（图 3.28）。1980—2012 年，中国沿海海平面上升速率为 2.9 mm/a，2012 年海平面为 1980 年以来最高位。（注：将 1975—1993 年的平均海平面定为常年平均海平面，简称常年；该期间的月平均海平面定为常年月均海平面，简称常年同期）。

图 3.28　中国沿海海平面变化及趋势

① 国家海洋局，2012 年中国海平面公报，2013 年。

近几十年来，浙江沿海海平面变化与全国一致（图 3.29），也呈明显上升趋势①。20 世纪 70 年代中期经历了一次小的高峰期，80 年代海平面有所回落，90 年代以后海平面回升，1981 年至 2011 年，全省各代表站海平面平均累计上升约 70 mm，平均上升速率为 2.4 mm/a。

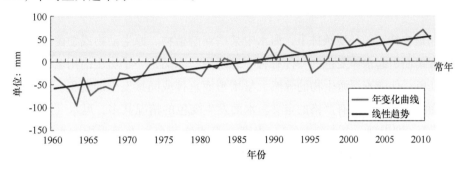

图 3.29  浙江沿海海平面变化及趋势

2012 年，浙江沿海海平面比常年高 128 mm，比 2011 年高 78 mm。4 月海平面与常年同期基本持平，其他月份均高于常年同期，其中，6 月和 8 月海平面分别高 187 mm 和 208 mm，为 1980 年以来同期最高值；与 2011 年同期相比，6 月和 8 月海平面分别高 145 mm 和 166 mm（图 3.30）。

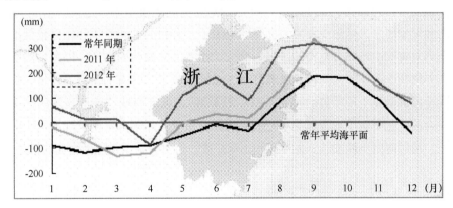

图 3.30  2012 年浙江海平面逐月变化

全球气候变暖对海岸带的影响尤其是海平面上升问题，早已受到世界各国特别是沿海国家的关注。因为工农业发达、人口密集的地区多集中于海岸带地区，海平面上升对沿海地区社会经济、自然环境及生态系统等产生重大影响，导致海洋灾害强度加剧、频次增多，沿海海堤防潮标准降低，进一步加重致灾程度。

---

①  浙江省海洋与渔业局，2011 浙江海洋灾害公报，2012 年。

## 3.3 生态灾害

### 3.3.1 赤潮

赤潮是在特定的环境条件下，海水中某些浮游植物、原生动物或细菌爆发性增殖或高度聚集而引起水体变色的一种有害生态现象。赤潮是一个历史沿用名，它并不一定都是红色。伴随着浮游生物的骤然大量增殖而直接或间接发生的现象。赤潮本来是渔业方面的用语，并没有严格的定义。水面发生变色的情况甚多，厄水（海水变绿褐色）、苦潮（即赤潮，海水变赤色）、青潮（海水变蓝色）及淡水中的水华，都是同样性质的现象。构成赤潮的浮游生物种类很多，但鞭毛虫类（如沟腰鞭虫）、硅藻类大多是优势种。当发生赤潮时浮游生物的密度一般为 102 ~ 106 细胞/mL。在日本近海淡水流入的内湾，自春至秋均有发生。近年，随着城市和工业废水的增加而出现了富营养化，在东京湾、濑户内海、有明海等赤潮频繁发生。赤潮有时可使鱼类等水生动物遭受很大危害，这是由于赤潮浮游生物堵塞鱼鳃，引起机械障碍，和它们死后分解，迅速消耗氧气，水中氧气不足，以及分泌有害物质等造成的〔尤其是裸甲藻属（*Gymnodinium*）和（*Olisthodiscus*）等为害甚大〕。

赤潮藻种的存在和充分的营养物质是赤潮发生的物质基础，适宜的水温、盐度、水动力和气象因子等是赤潮发生的重要环境因子，有利的种间竞争和相对较低的生物摄食压力对赤潮的形成有重要的作用。受长江径流等陆源营养物质，以及台湾暖流等外海营养物质季节性变动的输入影响，浙江海域形成了其特有的富营养环境，目前已经成为全国赤潮发生最严重的区域之一（图 3.31）。浙江海域"赤潮高发区"中不同群落组合的变化反映了本海域受不同水系的影响程度，赤潮暴发则呈现出发生时间不断提前、持续时间不断加长、发生面积不断扩大、有毒有害藻类逐渐增加的特点。

#### 3.3.1.1 浙江海域赤潮时空分布

浙江海域最早的赤潮记录为 1933 年台州沿海的夜光藻赤潮，20 世纪 80 年代开始有文献记载的赤潮记录开始增多。20 世纪 80 年代，赤潮发生次数和面积都较少，分别为 19 次和 8 100 km²；90 年代赤潮发生次数上升为 66 次，面积达 15 000 km²；进入 21 世纪以后浙江海域赤潮发生次数和面积显著上升，2000—2008 年的 9 年间，赤潮发生次数达到 371 次，赤潮累计面积高达 135 800 km²。

统计结果表明，20 世纪 80 年代至今，浙江海域赤潮年度发生次数出现了 2 个峰值（图 3.32），即 1990 年和 2003 年，赤潮发生次数分别为 22 次和 74 次；浙江海域赤潮年度发生面积有 3 个峰值，即 1990 年、2000 年和 2004 年，这 3 年的赤潮面积分别为 12 950 km²、26 190 km² 和 30 950 km²。

图 3.31 舟山朱家尖岛以东海域 10~20 km² 的赤潮（2007 年 8 月 16 日）

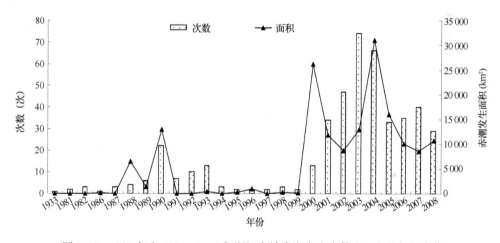

图 3.32 1933 年和 1981—2008 年浙江海域赤潮发生次数和面积的年际变化

总体而言，浙江海域赤潮发生次数和面积的月度变化都呈现一个从起始到高峰最后衰退的过程（图 3.33）。浙江海域的赤潮 1 月、2 月就可能发生，从 3 月开始逐渐增多，到 5 月次数和面积都达到一年中的峰值，之后逐渐回落，到 11 月降到最低，12 月浙江海域尚无赤潮记录。1933 年，1981—2008 年，浙江海域 5 月发生赤潮 189 次，累计面积 99 940 km²，分别占总数的 42.6% 和 62.9%（图 3.34）。6 月仅次于 5 月，赤潮发生次数和面积所占百分比分别为 25.2% 和 18.6%。5 月、6 月赤潮发生次数和面积分别占总数的 67.8% 和 81.5%，因此，浙江海域赤潮高发期为 5 月、6 月。

就赤潮的区域分布而言（图 3.35 至图 3.36），浙江省沿海 4 个市中以舟山海域赤潮发生次数和面积最高，1933—2008 年间，共发生赤潮 201 次，累计面积 76 740 km²，分别占全省总数的 46.4% 和 49.5%。宁波和温州海域赤潮发生次数也

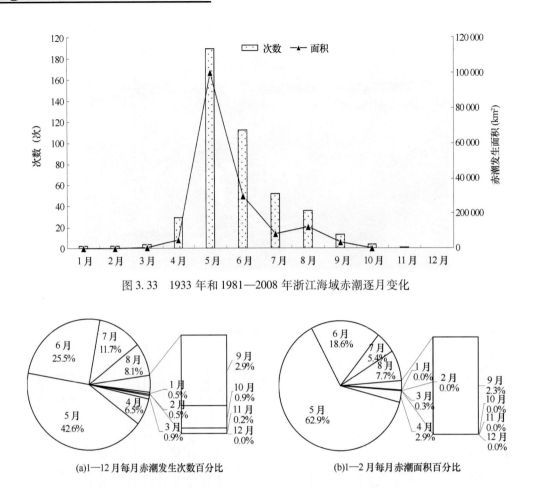

图 3.33　1933 年和 1981—2008 年浙江海域赤潮逐月变化

(a)1—12 月每月赤潮发生次数百分比　　(b)1—2 月每月赤潮面积百分比

图 3.34　1933 年和 1981—2008 年浙江海域每月赤潮发生次数和面积百分比

较多，分别为 90 次和 87 次，台州海域赤潮发生次数最少，为 55 次。但赤潮累计面积最少的区域是温州海域。总的来说，浙江海域的赤潮分布有两个明显的特点：第一，大面积的赤潮均发生于离近岸较远的海域，主要是远离大陆的群岛附近，如台州列岛和中街山列岛附近海域；第二，赤潮高发区多为近岸养殖区，如象山港和大陈岛附近海域。

### 3.3.1.2　浙江海域常见赤潮生物

1933—2008 年浙江海域发生赤潮的生物种类 113 种，包括硅藻 65 种、甲藻 39 种、金藻 2 种、蓝藻 4 种、针胞藻 2 种、原生动物 1 种。2001—2008 年浙江海区所报道的曾引发赤潮的种类有 40 种。

浙江海域主要的赤潮种为中肋骨条藻、夜光藻、东海原甲藻，占有记录种赤潮的 80% 以上。统计结果表明，21 世纪以来，东海原甲藻、米氏凯伦藻和中肋骨条藻已成为目前浙江海域赤潮主要肇事种，由这 3 种藻引发或协同引发的赤潮占赤潮总

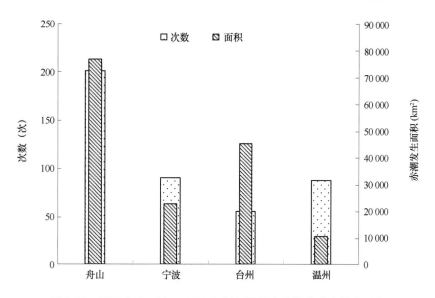

图 3.35　1933 年和 1981—2008 年浙江沿海市赤潮发生次数和面积

次数的 47% 以上。

　　中肋骨条藻（*Skeletonema costatum*）属于硅藻门中心硅藻纲圆筛藻目骨条藻科骨条藻属，是常见的浮游种类。中肋骨条藻在浙江海域生长特点是：春夏季节均能形成密度高峰，秋冬季节为低谷，而赤潮的多发期与生长峰期基本一致，多在春夏季。研究已经表明，中肋骨条藻最适温度增殖范围在 24～28℃；盐度对中肋骨条藻的影响较小，几乎看不出什么影响，18～35.7 均适合中肋骨条藻的生长。春、夏季节海水中较厚的光适水层使中肋骨条藻能够在较大的水柱空间内利用丰富的营养盐进行光合作用生长繁殖，加之适宜的温度和盐度条件，所以形成了春夏季的生长高峰，乃至暴发赤潮。同时，中肋骨条藻利用对最适光照季节性变化的策略，适应了初春到夏末东海海水光照的大幅变化，是春夏季均能形成生长高峰和暴发赤潮一个重要原因。

　　东海原甲藻（*Prorocentrum donghaiense*），属甲藻纲原甲藻目原甲藻科原甲藻属，是目前原甲藻属中唯一已知能形成细胞短链的种类。适合东海原甲藻生长的温度范围是 20～27℃，最适温度为 24℃；适合该藻生长的盐度范围是 25～35，最适盐度是30。东海原甲藻是一种喜长光照的赤潮藻类，光周期在 6 h 以下为不适区间，8～18 h 为亚适区间，20 h 以上为最适区间。东海原甲藻在自然海水中可以利用的磷源比较广泛，可以吸收无机磷 $NaH_2PO_4$，又可以利用 3 种小分子三磷酸腺苷二钠盐（ATP）、D‐葡萄糖‐6‐磷酸钠（G‐6‐P）和甘油磷酸钠（G‐P），这可以为东海原甲藻赤潮形成提供丰富的磷源。与中肋骨条藻相比，尽管东海原甲藻的高吸收半饱和常数使其不利于吸收介质中的无机磷，低的细胞最大生长速率也不利于其细胞的迅速增长繁殖，但由于其能够吸收利用多种溶解态有机磷，而且其细胞的营养储存能力很强，因此在低营养盐环境下具有较强的竞争能力。这一结果与东海原甲

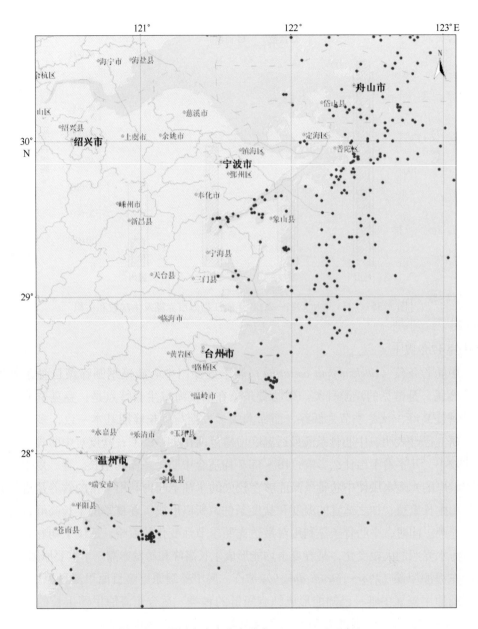

图 3.36　浙江省赤潮灾害分布（1933—2008 年）

藻赤潮爆发现场的环境调查结果基本一致，可以作为解释东海原甲藻赤潮形成原因的依据之一。

　　米氏凯伦藻（*Karenia mikimotoi*）属于裸甲藻目（Gymnodiniales），凯伦藻属（*Karenia*）。米氏凯伦藻能分泌溶血性毒素和鱼毒素，有溶解鱼类鳃组织细胞的作用。由于其能够分泌毒素，米氏凯伦藻的种间竞争除包括利用性竞争外，存在着典型的干扰性竞争，主要通过直接接触和分泌次生物质到水中（即他感作用），因此米氏凯伦藻赤潮爆发期间，其他优势藻数量相比要少很多。

夜光藻（*Noctiluca scintillans*）隶属于甲藻门（Pyrrophyta），横裂甲藻纲（Dinophceae），环沟藻目（Gymnodiniales），夜光藻科（Noctiluceae），其个体大小范围为 340～2 200 μm，具有营养繁殖和有性繁殖两种生活史，是一种广布于浙江沿岸的低盐发光种，可作为沿岸水系的指示生物。2000 年以前，浙江海域半数左右的赤潮是由该藻种造成的，1990 年前，该藻种所造成的赤潮更是超过了 70%。2003 年后的赤潮事件中，夜光藻即使达到赤潮时的细胞浓度，绝大部分情况下也未成为最主要藻种，因此一般认为目前夜光藻赤潮已不是浙江省的主要赤潮。

### 3.3.2　滨海湿地退化

滨海湿地是指沿海岸线分布的低潮时水深不超过 6 m 的滨海浅水区域到陆域受海水影响的过饱和低地的一片区域，包括自然湿地和人工湿地，自然湿地包括浅海水域、潮下水生层、珊瑚礁、岩石性海岸、砂砾质海岸、粉砂淤泥质海岸、滨岸沼泽、红树林沼泽、海岸潟湖、河口水域、三角洲湿地；人工湿地包括养殖池塘、盐田、水田、水库。从浙江省海岛、海岸带滨海湿地类型、演变及其生态效应来看，人工湿地大多由天然湿地通过围填海工程转变而来，其向陆分布范围难以界定；自然湿地的演变主要发生在海岸线与海图 0 m 线之间，其类型包括岩石性海岸、砂砾质海岸、粉砂淤泥质海岸、滨岸沼泽、红树林沼泽 5 种。因此，本文主要按上面 5 种天然的滨海湿地类型进行叙述。

据调查统计[①]，2008 年浙江省天然滨海湿地面积共计 2 285.139 km²（表 3.4）。按照类型来看，粉砂淤泥质海岸面积达 2 038.246 km²，占总面积的 89.2%；其次为滨岸沼泽，占总面积的 5.3%；红树林沼泽面积最少，仅分布于乐清湾内海岛局部区域。从沿海各市的分布来看，宁波市面积最大，占总面积的 32.6%；其次为温州市、台州市；杭州市面积最小，仅分布在钱塘江河口两岸。

表 3.4　浙江省海岛、海岸带天然滨海湿地面积统计（2008 年）　单位：km²

|  | 岩石性海岸 | 砂砾质海岸 | 粉砂淤泥质海岸 | 滨岸沼泽 | 红树林沼泽 | 合计 |
|---|---|---|---|---|---|---|
| 嘉兴市 | 0.302 | 1.669 | 139.427 | 0.000 | 0.000 | 141.398 |
| 杭州市 | 0.000 | 0.000 | 11.196 | 0.000 | 0.000 | 11.196 |
| 绍兴市 | 0.000 | 0.000 | 84.465 | 2.780 | 0.000 | 87.245 |
| 宁波市 | 12.965 | 31.685 | 597.536 | 102.490 | 0.000 | 744.677 |
| 舟山市 | 25.068 | 28.467 | 130.887 | 0.000 | 0.000 | 184.422 |
| 台州市 | 11.535 | 1.747 | 437.026 | 9.140 | 0.679 | 460.128 |
| 温州市 | 10.714 | 1.268 | 637.709 | 6.380 | 0.002 | 656.073 |
| 全省 | 60.584 | 64.836 | 2 038.246 | 120.790 | 0.681 | 2 285.139 |

---

① 国家海洋局第二海洋研究所，2012，浙江省海岛、海岸带调查成果集成报告。

近年来，由于自然、人为因素的共同干扰下，浙江省天然滨海湿地退化明显，表现为面积减小、自然景观丧失、质量下降、生态功能降低、生物多样性减少等一系列现象和过程。

根据不同年份的遥感影像资料解译结果（表 3.5）[①]，浙江省天然滨海湿地面积明显减小，从 1987 年的 2 975.87 km² 减少到 2008 年的 2 285.14 km²。从时间序列来看，1987—1997 年间面积变化不大，1997—2008 年间面积骤减，此与同期围填海活动加剧有关。从湿地类型来看，滨岸沼泽面积变化最大，从 1987 年的 434.29 km² 减少到 2008 年的 120.79 km²，此与滨岸沼泽主要发育在潮间带中、上部有关，该区域是围填海活动最频繁的区域；其次，粉砂淤泥质海岸面积减少也较多，与大型围填海工程有关，围垦下限到达潮间带下部，如瓯江口围垦工程、台州湾沿岸围垦工程等。岩石性海岸和砂砾质海岸的面积均有所减少，也与部分基岩岸段、砂砾质岸段的围垦工程有关，如象山县爵溪镇于 1992—1994 年葱镇南小岭头至大燕礁修筑了东塘，原爵溪沙滩处于围垦区内而消失，其南面的下沙湾沙滩也遭侵蚀，面积减小。红树林沼泽面积有所增加，均分布在乐清湾内。浙江沿岸原本没有红树林生长，1957 年西门岛渔民从福建省引种红树林后，历经繁衍成为我国最北端的红树林，近年来在乐清县西门岛、玉环县茅蜒岛的滩涂进行大规模的人工引种后，红树林面积已近千亩（1 亩 ≈ 0.066 7 公顷）。

表 3.5　浙江省海岛、海岸带天然滨海湿地面积变化　　　　单位：km²

| 类型 | 1987 年 | 1992 年 | 1997 年 | 2002 年 | 2008 年 |
|---|---|---|---|---|---|
| 岩石性海岸 | 64.95 | 64.43 | 64.36 | 60.68 | 60.58 |
| 砂砾质海岸 | 79.35 | 79.27 | 78.83 | 75.23 | 64.84 |
| 粉砂淤泥质海岸 | 2 397.28 | 2 376.84 | 2 338.76 | 2 237.80 | 2 038.25 |
| 滨岸沼泽 | 434.29 | 419.71 | 319.27 | 231.35 | 120.79 |
| 红树林沼泽 | 0.00 | 0.00 | 0.00 | 0.00 | 0.68 |
| 合计 | 2 975.87 | 2 940.25 | 2 801.22 | 2 605.06 | 2 285.14 |

除面积大幅减少外，滨海湿地生态环境也受损严重。一是粉砂淤泥质海岸、滨岸沼泽的沉积物受工农业污染物排放和海水养殖业的影响，总氮、总磷普遍超标，铜、铬等重金属元素在部分区域还存在严重超标的现象，沉积物总体质量下降。二是外来物种入侵严重，在滨岸沼泽区域，外来的互花米草已成为优势种甚至单一种，导致湿地生态系统结构改变和生态功能降低。三是砂砾质海岸退化明显，在海平面不断上升和不当的海岸工程作用下，海岸侵蚀加剧，海滩沉积物粗化或泥化现象多有出现，海滩景观受到损坏。

---

① 国家海洋局第二海洋研究所，2012，浙江省海岛、海岸带调查成果集成报告。

# 3.4　地质灾害

## 3.4.1　海岸侵蚀

海岸侵蚀，系指在海洋动力作用下，导致海岸线向陆迁移或潮间带和潮下带底床下蚀的海岸变化过程。从历史演变过程看，浙江海岸是在基岩港湾充填过程中发展起来的。在河口、港湾区，泥沙来源丰富，波浪作用弱，岸滩一直处于淤涨状态，由于围海造田需要，绝大部分已修筑海塘，成为人工岸线。只有在濒临开敞海域的基岩岸段，海水直抵山麓，发育形成海蚀崖、海蚀柱、海蚀平台、海蚀洞等侵蚀地貌。此外，在开敞海域的基岩岬角湾岙，局部发育砂砾质海滩地貌。目前，浙江海岸线总长 6 715 km，其中，人工岸线 2 342.356 km，占 34.9%；基岩岸线 4 255.532 km，占 63.4%；砂砾质岸线 98.362 km，仅占 1.5%。浙江省海岸侵蚀主要发生在基岩岸段、杭州湾北岸人工岸段，以及基岩岬角海湾内的砂砾质岸段。

基岩岸段是浙江侵蚀海岸中分布最广的一类岸线，其主要侵蚀动力是波浪。7000 年来的稳定海平面使基岩海岸迎风面受波浪的不断作用而侵蚀后退，由于基岩岩性的差异，后退速度有快慢，但这种侵蚀不同于软质海岸（砂砾质、淤泥质）的侵蚀，速率相当缓慢。从现存海蚀平台宽度 20~60 m 计，侵蚀后退速率小于 1 cm/a。

杭州湾北岸历史上一直处于侵蚀后退状态，明代（1472 年）全面修建海塘后，形成了现代岸线轮廓，基本上控制了侵蚀后退的坍势。此后，海岸侵蚀由侧蚀演变为下切，目前海塘内地面高程普遍比塘外边滩高 3~5 m，即反映出该段岸线的侵蚀性质。在长期的潮流侵蚀下切作用下，沿杭州湾北岸自上海金山至浙江澉浦前沿，发育了长约 54 km 的潮流冲刷深槽，平均水深 10 m，局部可达 50 m。

浙江省砂砾质岸线不足 100 km，多零星分布在大陆和海岛沿岸岬角小海湾内，岸滩地形在长期波浪作用下已与动力相适应，处于动态均衡状态。近年来，随着海平面的不断上升，及大量布置不当的海岸工程和采挖海砂等原因，砂砾质海岸侵蚀的范围和程度不断加大，如泗礁山岛五龙沙滩、大衢岛万良岙沙滩、六横岛外门沙沙滩等。部分海滩侵蚀出露海滩岩、泥炭层等，如大长涂岛小沙河沙滩、象山爵溪沙滩等。这些砂砾质海滩虽然规模较小，但是海岸侵蚀已导致海滩劣化、浴场破坏，甚至造成冲毁村镇、堤坝、农田、防护林等严重灾害，如象山县长沙村海岸（图 3.37）。

## 3.4.2　海湾淤积

浙江沿海岸线漫长曲折，港湾相间，分布有象山港、三门湾、浦坝港、乐清湾等大、中型半封闭海湾，它们均具有优越的地理位置、良好的生态环境和丰富的自

图 3.37　象山县长沙村海岸侵蚀状况（2012 年 9 月 26 日拍摄）

然资源，是集"能源、港航、滩涂、养殖"等资源开发于一体的多功能型海湾。但海湾的脆弱性，使其动态平衡和资源优势易受某些不当工程的破坏。如，近年来在三门湾、浦坝港、乐清湾内实施的大规模围填海工程已导致这些海湾动力、沉积环境发生突变，水交换能力减弱，泥沙淤积加快，生态环境恶化，严重影响到这些海湾及其周边区域的可持续协调发展。

约 7000 年前，海平面上升到目前海面附近，海水直拍山麓，海侵淹没沿岸低洼地、河谷而形成溺谷型海湾，面积远大于今日。泥沙逐渐充填，海湾逐渐达到动态平衡，自然状态下淤积十分缓慢。据浅地层探测和钻孔资料，全新世地层厚度一般为 15~35 m，全新世年平均淤积速率小于 0.5 cm/a。至近代（尤其在 1949 年后），围填海活动加剧，原动态平衡被打破，岸线推移与海湾淤积呈加速趋势。

以浦坝港为例（图 3.38）（夏小明，1996），1949 年海域面积 101.3 km²，1949—1964 年围垦 6.8 km²，1964—1978 年围垦 27.5 km²，1978—1992 年围垦约 10 km²，合计 44.3 km²，占 1949 年海域面积的 44%，纳潮量约减少 30%，口门深槽最大水深从 1964 年的 18.2 m 骤淤为 1992 年的 9.3 m（图 3.39），口门断面 5 m 深槽宽度从 1964 年的 800 m 缩窄为 1992 年的 150 m。目前，浦坝港仍处于快速淤积状态，趋向衰亡。

三门湾、乐清湾的情形与浦坝港十分相似，作为大型电厂（核电、火电）和深水港口码头所依托的水道深槽也处于快速淤积状态，优良的水深条件难以维持。如，三门核电站前沿的猫头水道深槽，1964 年以来一直处于快速淤积状态，当时最大水深为 50 m，2003 年淤浅为 45.4 m。近年来，猫头水道上游又实施了蛇蟠涂、晏站涂等大型围垦工程，预计猫头水道将进入特快淤积状态，据估算，均衡状态下的猫

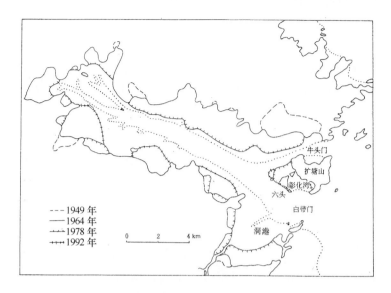

图 3.38 浦坝港海岸变迁

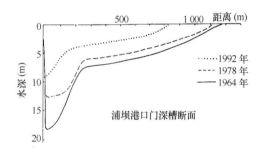

图 3.39 浦坝港口门深槽断面变化

头水道口门断面平均水深为 12.6 m，比 2003 年口门断面平均水深淤积 5 m；均衡状态下猫头水道最大水深将不足 35 m，可能影响到核电站取排水口的水深条件和温排水扩散能力[①]。

## 3.4.3 海底滑坡

根据海岛、海岸带普查资料的统计分析（来向华，2000），在浙江沿岸潮汐水道边坡区共发现 38 处明显的土体失稳现象（图 3.40），主要分为两大类：崩塌和滑坡，以滑坡类型为主。而按照滑坡体的稳定状态，又可划分为破碎性滑坡和整体性滑坡。破碎性滑坡指滑坡体在失稳的同时或随后的运动过程中部分或整体破碎（甚至呈流动状态）。整体性滑坡指滑坡体在失稳的同时或随后的运动过程中基本保持

---

① 夏小明，三门湾潮汐汊道系统的稳定性，2011 年。

不变形。经统计，在已被发现的38处失稳现象以整体性滑坡居多，共30处，这可能与崩塌、破碎性滑坡在浅地层剖面上难以被识别有关。由于已有的资料以普查为主，缺少详细调查和其他验证资料，因此，浙江海区内土体失稳的类型、数量及分布尚不完全清晰。就已识别出的土体失稳现象来看，由剪胀性土破坏形成的整体性滑坡仍占多数。

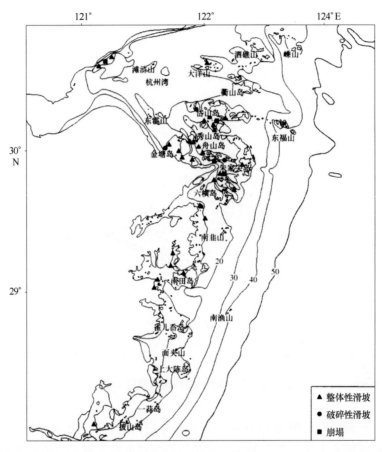

图 3.40　浙江沿岸潮汐水道边坡失稳的分布状况

浙江沿岸的潮汐水道边坡剖面主要为上、下"坡折带"与平缓带相互衔接构成的双"S"形海岸剖面（夏小明，2000）。从滑坡发生的剖面分布来看，上、下"坡折带"是滑坡现象发生频率较高的地区，上"坡折带"附近经常有规模较大的滑坡发生，而下"坡折带"附近滑坡发生的规模和频率相对较小。

从平面分布来看，潮汐水道边坡区的现代滑坡主要发生在如下3个典型地貌部位：①基岩岬角控制的弧形岸滩边坡，全新世海平面上升后，原始基岩海岸岬角间形成半封闭海湾，泥沙逐渐淤积充填，弧形岸滩向海推进，同时岬角外水道深槽贯通并发生侵蚀，导致边坡上部载荷不断加大，边坡逐渐变陡，坡脚侵蚀形成临空面，

极易导致滑坡发生,如六横岛西北角水下边坡、玉环岛大麦屿沿岸边坡(图 3.41);
②水道交汇形成的舌状浅滩两侧边坡,由于水道交汇形成缓流区,细颗粒泥沙在流
影区淤积,舌状浅滩发育并延伸,浅滩两侧毗邻水道深槽,滩淤槽冲,易导致滑坡
发生,如册子水道外钓山岛北侧舌状浅滩西坡(图 3.42)(刘毅飞,2007);③水道
区残留高地边坡,在舟山水道区多处发现有残留高地,这些高地在晚更新世海水入
侵以来一直遭受侵蚀,只是在全新世高海面以来逐渐淤积加高加宽,但毗邻的水道
深槽持续冲刷,易导致滑坡发生,如西白莲岛北水道中残留高地边坡(图 3.43)。

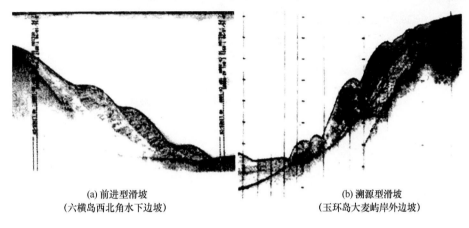

(a) 前进型滑坡　　　　　　　　　　　　　　(b) 溯源型滑坡
(六横岛西北角水下边坡)　　　　　　　　　(玉环岛大麦屿岸外边坡)

图 3.41　基岩岬角间弧型海岸发育的多级滑坡体

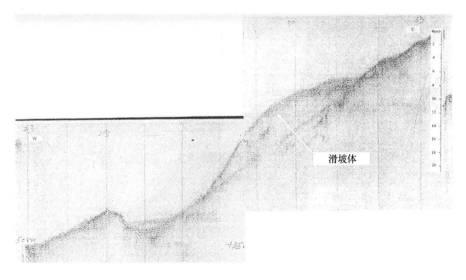

图 3.42　册子水道外钓山岛北侧舌状浅滩滑坡体

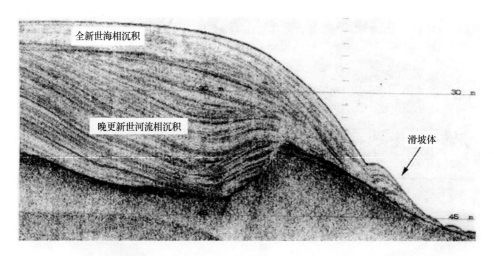

图 3.43　西白莲岛北水道中残留高地滑坡体

# 第4章 海洋经济

## 4.1 海洋经济总量

据统计[①]，2010 年浙江省海洋及相关产业总产出 12 350.1 亿元，比上年增长 26.4%（按现价计算，下同），其中，第一产业 473.5 亿元，第二产业 7 344.3 亿元，第三产业 4 532.3 亿元，分别比上年增长 19.5%、27.4%、25.5%。

2010 年全省海洋生产总值（海洋经济增加值）3 774.7 亿元，比上年增长 25.8%，其中第一产业 286.7 亿元，第二产业 1 599 亿元，第三产业 1 889.1 亿元，分别比上年增长 20.3%、28.7%、24.3%，海洋经济占全省 GDP 的比重达 13.6%，比上年上升 0.5 个百分点。海洋经济三次产业结构比例为 7.6∶42.4∶50，海洋经济发展呈现出良好势头。

从沿海城市来看，宁波市的海洋经济规模最大，2010 年海洋经济增加值达 855.79 亿元；其次是舟山市、温州市和台州市，海洋经济增加值分别为 450.96 亿元、402.78 亿元、295.90 亿元；嘉兴市规模较小，海洋经济增加值为 118.84 亿元。

## 4.2 主要海洋产业发展状况

### 4.2.1 海洋渔业

#### 1）海洋捕捞业

2010 年浙江省海洋捕捞产量为 $327.91 \times 10^4$ t，其中东海海域的捕捞量占绝大比重，达 $290.89 \times 10^4$ t；从捕捞的品种来看，鱼类占较大比重，为 $209.86 \times 10^4$ t，其次是甲壳类和头足类，分别为 $76.06 \times 10^4$ t 和 $34.16 \times 10^4$ t。全省外海渔获量在海洋捕捞总产量中占据重要位置，远洋渔业从无到有，迅速发展并具有了一定规模，2010 年产量达 $19.41 \times 10^4$ t。

---

① 浙江省海洋与渔业局、浙江省统计局，2011，浙江省 2010 年海洋统计资料。

2）海洋养（增）殖业

浙江省适宜于养殖的滩涂、浅海和围塘资源丰富，养殖条件优越，养殖品种众多，逐渐形成了近海、外海、滩涂、海面、海底、陆地立体化多品种养殖的基地化、规模化生产格局。2010 年全省海水养殖总面积为 $9.39 \times 10^4 \ hm^2$，总产量达 $87.21 \times 10^4 \ t$，滩涂贝类养殖产量一直占全省海水养殖总产量的 70% 以上。

3）水产品加工业

水产品加工是水产品增值的重要环节，也是今后海洋经济增值的发展方向。随着捕养业和（增）养殖业的发展，浙江省形成了一批加工能力较强的水产企业，鱼虾贝加工利用成效初现。目前，加工业已改变了盐、卤、炸、晒的传统单一方式，形成了冷冻加工、保鲜保活、料理食品、方便食品及海洋生物、化工、医药等多层次加工体系。2010 年海洋水产品加工总产出 360.69 亿元，增加值 58.56 亿元。

表 4.1　浙江省主要海洋产业基本情况（2010 年）[①]

| 海洋产业 | | 总产出（亿元） | 增加值（亿元） | 年末从业人员（人） |
|---|---|---|---|---|
| 海洋渔业 | 海洋水产品（捕捞与养殖） | 365.79 | 209.34 | 304 404 |
| | 海洋水产品加工 | 360.69 | 58.56 | 64 121 |
| 海洋矿业 | | 39.22 | 10.44 | 8 950 |
| 海洋盐业 | | 3.27 | 1.45 | 1 641 |
| 海洋化工业 | | 452.17 | 110.70 | 5 378 |
| 海洋生物医药业 | | 100.97 | 30.84 | 1 911 |
| 海洋电力业 | | 5.31 | 1.79 | 316 |
| 海水利用业 | | 1 217.27 | 361.53 | 44 832 |
| 海洋船舶工业 | | 807.79 | 169.32 | 105 878 |
| 涉海建筑业 | | 990.29 | 215.76 | 222 266 |
| 海洋交通运输业 | | 951.70 | 311.40 | 141 070 |
| 滨海旅游业 | | 1 202.97 | 479.79 | 101 330 |
| 其他海洋产业 | 海洋农林业 | 107.71 | 77.37 | 56 287 |
| | 海洋设备制造业 | 1 648.74 | 332.04 | 140 065 |
| | 涉海产品及材料制造业 | 1 718.58 | 306.51 | 4 211 |
| | 海洋批发与零售业 | 243.99 | 161.85 | 104 267 |
| | 海洋服务业 | 2 133.64 | 936.04 | 128 398 |
| 合计 | | 12 350.10 | 3 774.73 | 1 435 325 |

① 浙江省海洋与渔业局、浙江省统计局，2011，浙江省 2010 年海洋统计资料。

## 4.2.2　海洋矿业

浙江陆域的油气资源几乎为零，但浙江近海的海洋石油天然气资源十分喜人，经济价值巨大。据现有资料，东海油气目前已展开勘探工作的有 8 个气井。2001 年，东海残雪二井、平湖六井等的勘探工作已经组织完成，并向国家储委提交了 370 多亿立方米的探明储量，使春晓气田累计探明储量超过了 $800 \times 10^{8} \ m^{3}$。根据国家部署，建立油气区 5 个，重点区域为春晓、平湖、断桥、残雪、天外天 5 个油气区，同时在该油气区建立相应的石油平台区。此外东海大陆架上还有玉泉、孤山、龙井、温东等多个含油气构造，这些东海油气资源区主要位于专属经济区内。其中春晓油气田群距浙江省宁波市东南 350 km，东海西湖凹陷区域，由 4 个油气田组成，面积达 $2.2 \times 10^{4} \ km^{2}$。

浙江省沿海地区已探明的固体矿产区 6 个。重点区域为北仑固体矿产区、定海固体矿产区、普陀固体矿产区、岱山固体矿产区、嵊泗固体矿产区和洞头固体矿产区，矿种主要为海砂、建筑用凝灰岩、建筑用花岗岩。2010 年浙江省海滨矿业总产量 $1.034 \times 10^{8} \ t$，共实现总产出 39.22 亿元，增加值 10.44 亿元。

## 4.2.3　海洋盐业

浙江是盐业产销兼有的省份，全省现有大小制盐企业 95 家。2010 年底，盐田总面积 3 275 hm²，其中生产面积 2 703.04 hm²，海盐生产能力为 $16.4 \times 10^{4} \ t$，年产量为 $10.59 \times 10^{4} \ t$；盐加工产量 $28.13 \times 10^{4} \ t$。共实现总产值 3.27 亿元，增加值 1.45 亿元。

从生产面积和年产量这两项指标来看，浙江省主要的盐场集中在岱山县、象山县、玉环县和普陀区，而这 4 个县（市、区）也是传统的产盐区。

## 4.2.4　海洋化工业

海洋化工行业主要包括海盐化工、海水化工、海藻化工及海洋石油化工的化工产品生产活动。2010 年浙江省海洋化工业共实现总产出 452.17 亿元，增加值 110.70 亿元。从地区分布来看，浙江省的海洋化工业主要集中在宁波市和温州市两地。

## 4.2.5　海洋生物医药业

海洋生物医药业是指以海洋生物为原料或提取有效成分，进行海洋药品与海洋保健品的生产及制造活动。近年来，浙江省在海洋生物医药业发展较快，2010 年浙江省海洋生物医药业总产出为 100.97 亿元，增加值 30.84 亿元。从沿海城市来看，舟山市和台州市在全省海洋生物医药业中的比重较大。

### 4.2.6　海洋电力业

海洋电力业是指在沿海地区利用海洋能、海洋风能进行的电力生产活动。近年来，浙江省从"经济大省"、"海洋大省"的省情出发，着力于海洋新能源电站的开发与试验，利用海洋能源进行电力生产活动，并取得了一定的成果。2010年，浙江省海洋电力业总产出为5.31亿元，增加值为1.79亿元。2010年海洋电力项目建设预计装机容量768 500 kW，设计年发电量31 068 × 10$^4$ kW · h。

### 4.2.7　海水利用业

海水利用指对海水的直接利用和海水淡化活动，包括利用海水进行淡水生产和将海水应用于工业冷却用水和城市生活用水、海水灌溉、消防用水等活动，不包括海水化学资源综合利用活动。2010年，浙江省海水利用业产出高达1 217.27亿元，增加值361.53亿元。

### 4.2.8　海洋船舶工业

2010年，浙江省共实现造船完工量837艘，完工综合吨数1 029.19 × 10$^4$ t，完工总吨571.45 × 10$^4$ t；修船完工量4 393艘。与2009年相比，造船完工总吨数基本持平。

从有关数据来看，2002年以来海洋船舶修造业占海洋经济的比重呈上升态势，2010年，浙江省海洋船舶修造业总产出达到了807.79亿元，增加值达到了169.32亿元。

### 4.2.9　海洋工程建筑业

2010年是浙江省海洋工程建筑业稳步发展的一年，沿海地区和主要大岛的港口、交通、电力、水利、通信等一大批基础设施项目陆续上马。这些项目的建成，将极大地增进陆海之间、大岛之间的互通性，进一步改善与海岛居民生产生活密切相关的供水、交通等基本设施。2010年，浙江省海洋工程建筑业的总产出为990.29亿元，增加值215.76亿元。从沿海城市看，海洋工程建筑业的总产出主要产自宁波市、舟山市、温州市和台州市4个沿海城市，嘉兴市和绍兴市的比重相对较小，呈现较为明显的区域性。

### 4.2.10　海洋交通运输业

海洋交通运输是指以船舶为主要工具从事海洋运输以及为海洋运输提供服务的活动，包括远洋旅客运输、沿海旅客运输、远洋货物运输、沿海货物运输、水上运输辅助活动、管道运输业、装卸搬运及其他运输服务活动。

截至 2010 年末，浙江省共拥有海洋运输船舶 3 682 艘，其中沿海运输船舶 3 654 艘；沿海运输船舶净载重量总计 12 718 946 t，远洋运输船舶净载重量总计 2 072 180 t；沿海运输船舶载客量 37 001 客位；沿海运输船舶标准箱位为 13 119 TEU，远洋运输船舶标准箱位达 1 206 TEU。

截至 2010 年末，浙江省沿海主要港口码头长度达到 104 504 m；泊位数 1 095 个，万吨级泊位数上升至 159 个。从分港口情况看，宁波港码头长度名列第一，共计 41 279 m，其次为舟山港，共计 30 389 m，温州港位居第三，台州港和嘉兴港码头长度相对较短。浙江省沿海码头泊位也主要分布在宁波港、舟山港和温州港。在全省 159 个万吨级的泊位中，有 80 个分布在宁波港，40 个在舟山港，15 个在温州港，其核心地位一览无余。

从 2010 年各大港口的吞吐量情况来看，全省共完成货物吞吐量 78 846.09 × 10⁴ t，旅客吞吐量 1 065.27 万人，国际标准集装箱吞吐量 1 403.9 × 10⁴ TEU。其中，宁波港完成了全省 52.27% 的货物吞吐量、28.73% 的旅客吞吐量和 92.6% 的国际标准集装箱吞吐量，体现了明显的港口主导优势；舟山港完成了全省 28.01% 的货物吞吐量、34.57% 的旅客吞吐量和 1.01% 的国际标准集装箱吞吐量；温州港则完成了全省 8.13% 的货物吞吐量、17.95% 的旅客吞吐量和 3.00% 的国际标准集装箱吞吐量；嘉兴港和台州港完成的吞吐量相对较小。宁波港和舟山港体现了较大的吞吐优势，与其他港口的吞吐能力差异显著。

2010 年，全省海洋交通运输业继续保持良好的发展态势，全年总产出 951.70 亿元，增加值 311.40 亿元。海洋交通运输业已成为浙江省海洋经济的支柱产业之一，构成了促进浙江省海洋经济发展的主要源泉。

### 4.2.11  滨海旅游业

滨海旅游业指包括以海岸带、海岛及海洋各种自然景观、人文景观为依托的旅游经营、服务活动，主要包括海洋观光游览、休闲娱乐、度假住宿、体育运动等活动。

2010 年，全省滨海旅游星级饭店共计 488 家，客房数为 56 429 间，床位数 97 075 张。实现滨海旅游收入 1 776.2 亿元，其中国际旅游收入为 12.12 亿美元。总体上看，随着入境旅游游客数量的大幅增加，浙江滨海旅游实现的国际旅游收入也不断突破。2010 年，浙江省从事滨海旅游产业的人员达 101 330 人，创造的总产出为 1 201.97 亿元，增加值 479.79 亿元。滨海旅游业已经成为浙江省海洋经济主要产业之一，尤其在海洋第三产业中的地位更是举足轻重，构成了海洋第三产业的支柱产业。

### 4.2.12  其他海洋产业

2010 年，海洋农林业、海洋设备制造业、涉海产品及材料制造业、海洋批发与

**103**

零售业、海洋服务业得到迅猛发展，其总产出分别为 107.71 亿元、1 648.74 亿元、1 718.58 亿元、243.99 亿元和 2 133.64 亿元，其增加值分别为 77.37 亿元、332.04 亿元、306.51 亿元、161.85 亿元和 936.04 亿元。海洋设备制造业、涉海产品材料制造业、新兴海洋服务业已逐渐成长为浙江省海洋经济的主要产业。

# 第5章 海洋可持续发展的对策与建议

## 5.1 海洋发展过程中面临的突出问题

### 5.1.1 海洋生态系统退化，区域环境承载力下降

#### 1）海水污染程度总体有所减轻，部分海域污染依然严重

2006—2007 年"我国近海海洋综合调查与评价"专项水体调查结果表明，浙江近岸春季和冬季溶解氧含量均达到一类水质标准，夏季底层水溶解氧含量较低，杭州湾外等部分区域属于四类标准，而秋季溶解氧含量总体变化不大，小部分区域属于三类标准。无机氮含量近岸处较高，尤其是杭州湾等港湾区域，全年均为劣四类标准，随着离岸距离的增加无机氮含量逐渐降低，离岸较远处可达到一类水质。活性磷酸盐含量分布与无机氮类似，近岸港湾处含量较高，几乎均为劣四类水质，随离岸距离增加水质逐渐转好。石油类含量以杭州湾、象山港、三门湾和乐清湾含量较高，其中夏季石油类含量明显高于其他季节，长江口杭州湾海域甚至达到劣四类标准。

对象山港、三门湾和乐清湾四个季节的调查结果表明，象山港海域主要污染物是无机氮，其次是活性磷酸盐，夏季水质相对最好，其他三个季节污染均较为严重。象山港表层海水砷、铜、铅、锌、镉和铬含量在整个调查区域全年均达到一类海水水质标准，部分站位汞含量属于二类水质标准，火力电厂燃煤以及工业污水的排入是导致象山港海水中汞超标的主要原因。三门湾海域水体主要污染物为无机氮和悬浮物，其次为活性磷酸盐，其中又以无机氮污染最为严重。全年当中，以夏季水质最好，其他季节污染均较为严重。三门湾表层海水砷、铜、铅、锌、镉和铬含量全年均达到一类海水水质标准，部分站位尤其是南部的湾口海水汞含量属于二类标准。乐清湾海域主要污染物为无机氮，其次为活性磷酸盐和悬浮物。全年当中，夏季水质最好，春季和冬季污染较为严重。乐清湾表层海水砷、铜、铅、锌、镉和铬含量全年均达到一类海水水质标准，夏季表层海水汞含量44.4%属于二类标准，其他三季只有个别站位属于二类标准。

2011 年的海洋环境监测结果表明，浙江省近岸海域清洁、较清洁、轻度污染、

中度污染和严重污染海域面积分别占 11%、16%、26%、16% 和 31%。海水中主要污染物为无机氮和活性磷酸盐，严重污染海域主要分布在各个港湾、河口海域以及嘉兴、宁波和舟山海域。海水中主要污染物为无机氮和活性磷酸盐，局部海域溶解氧含量偏低，部分海域还受到重金属铅和锌的轻微污染，椒江口、瓯江口、鳌江口海域、三门湾和乐清湾个别区域受到重金属铜的轻微污染，椒江口及温州沿岸局部海域受到石油类的轻微污染。

综上所述，浙江近岸海水主要污染物为无机氮、活性磷酸盐和重金属汞，污染主要分布在各主要港湾（杭州湾、象山港、三门湾、乐清湾），并且近岸高于离岸，湾内高于湾外，陆源输入是造成这一现象的主要原因。从浙江近岸海域水质状况（图 5.1）可以看出，10 年来海水污染程度虽总体上有所减轻，但海水污染问题仍较为突出，且部分海域污染程度仍较为严重。

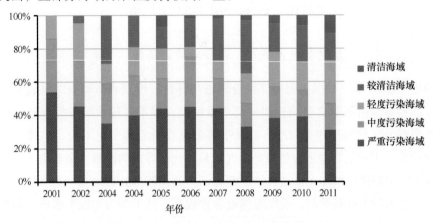

图 5.1　浙江近岸海域水质状况变化

2）海洋沉积物质量总体趋好，部分重金属污染问题突出

2006—2007 年对浙江象山港、三门湾和乐清湾春、秋两季的调查结果表明，象山港海域表层沉积物中硫化物、有机碳和油类均符合一类标准，砷、铅、锌、镉均达到一类标准，铬含量基本上都属于一类标准，铜含量春秋两季分别有 33.3% 和 77.8% 的站位属于二类标准。三门湾海域表层沉积物中硫化物、有机碳和石油类均符合一类标准，砷、铅、锌、镉含量均属于一类，铬含量秋季属于一类，春季则有 55.6% 属于二类，铜含量春秋季分别有 44.4% 和 55.6% 的站位属于二类标准。乐清湾海域表层沉积物中硫化物、有机碳和油类均符合一类标准，汞、砷、铅、锌和镉含量均属于一类标准，铬含量春季属于二类，秋季属于一类，铜含量基本上属于二类标准。

2011 年浙江省近岸海域沉积物质量总体良好。77.4% 的测站符合一类海洋沉积物标准，22.6% 的测站符合二类海洋沉积物质量标准。沉积物中主要污染物为重金属铜，集中分布在甬江口、椒江口、瓯江口等入海口沿岸区域，以及杭州湾、三门湾、乐清湾等港湾的局部区域。乐清湾、椒江口和瓯江口的局部区域还存在重金属铬的轻微污染，瓯江口个别区域还存在滴滴涕的轻微污染。

浙江省近岸海域沉积物质量总体良好，符合一类和二类海洋沉积物质量标准的测站分别占77.4%和22.6%。沉积物中主要污染物为重金属铜和铬，近年来沉积物质量总体趋好，但铜污染仍较为严重。

### 3）生态健康程度有所降低，生态灾害频发

浙江海域常年受长江冲淡水、浙闽沿岸流控制，水体富营养化程度高。浙江海域海洋物种丰富，结构组成与历史相比有诸多变化。虽然能够支撑较高的渔业捕获量，但海洋生态健康程度较20世纪80年代有所降低。健康海洋生态系统多见的饵料硅藻种类数和数量组成在浮游植物群落中的比例大幅降低，而水体富营养化后易发的甲藻种类数和数量组成在浮游植物群落中的比例明显上升。大型底栖生物中能耐受较高污染的多毛类生物和较低营养级的软体动物种类、数量均增加明显。潮间带生态中甲壳动物和软体动物是优势类群，支撑潮间带生态系统初级生产力的大型藻类种类数较20世纪80年代与90年代明显减少。

浙江典型海洋生态系统退化、生态健康程度降低。象山港、三门湾、乐清湾海湾生态系统脆弱、生境破碎化严重；杭州湾、椒江口、瓯江口等河口生态系统空间开发密集、环境威胁多样、入海径流减弱；舟山群岛、南麂列岛等岛屿生态系统面临海洋污染、气候变暖、人为开发的多重压力。由此带来的后果是：浙江省海洋生态灾害频繁发生，特别是赤潮生态灾害（图5.2）。

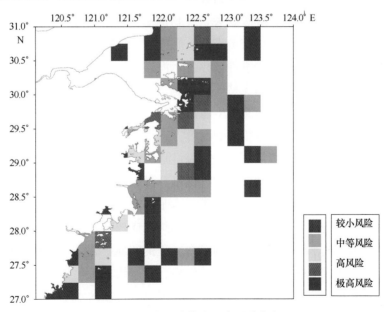

图5.2 浙江省赤潮生态风险分布

4）生物多样性相对丰富，生境衰落严重

生物多样性包括动物、植物、微生物的物种多样性，物种的遗传与变异的多样性及生态系统的多样性。浙江省海岸线长，具有多样的海洋生态系统，包括多个河口生态系统（杭州湾、椒江口、瓯江口等）、港湾生态系统和丰富的海洋自然保护区及潮间带湿地生态系统。

但是，近年来由围填海等引发的潮间带开发程度日益提高，使许多原本作为整体的潮间带生境被分割成各种生境斑块，形成破碎化生境，生境质量下降。由此造成的生态后果之一是阻断海洋生物洄游路线，亲代生物无法在繁殖季节到达产卵地点，即使产卵场的环境能够得以保留，这些物种的种群数量依然会迅速降低。生态后果之二是大型藻类数量显著减少，潮间带和近海潮下带的大型藻类群落被誉为"海底森林"，是海洋生态系十分活跃的一族，其生产的有机物为整个海洋营养链提供初级生产力，为众多海洋动物提供栖息地和避难所，而藻体生长过程中大量吸收水体的碳、氮、磷等营养盐，抑制了水域的富营养化进程。

5）生态服务功能价值降低，区域承载力下降

海洋生态系统给人类提供的各种效益包括供给、调节、文化和支持 4 个方面，具体又可分为气候调节、干扰调节、气体调节、营养盐循环、废物处理、生物控制、生境提供、食物供应、原材料供给、基因资源储备 10 个方面的生态服务功能。受环境污染、岸线平直化、高密度海水养殖、高强度捕捞等人类活动的影响，加之气候变暖、二氧化碳排放增加等自然因素的改变，海洋原有的生态位充分利用状态被打破，诱发海洋生态系统中的营养级缺失，食物链缩短。大型海藻数量锐减、底栖多毛类生物增加、高营养级鱼类捕获量降低、低营养级虾蟹类成为优势种、水母旺发、赤潮频发、生物入侵等生态风险事件频频警示海洋食物网结构的异常。因结构异常导致的海洋生态系统固有的食物支持、气候调节、生境支持、生物控制等生态服务功能不能良好实现，海洋自身蕴藏的生态价值降低。

尤其连岛炸岛、截湾取直等粗放的围填方式严重破坏了海洋生态系统的各种服务功能，带来了许多生态环境问题，如滨海湿地面积缩小，鸟类栖息地和觅食地消失，生态系统严重退化，湿地调节气候、储水分洪、抵御风暴潮和护岸保田等生态服务价值大幅下降；填海工程大量采（挖）海底砂土、吹填、掩埋等造成海底生境剧变，底栖生物类型和数量急剧减少，群落结构彻底改变，食物链遭到破坏，生物多样性降低；近岸浅水区或河口附近围填海工程的实施，破坏了鱼类产卵场、育幼场和洄游通道，造成渔业资源锐减；围填海后，海岸线人工化程度提高，很多有价值的海岸自然景观和海岛资源被破坏。此外，围填海带来的水动力环境变化和滩涂等自然资源锐减，导致近岸海域海水自净能力降低，加剧了水质恶化；而炸山取石

等不合理的取材方式对海岛、海岸带的山体自然景观和生态平衡造成了不可逆的破坏。

　　海岸带地处陆地和海洋两大生态系统的过渡带,受两者物质、能量、结构和功能体系的影响,一方面海岸带生态系统初级生产力丰富、生物多样性高,但同时受到来自海洋和陆地的扰动频率高,稳定性差,是典型的脆弱生态系统。环杭州湾经济区、温台产业带等均位于海岸带区域内,集中了如杭州、温州、嘉兴、宁波等大部分经济发达的城市。目前,海岸带生态系统不仅承受着自然界的影响,而且日益承受着来自人类社会的生态压力,海岸带的生态安全问题也越来越突出,生态风险加剧,生态弹性消退,区域生态承载力下降。

## 5.1.2　资源开发不足和过度开发并存,资源瓶颈问题日益显现

### 1) 海岛消失速度惊人,海岛开发模式亟待优化

　　浙江省共有海岛 3 820 个,约占全国海岛总数的 40%,居全国省级行政区之首,海岛资源丰富。但是,近年来,浙江省填海连岛、采石挖砂、乱围乱垦等大规模改变海岛地形、地貌的现象时有发生,甚至造成部分海岛消失。在海岛上倾倒垃圾和有害废物,滥捕、滥采海岛珍稀生物资源等活动,致使海岛及其周边海域生物多样性降低,生态环境恶化。据调查统计,自 1990 年第一次海岛资源调查以来,至 2008 年年底,浙江省共消失海岛 182 个(夏小明,2012)。从海岛消失的原因来看,绝大部分是由于围填海导致岛岛合并或与大陆相连而消失。从海岛消失的时段分布来看,2000 年以前,海岛消失数量较少,累计为 40 个;2001—2008 年,累计消失海岛 138 个,海岛消失呈加快趋势。

### 2) 自然岸线急剧减少,海岸线节约集约利用水平偏低

　　浙江省海岸线总长 6 715 km,包括海岛岸线 4 497 km、大陆岸线 2 218 km。海岸线长度居全国省级行政区首位。

　　目前,全省超过 40% 的海岸线已被开发利用。海岛岸线因受客观条件制约,利用率不高;大陆岸线的实际利用率超过了 60%,特别是全长 1 427 km 的人工岸线已基本用完,基岩岸线则因开发环境和条件制约得以相对完整的保留。因此,从直接可利用的角度而言,目前浙江省的大陆岸线已几近用罄。此外,国务院近期对《浙江省海洋功能区划(2011—2020)》的批复明确了浙江省"2020 年之前建设用围填海规模控制在 50 600 $hm^2$ 内、大陆自然岸线保有率不低于 35%"两大限制性目标,围填海活动将使人工岸线的占比进一步上升,而目前全省大陆自然岸线保有率仅为35.5%,如何确保未来 10 年内自然岸线的保有量,同时达到各类功能区(海洋保护区、海水养殖区等)面积及整治修复海岸线长度等方面的量化指标,面临较大的

**109**

压力。

从目前开发情况看，浙江省海岸线节约集约利用水平较低，与有限的资源数量形成了鲜明的对比。海岸线资源利用水平低主要表现在产业布局不合理、集聚效应较差。浙江省虽具有良好的深水岸线资源，但资源分布与开发利用条件不平衡的矛盾也十分突出，如舟山市岛屿深水岸线较多，而对应的陆域资源有限、交通不便，可开发利用的港口岸线其实是丰而不富；浙南、浙北沿海受河口输沙和外海风浪影响，深水码头建设成本较大；杭州湾航道的水深条件制约了嘉兴港的进一步发展。此外，由于科学规划和统筹布局不足，导致有限资源低效使用的现象十分普遍，如宁波市港口岸线开发程度较高，而在有限的深水岸线资源开发中存在乱占、分散、集约化利用率不高等问题；又如，前几年船舶企业在全省沿海遍地开花，很多地方的深水岸线呈条带状密集布局造船厂；但随着近年来宏观经济调整，造船厂订单数量和开工率急剧下滑，形成已建船厂大面积停产、在建船厂停工搁置的局面，对港区规划执行、深水岸线利用造成了极大的干扰和浪费。

3）滩涂围垦过度，开发利用方式简单粗放

受长江来沙的影响，浙江省沿海粉砂淤泥质潮滩普遍发育，滩涂资源丰富，且具有一定的再生能力，滩涂资源土壤成分多样而丰富，开发用途广泛。通过围垦工程扩大了耕地面积，拓展了发展空间，为浙江省经济的快速增长提供了土地保障。但是，与 20 世纪 80 年代海岸带与海涂资源调查结果相比，浙江海涂面积减少了 430 km$^2$，围垦速度超过了滩涂自然生长速度，众多港汊被堵，围垦部位从中高滩扩展到低滩。这不仅影响到海岸带的生态环境，对海岸防护也产生不利影响。

在滩涂资源的开发利用方式上，一方面，对既有资源的利用方式还比较粗放。比如传统的利用方式大多采用或农，或牧，或渔的单一模式，综合开发、立体使用的技术和模式普遍缺乏，资源开发利用程度低、效益差。另一方面，目前相当部分滩涂围垦项目是以解决耕地占补平衡指标为目的，因而出现了一些"深围、快围、大围"的现象，将潮下带非滩涂区或港湾都纳入圈围范围，由于建设周期长、开发成本高、土地指标控制等因素，已围区块短期内难以得到有效利用而遭闲置，沦为综合成本"昂贵"的荒地。

4）水产种质资源丰富，传统渔业衰退严重

浙江位于东海中北部，占据东海大部分海域，海域西部为广温、低盐的沿岸水系，东南部外海有高温高盐的黑潮暖流流过，其分支台湾暖流和对马暖流控制着浙江大部分海域。北部有黄海深层冷水楔入，三股水系相互交汇，饵料生物丰富。同时，浙江沿海岛屿众多，海岸线曲折漫长，滩涂广阔，水质肥沃，气候适宜，海洋初级生产力较高，海洋浮游动植物的丰度和广度都非常适合海洋经济生物的繁衍生息。得天独厚的优越条件造就了浙江沿海的生物多样性，水产种质资源非常丰富，成为我国渔业资源蕴藏量最为丰富、渔业生产力最高的渔场，近海最佳可捕量占到全国的 27.3%。其中，舟山渔场是中国最大的渔场，也是世界三大著名渔场之一。

但是，在高强度的捕捞压力下，传统的主要经济鱼类资源衰退。自 20 世纪 80 年代以来，相继开展了渔业结构调整，发展桁杆拖虾作业，开发了外海和南部海域新的虾蟹类资源和渔场，发展单拖捕捞外海的头足类资源，发展灯光围网作业增加了鲐鲹鱼类的产量。同时自 20 世纪 90 年代中期恢复实施伏季休渔制度，使传统的经济鱼类带鱼、小黄鱼、鲳鱼等资源数量有所增长。目前海洋渔业资源的主体是带鱼、小黄鱼、鲳鱼、鲐、鲹鱼、虾、蟹类和头足类，上述种类占海洋捕捞产量的 70%。2006—2008 年，浙江渔场捕捞产量年平均达到 $290 \times 10^4$ t 多，捕捞功率年平均为 $341 \times 10^4$ kW，均处在历史较高水平，单位捕捞力量渔获量有所回升，为 0.85 t，比历史最低年份 0.62 t 增长 37%，但海洋渔业资源基础仍比较脆弱，表现在以下 4 个方面：①渔获组成小型化、低龄化、低值化严重；②渔获量增长靠强化捕捞获得；③带鱼、小黄鱼等经济鱼类处在生长型过度捕捞状态；④主要经济鱼类生物学特征出现自身调节机制。

浙江渔场的渔业资源状况不容乐观。虽然伏季休渔保护了一部分经济鱼类资源，使带鱼、小黄鱼等主要经济鱼类资源数量有所上升，但开捕后，强大的捕捞力量把增加的补充群体又利用了，带鱼等主要经济鱼类资源处在当年生当年捕的状态，鱼体低龄化、小型化现象难以改变，资源难以恢复。所以伏季休渔措施还不能从根本上改变渔业资源衰退的局面，只能治标不能治本。

## 5.1.3　现代海洋产业体系尚未形成，海洋经济总体实力有待提升

2010 年，全省海洋生产总值为 3 774.7 亿元，比 2005 年增长 122.5%，其中第一产业 286.7 亿元，第二产业 1 599 亿元，第三产业 1 889.1 亿元，分别比 2005 年增长 44.4%、127.3%、137.7%。海洋经济占浙江省地区生产总值的比重为 13.6%，比 2005 年上升 1 个百分点。海洋产业结构日趋合理，海洋经济三大产业结构比例从 2005 年的 12∶41∶47 调整为 8∶42∶50。但是，与天津、上海和山东等地相比，无论是海洋生产总值（3 774.7 亿元）还是其占 GDP 的比重（13.6%），浙江仍有较大的提升空间，与海洋资源大省的资源地位还不相符。

浙江主要海洋产业在全国竞争力总体较弱，以海洋设备制造业、涉海产品及材料制造业为例，两大行业占半壁江山，但设备制造业除海水利用设备外，其余大多缺乏优势。涉海产品及材料制造业包括海洋渔业相关产品、海洋石油加工产品、海洋化工产品、海洋医药原药、海洋电力器材、海洋工程建筑材料等制造，除海洋石油加工产品外，其余行业发展浙江较为滞后，缺乏竞争优势。可见，浙江现代海洋产业体系尚未形成，在海洋石油和天然气开采、海洋装备工业、涉海产品及材料制

造业等方面还存在显著的"短板"。

### 5.1.4 决策支撑能力有待加强，综合管理问题日益突出

1）科技支撑能力不足，难以满足管控要求

目前，在浙江省海洋资源管理中普遍存在着技术力量相对薄弱、动态监测能力不强、研究投入严重不足等问题，已成为科学决策和精准管理的掣肘。主要表现在：①数据应用水平相对落后。缺乏周期性、常态化的海洋综合调查机制，既有数据更新相对滞后，调查、评价活动的针对性和成果应用能力亟待提高。②技术能力相对薄弱。尚未建立起全面、实时、有效的海洋资源环境监测、预报、评估和信息服务体系。海洋信息服务方面还存在大量技术难题，"数字海洋"建设道路仍很漫长。③评价手段相对陈旧。主要体现在典型围填用海项目适宜性评估研究不系统，难以形成体系；海洋工程环境影响后评价工作尚处于起步阶段，与先进国家差距明显；集中连片围填海工程环境叠加影响研究不足；生态补偿价值估算方法和补偿形式较为单一，难以满足复杂的工程评估需求等。

2）综合管理协同问题日益突出，影响社会经济发展

海岛、海岸线、滩涂作为一种有限资源，集聚了其他多种要素资源的自然属性及其开发行为。因此，传统分工分类的多头管理模式所带来的协同能力低下等问题在海岛、海岸线、滩涂资源管理上显得尤为突出，集中表现在法规交叉、规划不衔接、行政效率偏低等方面。

法规层面目前存在的主要问题是：由于在海岛属性界定、海岸线确定、滩涂归属以及河海划界等性质、权属界定上的差异，导致了行政主体对各自管辖权的认识发生冲突，如，海岛、海域、土地等属空间资源管理范畴的法规因分类方法不同，分别对同一管理对象赋予了不同的称谓、管理权限和管理要求；而相关行业管理法规往往又会以具体的工程项目审批来替代空间资源管理。

规划层面目前存在的问题主要体现在土地利用总体规划、城镇体系规划、海岛保护与利用规划和海洋功能区划等空间规划间由于编制周期、编制依据和规划期限不一致，在实际衔接过程中出现了诸多矛盾。如，四个规划对围填海引起的海陆域空间范围变化的认知度、敏感度、协同度不一，难以及时对建设规模和空间利用做出相应的调整。

从具体的管理层面来看，除了因职能交叉产生的重复审批和重复收费（海域使用金、土地出让金）等不合理现象外，最突出的矛盾是围填海形成土地的性质转变问题。目前，围填海形成土地的使用一般依照"已围土地—未利用土地—建设用地"程序审批，尽管国家和省对土地、海域管理出台了相关政策规定，明确了围填

海计划纳入国民经济和社会发展计划、实行围填海计划指标控制、围填海形成的土地不占用地指标等，但受现行供地和用地政策所限，长期以来滩涂围垦、围填海形成的土地与建设用地指标难以挂钩，凭海域使用权证换发土地使用权证工作进展缓慢。同时，由于建设用海项目并没有纳入城镇体系规划的管理范畴，导致已围土地在未取得土地使用权证的前提下难以办理房屋建筑及其附属工程的产权登记，部分基本建设项目不得不被搁置，"望涂兴叹"现象屡见不鲜。据 2012 年调查，目前全省存量围填海项目（指由政府出资已围成或正在围垦、但不能直接用于项目建设或土地占补平衡且未纳入海洋管理的项目）共 23 个、面积 320 km²（49 万亩），分布在余姚、慈溪、镇海、乐清、龙湾、洞头、玉环、路桥、平湖、海盐 10 地。这些项目中，未纳入土地利用总体规划的有 10.5 个，面积 267 km²（约 40 万亩）；已有 20 个项目完成了围堤工程，圈围面积 210 km²（约 31.5 万亩），其中约 85 km²（13 万亩）处于荒芜或局部养殖状态。

## 5.2　海洋可持续发展的对策与建议

### 5.2.1　加强海洋立体监测和预测预警能力建设

1）加强海洋环境监测能力建设

海洋监测、观测是防灾减灾的基础，为达到海洋环境观测的现代化，必须在下述领域内加强建设：发展岸站、浮标、平台自动监视监测和航空、航天遥感技术；发展生物监视技术；发展海洋环境模式化管理系统；改进、提高灾害评价的标准和预测方法，以适应越来越复杂的大系统环境问题的研究。

进一步完善和优化省、市、县三级海洋环境监测网络体系，建成由省、市、县三级海洋生态环境监测体系；推进浙江省近岸海域浮标实时监测系统建设；重点加强入海污染源、重点港湾、重要海洋功能区、生态脆弱区监测。

2）加强海洋自然灾害预测预警报能力建设

全面开展自然灾害评估和区划研究，加强灾害应急执行预案制定与实施。加强风暴潮、海浪监测能力和资料共享机制，以及风暴潮、海浪灾害防御基础技术与能力建设。

加强赤潮灾害应急响应机制建设，依托已有监测力量，建立赤潮响应机制，提高有毒有害赤潮防灾减灾能力。积极试点、推广实施用大型海藻防治赤潮。积极预防和阻止滨海湿地退化。

加强海洋地质灾害发生、机理、预测和防治技术研究。

3）加强海洋保护区建设

结合浙江海洋经济发展示范区规划、浙江省海洋功能区划等，继续加强海洋生态示范区建设；开展已建海洋保护区生态、环境和资源综合调查，进行保护区建区成效评估；逐步完善海洋保护区规范化管理体系，在海洋保护区区内建立有效的生态保护和资源可持续利用的协调机制。

加强国家级南麂列岛海洋自然保护区和西门岛、马鞍列岛、中街山列岛、渔山列岛海洋特别保护区，省级韭山列岛、五峙山鸟类自然保护区和大陈、铜盘岛海洋特别保护区建设。建立洞头列岛东部、玉环披山、苍南七星岛、象山港等海洋渔业种质资源与濒危物种特别保护区。积极新增一批海洋自然保护区、海洋渔业种质资源与濒危物种特别保护区和特别保护区。

4）开展重点海域生态整治与修复

大力推进海岸线和沿海滩涂资源生态修复项目，开展沙滩生态修复与养护研究和示范，开展淤积质海岸"破堤还滩"生态修复工程研究，保证自然岸线的保有率。

## 5.2.2　加强海洋资源科学开发与节约集约利用

1）实施海洋资源分类管理计划

在对海域、海岛、岸线、海底、潮间带等资源进行基础调查的基础上，实施资源分类管理计划，集约开发利用海洋资源。科学划定海域滩涂可围区、限围区和禁围区等。

2）加强海洋生物资源养护

按照环境保护要求，生态修复的要求，加强水生生物资源调查评估，强化渔业水域环境监测，扩大增殖放流、人工鱼礁、人工藻场规模，加大资源管理力度。着力构建以渔业种质资源保护区建设、海洋牧场、增殖放流等为主要内容的水生生物资源养护体系，科学扩大保护区面积，统筹资源环境保护和渔业产业协调发展，进一步发挥渔业在蓝色海洋建设中的作用。适度发展沿海潮间带植物种植和浅海藻类养殖，实施"蓝色碳汇"行动。

3）加强海洋资源保障

严格落实海洋功能区划，保护滩涂、滨海湿地和海岛的生态环境；编制海域使用规划，实施滩涂分类管理，科学划定海域滩涂可围区、限围区和禁围区，有序开发利用滩涂和资源。加强海洋矿产资源的调查与评价，编制实施海洋矿产资源开发利用规划，科学利用和保护海洋矿产资源。对列入国家和省重点的涉海工程、海洋保护、海洋生态等项目，优先安排围填海年度计划指标；保障航道、锚地、海洋环保、防灾减灾等公共基础设施建设用海（岛）需要。

4）强化海岸线、滩涂资源监管

加强滩涂资源的动态监测和管理工作。根据滩涂资源状况及演变规律，坚持适度围垦、科学促淤，建立滩涂资源基础数据库，并进行长期监管。加强滩涂围垦协调工作，尤其对涉及区域性的河口治理连岛工程、港口港区和湿地保护等建设要进行统一规划、研究论证。注重滩涂围垦的后评估工作，对其开发利用效果进行全面评价。

重点开展砂质岸线、砂砾质海岸的监测、评价工作，区别对待第四系侵蚀型砂砾质海岸和海积型砂质岸线，有针对性地制定砂砾质海岸开发的准入制度、海岸线后退制度，对象山南田岛等地仅存的、具有完整海岸砂丘的砂砾质海岸进行重点保护、限制开发。

## 5.2.3 优化海洋经济发展布局，健全现代海洋产业体系

坚持以海引陆、以陆促海、海陆联动、协调发展，注重发挥不同区域的比较优势，优化形成重要海域、海岸基本功能区，以建设浙江海洋经济发展示范区和舟山群岛新区建设为契机，推进构建"一核两翼三圈九区多岛"的海洋经济总体发展格局[①]。发挥特色优势，推进海洋新兴产业、海洋服务业、临港先进制造业和现代海洋渔业发展，建设现代海洋产业基地，健全现代海洋产业体系，增强海洋经济国际竞争力。

1）加快核心区建设

以宁波—舟山港海域、海岛及其依托城市为核心区，围绕增强辐射带动和产业引领作用，继续推进宁波—舟山港口一体化，积极推进宁波、舟山区域统筹、联动发展，规划建设全国重要的大宗商品储运加工贸易、国际集装箱物流、滨海旅游、新型临港工业、现代海洋渔业、海洋新能源、海洋科教服务等基地和东海油气开发后方基地，加强深水岸线等战略资源统筹管理，完善基础设施和生态环保网络，形成我国海洋经济参与国际竞争的重点区域和保障国家经济安全的战略高地。

2）提升两翼发展水平

以环杭州湾产业带及其近岸海域为北翼，以温州、台州沿海产业带及其近岸海域为南翼，尽快提升两翼的发展水平。立足区内外统筹发展，北翼加强与上海国际

---

① 国家发展和改革委员会，2011，浙江海洋经济发展示范区规划。

金融中心和国际航运中心对接，突出新型临港先进制造业发展和长江口及毗邻海域生态环境保护，成为带动长江三角洲地区海洋经济发展的重要平台；南翼加强与海峡西岸经济区对接，突出沿海产业集聚区与滨海新城建设，引导海洋三次产业协调发展，成为东南沿海海洋经济发展新的增长极。在推进两翼发展过程中，根据各海域的自然条件和海洋经济发展需要，合理确定区内各重要海域的基本功能。

3）做强三大都市圈

加强杭州、宁波、温州三大沿海都市圈海洋基础研究、科技研发、成果转化和人才培养，加快发展海洋高技术产业和现代服务业，推进海洋开发由浅海向深海延伸、由单一向综合转变、由低端向高端发展，增强现代都市服务功能，提升对周边区域的辐射带动能力，建设成为我国沿海地区海洋经济活力较强、产业层次较高的重要区域。

4）重点建设九大产业集聚区

在整合提升现有沿海和海岛产业园区基础上，坚持产业培育与城市新区建设并重，重点建设杭州、宁波、嘉兴、绍兴、舟山、台州、温州等九大产业集聚区。与产业集聚区的资源环境承载能力相适应，培育壮大海洋新兴产业，保障合理建设用地用海需求，提高产业集聚规模和水平，使其成为浙江海洋经济发展方式转变和城市新区培育的主要载体。

5）合理开发利用重要海岛

加强分类指导，重点推进舟山本岛、岱山、泗礁、玉环、洞头、梅山、六横、金塘、衢山、朱家尖、洋山、南田、头门、大陈、大小门、南麂等重要海岛的开发利用与保护。根据各海岛的自然条件，科学规划、合理利用海岛及周边海域资源，着力建设各具特色的综合开发岛、港口物流岛、临港工业岛、海洋旅游岛、海洋科教岛、现代渔业岛、清洁能源岛、海洋生态岛等，发展成为我国海岛开发开放的先导地区。

大力增强浙江海洋经济发展示范区对全省和周边省市的辐射带动作用，互为依托，共同发展。加快建设海运、铁路、公路、内河运输等综合交通网络，完善海陆一体化物流服务体系和大通关、直通关服务体系，推进海洋先进装备制造、清洁能源装备制造等海洋产业向内陆拓展，积极促进示范区与湖州、金华、衢州、丽水等内陆地区的联动协调发展。

## 5.2.4 建立陆海统筹的综合管理理念与体制

1）探索创新海岸线、沿海滩涂综合管理体制

目前海岸线、滩涂开发与保护冲突日盛的根源，应归咎于"条块分割、各自为

政"的行政管理体制局限性与海岸带资源整体性之间的矛盾。海岸带是海陆相互作用的地带，也是海洋与陆地间的过渡地带，既包括近岸海域，也包括沿岸陆地（一般以海岸为准，向海一侧至 15 m 等深线，向陆一侧至 10 km）；海岸带通常是区域内资源最丰富、区位优势最明显、人类活动较为集中，同时也是生态系统相对脆弱的地带。引入海岸带综合管理理念和体制自 20 世纪 70 年代以来就已成为国际海洋管理的发展趋势之一（美国、日本、英国、新加坡、澳大利亚等国都相继颁布实施了海岸带管理法）。其具体做法就是将海岸带视为一个特定区域和独立系统，并制定出专门的法规、规划，组建自成体系的管理机构，对包括海岸线、滩涂在内的海岸资源、能源及其开发利用活动进行统筹规划、统一管理、综合利用、合理保护。从实践效果来看，这种管理体制可有效破除行政区划、部门权限壁垒，更有利于政府从全局出发，制定管理政策，协调开发活动，提高资源配置整体效益。

探索建立海岸带综合管理体制，第一，应进一步理顺跨行业部门、跨行政区域的管理机制，建立省级层面的统筹协调机构，如海岸带资源保护与开发委员会，专门负责海岸带综合事务管理；并在此基础上，实施海岸带资源与环境调查和综合评价工作，摸清"家底"，全面、客观认知区域自然、社会和经济环境。第二，全面推动海岸带立法，依据现有的法律条款制定专门的海岸带管理法规，通过对海岸带管理关系做出法律层面的调整和更为具体的规定，将有关开发利用和保护活动纳入统一的法制轨道。第三，编制海岸带综合管理规划，在三大空间资源规划框架内，综合考量区域总体发展需求，科学有序地安排海岸带各种资源开发和空间利用的布局、比重和次序，兼顾经济、社会和生态效益。第四，加强海岸带多学科研究，完善海洋生态环境监测体系、防灾减灾预警报系统、重大海洋污染事件应急处理和联合执法机制，开展生态围垦技术的研究应用，完善海洋海岸工程监管手段，确保海岸带资源可持续开发利用。建议尽快从宏观决策层面，就这一体制机制创新的可行性开展研究和评估。

2）建立跨部门统筹协调机制

从长远来看，实施海岸带综合管理是可持续发展的必然趋势。但当前条件下，首先必须围绕海岸线、滩涂资源的科学利用与保护，尽快建立并落实跨部门的统筹协调机制。

充分发挥规划引领作用。目前，《浙江省海洋功能区划（2010—2020）》已经国务院批复同意。为此，一方面要及时做好土地利用总体规划、城镇体系规划的涉海部分与海洋功能区划的衔接工作，依据浙江省经济社会发展实际需求，适时对空间利用和建设内容进行调整；另一方面要组织开展《浙江省海岸保护与利用规划》、《浙江省海岛保护与利用规划》、《浙江省海域使用规划》的制订和修订工作，以此建立起相对完善、彼此呼应的空间资源利用规划体系；此外，要及时修编各类涉海

**117**

行业专项规划，强化空间规划对相关开发利用活动的基础性、引领性和约束性。

3）探索陆海统筹的总量控制指标与生态补偿机制

陆海统筹，探索建立重点海域入海污染物总量控制和海洋生态补偿（赔偿）机制，深化象山港、三门湾、乐清湾、台州湾等重要海湾环境容量研究，适时进行总量指标分配，加强海洋环境和海洋沉积物、生物体、水域环境的年度监测，增加资金、人力投入，扩大监测面，完善监测评价研究与成果发布机制，强化监测信息反馈与责任奖惩机制。特别要加强海洋倾废区监管，建立与完善海上溢油和海洋污损事件应急响应机制，使海洋生态环境恶化趋势得到控制。

4）实施近岸海域陆源污染物联防联治

全面推进工业企业治理和监督，加强沿海地区产业结构转型升级，逐步淘汰高耗能、高污染的行业和企业、工艺与产能，培育发展以节能环保为代表的新兴产业，实行清洁生产和循环经济，工业企业的污染物排放全部实现废水达标排放，并逐步提高达标排放的标准；大力推进城镇环保基础设施建设，强化污水管网和处理能力建设。

加强入海排污口的在线监测和现场监管，严格追究非法排放、不达标排放企业责任。规范工业企业排污口和清理下水系统排放口设置，完善清污分流；加大投入，做好入海口水质监测，增加监测人力和设备，确保近岸海域生态环境保护与开发协调发展。

<h1 style="text-align:center">参 考 文 献</h1>

陈倩，等.2003.浙江近海潮流和余流特征.东海海洋，21（4）：1－16.

陈倩，等.2003.浙江近海潮汐的特征.东海海洋，21（2）：1－14.

程天文，赵楚年.1984.我国沿岸入海河川径流量与输沙量的估算.地理学报，39（4）：418－427.

韩曾萃，等.2003.钱塘江河口治理开发.北京：中国水利水电出版社.

金翔龙.1992.东海海洋地质.北京：海洋出版社.

来向华，叶银灿，谢钦春.2000.浙江近海潮汐通道地区水下滑坡分布及成因机制研究.海洋地质与第四纪地质，20（2）：45－50.

李本川.1980.苏北平原海岸地貌特征及沿岸泥沙运动.海洋科学，3：12－17.

李家彪.2008.东海区域地质.北京：海洋出版社.

刘光鼎.1992.中国海区及邻域地质地球物理特征.北京：科学出版社.

刘毅飞，夏小明，贾建军.2007.舟山外钓山海岸泥沙动力与冲淤演变特征.海洋通报，26（6）：53－60.

陆建新.2012.浙江主要海洋灾害及应对.杭州：浙江科学技术出版社.

钱塘江志编纂委员会.1998.钱塘江志.北京：方志出版社.

宋乐，夏小明 . 2012. 瓯江河口入海水沙通量的变化规律 . 泥沙研究，1：46 – 52.

吴自银，等 . 2010. 东海陆架沙脊分布及其形成演化 . 中国科学：D 辑，第 2 期 .

夏小明，李炎，李伯根，等 . 2000. 东海沿岸潮流峡道海岸剖面发育及其动力机制 . 海洋与湖沼，
31（5）.

夏小明，谢钦春 . 1996. 浙江三门湾海岸发育与持续利用，海洋通报，15（4）：49 – 57.

夏小明 . 2011. 三门湾潮汐汊道系统的稳定性 . 浙江大学博士学位论文 .

夏小明 . 2012. 中国海岛（礁）名录 . 北京：海洋出版社 .

恽才兴 . 2004. 长江河口近期演变基本规律 . 北京：海洋出版社 .

曾江宁 . 2012. 浙江省近海水体环境调查与研究，北京：海洋出版社 .

浙江省水利志编纂委员会 . 1998. 浙江省水利志 . 中华书局 .

浙江省水文志编纂委员会 . 2000. 浙江省水文志 . 中华书局 .

中华人民共和国水利部 . 2011. 中国河流泥沙公报 . 北京：中国水利水电出版社 .

Wu ziyin, Jin Xianglong, Li Jiabiao, et al. 2005. Linear sand ridges on the outer shelf of the East China
Sea, Chinese Science Bulletin, 50（21）：2517 – 2528.

# 第二篇 各 论
## 浙江海洋经济发展专题讨论

# 第6章 浙沪海域划界原则探讨[*]

自 20 世纪 80 年代我国实行改革开放政策以来，经济建设取得了举世瞩目的成就，特别是我国实施海洋开发战略以来，海洋经济增长迅速，大大高于国民经济的总体增长速度。然而海域的空间是有限的，在这种高速增长的背后，是海域使用活动长期处于一种"无序、无度、无偿"的状态，主要表现为：海域权属不明，矛盾四起；海域使用无统一规划，秩序混乱；海域使用权辖不清，资源过度开发，造成海域环境恶化，资源衰退，使海洋经济的持续增长受到严重的威胁。因此国家对海洋管理立法，明确地方行政管辖范围，实施海洋空间的有效管理，合理开发海洋资源，保护海洋生态环境，是保障海洋经济持续发展和正确处置相邻区域海洋经济开发矛盾及争端的重要手段。

省际海域划界是明确地方行政海洋管理职责的前提，随着我国海洋开发活动和海洋综合管理力度的不断加大，省际海域界线的勘定显得尤为重要。根据国发〔1996〕第 32 号文件《关于开展勘定省、县两级行政区域界线工作有关问题的通知》的规定，"海域行政区域界线的勘定工作，待陆地行政区域界线勘定后另行组织，"海域勘界被列为全国勘界工作总体战略的一部分，其目的就是为了保障国家依法实施海洋管理，促进沿海经济发展和社会安定。因此，在我国领海基线以内的沿海省际间海域勘界工作（包括有争议海岛归属工作的调查），不仅具有重要的现实意义，还具有深远的历史意义。

（1）海域勘界是开发利用海洋资源、加速海洋经济发展进程中必须解决的基础性工作。我国有 18 000 km 长的大陆海岸线及 6 500 多个沿海岛屿，海岸带及邻近海域是海洋开发利用的主要活动空间，因此科学合理地划定海域管辖范围，解决有争议海岛的归属问题，是海洋经济发展的客观需要，亦是沿海地区各级政府的迫切要求。

（2）海域勘界是维护沿海地区社会安定的重要保障。由于海岸带及邻近浅海没有划定界线，有争议的岛屿归属不定，沿海地区屡屡发生冲突和纠纷，这种无序状态严重影响了沿海一些地区的生活和生产环境，并妨碍了海洋经济的持续稳定发展。因此，早日开展并解决划界问题是十分有利于社会稳定的。

（3）海域勘界工作是发挥沿海地方海洋管理机构的管理职能，开展海洋综合管

---

[*] 本章撰写于 2000 年，有关数据以当时收集的资料为准。

理的重要条件。目前沿海多数省（市）的海洋管辖范围尚无明确规定，而根据有关规定，沿海省（市）的海洋管理部门已明确行使海洋倾废、海域有偿使用、海洋工程、海缆路由、海底管线及其他海洋公共事业的综合管理权限。显而易见，海域勘界是实施海洋综合管理的重要基础和基本保证。

（4）海域划界工作是海洋相关法律、法规得以有效实施的保证。目前我国与海洋有关的法律、法令和条例已有40多个，但在涉及管辖范围时，概念并不明确，不利于依法管理，造成责任不明，从而产生互相推诿或相互争夺等现象。为了解决上述弊端，必须分清海域管辖界线，责权明确、管理统一，从而保障有关法律的贯彻执行。

浙江省位于东海之滨，分别与北部的上海市和南部的福建省相接。浙江拥有长约1 840 km的大陆海岸线（浙江省海岸带和海涂资源综合调查领导小组办公室和浙江省海岸带和海涂资源综合调查报告编写委员会，1988），海域拥有面积在500 m²以上的海岛3 061个，海岛数量列全国之首，岛屿总面积为1 670 km²，岛屿岸线总长达4 301 km（浙江省海岛资源综合调查领导小组和浙江省海岛资源综合调查与研究编委会，1995）。浙江沿海具有广阔的潮间带滩涂资源、丰富的海洋生物资源、得天独厚的海洋旅游资源，以及蕴藏丰富的潮汐能、潮流能与东海油气资源。目前浙江省与上海市和福建省之间均存在着海域划界的问题，在海域的管辖权和使用方面长期以来一直存在着分歧，如少数几个岛屿的归属问题、海洋渔业资源的开发利用、东海天然气资源的开采、使用及登陆点岸段的选择，以及海洋环保方面的意见等。海域划界是一项海洋科学与法律法规相结合的综合研究，可推动浙江省与邻省、市间海域开发的合作与分工。如何根据省际间海域划界的有关要素、法律依据和相关原则与方法，科学、公正、合理地对浙沪、浙闽间海域进行勘界，为浙江省及相邻省、市海洋工作的整体规划以及海洋经济的可持续发展服务是一项重要又紧迫的任务。

本研究以浙江省—上海市之间的海域勘界问题为对象，开展省际间海域划界的有关要素、法律依据和相关原则与方法等研究，探讨省际海域划界的原则和技术方法，为合理解决浙沪在毗连海域的权益争执提供科学依据，并可以为解决其他省际间的海域争端提供借鉴。浙沪海域划界的目标，就是根据实事求是、尊重历史、依法划界的要求，通过调访、实地勘测，制定科学合理的划界方法，明确浙江省、上海市对所辖海域的行政区划界线，强化海洋综合管理力度，合理开发和有效保护海洋，促进沿海社会经济的可持续发展。

# 6.1 省（市）际间海域划界研究现状

## 6.1.1 国外研究概况

国际上海域疆界的划分起源于1942年委内瑞拉与特里尼达之间大陆架边界的划

定。《联合国海洋法公约》就国际间海域划界问题给予了原则性的规定，该《联合国海洋法公约》第十五条明确了海岸相向或相邻国家间领海界限的划定原则，指出："如果两国海岸彼此相向或相邻，两国中任何一国在彼此没有相反协议的情形下，均无权将其领海伸延至一条其每一点都同测算两国中每一国领海宽度的基线上最近各点距离相等的中间线以外。但如因历史性所有权或其他特殊情况而有必要按照与上述规定不同的方法划定两国领海的界限，则不适用上述规定。"运用此项条款妥善解决了国际边界争端的例证首推 1969 年的北海大陆架划界方案。丹麦、荷兰、联邦德国、法国、英国、挪威等海上疆界线，都是在运用等距离原则和方法基础上，经过国际法院裁定和调整而获解决的。

至于省（市）际间海域划界，从国际实践看，世界上一些海洋大国，为有效实施海洋综合管理，早已进行了国内各级政府之间海域管辖范围和管辖权限的划分工作。如美国明确划分联邦政府与各州政府之间的海上管辖范围和权限。各州政府对建立其邻近海域的政治管理体制和资源的开发、分配等有很大的独立性。同时，联邦政府还从财政上支持和鼓励各州之间尽快进行海域划界。日本于 1989 年通过调查其所属岛屿的资源状况，出版了专项彩色地图，明确了各市、县所辖的大小岛屿。印度尼西亚也于 1999 年通过立法，明确规定沿海各州对 12 海里领海享有开发、利用和管辖权。近期菲律宾也准备启动省际间海域划界工作。国际上海洋综合管理行之有效的经验为我国海域行政区域界线勘定提供了有益的借鉴和参考。因此我国开展海域行政区域界线勘定，与国际实践上是相一致的。

## 6.1.2　国内研究概况

目前我国在陆域实行的是行政区域与经济管理区域基本相一致的管理体制，只有明确各地的管辖范围，地方各级政府才能更好地各司其取，把本区域管好治好。2002 年 2 月 21 日，国务院办公厅下发了《国务院办公厅关于开展勘定省县两级海域行政区域界线工作有关问题的通知（国办发［2002］12 号）》文件，部署了在全国范围内开展省县两级海域行政区域界线的勘定工作。届时，浙沪两省（市）间的陆上界线勘定工作已进入尾声，其陆域界线与海洋的交点位于上海石化总厂的西堤，因而浙沪海域行政区域界线的勘定工作正式列入议事日程之内。

现在使用的省际海域界限基本上是省际陆域分界的自由延伸，是传统的行政海域界线，而省际海域的争夺主要体现在对岛屿的争夺，因为岛屿不仅是海域位置最明确的体现者，并且在岛屿上及附近海域大多存在丰富的生物资源，还是建立港口的理想所在。民间主要是因渔业资源或岛上的一些植物而争夺海岛，地方政府则主要是争夺基地，如油气上岸基地、港址、交通扼口、管道（线）必经点等。但是省际海域划界和国家间海域划界是不一样的，最大的不同是不涉及主权之争，因为我国海域属国家所有，省、市间海域划界只是划定各省、市海域管辖范围与使用权限，所以我国省际海域划界基本上是在同向海岸带上进行的（渤海周边地区除外），是对内海的划分。

内水和领海是国家领土的组成部分，海域是国家所有的自然资源之一，是从事涉海活动的空间基础。目前，我国大陆沿海省级行政区 11 个（不包括香港、澳门和台湾），涉海行业之间、沿海省际之间在开发利用海洋资源时出现了众多争议和纠纷，迫切需要进行海上行政区域界线勘定工作。我国拥有大陆及岛屿岸线超过 32 000 km，面积在 500 m² 以上的海岛 6 500 多个，内水、领海面积辽阔，15 m 等深线以内海域面积超过 123 000 km²。在这个广阔的区域内，目前除广东与香港之间、广东与海南两省之间有法定界线外，一直未明确地划分中央与地方政府之间的管理权限及省际之间的海域行政管理界线。由于各自管辖范围不明、有些岛屿归属不定，从而引起管理上的混乱，使得各级、各地政府不能有效、科学地规范海域使用，形成了在同一地（海）区聚集作业、交叉生产，用海纠纷迭起，海域无度、无序开发日趋严重。所有这些极大地制约了海域整体功能的发挥和各种用海项目的相互协调，削弱了海域资源基础，影响海洋资源开发和利用，对沿海地区社会稳定及经济发展带来极大的危害。在这种形势下，迫切需要进行海域行政区域界线勘定工作。海域行政区域界线的尽快勘定能为海域使用管理及海洋开发规划的实施提供保障，同时有利于依法行政、维护沿海地区社会稳定。

迄今为止，世界沿海国家省际或州际、县际、郡际海洋边界的划定案例尚少。进行州际海洋划界的国家大多采取与海域管辖边界划分及其方法大致相似的方法，一般考虑二维海岸线地理学要素，较少考虑所辖海域的海底地质地貌要素、经济要素以及其他因素的影响，通常以海域基线向海扩展。我国的国情是人多海洋资源少，长期以来不仅是省际甚至在县与县之间、乡与乡之间，村与村之间都存在传统海域界线，并在一定程度上得到认可，所以，在进行地区间海域划分时，首先要考虑的是传统界线的问题。

我国地方性海域划界工作始于 1988 年。《第七届全国人民代表大会第一次会议关于设立海南省的决定（1988 年 4 月 13 日）》批准设立海南省，并明确规定：海南省管辖海口市、三亚市、……西沙群岛、南沙群岛、中沙群岛和岛礁及其海域，该决定赋予海南省人民政府管辖所属海域的职能。据此组建的海南省海洋局将行使其所辖海域的管理职能。江苏省根据其沿海地区的特点，兼顾多方利益，进行了省内海域划界的有益尝试。江苏省于 1985 年颁布的沿海各县滩涂界址，一律以陆上分界岸标沿纬度向东延伸线为界，或以自然界河的中心线为界，界址不明的，由市海洋管理部门和有关县协商划定。这是在我国现行地方法规中首次明确了相邻海域划界的原则及方法。原辽宁省海洋局根据当时工作的需要，于 1995 年委托国家海域使用管理技术总站开展辽宁省海域划界研究工作。技术总站在全面分析辽宁省沿海地区自然、社会、经济、管理等方面现状的基础上，根据《联合国海洋法公约》所规定的原则，较为详尽地剖析了国际、国内海域划界案例，采用国际上通用的海域划界技术方法，提出了市际、县（区）际海域划界方案。这是在国内首次较全面地运用技术手段解决省内海域界线的有益尝试。

## 6.2　海域划界的法律依据与基本原则

### 6.2.1　海域划界的法律依据

省（市）际间海域划界在我国是首次进行，是政策性强、涉及面广、工作量大的一项工作，勘界的直接依据是国发 1996 年 32 号文件《关于开展勘定省、县两级行政区域界线工作有关问题的通知》、1998 年 44 号文件和 2000 年 3 月国家海洋局颁布的"省际间海域勘界管理办法（试行）"。

省（市）间海域划界还可参照 1952 年发布的《处理行政区划变更事项的规定》，1982 年颁布的《中华人民共和国宪法（国土部分）》，国务院 1985 年颁布的关于《行政区划管理的规定》，国务院颁布的关于《行政区划边界争议处理条例》，1986 年颁布的《中华人民共和国渔业法》，1997 年颁布的《中华人民共和国土地管理法》，1993 年颁布的《国家海域使用管理暂行规定》，1982 年颁布的《联合国海洋法公约》及中国海洋 21 世纪议程。

### 6.2.2　国际海域划界的基本原则

#### 6.2.2.1　国际海域划界的基本原则

在有关国际条约和司法判例的基础上，关于海洋划界原则的主张有：中间线（等距离）原则；自然延伸原则；公平原则和协商原则。但是在第三次联合国海洋法会议上，海洋划界的原则是始终有争议的一个问题，会上形成了两个对立的集团："公平原则"集团和"中间线"集团，双方互不相让，僵持不下。我们知道海洋划界的根本目的和最高要求是公平解决，协商是划界的程序，而中间线只是一种划界的具体方法，自然延伸则是公平原则在大陆架划界中的体现。有学者指出公平原则的法律渊源是《国际法院规约》第 38 条的公允与善良，它被看做是个基本的习惯国际法准则。国际法院指出："公平作为有关法律概念，直接源出于正义这一思想"，公平的法律概念是一个可以用作法律的普遍原则。从公平原则应用于海洋划界的历史角度看，将公平原则适用于大陆架划界的主张源于 1945 年的《杜鲁门公告》。1969 年北海大陆架案中，国际法院明确规定划分大陆架的国际法原则是公平原则。所以公平原则绝不是凭空臆造的原则，它有它的渊源，在实践中得以运用，并为实践所支持。因而，公平原则是指导划界过程中所适用的各种规则和方法的压倒一切的准则。

中间线（等距离线）是一种划界方法，它最早是来划分领水的，对于要考虑到各种复杂情况的海洋划界，并不都能产生公平的结果。由于领海紧邻有关海岸，中间线法造成的不公平结果并不显著，因而常为国家实践所应用，国际法院认可了这一点。而且中间线法确实是一种简单易行的方法，如果运用中间线法能取得公平结果则可以适用，如不能则要采取其他方法，有关国际判例和国家实践都体现了这种思想。自然延伸源于两个公约对大陆架的定义，它是大陆架法律地位的依据，因而是依据公平原则划分大陆架时首先予以考虑的因素。

国家取得管辖海域的另一个依据是历史性权利。虽然领海以外国家管辖海域是一项新的海洋法制度，但一国在一定海域的长期的传统权利是应受到尊重的。历史性水域即是根据沿岸国的历史性权利和各国对此项权利的默认而被确立为内海的海域。《联合国海洋法公约》所确立的历史性海湾即属于历史性水域。国际法院认为，历史性权利或历史性水域的概念和大陆架的概念是由国际习惯法中不同的法律规章制度支配的。第一种以获得和占领为根据，而第2种则以"根据事实本身和自始就有"的权利的存在为根据。

### 6.2.2.2  国际海域划界需考虑的因素

沿海国及各省市都面临着各种复杂的情况，加上历史、政治、经济等方面的因素的存在，在公平原则下应考虑哪些具体的因素呢？这些因素可以归结为两个方面：其一为划界海域的地理、地质和自然资源特征；其二为沿海国在划界海域的历史及划界海域对沿海国社会经济的影响。各因素具体如下。

（1）大陆架区域的地质、地貌特征是大陆架自然延伸概念的体现。大陆架的地质、地貌特征是用以判断大陆架自然延伸的依据，如果有非同一大陆架的天然界线，如海沟、海槽等，那么它应是该大陆架区域的天然分界线。

（2）海岸线长度。国际法院在1985年马耳他、利比亚大陆架划界案中指出："需要避免任何划界中，归属沿海国大陆架区域与按海岸线一般走向测量的海岸线长度之间过分不成比例"。在突尼斯－利比亚大陆架划界中，划界双方都认为应考虑的一个因素是"属于沿海国的大陆架区域范围和按海岸线一般走向测算的海岸线长度之间的合理比例"。国际法院在北海大陆架案中指出，一个国家的大陆架区域与其海岸线的长度相称的思想，与延伸的原则明显具有一种内在的联系。在北海大陆架案缅因湾海洋划界案和几内亚与几内亚比绍海洋划界案等海洋划界实践中，都考虑了给予沿海国的海域面积与海岸线长度之间的合理比例。

（3）任何特别的或显著的海岸性质。

（4）岛屿的大小和位置，决定了岛屿在海洋划界中的效力。

（5）海域自然资源的分布，影响到海域资源的分配和对跨界资源的处理。

（6）历史性权利，即一国在海域的传统权利应予以重视。如前所述历史性权利是一项国际习惯法，可以取得据一般国际法规则不能获得的权利。对于已有的海洋边界协议如果划界当事国之间存在有效的双方都承认的海洋边界协议，则应遵循协议边界。

（7）社会经济因素，即沿海国社会经济对海域资源的依赖性，如它对海域资源的依赖，陆地资源的贫乏以及人口的数量。社会经济因素在分配海域资源的时候是一个重要的因素，如1981年调解委员会在冰岛和挪威扬马延岛之间海域划界中着重考虑了冰岛完全依赖油气进口，而环绕冰岛的大陆架油气远景很小，但扬马延岛和冰岛200海里专属经济区之间被认为是可以划到油气资源的唯一地区。因此委员会通过了一项共同开发协议，对所有具有油气开发前景的区域共同开发。

公平原则运用于海洋划界，其基本特点就是具有较大的灵活性，可以运用各种不同的实际情况，如果被正确地适用，可以导致公平解决的结果。正因如此，公平原则广泛运用于海洋划界实践之中。

### 6.2.3 省（市）际间海域划界的基本原则

借鉴国际间海域划界规则——《联合国海洋法公约》和《大陆架界限委员会科学和技术准则》，充分利用所收集的资料，从地质地理和地形地貌及水文等地质科学方面寻找省（市）间海域划界的依据，保障海洋功能区的完整，选择协定边界线和连接边界线的划法，确定边界终端点，来划分浙江省与相邻地区的海域界线。

#### 6.2.3.1 海域勘界的政策原则

省、县级海域行政界线勘定后，海域、海岸、岛屿及其海洋资源仍归国家所有。比如岛屿位于海疆，其重要性等同于边疆要地，国务院的有关文件中曾明文规定："岛屿……隶属关系或行政区域界线的变更，由国务院审批。"岛屿的归属问题不需大量外业勘界资料，纯属行政区划管理内容，政策性强，敏感性强，矛盾比较尖锐，工作十分繁复。本次勘界仅为县级以上，国家委托地方人民政府实施对所辖海域的行政管理。

全国性的海域勘界工作在我国尚属首次，政策性、原则性很强，为了科学、合理划定海域行政界线，须遵循以下政策原则：海域国家所有性质不变的原则；历史性与习惯性原则，公平、公正、合理的原则；海洋生态系统和海洋自然地理体的统一性原则；共同开发利用，互惠互利互让原则；充分协商、协调，达成共识的原则；保证国家涉海利益不受影响的原则；促进海洋经济持续、稳定、协调发展，保护用海者合法权益的原则；促进归属争议不下实行中央最终裁定的原则。

总之，海域勘界按照有利于经济发展、有利于海洋管理、有利于海洋资源与环境的可持续利用的原则进行。

### 6.2.3.2 海域勘界的基本原则

根据《国务院关于开展勘定省、县两级行政区域界线工作有关问题的通知》（国发〔1996〕32号）文件精神和全国勘界办的要求，海域界线以陆域界线向海最后一个界桩为起点（如果陆域界桩调整，则海域界线相应调整），以保证海域界线与陆域界线的衔接。

（1）协商与裁决相结合原则

平等协商是解决海域归属、边界纠纷的重要方法。对历史遗留问题要顾全大局，互谅互让。在处理敏感问题时，要严格执行国家有关政策，尊重涉界双方的利益、群众风俗习惯。协商未果时，按照工作程序，由各级人民政府提交海域界线划分方案，报上一级政府裁决，以形成最终海域界线划分方案。

（2）"三公"原则

"三公"原则即：公正、公平、公开原则。海域勘界工作须维护国家整体利益，一切从实践出发，实事求是，在参照习惯法、特殊法则的情况下，慎重对待涉界方利益，合理协调、裁定界线。

（3）兼顾性原则

由于历史性的海域使用纠纷、长期摆动的不定河口、海岸凹入的地理不利等因素造成的一方海域面积得失显著不均，且协商未果时，应适当兼顾各方利益、公正协调、裁定海域界线，维持区域经济的均衡发展和社会稳定。

（4）适用性原则

海域界线是沿海各级地方政府开发利用海域资源和实施海洋行政管理的基础之一，它的确定应符合海域资源可持续利用、海洋环境保护、社会经济可持续发展等国家基本政策，有利于海洋行政管理工作的有效实施，有利于海洋资源开发利用及环境保护，有利于海洋经济的发展。

（5）引进原则

《联合国海洋法公约》中规定了国际间海洋划界所使用的方法及原则，借鉴其适合我国特点的合理部分，以利于海域勘界工作的顺利实施。

### 6.2.3.3 海域勘界的技术原则

（1）界线拐点数最少原则

为了便于海洋行政管理，应尽量减少海洋界线上的拐点数目，降低其曲折程度。

（2）继承性原则

如涉界方已有明确的规定或协议，各方对此均无争议，则仍保持规定或协议不变。

（3）综合性原则

海域勘界工作涉及的方面较多，因此实施时要综合考虑历史、人文地理、海岸线、滩涂、海域面积比例、海域功能、海洋资源生产潜力等因素。

（4）完整性原则

如遇有上一级人民政府批准建立的海洋自然保护区，海域界线不应穿越此类区域。此类区域批准撤销后，再由有关单位依照相关程序补做海域勘界工作。

如遇有自然客体（湖、小三角洲、小海湾、岬角等），在不影响双方得失条件下，应尽量保持其完整性，避免人为分割。

（5）判断依据充分、可靠原则

如需要裁决，从事海域勘界工作的技术单位应向裁决部门提供充分、可靠的海域界线划分依据，以保证裁决的公正、科学、合理。

### 6.2.3.4　主要的勘界技术

1）相向涉界方的勘界方法

（1）中间线法

中间线是指海岸相向国家之间的一条海下分界线，这条分界线上的每点都与测算有关国家领海宽度的基线上最近点的距离相等。中间线的推导采用尝试误差法。

（2）等比例法

等比例线是涉界方按照划界原则协商确定的比例来划分海域所形成的海上分界线，该线上的每一点距有关涉界方基线上最近点的距离之间的比例应当同有关涉界方商定的比例相一致。

2）相邻涉界方的勘界方法

（1）等距离线法。

（2）等比例线法。

（3）经线分割法。

界址线由海岸界点起始，平行于经线方向向海延伸。

（4）纬线分割法。

界址线由海岸界点起始，平行于纬线方向向海延伸。

（5）垂直海岸主体走向分割法。

界址线由海岸界点起始，垂直于海岸主体走向向海延伸。

## 6.3  浙沪海域划界的状况与问题讨论

### 6.3.1  浙江省与上海市海域划界的历史沿革和现状

浙江省位于东海之滨,浙江海域分别与位于东北部的上海海域和南部的福建海域相连。浙江与上海的海域界线是从陆地传统的分界点——金丝娘桥延伸到海上,海上的界线为传统界线;浙江与福建的海域界线从陆域分界点——苍南县虎头鼻向海域延伸,该界限也是传统界线。由传统界线圈定的浙江海域拥有全国最多的岸线、岛屿和港湾、潮间带和滩涂等,拥有丰富的海洋国土资源、海洋水产资源和海洋旅游资源,具有巨大的海洋能和油气资源开发潜力。但是沪浙闽三地为了本地区的利益,在海域的管辖权和使用权方面长期以来存在纷争,主要是传统界线附近海岛的争夺,包括浙江省与福建省对七星岛辖权的争夺和上海市与浙江省争夺嵊泗列岛的使用权。所以开展浙江省与上海市海域划界研究,可以为解决浙江省和上海市之间出现的争议提供科学依据,更是为沿海经济的长期发展争取良好的秩序和海洋环境打下基础,还可以为我国制定地区间的海域划分标准提供借鉴,具有很大的现实意义。

浙江省与上海市的海域界线,其陆地的传统分界点在平湖县金丝娘桥东0.5 km,向海域延伸的界限为传统界线,位于舟山群岛之嵊泗列岛的北部,该界线大体呈 NEE 向走向,即自王盘洋经大戢洋穿佘山和嵊山洋之间向东北延伸(图6.1)。嵊泗素有"海外仙山"之称,1000 多年前就有人在小洋山岛定居,从事以捕鱼为主的生产活动。由于历史、军事及地理位置等原因,其隶属关系几经变化。清朝时分属浙江、江苏,1912 年后属江苏省崇明县,1949 年 10 月从崇明县独立出来设置嵊泗县。1953 年自江苏省松江专区划属为浙江省舟山专区。1958 年嵊泗与定海、普陀、岱山合并成为舟山县,1961 年嵊泗又从舟山县划出,隶属于上海市。1962 年重新设置嵊泗县,复归于浙江省舟山专区一直到现在。两省市间的海域传统界线穿过嵊泗岛北部的大戢洋,大戢洋为浙江省和上海市共有海域,因中部大戢山岛得名。浙江省测绘局编制、中国地图学社出版的《浙江省地图册》将大戢山划归浙江海域,1997 年 9 月中国地图出版社出版的《中国地图册》,在绘制浙沪海上界线时亦沿袭传统界线,将大戢山归属浙江海域。由浙江省海岸带和海涂资源综合调查领导小组办公室和浙江省海岸带和海涂资源综合调查报告编写委员会共同编写的《浙江省海岸带和海涂资源综合调查报告》也明确指出:"浙江沿海岛屿众多,星罗棋布,最北为嵊泗县的花鸟山岛";"浙江省大陆岸线北起平湖县金沙湾金丝娘桥,南至苍南县虎头鼻"。

浙江省与福建省的相邻海域间也存在岛屿归属争议。按照传统界线,其陆地分

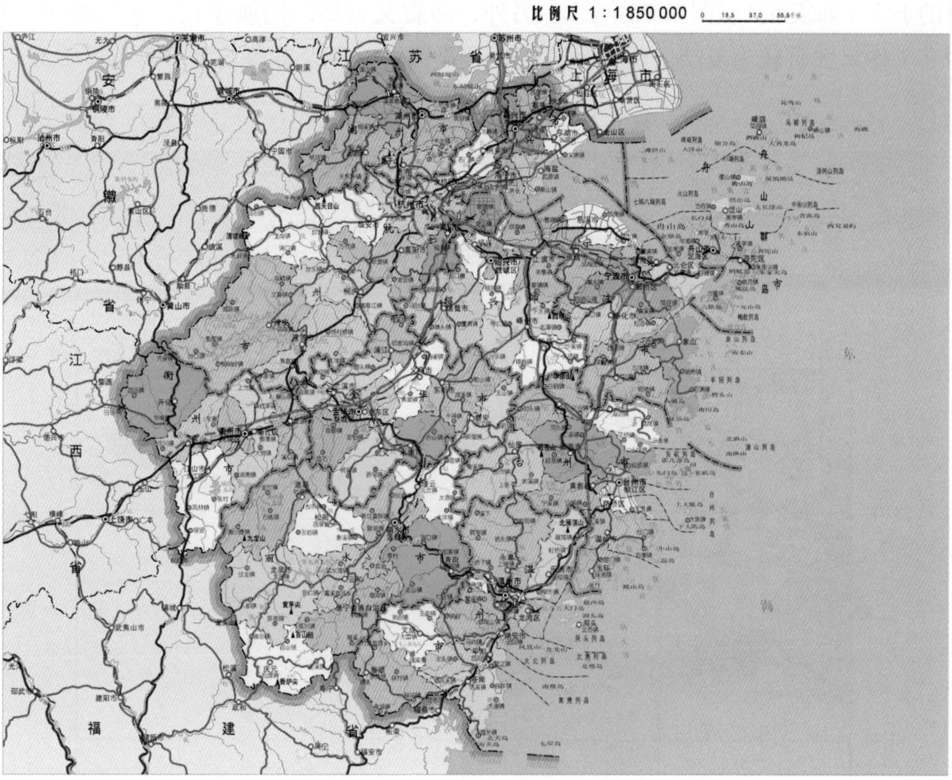


图6.1　浙江省行政区划

界点为苍南县虎头鼻，向海域延伸的界线为海域传统界线，自沙埕港口门大致沿SEE向延伸，至七星岛和台山列岛之间作为自然分界。对于有争议的七星岛，据商务印书馆出版的《中华人民共和国地名词典—浙江省》（1998年）所载：“七星岛，在苍南县灵溪镇东南62 km，为浙江省最南岛。北为南麂渔场，南为闽东渔场。七礁分布酷如北斗星座，故名。呈东北—西南走向，由五岛、七礁组成。主岛星仔岛面积0.47 $km^2$。”中国地图出版社1997年《中国地图册》亦沿袭此传统界线，将七星岛归属浙江海域，苍南县霞关、渔寮、大渔、艚等沿海渔民一直在七星岛附近海域从事捕捞作业，在岛上搭建简易寮棚，将七星岛周围海域视为苍南县主要渔场之一。20世纪90年代初苍南县对全县海岛资源进行了综合调查，对七星岛及其周围海域进行了地质、土壤、植被、水产及开发活动各项调查，调查结果载于《苍南县海岛资源综合调查报告》。但福建省对该列岛有属地要求，浙闽两省当地渔民常有争执。

## 6.3.2　浙沪海域划界的主要问题

浙沪海域界线是我国省际间海域界线中最长的一条线，占全国海域勘界总工作量的1/5（如表6.1、图6.2所示），另外，两省又有岛屿归属争议，所以浙沪海域划界工作量大且较为复杂。但就矛盾尖锐程度而言，不及苏鲁与冀鲁等省际界线。

表6.1　浙沪海域勘查区面积统计

| 界线名称 | 滩涂与5 m等深线以浅勘界面积（1:2.5万）km² | 海域勘界面积（1:5万）km² | 有争议的岛屿附近海域勘界面积（1:5万）km² | 边界线长度（km） |
|---|---|---|---|---|
| 浙沪界 | 160 | 2880 | 50（大戢山） | 382 |

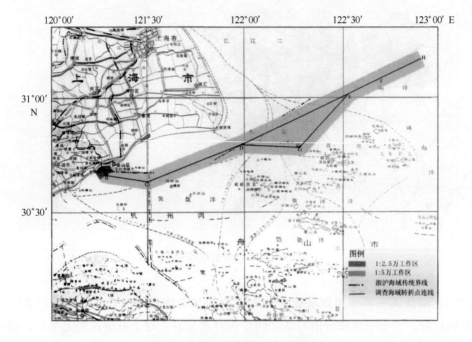

图6.2　浙沪海域勘界工作范围分布

尽管浙沪海域划界存在一些并不是很大的矛盾，但是随着海洋的开发利用，这些矛盾与冲突会越来越明显，主要表现在渔业捕捞、港口建设、石油天然气等资源的开发利用方面，具体来说有以下6个方面。

（1）在金山区，上海市民一般很少从事渔业捕捞，历来是浙江渔民在此捕捞，但是现在上海开始向浙江渔民征收费用，引起浙江当地渔民的不满。在该海域的渔业使用权上是尊重传统海域界线，还是沿用历史传统，是事关当地渔民生活的重要影响因素。

（2）上海石化总厂征用了平湖市208亩的土地，在陆域勘界中已经划给了上海，但相衔接的海域部分如何勘定？在陆域的起点该如何确定？

（3）上海石化总厂计划建设大型码头，预计将延伸到平湖市海域，这里的界线又该如何划定？

（4）嵊泗列岛的管辖权与使用权究竟划给上海市还是仍留在浙江省？

（5）上海市正在实施筑堤围垦等海洋开发项目，会对浙江省海域造成很大影响，这其中的矛盾该如何调节？

（6）东海发现了大量的石油天然气资源，油气上岸基地的选址争夺比较激烈，虽然浙江省政府对东海的平湖气田花了巨大精力进行论证，但最终其上岸基地却选在上海，截至 2000 年 9 月，平湖天然气田的产量已经达到 $3.6 \times 10^8$ m$^3$。

## 6.3.3  浙沪海域划界要素的研究

省际海域划界首先要考虑划界海域的区域地质构造、海岸与海底地质地貌、河口环境、海洋水文、海水化学、沉积物化学、海洋生物分布等海洋自然环境特征，以及划界海域附近的港口航道资源、水产资源、矿产资源、旅游资源、盐业资源等状况，再综合社会经济状况、海洋开发利用现状、传统界线的历史沿革等社会因素来划定。

### 6.3.3.1  海洋环境背景

沿着浙沪间的传统界限邻近海域内自西向东依次分布有滩浒山岛、崎岖列岛、泗礁山岛、马鞍列岛、浪岗山列岛、海礁等。崎岖列岛以东诸岛屿统称为嵊泗列岛，其间分布有杭州湾、嵊山洋、大戢洋等海域。

#### 1）岛屿分布

滩浒山岛位于舟山群岛西北部，属嵊泗县管辖，为滩浒乡政府驻地。古代与大白山分别称滩山、浒山，现在合并为滩浒山。整个岛屿呈东西长形，面积 0.56 km$^2$。地势较平坦，最高点大山冈头海拔 75 m。该岛居民 910 人，主要从事渔业，多产海蜇。

嵊泗列岛位于浙江省东北部，杭州湾口外，舟山群岛的北部，属嵊泗县管辖（图 6.3）。主要由马鞍列岛、崎岖列岛、浪岗山列岛和泗礁山岛、大黄龙岛等组成，共有大小岛屿 167 个，主要礁岩 188 块，海域面积 9 180 km$^2$，陆地面积 67 km$^2$（周航，1998），呈东北—西南向排列，因嵊山岛、泗礁山岛两岛而得名。各岛丘陵广布，最高点在花鸟山上，海拔 237 m。主岛泗礁山岛面积 22 km$^2$，为嵊泗县人民政府驻地。周围海域有长江、钱塘江等河流注入，水温、水质宜鱼类生长，是著名嵊泗渔场所在地，盛产带鱼、乌贼、海蜇、虾等，黄龙虾米为特产，其中西部崎岖列岛的北部大戢渔场为浙江省海蜇的重要产地。嵊泗列岛还是中国沿海南北航线的交通扼口，东、西绿华岛南北海域则为对外开放锚地，有花鸟国际灯塔。山海景色独特，主要景观有长滩金沙、山海奇观、奇峰异石、摩崖石刻和渔港景色等，为国家级风景名胜区。

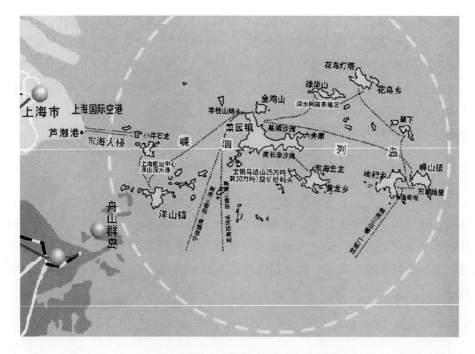

图6.3 嵊泗列岛周边海域岛屿分布

2）水域分布

（1）杭州湾位于浙江省与上海相接的钱塘江入海口处，西界海盐县西山东南嘴至慈溪市西三闸连线，接钱塘江。东界上海南汇县圩角闸至宁波甬江口外游山嘴连线，入东海。因近杭州故名，古称钱塘港或钱塘湾。湾口宽100 km，东西长110 km，接钱塘江处仅宽20 km，为典型的喇叭状海湾，南岸呈扁形，北岸为弧形，均有滩涂发育，南岸宽2~8 km，北岸宽0.51 km。北岸一带，自金山南至乍浦东南海域王盘山岛，西至澉浦以南海域，秦代以前皆为陆地；南岸一带，古为大海，春秋以来，逐渐冲积而扩大成陆。湾中岛礁散布，北有王盘山、滩浒山、白山等，东南有七姊八妹列岛等。底泥松软，接钱塘江处有拦门沙坎。水深从西向东、从南向北渐深。钱塘江口水深2~5 m，湾口深约8 m。南部水深6~8 m，北部深槽近岸水深10~14 m。潮差最大可达8.93 m，为我国沿海潮差最大之地。湾口有舟山群岛环屏，风浪较小，是海运要津。湾内两岸有港口数处。北有芦潮港，已建客运码头，辟有至宁波、嵊泗的客运航线。而乍浦港则历史悠久，年吞吐货物约$10 \times 10^4$ t。陈山码头系上海石化总厂原油专用码头，可泊万吨级油轮。南岸东南端已建5 000吨级液化体化工码头。湾内为杭州湾渔场，海产颇丰。

（2）嵊山洋在浙江省东北部、嵊泗县东部海域：西起绿华岛，东至海礁以东领海线，北连余山洋，南与黄泽洋相接。长76 km，宽50.4 km，面积约3 600 km$^2$。

因嵊山（岛）居洋中心，故名。洋内水深多在 20 ~ 60 m，最深处在海礁南为 70 m。底部为泥沙质，北部夹有贝壳质。季风盛行，4—8 月多东南风，9 月至翌年 3 月多西北风。洋内水产资源丰富，是舟山渔场的主要捕捞作业区，产带鱼、乌贼、石斑鱼、青鲇鱼、鳗鱼、虾、蟹、海蜇及其他多种鱼类，年产量 20 × 10⁴ t 左右。冬季以带鱼为主，夏季以乌贼为主。在嵊山、枸杞岛等岛屿近岸有优质养殖场地，已放养贻贝。该海域还是远东和国内南北航线进入长江口、上海港的主航道，花鸟山上建有花鸟灯塔，高 89 m。东、西绿华岛有两处锚地，可泊 10 万吨级以下船舶。上海港在此设减载泊位，日平均有 5 艘万吨级远洋船舶在此过驳、候潮或避风。花鸟、绿华、嵊山等岛附近是东海区的最大涌浪海区之一，有较丰富的波浪能资源。

（3）大戢洋位于浙江省东北部、嵊泗县北部海域：西起上海市南汇县海岸，东至嵊泗县北鼎星岛，南自小戢山，北与长江口接。呈椭圆形，长约 50 km，宽约 35 km，面积约 1 600 km²。以洋中大戢山（岛）得名。洋内水深多为 7 ~ 9 m，泥质底。4—8 月多东南风，9 月至翌年 3 月多西北风。洋面开阔，罕有岛礁，是远东及我国沿海船舶进入长江口的主航道。大戢山上设有灯塔，原为英国建造，1985 年 5 月我国重建。灯塔高 84 m，射程 20 海里，配有雾笛。产海蜇、鲳鱼、鳓鱼，有大戢渔场，原盛产大小黄鱼，20 世纪 60 年代起，资源锐减，不成汛期。

### 6.3.3.2　海洋资源状况

沿着浙沪间传统界限的邻近海域具有丰富的港口航道资源、水产资源、海洋能资源、海岛资源和旅游资源等。

#### 1）港口航道资源

浙沪沿海大陆岸线曲折，港湾河口多，近岸岛屿密集，在近岸岛屿与大陆岸线之间以及在群岛之间形成了为数甚多的潮流通道，由于水道缩窄，使潮流流速加大，因而形成了较多的深水岸段；此外岛屿所环抱的海域以及大陆沿岸的许多大小港湾，一般风浪影响均较小，多数是船舶避风的优良锚地。在上述区域内的深水岸段，一般外可与外海航线衔接，内可与众多的陆域江河相通，初具天然集疏运条件，这是勘界海域海岸带具有优越港口航道资源的自然基础。

浙沪海域附近的杭州湾北岸就具有良好港口资源条件，杭州湾北岸澉浦以东，因受涨潮流的冲刷作用，形成涨潮冲刷槽，水深较大，最近几年还有冲刷趋势，湾内大部分水深在 8 m 左右，在上海市金山咀附近水深在 12 ~ 13 m，大、小金山附近有一水深 20 m 以上的深槽，宽 800 ~ 1 500 m，长约 10 km。10 m 等深线靠近岸边，10 m 深以上水域的最大宽度达 15 km。浙江省域内金丝娘桥至独山岸段长 17 km，可建万吨级以上泊位，离长江三角洲经济中心的上海最近，可望成为上海外贸货物的

**137**

分流港区。乍浦一带，10 m 等深线离灯光山（乍浦以东）600 m，离天妃宫炮台900 m，水深 10 m 以上航道宽达 2 km 以上。近 50 年来在人工海塘防护下，岸线稳定，其东北向有陈山、高公山等陆上屏障，东及东南向有外蒲山，菜荠山等岛屿作掩护，背靠浙江省的杭嘉湖地区，腹地广阔，经济富裕，地理位置优越，交通便捷，是杭嘉湖地区理想的出海口。乍浦至郑家埭 5 km 岸线，可建万吨级以上泊位，郑家埭至海盐武原镇 11 km 海岸线一带，近岸滩地平缓，面积不小，0 m 线离岸 1～1.5 km，宜围涂造陆，发展港口工业，建设厂矿企业专用码头。澉浦长山附近约4 km 岸线可建 1 000 吨级泊位的港区。杭州湾北岸总共有可利用建港岸线长达37 km。

浙沪勘界海域附近的嵊泗列岛位居沪、杭、甬、宁等沿海开放城市群和长江流域繁忙的南北海运大通道和长江黄金水道的枢纽点上，是上海浦东和长江流域地区通往世界的前沿岛屿及国际航线必经之地。嵊泗深水海域可供开发利用的，主要有以下几大港域。

（1）洋山港域：港域内分七星岛港区、大洋岛港区和小洋岛港区。洋山港域是苏浙沿海距上海最近的一组岛屿。洋山港域进出航道便捷，经黄泽洋连接国际航道。通往金山外轮从大洋岛南面通过，附近航标有唐脑山灯塔、白节山灯塔、马鞍灯塔、大戢山灯塔。根据 1996 年海图，从黄泽洋至洋山港，航道最浅水深 12.2 m，水深不足 14 m 浅段长 5.3 km。平均水深 13 m，不足 15 m 浅段长 6.8 km，由于航道与潮流平行，淤积量较少，且逐步冲深。

（2）绿华山港域：绿华山港是嵊泗港口资源中，最早得到开发利用的深水良港，早在 1974 年，国务院、中央军委就批准绿华山港南锚地 1 平方海里辟为外轮减载锚地，后又设立绿华山减载站。绿华山港区距长江口引水锚地仅 30 海里，北距国际航线上的花鸟山岛灯塔仅 2 海里。港区水域面积 32.74 km²，减载作业避风临时停泊等水域面积约 25.74 km²。从国际航道进入绿华山港区，水深均在 20 m 以上，属天然航道。港区四面环海，周围有嵊泗列岛、马鞍列岛诸岛掩护，避风条件十分优越。

（3）嵊山—枸杞岛港区：这里是祖国领海最东端，历来是东南沿海主要捕捞基地。嵊山岛东南近 100 海里处，汇集着我国自行勘探成功的海上油气田。这一带航道为我国东端国际航线，可通行 20 万～30 万吨级巨轮。

（4）马迹山港区：距上海南汇嘴最近处仅 60 km，距宝钢原料码头也只有 163 km，是上海水上通往国际航线的必经航道。马迹山岛东、南、西三面水域开阔，港域内深水贴岸。距岸 100～300 m 处水深在 20 m 以上的深水岸线长达 250 m，水深 20～70 m 之间的深水海域周围岛屿环抱，有比较好的自然掩护条件，并有本港附近的绿华锚地及白节山—徐公山—马迹山备用锚地，是建设世界一流深水中转大港的理想港址。

2）水产资源

浙沪沿海水域的水产资源十分丰富，其种类多、数量大。在海洋捕捞的主要对象的海洋游泳生物中，具有较高经济价值和较高产量的有 30 余种，其中最高年产量曾达 $1 \times 10^4$ t 以上的种类有 19 种。其他如石斑鱼、毛鳗鱼、铜盆鱼、对虾，潮间带生物中泥蚶、牡蛎、杂色蛤子和青蛤等等，都是很有经济价值的种类。在大型海藻中，坛紫菜、游苔、羊栖菜、石花菜等都有较大的资源量，可供食用或药用，有一定的开发价值。但目前由于集中捕捞高经济价值的优质鱼类，造成这些资源利用过度，号称浙江四大渔产的大黄鱼、小黄鱼、带鱼、乌贼，现在除带鱼外，其余皆已捕捞过度。而且带鱼、石斑鱼资源也出现生长加快、性成熟年龄提前、群体年龄组成趋向简单化、鱼个体平均体长、体重趋小等现象，表明已经处于过捕状态。

3）海洋能源

海洋能泛指海洋本身所特有的自然能源，按其表现形式又分为潮汐能、潮流能、波浪能、盐差能和温差能等多种。浙沪两省均濒临东海，岸线曲折，港湾众多，岛屿连绵，潮强流急，又因地处东亚季风带，风浪较高，从而潮汐能、潮流能和波浪能资源均颇丰富。如杭州湾的潮汐能资源就非常丰富，杭州湾具有喇叭口地形，如坝址自湾口内移，则潮能密度增大，但库容减小，可开发的电能亦相应减少。浙江省曾先后对乍浦、澉浦和乍浦—黄湾三种坝址方案作过比较，其中第三个方案系在乍浦上游 42 km 处的黄湾建挡潮坝蓄淡，在乍浦建站发电，以黄湾至乍浦区段作为潮汐发电库容。

上海市长江口北支潮汐能有开发前景，长江口北支西起崇头，东至连兴港，全长约 79 km，最窄处青龙港断面仅 1.8 km，最宽处连兴港断面为 16 km，面积约 80 万亩，属喇叭形涨潮槽河口。据原水电部水电规划设计院、华东勘测院上海分院的潮汐资源普查，北支潮汐能总装机容量为 $70 \times 10^4$ kW，年发电量约为 $23 \times 10^8$ kW。

4）旅游资源

浙沪沿海环境优美，有山、有水、有海，具备登山、海浴、垂钓、冲浪等多种活动的条件，许多风景区（点）不仅以景色奇特取胜，且自然景观和人文景观融于一体，交相辉映，具有悠久的历史基础。位于舟山群岛最北部分的嵊泗列岛有丰富的旅游资源，素以"碧海奇礁、金沙渔火"的海光岛色而著称，尤其是适合海浴的优质沙滩资源，在泗礁岛就有 14 处，面积超过 $200 \times 10^4$ m²。岛上多石刻，如枸杞岛上的"山海奇观"摩崖石刻，在小洋岛上还有鉴真和尚东渡日本留下的"注焉不满"手迹等等。

5）海岛资源

浙东断块山地的余脉延伸入海，形成了今天浙沪沿海星罗棋布的岛群。浙江沿海岛屿，以东北部的舟山群岛最为密集，共有939个，占全省岛屿总数的47%。岛屿由于所处自然环境条件与大陆不同，岛屿资源具有综合性质。如舟山海域的岛屿密如繁星，为海洋生物的栖息、生长和繁殖创造了良好的环境条件，所以在此形成了浙江渔场，利用海岛还可建设渔业基地，为渔业生产创造了不可缺少的条件。这些岛屿与大陆之间，岛屿与岛屿之间航行水道的存在，使之具有远比大陆为多的深水岸线。沿海岛屿视野宽阔，蓝天大海，空气清新，与大陆相比，更有其独特的景观，还有不少岸滩，宜建海滨浴场，是很好的旅游资源。其他如岛屿地处于海洋包围之中，风距长，风力强，波浪大，可以开发风能和波浪能。岛屿上居住人口不多，生态系统保护较好，存在着天然的动植物自然保护区。

### 6.3.3.3 海域地形地貌特征

海域地形地貌特征与底质类型是海域划界的重要地物标志之一。浙沪沿海的海岛多分布于近岸浅海区，属于大陆与海洋之间的过渡带，同时这些海岛在最后一次海侵前还是大陆的一部分，因此这些海岛还具有海陆之间过渡性以及和大陆之间具有一定的相似性或连贯性等特点。

浙沪沿海的海岛地质构造与浙东沿海地区基本一致，海岛原系浙东丘陵山地的一部分，地质构造的基本格局形成于燕山晚期，在第四纪的海侵、海退中曾几经沧桑，距今15 000年前，海岸线位于目前水深160 m一带（南高北低），现今海岛附近的海域，均为浙东的陆域大平原；全新世海侵，使浙东平原陷入海中，原散布在平原上的丘陵山体上部或顶部仍露在海面以上，成为今日的海岛。浙沪沿海海岛的这一特点，使其在展布、形态以及出露地层等方面均与现今浙东山地丘陵有着很大的相似形和一致性。

浙沪沿海海岛，构造上以断裂为主，褶皱不发育。断裂构造以北东向、北北东向为主，北西向、北北西向、南北向及东西向次之。这些断裂的形成和发育，是控制这些海岛分布以至岛屿形态的基本要素。

### 6.3.3.4 开发利用状况

在海上交通联系不甚发达和生产力发展水平相对较低的时期，海洋的开发利用是以当地水、土、气及生物等物质资源利用为主体，形成大农业的经济结构和加工工业体系。随着科学技术水平与社会经济的发展，对海洋开发利用的要求也起了变化，要求突破其本身资源的制约，利用其区位和空间的优势，扩大海上的对外交通联系与物质信息的交流，使传统的大农业开发为主的经济结构，向更高生产力的经济层次开发结构转变。这种高层次经济开发的核心就是利用深水港口和航道资源的开发，通过海上大运量的运输条件，引进国外和省外的资源、资金、信息、人才和技术，建立港口城市，形成经济中心。

1）浙江省在划界海域的开发活动

浙北海域具有丰富的港口资源、水产资源、矿产资源、旅游资源、盐业资源及其他海洋资源，成为浙江省与上海市协作开发海洋经济的首选海域，浙江省与上海市都先后在这里进行了开发，并作了一些长远的规划。

浙江省的平湖市就将效仿杭州西湖，在杭州湾北岸海域兴建一个"海西湖"，其建设规划已通过专家评审。该海上西湖取名"东海西湖"，建在平湖市九龙山度假区内，平湖市九龙山景区地处江、浙、沪三省市通海之地，以松翠、滩长、礁美、石奇和寺古闻名，为国家森林公园、省级旅游度假区。计划在邻近九龙山的杭州湾海域修建一条 2.5 km 长的拦海大坝，使九龙山西沙滩 2 km$^2$ 的区域形成封闭海域，形成一个海西湖。大坝建成后，利用钱塘江有规律的潮程差，涨潮时将海水送入"海西湖"，经过一定时间的沉淀，泥沙沉入湖底，再利用落潮将沉淀泥沙从排污闸下流出，经过如此循环，"东海西湖"将成为中国首个人工蓝色海湾。

2）上海市在划界海域的开发活动

上海正引资开发杭州湾，在杭州湾实施的一系列开发项目，正在形成连锁投资效应。杭州湾畔的奉贤县已连续两年形成投资高潮，在 2000 年 7 月举行的招商会上，这个县再次引入了近 26 亿元的海内外投资。改革开放后的上海，在经历了北上建宝钢、东进建浦东之后，将进入南下开发杭州湾的新经济增长期。目前投资已明显地出现南下的趋向。奉贤 1999 年前 5 个月共吸引外资 1.5 亿美元，连续两年增幅超过 1.5 倍，在全市处领先地位。奉贤县政府认为，杭州湾大开发将是上海下个世纪的主要经济增长点。为开发杭州湾，上海市将原处奉贤的奉浦市级工业区改建成上海工业综合开发区，为市区大工业向南郊拓展创造空间；在杭州湾畔建立具有世界级水平的化学工业区；在杭州湾的大小洋山建起深水港区，使上海成为国际航运中心。国际投资和国内的私营企业是投资杭州湾的主要力量。比利时著名的优西比公司已经第 3 次增资 1 600 万美元，投资化工项目。浙江著名私营企业双菱公司投资 3.8 亿元，在奉贤建立双菱上海工业园区。

上海市有关建设部门最近多方引资加快上海人工半岛造地进度。人工半岛围海造地工程总投资 10.8 亿元，北起石皮勒港，南至汇角，在距陆地以东 10 km 处的吴淞标高 −5 m 等深线滩地上，构筑一条 30 km 长岸线环岛大坝。工程中的圈围造地共分三期，第一期造地 1.5 万亩；第二期造地 2.5 万亩，到 2001 年 6 月完工；第三期造地 1.3 万亩，到 2002 年 6 月完工。预计三期圈围造地将使上海"长"出约

**141**

$38.7\ km^2$ 的新增陆地。

由于海洋的气候、资源、区位等适合居住的优势，"趋海移动"成为不可逆转的趋势。目前我国有将近50%的人口居住在海岸带上，美国、澳大利亚等发达国家则高达60%至80%。据介绍，"趋海移动"不仅是到沿海地带居住，而且包括开发利用海洋空间，如建设海上机场、海上娱乐场、海上城市等。在2020年前后，上海就设想建设海上高新技术产业区和大型海上公园、海底储藏基地等。

纵观浙江省与上海市在浙北海域的开发利用现状与对未来的规划，上海市显然大大地走在浙江省的前面，如何充分开发和规划利用属于浙江省的海域资源，使之更好地为浙江省可持续发展服务，是浙江省面临的一项重要任务。

## 6.4 浙沪海域划界的对策与建议

根据我们对浙沪海域划界的现状分析，以及对浙沪划界海域的历史沿革、自然地理特征、资源分布状况、开发利用活动等的综合分析，借鉴国际海洋法中的有关国际海域划界的原则与方法，从实际出发，总结了关于浙沪海域划界的几大原则。根据对这几大原则的理解，为顺利开展浙沪海域勘界工作，我们提出如下建议。

（1）由于浙沪海域的传统界线与按中间线法划分的结果大体一致（如图6.4所示），而且考虑到浙江省与上海市对传统界线的认可程度较高，仅在局部存在一些矛盾，因此我们建议浙沪海域的划界首先应该考虑传统界线的因素，在传统界线的基础上进行划界工作。

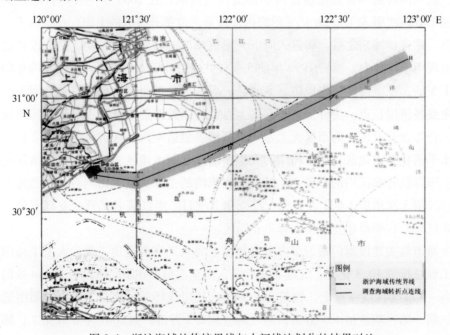

图6.4 浙沪海域的传统界线与中间线法划分的结果对比

（2）浙沪海域划界的工作重点应放在存在矛盾海域的处理上，以及部分传统界线不是很明确的海域，或者不是很连续的划界海域。比如上海石化总厂征用了平湖208 亩的土地，在陆域勘界中已经划给了上海，但相衔接的海域部分如何勘定，海域划界在陆域的起点该如何确定；再比如金山附近海域的渔业使用权归属于谁；嵊泗列岛的管辖权与使用权又究竟划给上海还是仍留在浙江省等现实问题。

（3）对于上述提及的浙沪海域划界的主要矛盾，我们应该遵循海域国家所有性质不变及保证国家涉海利益不受影响的原则，平等协商原则，"三公"原则，完整性原则等进行协商解决，像海域划界在陆域的起点是否仍按传统起点，从陆地分界金丝娘桥延伸到海上；金山附近海域的管辖权仍属于上海市，而渔业使用权按传统归属于浙江省；至于嵊泗列岛由于离上海市比较近，对上海市的经济发展也具有比较重要的地位，在管辖权仍属于浙江省的情况下，其使用权可以有浙江省与上海市充分协商、共同开发，以达到互惠互利的目的。

（4）在浙沪海域划界时，浙江省要充分考虑到随着海洋开发利用所产生的一些可能因素对浙沪海域界线产生的新的冲击，如上海石化总厂计划建设码头，预计将延伸到平湖，该如何处理；再如上海市现在正在进行筑堤围垦等大型海洋开发项目，其结果会对浙江省海域造成很大影响，这其中的矛盾该如何调节等等，海域划界时要具有一定的前瞻性。

（5）在提交浙沪海域划界的结果时，还应包括与相邻省协商结果形成的有关边界协议书、国务院领导的裁决意见及其他各种文件。

## 参 考 文 献

国家海洋局政策研究室编.1989.国际海域划界条约集.北京：海洋出版社.

刘楠来，周子亚，等.1986.国际海洋法.北京：海洋出版社.

杨金森，高之国.1990.亚太地区的海洋政策.北京：海洋出版社.

浙江省海岸带和海涂资源综合调查领导小组办公室和浙江省海岸带和海涂资源综合调查报告编写委员会.1988.浙江省海岸带和海涂资源综合调查报告.北京：海洋出版社.

浙江省海岛资源综合调查领导小组和浙江省海岛资源综合调查与研究编委会.1995.浙江省海岛资源综合调查与研究.杭州：浙江科学技术出版社.

# 第7章 浙江海岸线性质与分形特征

海岸线系指大潮高潮位时海陆分界的痕迹线，是海洋开发与保护的中轴线，是海洋经济可持续发展的生命线，海岸线周边区域一直是海洋资源开发的热点区域。浙江省地处我国东部沿海，位于我国"T"字形经济带和长三角世界级城市群的核心区。浙江拥有丰富的港口、渔业、旅游、滩涂、海岛等资源。据"我国近海海洋综合调查与评价"专项成果①，浙江省海岸线总长 6 715 km，包括大陆海岸线 2 218 km 和海岛岸线 4 497 km；海岛总数 3 820 个。海岸线长度与海岛个数均居全国首位，为发展海洋经济，建设海洋强省，提供了优越的区位条件和坚实的资源基础。但是，随着沿海地区社会经济的高速发展，海岸地区的开发利用强度持续增强，围填海、海塘和港口等工程建设导致岸线裁弯取直，岸线性质发生明显变化，天然岸线减少和人工岸线增多，对海岸地区的生态安全构成了挑战，各类资源环境问题日益凸显，已经严重影响到海岸资源的健康可持续利用。

根据分形理论，曲线的分维数某种程度上可表示曲线形态的复杂程度。由于不同类型海岸线的曲折程度相去甚远，其分维数必然存在明显差异，因此海岸线的分维数中也包含了岸线类型及其开发利用的信息。本文从分形理论入手，以"我国近海海洋综合调查与评价"专项中海岛、海岸带调查成果为基础，开展浙江省海岸线的分形特征研究，探讨其与海岸线保护与利用之间的联系。研究成果是对浙江省海岸线研究领域的一个补充，亦可为海岛海岸带规划与综合管理工作提供科学依据。

## 国内外研究现状

分形理论源于法国数学家 Mandelbrot（1967）对英国海岸线的研究，后人沿用其思想，从多个方面证明了海岸线的分形特征。实际上，此前已有研究者开始注意到了海岸线长度不确定性的问题，Richardson 早在 1961 年就注意到了海岸线长度的变化与所使用的量测尺度之间的关系，Mandelbrot（1977）的功绩在于开创性地定义了分形维数 $D$ 来描述这一特征（汪富泉、李后强，1996）。

继 Mandelbrot 计算出了英国西部海岸线的分维数是 1.26，南部非洲海岸线分维是 1.02 后（Mandelbrot，1967），Pennycuick 计算出阿拉斯加 Amchitka 岛的分维数

---

　　① 国家海洋局第二海洋研究所，2012，浙江省海岛、海岸带调查成果集成报告。

1.66、Adak 岛的分维数 1.20，Benzer 计算出澳大利亚南岸的分维数 1.13、加利福尼亚西岸的分维数 1.19，Plotnick 计算出美国太平洋海岸线分维数 1.27 等（陈守吉、凌复，1998）。国内，有关学者也计算了我国海岸线的分维情况，朱晓华等计算出我国大陆岸线的分维数为 1.159 7（朱晓华，2004），并以江苏省海岸线为例探讨了潮滩不同分界线的分形性质，计算出江苏省大陆海岸线的分维值为 1.069 6（朱晓华、王建、陈霞，2004）。冯金良（1999）等计算出渤海海岸线的分维值为 1.125 2，并初步探讨了其分维值的地学意义。陈霞（2002）等计算出了福建省海岸线的分维值为 1.175 6。

分形理论与地理学有着密切的关系。大量的地理学现象，如：地貌形态、水系、植被景观、湖泊、土壤以及城市形态、城市分布、人口分布、交通道路、市场网络具有自相似的分布特征，都可以用分形理论进行研究（秦耀辰、刘凯，2003）。海岸线的分形是分形几何学最为经典的命题之一，由于海岸线形态的影响因素较多，不同类型的海岸线复杂程度也不同。在河口，海岸线的塑造是在沉积与侵蚀作用的交替中完成的；基岩岸线以侵蚀为主，几何形态决定于岩石的种类、组合形式和岩石所经历的地质作用；人工岸线由于围垦、修筑海塘等活动对自然岸线截弯取直，形态大都较为简单。由于自然界中普遍存在的自相似性与分形理论一致，且分形维数能够区分自然界物体的复杂程度，因此分维数一定程度上反映了海岸线形成演化过程和岸线类型的信息。Schwimmer（2008）利用大比例海岸线测绘数据估算岸线分维数，认为不同类型的海岸形成过程（潮汐或波浪）可以利用海岸线分维数进行区分，并且潮滩海岸线分维数相对较大。苏媛媛（2008）将黄河三角洲分成了人工、淤积和侵蚀 3 个大类进行分形特征研究，将分维数和岸线类型通过量化的方式联系了起来，并计算出它们的分维数依次为 1.075、1.041 和 1.024。王欣凯和贾建军（2011）沿用此方法，计算出浙江省海岛基岩、砂砾质和人工三大类岸线的分维数依次为 1.067 4、1.037 5 和 1.037 9，并提出了一种基于海岛岸线分维数求解其人工岸线所占比例的计算方法，将海岛岸线的分形特征和海岛的开发程度联系了起来。

海岸线分维数的计算方法方面，已有较多的方法，除了最为常用的量规法和网格法外，还有灌肠维法、方差图法、相关函数、功率谱法及它们衍生出的各种变化。根据朱晓华（2002）的研究，不同方法计算的分维数之间差异较大，在比较不同岸线的分形特征时，必须使用相同的方法计算分维数。

在海岸线长度估计方面，陈霞、王建（2002）等在讨论了江苏省海岸线整体分维和局部分维之间的相关性后，提出了在已知岸线分维数的情况下，利用尺度相关性推算更精确的海岸线长度的方法。付昱华（1996）依据海岸线长度是存在极限，推断必然存在一个极限尺度 r，满足当测量尺度继续缩小时，分维数为 1，并以此为基础，利用分维分形的方法，寻求极限尺度，进而计算出稳定的海岸线长度。

在海岸线的地质构造背景方面，断裂构造记录了地球构造演变过程的线性行迹。诸多研究表明，断裂构造具有随机自相似性，断裂的分布和几何形态具有明显的分形结构。谢和平、孙岩（1994）等指出分维数不仅是对破裂面粗糙度的一种度量，而且可以作为断裂结构面力学性质鉴定的一项新指标。黄丹、廖太平（2010）等研究表明，断层系的分维与其形成的力学环境具有密切的关系。对于同一海岸线，在宏观尺度上，大地构造运动控制着海岸线的分形特征，在细化的尺度上，海蚀风化作用控制着海岸线的分形特征，这两种尺度下海岸线相互的自相似性存在明显差异，因此必然存在无标度空间将构造和风化的测量尺度分割开来。

在海岸线模拟方面，陆娟、王建等（2002）使用随机中点位移的方法，对科契曲线进行改造，并采用分维数控制曲线的曲折程度，用少量的控制点锁定海岸线的骨架形态，取得了较好的模拟效果。该方法从图形反演的角度，证明了海岸线存在的分形特征。

## 7.1 研究方法

### 7.1.1 海岸线分类与统计分析

#### 7.1.1.1 海岸线分类

按照成因与物质组成分类，海岸线主要划分为自然岸线和人工岸线。自然岸线是指由海陆相互作用天然形成的岸线，包含实体岸线（基岩岸线、砂砾质岸线、粉砂淤泥质岸线）和河口岸线。人工岸线是指由人类活动后天衍生的岸线，如护岸堤、码头、防潮闸等。

按照地理单元划分，首先可以划分为大陆岸线和海岛岸线。考虑到在浙江省大陆岸线中近半为港湾岸线，对各典型海湾地理单元进行进一步划分，包括河口湾和半封闭海湾，主要有杭州湾、象山港、三门湾、台州湾和乐清湾等。在海岛岸线中，依社会属性又能划分为有居民岛岸线和无居民岛岸线。

按照行政单元划分，浙江海岸线分布在嘉兴市、杭州市、绍兴市、舟山市、宁波市、台州市和温州市。其中杭州市和绍兴市仅有大陆岸线，舟山仅有海岛岸线，余下各市两者皆有。

按照海洋功能区划分，海岸线划分为农渔业区岸线、港口航运区岸线、工业与城镇用海区岸线、旅游休闲娱乐区岸线、海洋保护区和保留区岸线几个主要大类。

#### 7.1.1.2 海岸线长度统计分析

以"我国近海海洋综合调查与评价"专项中海岛、海岸带调查专题取得的浙江省海岸线成果为数据来源，结合浙江省海洋功能区划图件（2011—2020 年）①，基于 GIS 平台，按照物质组成、地理单元、行政单元和功能区划分，对浙江省海岸线进行数据分割、长度重采样和统计分析。

## 7.1.2　海岸线分形理论和计算方法

### 7.1.2.1　分形理论

分形理论主要研究不规则、处处连续而处处不可微分的具有长程相关性、非平衡性的统计过程，借助于事物内部的自相似性质来揭示复杂现象中的精细结构。该理论始于法国数学家 Mandelbrot 1967 年发表的论文《英国海岸线到底有多长?》，文中分析了英国岸线长度依赖测量尺度的分形特征，论证了分形与分维的关系，首次将分形的思想引入岸线的研究（汪富全、李后强，1996）。1975 年 Mandelbrot 所著的《分形：形状、机遇和维》之中"fractal"（译为"分形"）一词首次被创用，1982 年 Mandelbrot 在此书的基础上新著《大自然的分形几何》阐述分形现象在自然界中普遍的存在，拓展了分形理论在自然科学中的应用（陈守吉、凌复华，1998）。

特征尺度是分形理论的基础，自然界的形体大体可以分为具有特征尺度和没有特征尺度两类。前者形态可以被特征尺度所描述，如传统的几何学中的点、线、面和体都具有特征尺度，它们分别是位置、长度、面积和体积，拓扑维数分别是 0 维、1 维、2 维和 3 维，皆为整数。后者形态无法使用特征尺度描述，如典型的科契曲线。科契曲线如图 7.1 构造：一单位直线段 $C_0$，将其三等分，去掉中间的 1/3 线段，以两份边长 1/3 的线段构建等边三角形向上指的另两条边，所得到的曲线记为 $C_1$。再对 $C_1$ 四条线段的每一条都重复这一过程得到 $C_2$。同理，$C_{k+1}$ 便是把 $C_k$ 上的各条线段皆重复上述过程而得来的。当 $K$ 趋于无穷大时，其极限曲线就称为科契曲线。

综上分析，科契曲线每迭代一次，曲线长度就增长 1/3 倍，当迭代无穷多次时，它是无限长的，不是 1 维图形，但该曲线面积为零，也不是 2 维图形，所以 1 维和 2 维的特征尺度都无法描述该曲线。同时科契曲线还拥有以下的性质。

自相似：即曲线的任意小的局部形态放大适当倍数都得出与完整曲线一样的形态特征。

精细结构：即在任意小的比例下曲线都含有丰富的细节，无特征尺度且非光滑性。

尺度相关：即在使用不同的尺度去近似描述时，所得的结果存在明显差异，特征量呈指数相关的变换［使用 $(1/3)^k$ 的尺度去丈量将得到 $(4/3)^k$ 的长度］。

―――――――――――

① 浙江省人民政府，2012，浙江省海洋功能区划（2011—2020 年）

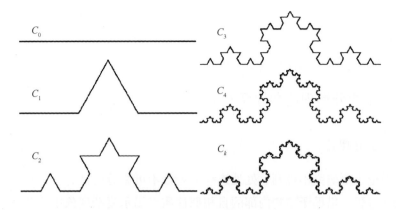

图 7.1　科契曲线（引自《大自然分形几何》，曼德勃罗）

　　对物体进行描述时应选用合适的度量，用微米去测量海洋尺度太小，用公里网去绘制悬浮颗粒尺度太大。同理描述类似科契曲线这样的图形，我们应先找到合适的维度。如前文所述，科契曲线长度为无穷大，1 维的尺度偏小；面积为 0，2 维的尺度偏大，因此科契曲线的维度应存在于 1 维与 2 维之间的某一个维数，在此背景下，分形理论将维数从整数拓展到分数，分维数也由此诞生。

　　利用分维数，科契曲线长度可以表示为：

$$L(r) = r^{1-\log_3 4} \tag{7.1}$$

其中，$r$ 为测量尺度，$\log_3 4$ 便是科契曲线的分维数，它约等于 1.262。由式（7.1）可知其长度不是恒定的，它是一个与测量尺度相关的变量。

　　由此推广，若某一曲线在不同的测量尺度下其测量长度和测量尺度满足关系

$$L(r) = M \times r^{1-D} \tag{7.2}$$

式中，$L(r)$ 为被测曲线的长度，$r$ 为测量尺度，$M$ 为初态常量，$D$ 为被测曲线的分维数。那么该曲线就具有分形特征，这样的集合称之为分形体（金以文、鲁世杰，1998；刘莹等，2006）。

### 7.1.2.2　分维数的计算方法

　　目前计算图形分维数已有较多的方法，其中最为常见的是量规法和网格法（朱晓华，2002）。

1）量规法

　　量规法的思路是使用不同长度的尺子去度量同一段曲线（如图 7.2 所示），曲线的长度 $L(r)$ 由尺子长度 $r$ 和尺子测量的次数 $N(r)$ 来决定，且满足：

$$L(r) = N(r) \times r \tag{7.3}$$

由于小于尺子长度的细节特征全部被忽略，随着尺子长度 $r$ 的变化，曲线弯曲

程度的表达也不同。那么在海岸线测量中，测量尺度越小，则所得的海岸线细节表达越接近被测海岸线的真实情况，所得岸线长度值也越大。

假设曲线具有分形特征，那么它的长度和测量尺度将满足式（7.2）的等量关系，将式（7.3）带入式（7.2）得

$$N(r) \times r = M \times r^{1-D} \tag{7.4}$$

约去 $r$，再对等式两边取对数，可得：

$$\ln N(r) = -D \times \log_{10}(r) + C \tag{7.5}$$

式中，$C = \ln M$ 为待定常量，$-D$ 为斜率，将不同尺度 $r$ 下测量的 $N(r)$ 带入式（7.5），进行最小二乘分析，就可求得量规法分维数 $D$ 的值。

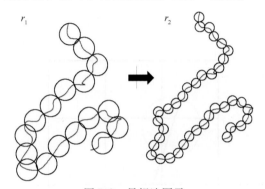

图 7.2　量规法图示

2）网格法

网格法的思路就是使用不同长度 $e$ 的正方形网格去覆盖被测曲线（如图 7.3 所示），正方形网格宽度出现变化，被覆盖的有曲线的网格数目 $N(e)$ 也会出现相应的变化，若定义曲线长度根据分形理论有下式成立：

$$L(e) = N(e) \times e \tag{7.6}$$

使用和量规法一样的处理方法，结合式（7.2）变换得

$$\ln N(e) = -D \times \ln(e) + C \tag{7.7}$$

将不同网格边长 $e$ 和相应被覆盖的网格数 $N(e)$ 带入式（7.7），进行最小二乘分析，就可求得网格法分维数 $D$ 的值。

量规法和网格法计算分维数时有相似也有差异。假设一条 2 个单位长度的直线，以如图 7.4 的方式倾斜。若测量尺度为 1，那么在量规法中所测得的线段长度是 2，符合直线的真实长度。但在网格法中，线段经过了 4 个网格单元，所得的长度为 4，相对真实值明显偏大。

进一步分析此两种方法测得曲线长度差异的原因，构造如图 7.5 中 12 个单位长度的楔形折线。由图 7.5 可知，测量尺度方面 $A$ 和 $B$ 都为 1，$C$ 为 2；曲线位置方面 $B$ 和 $C$ 相同，$A$ 较之其他向上平移了 0.5，使楔形折线位于一行网格之中。

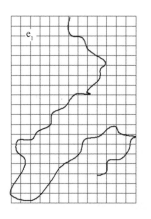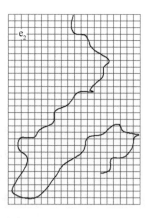

图 7.3　网格法图示

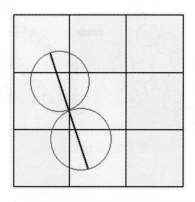

图 7.4　量规法和网格法计算的长度比较（一）

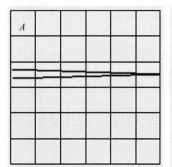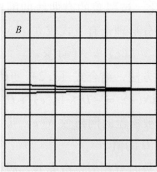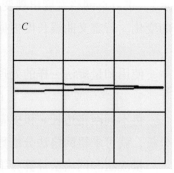

图 7.5　量规法和网格法计算的长度比较（二）

　　分别使用量规法和网格法对 $A$、$B$ 和 $C$ 三种情况测量楔形曲线的长度。由于楔形曲线的上下两部分都是长度为 6 的直线且刚好能被测量尺度整除，故上述三种情况下量规法下测量长度不变，都是 12。网格法中，曲线长度为经过的网格乘以网格宽度，故上述三种情况下测量的曲线长度分别为 6、12 和 6（见表 7.1）。

表 7.1　量规法和网格法所测长度比较

| 图块 | 测量尺度 | 量规法所测岸线长 | 网格法所测岸线长 |
|:---:|:---:|:---:|:---:|
| $A$ | 1 | 12 | 6 |
| $B$ | 2 | 12 | 12 |
| $C$ | 1 | 12 | 6 |

由表 7.1 可知，网格法中 $C$ 因测量尺度增大而所测长度缩短为 6，$A$ 与 $B$ 测量尺度一致，却因曲线落入网格的位置不同，致使所测曲线长度也变小。一般认知中，曲线保持形状不变，仅发生位置的平移将不会造成测量长度的改变，这与量规法中同一测量尺度下的测量结果一致。但网格法中的同一测量尺度下，曲线位置平移竟也导致了测量的长度改变，且这种长度变量显然与尺度无关，不代表曲线形状的分形特征。

综上所述，网格法测量的曲线长度除了与测量尺度相关也和落入网格的位置相关，故网格法计算的分维数并不能完全反映曲线形状的分形特征。相应的量规法测量的曲线长度完全受控于测量尺度，能良好反映曲线形状分形特征。因此，采用量规法计算分维数更为可靠。

### 7.1.2.3　海岸线分维数计算过程

在进行海岸线分维数计算之前，需先选取与数据精度相应的测量尺度，并选择与测量尺度相匹配的计算对象。

由于"我国近海海洋综合调查与评价"专项中浙江海岸线矢量成果数据的平均采样点间距约 23 m，参考该值，将本文的最小测量尺度规定为 20 m，并后续选取 40 m、80 m、150 m、200 m 和 300 m 的一组测量尺度。

关于计算对象的选择，先看一个例子。若有边长为 40 m 的正方形海岛，在使用 300 m 的测量尺度时岸线将忽略不计，长为 0。但在 20 m 的测量尺度下，必然测量出 160 m 的岸线长度。然而，此处岸线的长度差异并非源于海岸线曲折形态，而是海岸线的尺寸差异造成。若采用全部的海岸线进行计算，其结果将不仅包含海岸线形态的分形特征，也包含海岛尺寸差异的特征。依据最新的海岛调查成果，浙江省仅面积小于 5 000 $m^2$ 的小型岛就占近六成，对海岸线长度统计的干扰显得尤为明显。因此本文的计算对象选择为矩形外包络线长边大于 300 m 的岸线集合（见图 7.6），保证该集合中的所有对象都能被本文所选取的测量尺度表示，消除海岛尺寸对海岸线分维数计算的影响。经过筛选，浙江省海岸线计算对象总长 5 924.1 km，其中海岛岸线 3 555.9 km，占 60%。

经上述数据预处理，通过如下的方法实现量规法计算海岸线的分维数。首先，将本文筛选出的海岸线导入 SMS9.0（Surface water Model System Version 9.0）；接着，利用软件的"Redistribute Vertices"功能，使用 20 m、40 m、80 m、150 m、

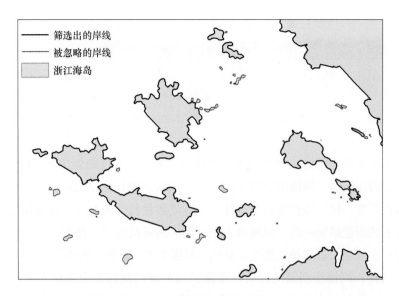

图 7.6　海岛岸线筛选示意

200 m、300 m 的步长分别对曲线进行重采样，小于重采样步长的岸线细节将全部被忽略；然后，把重采样后得到的一组不同采样步长下的岸线长度 $L$，带入式（7.3）和式（7.5）；最后，采用最小二乘的方法求出相应海岸线的分维数 $D$。

## 7.2　浙江海岸线分布的基本特征

### 7.2.1　各类海岸线长度分布

据"我国近海海洋综合调查与评价"专项海岛、海岸带调查统计结果，浙江省海岸线总长为 6 714.7 km，其中，大陆海岸线长度为 2 218.0 km，海岛岸线长度为 4 496.7 km。按照海岸线类型来看，全省人工岸线长度为 2 342.4 km，占 34.9%；基岩岸线长度 4 255.5 km，占 63.4%；砂质岸线长度 98.4 km，占 1.5%；河口岸线长度 18.4 km，占 0.2%（图 7.7）。

浙江省大陆岸线拥着丰富的港湾资源，港湾岸线约占 45%，主要港湾有杭州湾、象山港、三门湾、浦坝港和乐清湾等。依据中国海湾志第五、第六分册中划定的海湾口门边界（中国海湾志编纂委员会，1992，1993），上述五个港湾岸线总长 1 195.2 km。浙江省海岛岸线中，无居民海岛岸线总长为 1 610 km，其中基岩、砂砾质等自然岸线长度占 97.4%。有居民海岛数量仅为全省海岛的 6.6%，但岸线总长占 64.2%，达 2 885.9 km，其中人工岸线长 873 km，为全省海岛人工岸线的 95.4%。

浙江省人工岸线以围垦和堵港蓄淡的海塘占绝对多数，空间分布上浙江省北部地区密集于南部，即大陆人工岸线主要分布在杭州湾沿岸，海岛人工岸线主要分布于舟山群岛。基岩岸线以海岛基岩岸线为主体，占全省比例为 82%，大陆基岩岸线集中分布于浙江省海岸南部。砂砾质岸线均发育在基岩岬角控制的半开敞小海湾，类型单一，大陆砂砾质岸线主要分布在象山县东部和苍南县，海岛砂砾质岸线主要分布于舟山市。河口岸线总长 18.4 km，其中钱塘江、甬江等六大河口岸线的长度所占比例超过 50%。

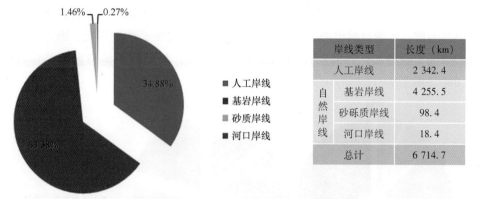

| 岸线类型 | | 长度（km） |
|---|---|---|
| 人工岸线 | | 2 342.4 |
| 自然岸线 | 基岩岸线 | 4 255.5 |
| | 砂砾质岸线 | 98.4 |
| | 河口岸线 | 18.4 |
| 总计 | | 6 714.7 |

图 7.7　浙江省各类型海岸线统计

## 7.2.2　沿海各市海岸线长度分布

浙江省沿海各市中，由北向南各市的岸线长度分别是：嘉兴市 124 km，其主体为标准海塘。杭州市 16.6 km，主体为萧山区围垦滩涂的标准海塘。绍兴市 33 km，主体为标准海塘，其间分布有防潮泄洪闸，如曹娥江大闸。舟山市 2 388 km，主体为天然的基岩岸线。宁波市 1 534 km，台州市海岸线总长 1 446 km，此两市大陆和海岛岸线大致各占一半。温州市 1 173 km，人工岸线为大陆岸线的主要构成，基岩岸线为海岛岸线的主要构成。

舟山市拥有最长的海岸线，占浙江省岸线总长的 35.6%，其次由长到短依次为宁波、台州、温州、嘉兴、绍兴，杭州拥有的海岸线最短，只占全省岸线总长的0.3%（图 7.8）。

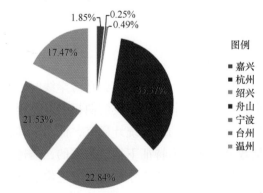

| 行政区 | 长度（km） |
|---|---|
| 嘉兴市 | 124.5 |
| 杭州 | 16.6 |
| 绍兴 | 32.9 |
| 舟山市 | 2 388.2 |
| 宁波市 | 1 533.6 |
| 台州市 | 1 445.9 |
| 温州市 | 1 172.9 |
| 全省 | 6 714.7 |

图 7.8　浙江省各地市海岸线长度统计

### 7.2.3 各海洋功能区岸线长度分布

位于各海洋功能区的大陆岸线中，农渔业用海类岸线最多，占40.1%，其次是工业与城镇类岸线和港口航运类岸线，旅游娱乐、海洋保护和保留类岸线较少，分别为7.5%和6.3%。相应功能区海岛岸线的分布情况与大陆岸线差异较大，以有居民海岛为例，工业与城镇用海类岸线最少，仅有11.2%，旅游娱乐、海洋保护和保留类岸线大幅增加，分别上升到14.0%和13.8%，最多的是港口航运类岸线，占40.0%（图7.9）。

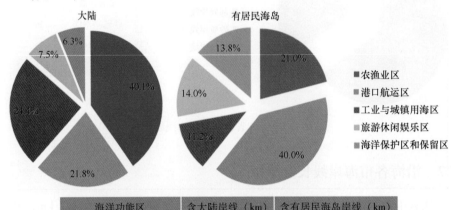

| 海洋功能区 | 含大陆岸线（km） | 含有居民海岛岸线（km） |
|---|---|---|
| 农渔业区 | 824.2 | 601.9 |
| 港口航运区 | 448.2 | 1 146.3 |
| 工业与城镇用海区 | 503.1 | 319.7 |
| 旅游休闲娱乐区 | 153.4 | 400.8 |
| 海洋保护区和保留区 | 128.8 | 395.8 |

图7.9 浙江各海洋功能区内岸线统计

## 7.3 浙江海岸线的分维数

### 7.3.1 海岸线与分维数

分形理论起源于对海岸线自相似形态的研究。如，乘坐飞机俯瞰海岸线时，会发现在不同高度上观察到的海岸线形态大致相同，即同段海岸线的曲折、复杂程度在不同比例尺下类似。学者们通过对海岸线这类特征的大量统计研究，证明了其自相似性，并将这类特征定义为分形。分维数就是在分形特征下抽象出来的，描述对象曲折、复杂程度的参数（陈凌，2005）。对于海岸线来说分维数的值应位于开区间（1，2）之中，分维数越大则表明该段岸线越曲折、复杂，分维数越小则表明该段岸线越平直、简单。当海岸线趋于直线时，分维数将逼近于1。

## 7.3.2　浙江全省海岸线分维数

### 7.3.2.1　全省海岸线分维数

基于"我国近海海洋综合调查与评价"专项的海岸线成果，利用量规法对全省的海岸线进行分形维计算。计算结果显示浙江省全省海岸线的分维数为 1.065，岸线的长度和测量尺度之间具有极高的相关系数 0.988，证明了全省海岸线具有显著的分形特征（表 7.2）。

**表 7.2　全省海岸线分维数计算**

| 测量尺度（m） | 海岸线长（km） |
| --- | --- |
| 20 | 5 833.6 |
| 40 | 5 719.4 |
| 80 | 5 526.1 |
| 150 | 5 264.8 |
| 200 | 5 118.9 |
| 300 | 4 884.4 |
| 分维数：1.065 | 相关系数：0.988 |

### 7.3.2.2　全省各类型海岸线分维数

浙江省海岸线由人工岸线和自然岸线组成。由于自然岸线中河口岸线是主观指定的直线，不具有"地貌形态"，此处不纳入分形计算。本文只将自然岸线中的基岩岸线、砂砾质岸线以及人工岸线这 3 类具有实体形态的岸线进行分维数计算，结果如表 7.3 所示。

**表 7.3　全省各类型岸线分维数**

| | 基岩岸线 | 砂砾质岸线 | 人工岸线 |
| --- | --- | --- | --- |
| 分维数 | 1.082 | 1.034 | 1.037 |

从表 7.3 可以看出，浙江省基岩岸线的分维数最高，为 1.082；其次是人工岸线 1.037，最小的是砂砾质岸线 1.034。基岩岸线的分维数明显高于其他两类，表现出跳跃性差异。

### 7.3.2.3　沿海各市海岸线分维数

对浙江省沿海的嘉兴市、杭州市、绍兴市、舟山市、宁波市、台州市和温州市海岸线分维数进行计算，结果如表7.4所示。

**表7.4 沿海各市海岸线分维数**

| | 嘉兴 | 杭州 | 绍兴 | 舟山 | 宁波 | 台州 | 温州 |
|---|---|---|---|---|---|---|---|
| 分维数 | 1.022 | 1.003 | 1.018 | 1.071 | 1.049 | 1.069 | 1.071 |

在浙江省的沿海各市中，海岸线分维数最大的是舟山和温州，皆为1.071；其次按分维数的大小排序依次为台州1.069、宁波1.049、嘉兴1.022、绍兴1.018，最小的是杭州，为1.003。总体上来说，杭州湾沿岸城市嘉兴、杭州和绍兴的岸线分维数明显小于东海沿岸的舟山、台州和温州，宁波位于过渡带既有杭州湾部分也有东海部分，分维数也介于前两者之间。

### 7.3.3 浙江大陆海岸线分维数

#### 7.3.3.1 大陆海岸线分维数

浙江省大陆岸线总长2 218 km，对其进行分维数计算。结果显示浙江省大陆岸线的分维数为1.051，测量尺度和海岸线程度的相关系数为0.984（表7.5）。

**表7.5 浙江大陆海岸线分维数计算**

| 测量尺度（m） | 海岸线长（km） |
|---|---|
| 20 | 2 166.7 |
| 40 | 2 126.6 |
| 80 | 2 065.6 |
| 150 | 1 990.5 |
| 200 | 1 951.6 |
| 300 | 1 883.0 |
| 分维数：1.051 | 相关系数：0.984 |

#### 7.3.3.2 各类型大陆海岸线分维数

对浙江省大陆沿岸基岩、砂砾质和人工三大类海岸线进行计算分维数。从表7.6可知，浙江省大陆岸线中，基岩岸线分维数最高，为1.086，其次是砂砾质岸线和人工岸线，分别为1.038和1.035。基岩岸线的分维数也体现出明显高于其他两类的分维数特征。

**表7.6 浙江省各类型大陆岸线分维数**

| | 基岩岸线 | 砂砾质岸线 | 人工岸线 |
|---|---|---|---|
| 分维数 | 1.086 | 1.038 | 1.035 |

#### 7.3.3.3　沿海各市大陆海岸线分维数

浙江省沿海嘉兴、杭州、绍兴、宁波、台州和温州 6 个市具有大陆岸线，其中杭州和绍兴仅有大陆岸线（无海岛岸线），将各市的大陆岸线进行分维数计算（表7.7）。结果显示，在浙江省沿海各市的大陆岸线中，温州海岸线分维数最大，为1.063；其次是台州市，为 1.061；然后是宁波 1.043、绍兴 1.018、嘉兴 1.017，分维数最小的是杭州，为 1.003。总体上来说，杭州湾沿岸城市嘉兴、杭州和绍兴的岸线分维数较小，东海的沿岸的台州和温州市分维数较大，宁波位于杭州湾和东海中间部分，分维数也位于中间。

表 7.7　浙江省沿海各市大陆海岸线分维数

| | 嘉兴 | 杭州 | 绍兴 | 宁波 | 台州 | 温州 |
|---|---|---|---|---|---|---|
| 分维数 | 1.017 | 1.003 | 1.018 | 1.043 | 1.061 | 1.063 |

#### 7.3.3.4　主要港湾海岸线分维数

目前，港湾是海岸带开发利用活动最集中的区域之一。浙江省拥着丰富的港湾资源，主要港湾有杭州湾、象山港、三门湾、浦坝港和乐清湾等。分别对其进行分维数计算（表 7.8）。结果显示，杭州湾海岸线分维数较小，为 1.013；象山港、三门湾、浦坝港和乐清湾的海岸线分维数均介于 1.042 ~ 1.047 之间。

表 7.8　浙江重点港湾海岸线分维数

| | 杭州湾 | 象山港 | 三门湾 | 浦坝港 | 乐清湾 |
|---|---|---|---|---|---|
| 分维数 | 1.013 | 1.047 | 1.042 | 1.047 | 1.047 |

#### 7.3.3.5　各海洋功能区大陆海岸线分维数

依据《浙江省海洋功能区划（2011—2020 年)》[①]，浙江省大陆海岸线所在的主要功能区分别为农渔业区、港口航运区、工业与城镇用海区、旅游休闲娱乐区、海洋保护区和保留区几大类。提取不同功能区的大陆海岸线，并分别对其进行分维数计算。由表 7.9 可知，各用海功能区的大陆海岸线中，旅游休闲娱乐区分维数最大，为 1.076；其次是海洋保护区及保留区，为 1.063；然后是农渔业区，为 1.056；港口航运区和工业城镇用海区海岸线分维数小于其他功能区，分别为 1.047 和 1.043。

---

① 浙江省人民政府，2012，浙江省海洋功能区划（2011—2020 年)。

**表 7.9　浙江各海洋功能区大陆海岸线分维数**

| | 农渔业区 | 港口航运区 | 工业与城镇用海区 | 旅游休闲娱乐区 | 海洋保护区及保留区 |
|---|---|---|---|---|---|
| 分维数 | 1.056 | 1.047 | 1.043 | 1.076 | 1.063 |

## 7.3.4　浙江省海岛岸线分维数

### 7.3.4.1　全省海岛岸线分维数

浙江省海岛岸线总长 4 496.7 km，对其进行分维数计算。结果显示（表7.10），浙江省海岛岸线的分维数为1.073，测量尺度和海岸线长度的相关系数为0.990。

**表 7.10　浙江海岛岸线分维数计算**

| 测量尺度（m） | 海岸线长（km） |
|---|---|
| 20 | 3 666.9 |
| 40 | 3 592.7 |
| 80 | 3 460.6 |
| 150 | 3 274.3 |
| 200 | 3 167.3 |
| 300 | 3 001.5 |
| 分维数：1.073 | 相关系数：0.990 |

### 7.3.4.2　各类型海岛岸线分维数

对浙江省海岛基岩岸线、砂砾质岸线和人工岸线三类分别进行分维数计算，结果表明（表7.11），浙江省海岛岸线中，基岩岸线分维数最高，为1.081，其次是砂砾质岸线和人工岸线，分别为1.038和1.035。基岩岸线分维数明显高于其他两类，与大陆岸线分维数的规律一致。

**表 7.11　浙江省各类型海岛岸线分维数**

| | 基岩岸线 | 砂砾质岸线 | 人工岸线 |
|---|---|---|---|
| 分维数 | 1.081 | 1.038 | 1.035 |

### 7.3.4.3　沿海各市海岛岸线分维数

浙江省沿海嘉兴、舟山、宁波、台州和温州 5 个市分布有海岛。对各市的海岛岸线进行分维数计算（见表7.12），结果显示浙江省沿海各市的海岛岸线分维数明显大于大陆岸线。其中，嘉兴海岛岸线分维数最大，为 1.096；其次台州，为1.081；然后，温州 1.078、舟山 1.071；宁波最小，为 1.059。

**表 7.12　浙江省沿海各市海岛岸线分维数**

| | 嘉兴 | 舟山 | 宁波 | 台州 | 温州 |
|---|---|---|---|---|---|
| 分维数 | 1.096 | 1.071 | 1.059 | 1.081 | 1.078 |

#### 7.3.4.4　有居民与无居民海岛岸线的分维数

浙江省海岛总数为 3 820 个，无居民海岛占多数，为 3 566 个，有居民海岛为254 个。分别计算有居民海岛和无居民海岛岸线的分维数，结果显示（表 7.13），有居民海岛岸线的分维数较小，为 1.068；无居民海岛岸线的分维数较大，为 1.083。

**表 7.13　有居民和无居民海岛岸线分维数计算**

| | 有居民海岛 | 无居民海岛 |
|---|---|---|
| 分维数 | 1.068 | 1.083 |

按照行政级别对有居民海岛进行划分，浙江省拥有市级岛 1 个（舟山本岛），县级岛 3 个（泗礁山岛、岱山岛和洞头岛），乡（镇）级岛 58 个，以及村级岛 192个。分别提取上述各级海岛岸线进行分维数计算，计算结果显示：市级海岛岸线分维数最小，为 1.046；村级海岛岸线分维数最大，为 1.073；县级和乡（镇）级分别为 1.069 和 1.068（表 7.14）。

**表 7.14　浙江省各行政级别海岛岸线分维数计算**

| | 市级 | 县级 | 乡（镇）级 | 村级 |
|---|---|---|---|---|
| 分维数 | 1.046 | 1.069 | 1.068 | 1.073 |

依据大陆海岸的距离，将有居民海岛以 0.5 km、1 km、5 km、10 km、50 km、100 km 为参考划分为 7 类。分别对各类海岛进行分维数计算，结果显示各类海岛岸线分维数基本上呈现出随离岸距离增大而同步增长的趋势，离岸距离小于 500 m 的海岛岸线分维数最小，为 1.063；离岸距离大于 100 km 的海岛岸线分维数最大，为1.091。（见表 7.15）

表7.15　浙江省各类离大陆距离有居民海岛岸线分维数

| 单位（km） | <0.5 | 0.5~1 | 1~5 | 5~10 | 10~50 | 50~100 | >100 |
|---|---|---|---|---|---|---|---|
| 分维数 | 1.063 | 1.064 | 1.071 | 1.065 | 1.075 | 1.075 | 1.091 |

#### 7.3.4.5　各海洋功能区海岛岸线分维数

依据《浙江省海洋功能区划（2011—2020年）》，浙江省海岛岸线所在的功能区主要有农渔业区、港口航运区、工业与城镇用海区、旅游休闲娱乐区、海洋保护区和保留区几大类。提取不同功能区的海岛岸线进行分维数计算，结果如表7.16所示。各用海功能区中，海洋保护区及保留区的海岛岸线分维数最大，为1.085；其次是旅游休闲娱乐区1.076，农渔业区1.073，港口航运区1.063；工业与城镇用海区海岛岸线分维数最小，为1.053。

表7.16　浙江各海洋功能区海岛海岸线分维数

| | 农渔业区 | 港口航运区 | 工业与城镇用海区 | 旅游休闲娱乐区 | 海洋保护区及保留区 |
|---|---|---|---|---|---|
| 分维数 | 1.073 | 1.063 | 1.053 | 1.076 | 1.085 |

## 7.4　浙江省海岸线分形特征及意义

### 7.4.1　大陆岸线和海岛岸线分形特征差异

根据分形理论，海岸线的分维数在一定程度上反映了海岸线的复杂程度，且岸线形状越复杂其分维数越大。前文计算结果显示，浙江省大陆、海岛岸线分维数分别是1.051和1.073，海岛岸线的分维数远大于大陆岸线，因此可以推断海岛岸线的复杂程度大于大陆岸线。究其原因，首先在于海岛受人类活动的影响小于大陆，其次海岛四面环水，周边水动力环境更复杂，致使海岛岸线受侵蚀的程度总体大于大陆岸线，岸线更为曲折。

### 7.4.2　海岸线类型与分维数的相关性

基岩岸线遭受自然侵蚀曲折多变，最为复杂，分维数也最高；人工岸线是对天然岸线的截弯取直，砂砾质岸线经过沉积物与水动力的均衡调整，这两类复杂程度较小，故分维数也较低，文中计算结果也表示基岩岸线的分维数明显大于其他2类岸线。该种差异说明，在浙江的海岛岸线中分维数在1.082附近的应属基岩岸线，而分维数在1.037附近应属人工或砂砾质岸线，这种不同类型海岸线的分维数差异，给岸线类型的判断提供了依据。

浙江省海岸线可视为天然岸线和人工岸线的二元组。天然岸线中，基岩岸线占 97.3%，砂砾质岸线不足 3%。因此可以近似的利用基岩岸线代替天然岸线，将浙江省海岸线表达为由基岩岸线和人工岸线构成的二元组。王欣凯和贾建军（2011）通过研究浙江省海岛岸线的分形特征，提出了一种依靠海岛岸线分维数计算人工岸线所占比例 $\theta$ 的方法。

$$\theta = \begin{cases} 0 & D \geq D_J \\ (k^{D_J} - k^D)/(k^{D_J} - k^{D_R}) & D_J > D > D_R \\ 1 & D_R \geq D \end{cases} \tag{7.8}$$

式中，基岩岸线的分维为 $D_J$、人工岸线的分维为 $D_R$、$D$ 为总体海岸线的分维数、$k$ 为最大测量尺度和最小测量尺度的比值。

浙江省全省海岸线的分维数为 1.065，位于上文计算出的人工岸线和基岩岸线的分维数中间，借用此思想，将分维数带入式（7.8）中进行验证（即 $D_J = 1.082$、$D_R = 1.037$、$D = 1.065$）。通过计算得到浙江省人工岸线占 37.0%，较之于"我国近海海洋综合调查与评价"专项调查成果的 34.9%，其相对误差仅为 5.90%。由于计算结果实际上包含了砂砾质岸线，若反观基岩岸线，该方法计算出的基岩岸线比例为 63.0%，相对于"我国近海海洋综合调查与评价"专项成果的 63.4%，几乎相同。以上计算结果表明，该方法在全省海岸线范畴内，以岸线分维数估算人工岸线或基岩岸线所占比例都是适用的。

综上所述，海岸线的分维数能够反映出海岸线的类型特征，基岩岸线的分维数较大，砂砾质岸线和人工岸线的分维数较小。在仅考虑基岩岸线和人工岸线的条件下，通过海岸线分维数可以估算出人工岸线和基岩岸线所占比例。即，人工岸线所占比例越大的岸线分维数越小；基岩岸线所占比例越大的岸线分维数越大。由于人工岸线是海岸线开发利用的产物，人工岸线的含量某一方面能折射出该段海岸线开发利用的程度，因此海岸线的分维数也可以作为其开发利用情况的某一参考指标。即，分维数越小，代表着该段岸线被开发利用的程度越高；反之分维数越大，代表这该段岸线开发利用的程度越低。

### 7.4.3 沿海各市海岸线分形特征

提取沿海各市人工岸线和海岛岸线的相关信息，并与各市海岸线分维数进行比较（见图 7.10）。嘉兴、杭州和绍兴三市为杭州湾沿岸市，人工岸线占比例高，无海岛岸线或海岛岸线短，故海岸线分维数较小。宁波市为杭州湾沿岸向东海沿岸过渡地区，人工岸线和海岛岸线所占的比例中等，故海岸线的分维数也中等。台州市和温州市为东海沿岸市，人工岸线所占的比例较低，海岸线分维数较大。舟山市为海岛市，全部为海岛岸线，人工岸线比例最小，岸线分维数大。

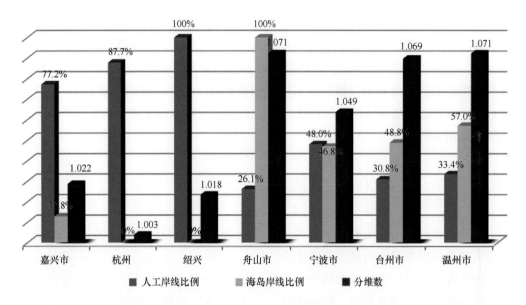

图 7.10　人工岸线、海岛岸线和分维数关系

依据 2010 年浙江省经济发展年鉴资料，将沿海各市的社会经济情况与海岸线分维数进行对比分析。2010 年，杭州市和宁波市的 GDP 在 5 000 亿元以上；嘉兴、绍兴、台州和温州的 GDP 在 2 000 亿~3 000 亿元之间；舟山市的 GDP 仅有 640 亿元，远低于其他城市（图 7.11）。GDP 最高的杭州市，其岸线分维数也最低；GDP 最低的舟山市，其岸线的分维数也最高。嘉兴、杭州和绍兴同属杭州湾沿岸，岸线形成方式类似，主要是海积平原前缘修筑海塘形成人工岸线，海岸线的分维数与各市的 GDP 有关联性，即 GDP 越高，海岸线分维数愈小。

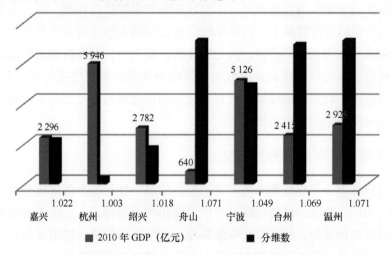

图 7.11　浙江省沿海各市 GDP 与海岸线分维数

从浙江省沿海各市的海岸线分维数来看（图 7.12），海岛岸线均大于大陆岸线。宁波、台州和温州市的海岛类型和分布特征类似，分维数与 3 个市的 GDP 构成反相关，也体现出经济越发达，开发程度越高，海岸线分维数越小的规律。

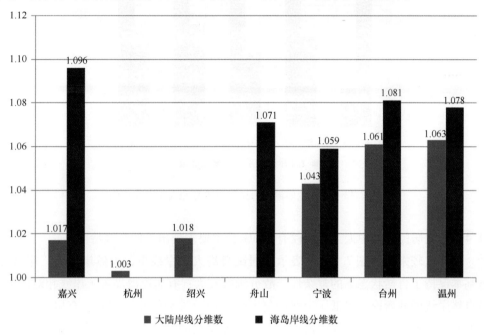

图 7.12　沿海各市海岸线分维数比较

### 7.4.4　主要港湾海岸线的分形特征

浙江省港湾是海岛海岸带开发利用活动的密集地带，海岸线的开发利用致使岸线人工化程度很高。前文提及的 5 个港湾中，杭州湾已几近全部人工化，其他 4 个海湾人工化程度也都在 80% 左右（图 7.13）。通过比较，可以看出港湾的人工化程度和岸线分维数体现了极强逆向关系，同样验证了海岸线分维数伴随岸线人工化程度的升高而降低的规律。不过值得注意的是，上述五个港湾从形态和规模方面差异很大，但本文的分维数并没有体现出这样的差异。因此本文所用的尺度在研究大规模的岸线地貌形态中存在局限性，若需研究大规模的岸线形态分布还需要一组更大的测量尺度进行分析。

### 7.4.5　有居民与无居民海岛岸线分形特征

无居民海岛的岸线分维数为 1.083，明显大于有居民海岛的 1.068。横向比较来看，有居民海岛岸线的分维数与全省海岸线的分维数 1.065 相似；无居民海岛的岸线的分维数与全省基岩岸线的分维数 1.082 相近。其原因主要在于相互间海岸线的类型结构相似，有居民海岛和全省海岸线中，人工岸线含量分别是 30.2% 和

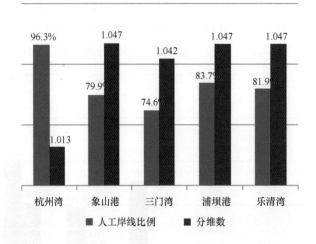

图 7.13　浙江主要港湾海岸线分维数和人工岸线比例

34.4%，无居民海岛中人工岸线仅有 2.6%，主要表现出天然岸线特征。

纵向比较来看（图 7.14），表示无居民海岛人工岸线少，天然岸线多，岸线形态基本保持了自然状态下的复杂性，故分维数较大；有居民海岛人工岸线相对较多，对自然岸线的截弯取直降低了岸线的复杂性，故分维数较小。同时，有居民海岛的开发利用程度明显大于无居民海岛，表明海岛岸线的分维数也可以作为海岛开发利用程度的参考指标。

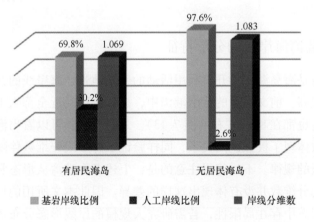

图 7.14　有居民与无居民海岛岸线类型比例与分维数

进一步分析有居民海岛。行政级别越高的海岛，往往面积越大，其自身的生态系统越为完善、自然资源越为充沛，能提供更好的宜居环境，海岸线具有更高的开发利用价值和程度，分维数也相应越低。因此，海岛岸线分维数可以用来估计海岛的行政级别。

再从海岛的离大陆海岸距离来看。一般来说，离大陆距离越近，岛陆交通越容易，海岛受到人类活动的影响也越多；离大陆距离越远，岛陆交通越不便，海岛受人类活动的影响也越小。对比结果表明（图 7.15），除距大陆 5～10 km 的海岛外，其余海岛基本符合随离岸距离增大，海岛岸线分维数呈增长趋势的规律。

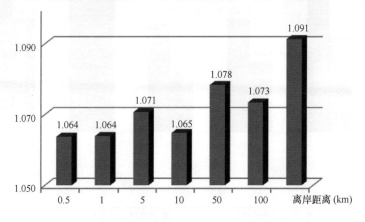

图 7.15　各离岸距离的海岛分维数

距岸 5～10 km 的海岛不符合以上规律，是因为该区域集中了舟山岛、六横岛、大门岛等多个行政级别较高的海岛，提高了海岛岸线的开发利用程度，使分维数下降。综上所述，离大陆距离和海岛岸线分维数正相关，分维数随离大陆距离的增大而增大。然而该相关性弱于海岛行政级别与岸线分维数的相关性，两类相关共同作用时，主要表现出海岛行政级别与岸线分维数的相关性。

### 7.4.6　各海洋功能区岸线分形特征

在各海洋功能区的海岸线中，依然表现出海岛岸线分维数大于大陆岸线分维数的规律。同时，无论是大陆还是海岛岸线，分维数在各功能区中所表现的规律基本一致（见图 7.16）。工业与城镇用海区和港口航运区岸线多是围填海造地和人工港池，岸线平直、复杂度低，分维数最低。其次是农渔业区，该处岸线多临近居民地，部分为人工岸线，分维数居中。旅游休闲娱乐区、海洋保护区和保留区的岸线往往是自然景观资源或为重要生态价值区，要求对天然岸线重点保护，限制人类活动，少有人工岸线存在，分维数最大。因此，从海岸线规划与管理的角度看，海岸线分维数可以作为海岸线保护状况的参考指标。

### 7.4.7　岸线分形特征的意义

海岸线的分形特征主要表现在两个方面：一是自相似的形态；二是分维数对形态复杂程度的表达。本文着重分析了后者，将浙江省海岸线进行多种分类方法的划分，计算各类岸线的分维数，并以此讨论分维数与海岸线在成因、物质组成、行政区、社会属性和海洋功能区等方面的相关性，抽象出其中共性的关联。自然状态下，**165**

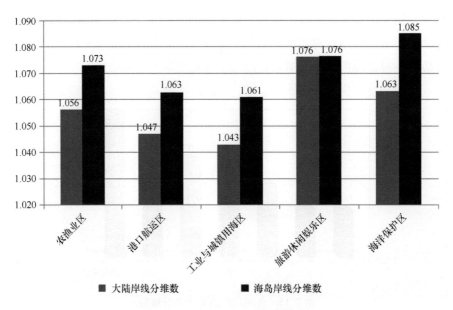

图 7.16　各海洋功能区岸线分维数

浙江省的自然岸线几乎全部由基岩岸线组成，基岩岸线在各类岸线形态中是最为复杂的，自相似特征最好，分维数也最大。人类活动对海岸线的改造将破坏其自相似的特征，同时截弯取直使其形态简单化，降低分维数的大小。因此浙江海岸线分维数的降低实际上反映了人类活动对海岸线的影响程度，分维数越低则该段岸线被人类所改造的程度和规模就越大。综上，海岸线分形特征的意义在于可以通过分维数的大小来映射海岸线的开发利用情况，并由此可以推断诸如海岸线类别、沿海地区社会经济发展、海洋保护区遭破坏程度等方面的状态，能为海岛海岸带保护、利用和管理提供参考性指标。

## 7.5　结语

　　本文依据"我国近海海洋综合调查与评价"专项海岛、海岸带调查的相关成果，对海岸线的长度和分维数进行了计算，分析了浙江省海岸线分布及其分形特征，得到如下几点认识。

　　（1）浙江省海岸线总长 6 715 km，包含大陆海岸线 2 218 km，海岛岸线 4 497 km，其中有居民海岛岸线 2 887 km，无居民海岛岸线 1 610 km。按成因划分人工岸线 2 342 km，自然岸线 4 373 km，自然岸线中包含基岩岸线 4 256 km，砂砾质岸线 98 km，河口岸线 18 km。按行政区划分，舟山市岸线最长为 2 388 km，其次是宁波 1 534 km、台州 1 446 km、温州 1 173 km；余下嘉兴、绍兴和杭州岸线较少，分别为 124 km、33 km 和 17 km。

（2）在海岸线长度的测量和分维数计算中，量规法更加稳定、准确。网格法测量长度不稳定，容易因尺度变化和位置平移造成长度测量失真。

（3）运用量规法计算，证明了浙江省海岸线具有分形特征，且分维数为1.065，其中大陆岸线的分维数是1.051，海岛岸线是1.073。按岸线类型划分，全省基岩岸线分维数1.082，其中大陆基岩岸线1.086，海岛基岩岸线1.081；全省人工岸线分维数1.037，其中大陆部分是1.035，海岛部分是1.040；全省砂砾质岸线分维数1.034，其中大陆部分是1.038，海岛部分是1.032。按社会属性划分，有居民海岛岸线分维数1.068、无居民海岛岸线分维数1.083。在有居民海岛中，海岛行政级别越高，离大陆距离越近，海岛岸线分维数越低；海岛行政级别越低，且离大陆距离越远，岸线分维数越高。在沿海各地级市中，舟山市和温州市所辖的海岸线分维数最大，均为1.071，其次是台州1.069，宁波1.049，嘉兴1.022，绍兴1.018和杭州1.003。东海沿岸城市岸线分维数整体上大于杭州湾沿岸城市的岸线分维数。浙江省几个主要港湾的岸线分维数分别是：杭州湾1.013、象山港1.047、三门湾1.042、浦坝港1.047和乐清湾1.047。港湾人工岸线比例高导致岸线的分维数较小。在浙江省各海洋功能区中，工业与城镇用海区和港口航运区岸线分维数最低，农渔业区岸线分维数居中，旅游休闲娱乐区和海洋保护区（保留区）的岸线分维数最大。

（4）研究发现，海岸线分维数与海岸线形态复杂程度，以及人工岸线或基岩岸线的构成比例密切相关。因此，以分维数作为指标，可以推断出该处海岸线的开发利用程度或自然状态的保护程度。目前，随着海岛海岸带动态监视监测体系逐渐建成，通过航空、卫星遥感影像提取实时海岸线的技术已经日益完善，然而以往的研究往往仅直接判识岸线类型，对于海岸线的开发利用及其变化状况缺乏相应的技术研究，影响了动态监视监测的时效性。本文的研究为上述问题提供了一个解决思路。假设对某一海洋保护区的海岸线进行常态化监测，定期传回遥感影像。通过本文的方法，可以直接利用自动生成的岸线形态信息，计算岸线分维数，若发现海岸线分维数较之以前相对稳定，那么说明这段时间岸线的类型结构没有发生大变化。但是如果发现海岸线的分维数较之以往明显下降，那么很有可能存在破坏海岸线的人为活动。另外《海岛保护法》明确要求在海岛的开发利用中，必须保留至少三分之一的自然岸线，计算出海岛岸线可被开发的极限分维数，并对其开发活动实施动态监测，若监测系统识别出海岸线的分维数突破了限定的阈值，那么系统将报警，提醒管理部门进行调查海岛开发是否违规。使用此方法可以让对海岸线的动态监视监测迅速的响应，节省人力物力，提高效率。

## 参 考 文 献

陈凌，等.2005.分形几何学［M］.北京：地震出版社，5－23.

陈霞，王建.2002.用分形方法研究海岸线的长度［J］.海洋科学，26（12）：32－35.

冯金良，张稳．1999．海滦河流域水系分形［J］．泥沙研究，1：62－65．

付昱华．1996．用变维分形确定海岸线长度［J］．海洋通报，15（5）：86－90．

黄丹，廖太平，邓吉州，等．2010．分形理论在断裂构造研究中的应用前景［J］．重庆科技学院
　　学报（自然科学版），12（6）：83－85．

金以文，鲁世杰．1988．分形几何原理及其应用［M］．杭州：浙江大学出版社．

刘莹，胡敏，余桂英，等．2006．分形理论及其应用［J］．江西科学，24（2）：205－209．

陆娟，王建，朱晓华，等．2002．海岸线分形模拟方法及其应用——以江苏省为例［J］．黄渤海海
　　洋．20（02）：47－52．

曼德勃罗．1998．大自然的分形几何［M］．陈守吉，凌复华译．上海：上海远东出版社：4－26．

秦耀辰，刘凯．2003．分形理论在地理学中的应用研究进展［J］．地理科学进展，22（4）：
　　426－435．

沈晓华．2009．地表分形与地质作用［D］．浙江大学．

石端文，何良明，冯军．2008．海南岛海岸线的分形特征研究［J］．海南师范大学学报（自然科
　　学版），21（1）：37－43．

宋小棣．1995．浙江海岛资源综合调查与研究［M］．杭州．浙江科学技术出版社．

苏媛媛，李钦帮，侯敏．2008．黄河三角洲海岸线分形研究［J］．资源与产业，10（6）：
　　103－107．

檀国平．1995．分形理论及其在地质学中的应用［J］．沈阳黄金学院学报，14（41）：36－41．

汪富泉，李后强．1996．分形－大自然的艺术构造［M］．济南：山东教育出版社：7－36．

王淑红，寸江峰．2006．分形地质学初探［J］．山西建筑，32（18）：92－93．

王欣凯，贾建军．2010．浙江海岛岸线分维数与其人工岸线比例的关系［J］．海洋学研究，28
　　（4）．

夏小明．2010．浙江省海岸带调查——海岸线专题调查研究报告［R］．杭州：国家海洋局第二海
　　洋研究所．

谢和平，Sanderson D J．1994．断层分形分布之间的相关关系［J］．煤炭学报，19（5）：
　　445－448．

张飞燕，陈晓山．2008．分形概念及其在构造地质研究中的应用［J］．中国煤炭地质，20（3）：
　　16－19．

张华国，黄韦艮．2006．基于分形的海岸线遥感信息空间尺度研究［J］．遥感学报，10（4）：
　　463－466．

张明书，李绍全，刘健．1994．中国海岸带晚第四纪地质研究中的问题与进展［J］．海洋地质与
　　第四纪地质，14（3）：61－77．

章桂芳，沈晓华，邹乐君，等．2009．松辽盆地西部斜坡区烃渗漏蚀变信息遥感探测［J］．遥感
　　学报，13（2）：327－334．

浙江省人民政府．2012．浙江省海洋功能区划（2011—2020）［Z］．

中国海湾志编纂委员会．1992．中国海湾志·第六分册·浙江省南部海湾［M］．北京：海洋出版
　　社．

中国海湾志编纂委员会．1992．中国海湾志·第五分册·上海市和浙江省北部海湾［M］．北京：
　　海洋出版社．

朱晓华，蔡运龙．2004. 中国海岸线分维及性质研究 ［J］. 海洋科学进展，22（2）：156－160.

朱晓华，王建，陈霞．2001. 海岸线空间分形性质探讨——以江苏省为例 ［J］. 地理科学，21（1）：70－75.

朱晓华．2002. 海岸分维数计算方法及其比较研究 ［J］. 海洋科学进展，20（2）：31－35.

朱晓华．2004. 宏观尺度下基岩海岸岸线分形机制研究——以中国基岩海岸为例 ［J］. 海洋通报，23（5）：46－50.

MANDELBROT B B. 1967. How long is the coast of Britain? ［J］. Science, 156：636－638.

MANDELBROT B B. 1982. The Fractal Geometry of Nature ［M］. W. H. Freeman and Company.

MANDELBROT B B. Fractal：1977. Form, Chance and Dimensions ［M］. W. H. Freeman and Company.

Schwimmer R A. 2008. A temporal geometric analysis of eroding marsh shorelines：can fraetal dimensions be related to process? ［J］. Journal of Coastal Research, 24（1）：152.158.

TANNER B R, PERFERT E, KELLEY J T. 2006. Fractal analysis of Maine's glaciated shoreline tests established coastal classification scheme ［J］. Journal of Coastal Research, 22（5）：130－134.

# 第8章　浙江邻近海域断裂与地壳稳定性研究

当前，海洋灾害已成为制约我国海洋开发和海洋经济发展的重要因素，因此海洋减灾防灾直接关系到国家的社会稳定、经济安全和沿岸人民的生活及环境。开展海洋断裂与地壳稳定性研究是海洋灾害调查研究的重要方面之一。按照海洋断裂在空间上的分布规律以及地壳稳定性分区，对其空间范围进行地质稳定性区域划分，为海洋区域资源开发、海洋功能区划、海上与海岸工程建设和因地制宜制定海洋发展战略提供科学依据，具有重要的科学意义和生产应用价值。

浙江省毗邻的东海具有极其宽阔的大陆架，蕴藏着极为丰富的石油和天然气矿藏，随着东海油田的陆续发现，油气开发和输油管线的铺设已经开始实施；而且随着通信事业的发展，东海海域也成为海底电（光）缆铺设的理想场所。因此，浙江省邻近海域的断裂分布与地壳稳定性分析就具有重要的现实意义。东海东侧紧邻全球地震活动带——西北太平洋地震活动带，其西南又分别与台湾地震活动带和跨越闽粤的东南沿海地震活动带相接。从历史看，东海虽不属于地震强烈活动带，但也不乏天然地震发生，据初步统计，近百年来发生在东海的地震有数十次，其中震级大于六级的有两次。所以，从大地构造位置和历史地震情况看，对东海的地震活动还是应该给予足够的重视。我们知道，在诱发天然地震的诸多因素中，活动断裂是最主要的因素，因此活动断裂的分析对寻找天然地震发生规律，评价海域稳定性是非常关键的。而且活动断裂的研究还有助于了解区域应力场特征，对追踪西北太平洋沟－弧－盆体系活动及其与东海盆地生成演化的关系也有积极意义。此外，各种地质灾害因素破坏了海底稳定性，给海洋工程设计造成一定的危害，开展相关研究可为东海油气资源开发和工程建设提供科学依据，具有重要的研究意义和应用价值。

## 国内外研究现状

美、英、日等发达国家较早认识到地质灾害对国民经济的危害，因此自20世纪60年代就开始了地质灾害调查与评价研究工作。1989年，我国响应联合国"国际减灾十年"的号召，成立了"国际减灾十年委员会（IDNDR）"中国委员会。此后，在国家支持下，组织开展了全国地质灾害现状调查，先后进行了100多项崩塌、滑坡、泥石流和地面沉降等陆地重大地质灾害的专门勘查工作，编绘出版了《1：500

万中国地质灾害类型图》、《1∶600 万中国滑坡灾害分布图》、《1∶600 万中国泥石流分布及其灾害危险性区划图》等图件（张梁等，1998）。以此为契机，我国学术界对这一领域的研究力度逐渐加大。有关部门相继建立了地质灾害数据库，开展了单灾种或多灾种的区域地质灾害发育发展规律研究，以灾害系统论观点为基础，建立了由危险性评价、易损性评价和风险评价组成的地质灾害评估系统。提出了多种地质灾害评价指标体系，并将模糊数学综合评判、灰色系统分析、神经网络等多种数学方法引入地质灾害评价中。

概括地说，区域地壳稳定性评价的形成和发展大体经历了以下 3 个阶段。

（1）初始阶段：在工程地质工作中，对一些与重大工程有影响的地震、滑坡、崩塌、地基承载力等有关的地质问题进行研究，并讨论和评估它们对工程建设的危害和影响，逐渐发展进入区域地壳稳定性评价研究领域。

（2）构造晚近期活动性研究阶段：随着晚近地质时期构造活动的迹象不断被发现和认识，特别是随着新构造地质学的形成和发展，人们开始采用地貌第四纪地质学的方法研究新构造运动，同时结合岩土体力学性质，以及内外动力地质作用的各种地质灾害，对工程建设区、场地进行稳定性评价，从而逐渐形成了区域稳定性评价的分支学科。60 年代前后，李四光教授在讲述地震原理及构造活动性研究时，提出"安全岛"的概念，推动了区域地壳稳定性的研究。80 年代末，地质矿产部发布了中华人民共和国专业标准《工程地质编图规范》、《工程地质调查规范》，其中对区域地壳稳定性评价工作要求，都作了具体规定。至此，区域稳定性评价研究已经形成了较为完整的独立分支学科。

（3）构造现今活动性研究评价阶段：近 30 年来，构造现今活动性的研究工作获得迅速发展。对各种地质灾害的研究，也从现象的认识，走向成因机制探索，进入预测、预报的探索过程。这一阶段的主要特点是区域稳定性评价已从定性评价走向定量化研究，为改善评价质量创造了条件。

然而，与陆地地质灾害研究相比，海洋地质灾害研究和评价工作开展较晚，我国海洋中、大比例尺的海洋地质区测填图尚未进行，海洋地质调查程度较低，专门的地质灾害调查、研究和稳定性分区工作更少，但也开展了一些相关研究（李培英等，2003）。如陈俊仁（1993）在"珠江口盆地 $7 \times 10^4$ km$^2$ 的油气资源远景区"工程地质调查研究的基础上，对珠江口盆地海域进行了海底稳定性分区，划分出稳定区、比较稳定区、比较不稳定区、不稳定区。郭玉贵（1998）依据环境地质与人类活动、自然环境和生态环境之间的内在联系，从地质构造、地形地貌、海底底质和地震活动性等角度出发，运用非线性理论探讨了中国近海及领域环境区域地质稳定性。但总的来说，涉及海洋地质灾害的研究还比较零散，系统性的区域性工作还较少。

21 世纪将面临大规模的海洋经济开发，对于具有高风险、高投入、高技术特征的海洋产业来说，需要了解海洋地质灾害环境状况。海洋工程设计和建设需要考虑海底工程地质稳定性。特别是浙江省宏观决策更需要了解海洋地质环境的基本特征、断裂的类型和分布规律，以及海底稳定性分区，因此，开展浙江邻近海域断裂与地壳稳定性研究显得十分必要和迫切。

# 8.1 浙江省邻近海域地质与地质灾害环境

自从地质灾害学诞生以来，地质灾害因素的分类问题就开始了研究和讨论。最早进行地质灾害分类研究的是美国学者 G. B. 凯佩特，他基于大西洋外陆架地质灾害研究的结果，提出以灾害对工程的危害为原则进行分类，将地质灾害因素分为两大类：一类是能够对海洋工程造成巨大损失的高度潜在危险因素，如浅层气、活动性断层、海底滑坡和滑塌等，称之为地质灾害因素；另一类是指对海洋工程产生一定威胁，给海底施工带来一定麻烦的地质地貌类型，如最常见的埋藏古河道、海底沙丘、沙波、侵蚀沟槽等，叫做限制性地质因素。据此分类标准，海域断裂尤其是活动断层属于地质灾害因素，能够对海洋工程造成巨大损失的高度潜在危险因素。

第四纪地层中断裂基本上都是活动断裂。它们的直接表现是错断了不同时代的地层。大型断裂与地震活动有着密切的联系，并可触发海底滑坡、砂土液化、海底泥流等地质灾害的发生。小型的层内断裂在地层中形成局部地层塌陷，对海洋资源开发工程构成严重威胁。

## 8.1.1 浙江省邻近海域地形地貌特征

浙江邻近海域为东海大陆架（见图8.1），东海陆架浅水区是中国东部沿海平原的水下自然延伸，平均水深72 m。海底呈扇形展布，由西北向东南缓慢倾斜，平均坡度1′07″。50 m等深线可将东海大陆架分成西部内陆架和东部外陆架两部分。

内陆架区东北部宽大，海底平坦，等深线分布均匀，呈向东突出的弧形平原；中部为舟山群岛区，岛屿密布，地形复杂，局部相对高差和坡度较大；南部窄，分布较多岛屿，其东等深线密集，坡降较大，构成浙闽沿岸水下坡地。

外陆架区北窄南宽，等深线走向总体与大陆岸线平行，外缘水深150~180 m处向陆坡转折。在30°N以北等深线比较平滑，坡度仅有0.92′；30°N以南海域等深线呈NE—SW走向，120 m以外等深线平滑，坡度1.31′，120 m以浅等深线受古潮流沙脊的影响变得呈深锯齿状迂回曲折。东海南部陆架沙脊群西南侧的构造洼地（黄尾屿以北）是陆架上地势反差较大的地形景观。它自26°52′N、123°25′E延伸至26°23′N、124°05′E，走向NW—SE向，长约80 km，中段宽7~8 km，南北宽3 km。洼地底部水深为165~172 m，低于周围海底15~22 m，与其北侧沙脊的高差达到30~40 m。

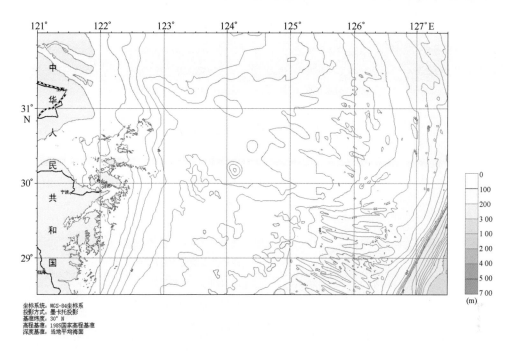

图 8.1 浙江邻近海域海底地形

　　海底地貌是内动力和外动力共同作用的产物。东海大陆架区域的地貌分布状况如图 8.2，其海底地形地貌单元及其分布见表 8.1，主要有海岸带地貌和大陆架地貌，海岸带地貌又可分为潮间带地貌和水下岸坡地貌。

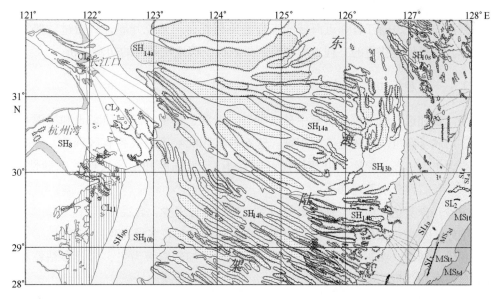

图 8.2 浙江邻近海域海底地貌

表 8.1  东海及邻域海底地貌分类

| 一级地貌类型<br>(巨型构造地貌类型) | 二级地貌类型<br>(大、中型构造地貌类型) | | 三级地貌类型<br>(地貌成因–形态类型) | 四级地貌类型<br>(地貌形态类型) |
|---|---|---|---|---|
| 大陆壳地貌 | 海岸带地貌 | 潮间带地貌 | 淤泥质潮滩 | |
| | | 水下岸坡地貌 | 现代河口水下三角洲 | |
| | | | 堆积水下岸坡(堆积台地) | |
| | | | 侵蚀水下岸坡 | |
| | 大陆架地貌 | 断坳型宽陆架(有中、新生代断陷盆地的宽陆架) | 海湾堆积平原 | 潮流沙脊<br>浅滩<br>侵蚀沟槽<br>暗礁<br>埋藏古三角洲<br>古河道 |
| | | | 起伏的古三角洲平原 | |
| | | | 倾斜的古三角洲平原 | |
| | | | 堆积的古潮流沙脊群 | |
| | | | 侵蚀的古潮流沙脊群 | |
| | | | 倾斜的陆架堆积平原 | |
| | | | 倾斜的陆架侵蚀堆积平原 | |
| | | | 外陆架残留砂平原 | |
| | | | 陆架侵蚀洼地 | |
| | | | 陆架构造洼地 | |
| | | | 陆架构造台地 | |

## 8.1.2  浙江省邻近海域工程地质条件

到目前为止,浙江省邻近海域的工程地质调查尚未系统开展,只做过一些零星的工作,这里仅就获得的工程地质调查结果进行工程地质条件的初步分析。

### 8.1.2.1  表层土工程地质性质

浙江省邻近海域主要分布有中砂、细砂、粉砂、粉土、淤泥质黏土和淤泥 6 种沉积,均属全新世浅海相松散沉积物。这 6 种沉积除粒度组成各有区别外,总的表现为高含水率、高孔隙比、可塑性强(黏性土)、低强度和结构较松散(砂性土)等特点。各岩性分别简述如下。

中砂:深灰色,饱水,细砂组分较多,黏粒组分极少,含贝壳碎屑。

细砂:灰褐—深灰色,饱水,稍密,含少量中砂和较多贝壳碎屑与碎片。

粉砂:灰褐—深灰色,饱水,松散—稍密,以细砂粒级为主,含较多粘粒和贝壳碎屑,黏粒含量较高,具有弱塑性。

粉土:包括砂质粉土和黏质粉土,呈深灰色,饱水,软塑—弱塑,含较多细砂和贝壳碎屑。两者岩性相似,只是黏质粉土黏粒含量略高此。

淤泥质粉质黏土:浅黑灰色,饱水,流塑—软塑,含少量有机质和贝壳碎屑,黏粒含量很高，多界于 23% ~ 30% 之间，粉粒含量也较高，高于粉砂和细砂中的粉粒含量。

淤泥：黑灰色，饱水，流塑，较黏，微臭，以黏粒为主，含大量粉砂。

### 8.1.2.2 浅层土工程地质特征

从岩芯揭露的地层分析，浙江省邻近海域内浅层土大体可分为 5 个岩性地层，即淤泥层、黏土层、粉土层、粉砂层、细砂层（图 8.3）。根据土工试验结果，按不同岩性地层统计物理力学性质指标，给出各类浅层土的指标范围及平均值。

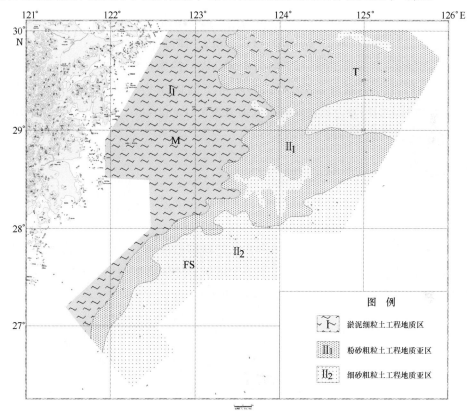

图 8.3 浙江邻近海域海底工程地质分区

①含水率 $\omega$：淤泥最高，平均为 65.94%，细砂最低。

②天然密度 $\rho$：淤泥的天然密度低，砂的天然密度高。淤泥、淤泥质粉质黏土、粉质黏土、粉土、粉砂和细砂的平均天然密度分别为 1.63 g/cm³、1.79 g/cm³、1.88 g/cm³、1.91 g/cm³ 和 1.88 g/cm³。

③饱和度 $Sr$：各类土的饱和度都高于 75%，多数样品高于 95%。相比而言，细粒土的饱和度高于粗粒土，表层土高于浅层土。

④孔隙比 $e$：淤泥孔隙比最高，平均为 1.81；砂类土孔隙较低，细砂最低，平

均为 0.84。

⑤土的塑性指标：淤泥的液限、塑限和塑性指数最高，平均值分别为 45.58%、26.4% 和 19.04%；淤泥质粉质黏土和粉质黏土次之，黏质粉土较差。

⑥渗透系数 $K$：细砂为 $4.4 \times 10^{-3}$ cm/s，淤泥为 $2.94 \times 10^{-7}$ cm/s。

⑦砂土坡角：细砂的水上与水下坡角平均值分别为 43° 和 38°，粉砂的分别为 39° 和 34°。

⑧压缩性质：细砂的压缩系数介于 $0.09 \sim 0.22$ MPa$^{-1}$，为低—中压缩性土；粉砂、砂质黏土、黏质粉土、粉质黏土的压缩系数分别介于 $0.11 \sim 0.71$ MPa$^{-1}$、$0.15 \sim 0.85$ MPa$^{-1}$ 和 $0.51 \sim 0.51$ MPa$^{-1}$ 为中—高压缩土，淤泥和淤泥质粉质黏土的压缩系数为 $1.3 \sim 2.47$ MPa$^{-1}$ 和 $0.55 \sim 1.23$ MPa$^{-1}$ 属高压缩土。

⑨抗剪强度：细砂的内聚力平均为 4.90 kPa，内摩擦角为 36.5°，粉砂的内聚力为 7.76 kPa，内摩擦角是 25.4°；黏质粉土的内聚力为 8.54 kPa，内摩擦角 15.4°，粉质黏土的内聚力和内摩擦角分别为 8.5 kPa 和 4.6°，淤泥的内聚力和内摩擦角最低，分别为 3.23 kPa 和 2.9°。

## 8.1.3　浙江省邻近海域活动断层

通常认为，活动断层是第四纪开始以来至今连续或断续活动的、并潜藏着未来活动可能性的断层。

活动断层是浙江邻近的东海海域最常见的新构造活动形式之一。从目前掌握的资料看，东海活动断层集中发育在以下三个区域：冲绳海槽地区、东海大陆架西部及东海陆架盆地东、西边界地区（见图 8.4）。

### 8.1.3.1　冲绳海槽地区

这是东海新构造断层最发育的地区。自中新世晚期以来，该区地壳一直处在拉张状态，导致张性断层的广泛发育。这些断层多为高角度正断层，走向以 NE（NNE、NEE）向为主，部分为 NW 向。断层大多切穿海底或接近海底处。分布位置以槽坡和槽中槽为主。发育历史大部分是晚中新世以来新形成的；也有一部分是晚中新世以后继承性发展的，如 NW 走向的虎皮礁—吐噶喇大断裂和鱼山—久米大断裂。部分断裂与现代地震活动存在密切的关系。主要断裂有以下几条。

1）冲绳海槽大断裂

位于琉球群岛西侧，为琉球隆起区与冲绳海槽盆地的边界断裂。北起西南日本南端，南止台东纵谷，长度超过 1 100 km。走向为 NE—NNE 向，即南琉球的与那国岛—宫古岛段为 NE70° 左右，往北转为 NE25° 左右。断面向海槽盆地一侧（即 NW 方向）倾斜。从地震剖面可见，该断裂系由多条断层组成的阶梯状断裂带，断

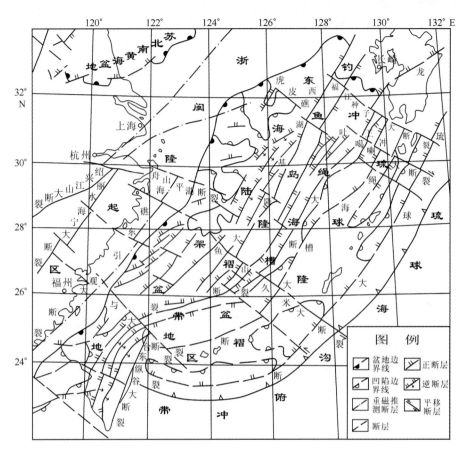

图 8.4　浙江邻近海域活动断裂

裂切割下至基底，上至第四系。断面倾角上陡下缓，断距上小下大，粗略计算，第
四系、上新统、中新统和基底断距分别为 350 m、500 m、1 000 m 和 1 300 m，最大
断距超过 2 000 m。该断裂形成时间南、北有差异，北段形成于中新世早、中期，南
段形成于上新世早期，并随盆地的发展而发展。

历史上断裂附近发生过 7 级地震，属强活动断裂（刘锡清，2006）。

2）渔山—久米大断裂

位于浙东沿海的渔山列岛到琉球群岛西侧的久米岛一线，横贯东海中部，系由
数条断层组成的断裂带。总体走向为 NWW 向，延伸长达 600 km，属张扭性质的平
移断层，平移方向为左旋，最大平移断距约 36 km，断面倾向 SW。该断裂东段在冲
绳海槽盆地内切至海底，形成海底地形约 200 m 高差的台阶。过久米岛后，向东南
方向延伸进入岛尻坳陷的北部，并一直延伸到琉球海沟附近。断裂西段穿过钓鱼岛
隆起带，进入陆架盆地的基隆凹陷中，但在地震剖面上反映不明显，仅在少数剖面
上能看到断裂迹象，并似断续向渔山凸起的南侧延伸。

**177**

在陆架盆地内沿该断裂未见地震发生，但在西湖—基隆断裂以东，则有较多中强震、甚至强震发生，说明该断裂是一条活动断裂；且具有分段性，向东南方向，其新构造活动性渐强。

### 3）舟山—平湖大断裂

位于杭州湾外舟山岛至琉球群岛的冲永良部岛国头，横贯东海中部，为一NWW向左旋平移基底大断裂，长500 km以上。在陆架盆地内，沿断裂基本没有地震发生，但在浙闽沿海断裂以西，沿该断裂有一些现代地震发生，少数地震可达5级左右，属弱活动断裂。在男岛—赤尾屿断裂以东，沿该断裂有中强震、甚至强震发生。可见该断裂是一条长期活动的基底大断裂，具有一定的新活动性，但不同地段有差异。

### 4）赤尾—宫古大断裂

自赤尾屿北延伸至宫古岛北，走向NW向，长度在300 km以上，属一左旋平移正断层。该断裂与渔山—久米大断裂一起组成一条宽约100 km的NW向大断裂带。该断裂带导致钓鱼岛隆起带的倾没，也造成大陆边缘的弧形构造在此处发生明显的转折，自北而南由NNE向转为NEE向。在小野寺海山附近的海底拖网已发现很多成分复杂的构造角砾岩（有闪长岩、安山岩及粉砂岩等）及断层擦痕。在构造角砾岩的粉砂岩中发现晚上新世超微化石带NN17的五射盘星石，表明该断裂活动时间晚于上新世晚期。断裂附近有地震发生。1938年发生于宫古岛西北50 km处的7.7级强震就发生在断裂带附近。

### 8.1.3.2　东海大陆架西部

近年各种工程地质调查发现，东海内陆架的近海地带有活动断层发育，目前比较确定的有三处，即长江口海域、钱塘凹陷北部和福建中部近海（王舒畋等，2009）。

### 1）长江口海域

高分辨率多道地震调查发现，存在多条第四纪断层，多属NE向正断层（见图8.5）。其中F12断层（见图8.6）经与有关钻孔的地层层序资料对比，发现已断至晚更系统底部。该断层与1996年11月9日发生在长江口海域的6.1级地震震中位置较近（约30 km以内），两者可能存在一定的因果关系。

### 2）钱塘凹陷

该凹陷位于浙东近海的东海陆架盆地西部凹陷带中部。凹陷中新构造断裂以礁

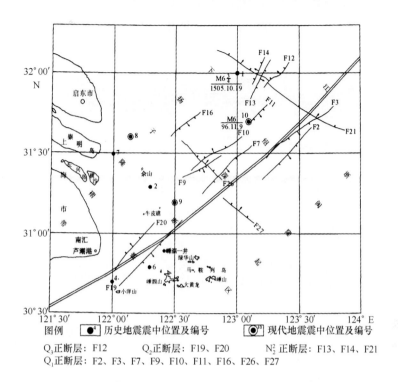

$Q_3$正断层：F12　　$Q_2$正断层：F19、F20　　$N_2^2$正断层：F13、F14、F21
$Q_1$正断层：F2、F3、F7、F9、F10、F11、F16、F26、F27

图 8.5　长江口海域第四纪断层分布（王舒畋等，2009）

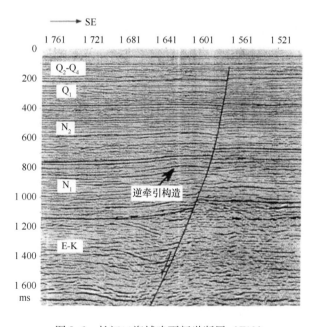

图 8.6　长江口海域晚更新世断层（F12）

一断裂为代表。该断裂走向 NEE，倾向 NWW，属高角度正断层，长度约 51 km，为一长期发育、具生长断层特点的边界断层，始于白垩纪，持续至上新世晚期。断距

**179**

下大上小，下部最大断距达 1 000 m 左右（图 8.7）。

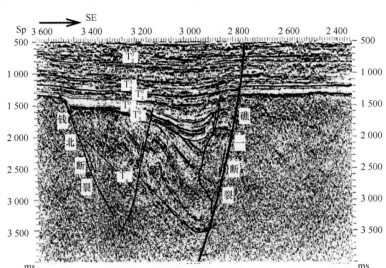

图 8.7  钱塘凹陷北部的上新世断层（礁—断层）（王舒畋等，2009）

3）福建中部近海

在福建中部海坛岛—乌丘屿以东海域水深 40～60 m 范围内，工程项目的高分辨率多道地震调查发现了数条第四纪断层（见图 8.8）。断层发育在一个呈 NE 向分布的小型地堑式凹陷（即平潭凹陷）中，切穿第四系底部，部分已向上伸入晚更系的底部，最高处的断点离海底仅 15 m 左右。断层属高角度正断层，走向为 NNE—NE 向，断面倾向以 NW 向为主，也见 SE 倾向。在断裂带及其附近地区分布有一系列的中、小地震群，甚至有 6 级以上的地震，如南日岛东南的 6 级地震（1881 年 6 月 17 日），泉州湾外的 7.5 级地震（1604 年 12 月 25 日/或 29 日），分析与断裂的活动有密切的关系。

### 8.1.3.3  东海陆架盆地东、西边界地区

位于东海陆架盆地东缘的西湖—基隆大断裂和西缘的海礁—东引大断裂是控制盆地形成发展的同生断裂，形成时间早，持续活动，部分地段第四纪仍有活动。

1）海礁—东引大断裂

位于东海陆架盆地西缘，北起浙江舟山的海礁，南至福建的东引岛，向南延伸进入福建的滨海区域称为滨海大断裂，大致构成浙闽隆起区与东海陆架盆地分界线。总体走向为 NNE 向，长度超过 700 km。该断裂最先是根据磁异常确定的。在 △T 化极平面图上，南部表现为局部线性高磁异常带，异常幅值可达 500 nT；中部表现为

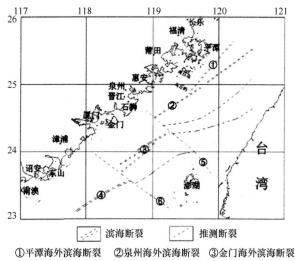

图 8.8 福建中部滨海断裂分布

串珠状高磁异常带，异常幅值在 100 nT 左右；北部表现为线性排列的高磁异常带，异常幅值达 500 nT。断裂带两侧磁场特征明显不同，西侧以剧烈变化的磁场为特征，正异常具明显的优势；东侧以平缓变化的异常为特征，呈现成片、成带的负异常。

在重力异常图上也有反映。在重力上延 15 km 剖面图上，表现为局部线性重力高，幅值达 30 mGal，较周围高出 10 ~ 15 mGal。断裂带两侧重力场特征也存在较明显的差异，西侧局部异常较为发育，东侧异常相对平缓。

根据在该断裂带上出现重力高与磁力高现象，推测沿断裂带可能存在基性岩浆侵入。断裂带南部磁力资料反演结果表明，沿断裂带分布有高磁性、高密度的基性侵入体。实际上在该断裂带南段福建沿海已有不少基性、超基性岩体出现。基性岩体的存在说明该断裂切割深度深，推测属地壳深断裂。

该断裂带在燕山期形成，喜山期强烈活动，南段在第四纪晚期仍有新的活动。前述福建中部近海第四纪断层所在区域位置与滨海大断裂接近，它们有可能是滨海大断裂的反映或属于其中一部分。在南段海域发生过多次 4.5 级以上地震，其中 6.0 ~ 6.5 级地震多次，7.0 ~ 7.5 级地震 3 次。该断裂主体穿越浙江近海，对其新构造活动性应引起足够重视。

2）西湖—基隆大断裂

位于钓鱼岛隆起带与陆架盆地之间，构成陆架盆地东部边界，主体走向为 NNE 向，在 26°N 以南转为 NE—NEE 向。延伸长度在 700 km 以上，宽度在 15 ~ 35 km。通常由若干条主断裂组成一个向西倾斜的断阶带。在西湖凹陷东侧组成断阶的有云居、月桂峰、天竺六和及灵隐主断裂等；在基隆凹陷东侧则有鹅銮、拾得—钓北主断裂等。主断裂常为正断层，属控制盆地生长发育的同生断层，断距一般在2 300 m以上，最大可达8 800 m。

该断裂带在重磁资料上也有明显的反应，为不同异常区的分界线，西侧场值较低，重力为10~20 mGal，磁力为100 nT，东侧场值较高，重力为30~40 mGal，磁力可达500 nT。莫霍面深度图上表现为梯度带。根据对上延5 km的磁异常剖面所作的反演计算分析表明，沿断裂带分布的中酸性侵入岩体向深部延伸达20 km以上，可见该断裂属一条基底深断裂。

该断裂被走向NW的鱼山—久米断裂截切，以南有一些中强地震活动，以北尚未见破坏性地震发生。由此可见，该断裂是一条活动断裂，南段活动较强，北段较弱（刘锡清，2006）。

### 8.1.4　浙江省邻近海域新构造活动与地震烈度

#### 8.1.4.1　新构造运动特征

东海位于欧亚板块和菲律宾海板块相互作用的交汇地带，受欧亚板块和太平洋板块的相互作用，形成一系列彼此平行的北东—南西向的隆起带和沉降带，自西向东，时代由老至新依次为浙闽隆起带、东海陆架沉降带、东海陆架边缘隆褶带、冲绳海槽张裂带和琉球岛弧隆褶带。

在不同的大地构造分区中，新构造运动表现出各自的特色。在大陆及滨海地区，新构造运动主要表现为差异升降运动，形成大面积的隆起和坳陷。大致以杭州湾南岸沿NWW一线为界，两侧地貌形态存在巨大差异，南侧是上升山地，北侧为沉降平原、盆地或海湾。在大地貌上，从闽、浙到苏南、上海，形成明显的多级地貌断阶带。闽北浙南多山地，而到浙北苏南杭嘉湖平原和长江三角洲地区，仅见零星分布的孤山、残丘。

东海陆架盆地是一个稳定的新生代大型坳陷区，第四纪虽几经海进海退，但总趋势是在缓慢沉降。在西部水下岸坡处水深25~50 m；在东部大陆坡处水深到150 m左右。本区包含了众多的地貌单元，在大陆架上主要有长江水下三角洲、古滨海平原（含一级、二级、三级阶地）和断陷沉积盆地（局部）等。在东海西北部，巨大的水下三角洲可细分为全新世水下三角洲、古河口湾沙脊群和晚更新世水下三角洲。

在琉球岛弧沟槽地区，地形起伏大，地貌类型多，新构造运动十分强烈。在岛坡附近，水深150~500 m，而在海槽中水深很快加大到1 000 m；在岛屿地区，串珠状岛屿，如冲绳岛、久米岛等又突然高出海面。同样，地形的巨大反差在地貌上也有突出的表现，该区从西向东包含了很多地貌类型，它们是大陆坡、海槽、岛弧（含内岛坡、岛架、外岛坡和深海阶地）和海沟。由于断块差异升降运动强烈，所以在海槽深凹中堆积了巨厚的第四纪沉积。

## 8.1.4.2　新构造分区

根据新构造运动特征，本区可作如下新构造分区。

1）大陆断块差异升降区

（1）稳定隆起区位于杭州湾南岸沿 NWW 一线的以南大陆地区，主要包括浙东（南）和闽北地区。

（2）中等活动坳降区位于杭州湾南岸沿 NWW 一线的变形差异带以北，主要包括浙北、苏南和上海地区。地貌上该区表现为大范围的断褶，是相对比较活动的地区。

2）东海陆架盆地稳定沉降区

该区包括大陆边缘差异活动带和东海稳定沉降区。

（1）大陆边缘差异活动带位于 NNE 向长乐—诏安断裂、温州—镇海断裂以东，闽浙沿海断裂（亦称东海陆架西缘断裂或沿海 40 m 等深线断裂）以西，这里是海陆过渡带，新构造运动表现为一定的差异活动特点。

（2）东海稳定沉降区与东海陆架盆地范围基本一致，西为闽浙沿海断裂，东为西湖—基隆断裂。大致以舟山—国头断裂为界，东海陆架盆地又可分成东海北部盆地和东海南部盆地。东海陆架盆地所在海域是一个稳定的沉降区，自晚白垩世以来，因大陆蠕散和板块俯冲，从而形成弧后陆缘海，曾经历了断陷、坳陷和区域沉降的演化阶段。东海陆架盆地西部自始新世即从断陷转为坳陷，东部为渐新世。东海无论是基底、新生代地层还是断裂、岩浆活动等，均有明显的向东变新的趋势。东海陆架盆地水深变化在 50 ~ 150 m 之间，海底地形十分平坦，总体上表现为一个稳定的沉降区。地貌上主要为古滨海平原（含三级阶地）。在北部海域，古滨海平原上叠加了一个巨大的长江水下三角洲（包括古河口湾砂脊群、晚更新世前期三角洲和全新世水下三角洲）。

3）琉球岛弧强烈差异升降区

该区包括琉球海沟、琉球岛弧和冲绳海槽等部分。冲绳海槽是一个有巨厚第四纪沉积的现代弧后拉张盆地，构造上又可细分为陆架前缘坳陷、龙王隆起和吐噶拉坳陷、海槽坳陷。在地貌上该区包括大陆坡、海槽、岛弧（含内岛坡、岛架、外岛坡和深海阶地）和海沟等。总之，琉球沟、弧、槽地区地形反差大，是一个具有强烈差异升降性质的新构造活动区。

### 8.1.4.3 东海地震震中与地震烈度

收集地震资料，编制东海地震震中分布图，并在此基础上进行地震危险性分析，编制该区的地震烈度区划图（图 8.9）。烈度区划采用地震危险性概率分析方法，其基本步骤：收集区域地质地球物理和地震资料，分析区域地震构造条件和地震活动规律，划分地震区、带，并确定其活动性参数（$Mu$，$Mo$，$b$，$\nu 0$）；在地震带内划分潜在震源区，并确定其相关参数（$Mu$，$T$，$\theta$，$f$），确定区域地震烈度衰减关系；在地震危险性分析模型下计算场点的地震危险性，即给定超越概率水平下的地震烈度，通过不确定性校正编制地震烈度区划图。

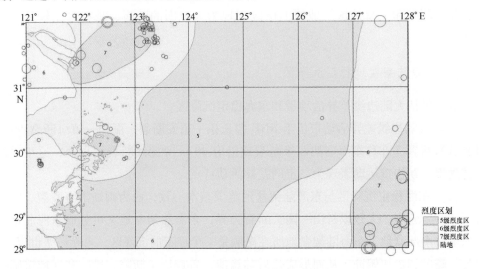

图 8.9　浙江邻近海域地震震中与地震烈度区划

**1）地震震中分布**

据统计自 1900 年以来，东海共记录到 912 次 3 级以上地震，其中 7 级以上地震 11 次，6~7 级地震 104 次（见表 8.2），5~6 级地震 521 次，5 级以下地震 276 次，并呈现逐渐增加的趋势，这可能是历史记录的原因。另外，无论是历史地震还是现代地震，地震分布是空间非均匀性，强震集中分布于构造区、带上。

台湾—琉球群岛地区位于板块边缘是东海主要地震频发带，地震活动异常频繁，周期短、强度大，浅、中、深源地震都有；东海广大海区除靠近西部陆地边缘有 4 次 6 级以上地震活动外，地震总体活动水平很低。台湾的地震活动主要集中于台东海域，这里地震十分频繁，强度很大，最大震级达 8.0 级，震源分布于各种深度范围；台湾西部也是大地震活动的重要场所，历史上经常发生 7 级以上大地震，最大震级可达 7.6 级，一般为浅源地震；中央山脉是台湾地区地震活动比较平静的地段。琉球群岛地区地震活动与岛弧构造密不可分。岛弧链带的地震活动最为强烈，发生过多次7.5级以上浅源地震；而岛弧内侧地区的地震活动最具特色，这里集中了绝大部分中、深源地震，同时还发生了许多7.5级以下小地震。

表 8.2　1900—2000 年期间东海六级以上的主要地震震中和震级

| 编号 | 年份 | 月份 | 日期 | 纬度（°N） | 经度（°E） | 震级 | 深度（km） |
|---|---|---|---|---|---|---|---|
| 1 | 1922 | 9 | 5 | 24 | 121 | 6.5 | — |
| 2 | 1923 | 11 | 19 | 24 | 121 | 6.75 | — |
| 3 | 1929 | 8 | 19 | 24 | 121.4 | 6.75 | — |
| 4 | 1934 | 8 | 11 | 24.8 | 121 | 6.5 | — |
| 5 | 1935 | 7 | 17 | 24.6 | 121.1 | 6.5 | — |
| 6 | 1945 | 8 | 2 | 24.3 | 121.6 | 6.5 | — |
| 7 | 1946 | 12 | 19 | 24.7 | 121.9 | 6.75 | 100 |
| 8 | 1947 | 9 | 27 | 24.7 | 121.9 | 7.4 | 110 |
| 9 | 1958 | 3 | 11 | 25.1 | 122 | 7 | 120 |
| 10 | 1959 | 4 | 27 | 24.8 | 121.8 | 7.5 | 130 |
| 11 | 1961 | 4 | 9 | 24.1 | 121.8 | 6.5 | — |
| 12 | 1962 | 6 | 25 | 24.1 | 121.9 | 6.5 | — |
| 13 | 1962 | 10 | 9 | 24.4 | 122.2 | 6.5 | — |
| 14 | 1963 | 2 | 13 | 24.4 | 122.2 | 7 | — |
| 15 | 1966 | 3 | 13 | 24.2 | 122 | 7.8 | 42 |
| 16 | 1967 | 10 | 25 | 24.4 | 122.5 | 6.7 | 73 |
| 17 | 1970 | 1 | 5 | 24.2 | 122.2 | 7.8 | 13 |
| 18 | 1976 | 5 | 29 | 24.5 | 122.2 | 7.3 | 24 |
| 19 | 1976 | 5 | 31 | 24.3 | 122.6 | 6.5 | 17 |
| 20 | 1976 | 5 | 29 | 24.6 | 122.4 | 7.4 | 21 |
| 21 | 1976 | 7 | 21 | 24.8 | 122.5 | 6.6 | 16 |
| 22 | 1978 | 4 | 30 | 24.6 | 122.7 | 6.5 | 38 |
| 23 | 1983 | 6 | 24 | 24.22 | 121.9 | 6.9 | 43 |
| 24 | 1983 | 9 | 22 | 24.19 | 121.51 | 6.7 | 28 |
| 25 | 1986 | 5 | 20 | 24.09 | 121.69 | 6.8 | 20 |
| 26 | 1986 | 11 | 15 | 24.02 | 122.62 | 7.3 | 34 |
| 27 | 1994 | 5 | 24 | 24.1 | 122.5 | 7 | — |
| 28 | 1994 | 6 | 5 | 24.8 | 122.98 | 7 | — |
| 29 | 1995 | 2 | 23 | 24.2 | 122.7 | 6.6 | — |
| 30 | 1996 | 3 | 5 | 24.7 | 123 | 6.8 | — |
| 31 | 1999 | 9 | 22 | 24 | 123 | 6.7 | — |
| 32 | 2000 | 1 | 15 | 25.5 | 124.8 | 6.5 | — |

说明：—表示震中深度未标定。

2）潜在震源区划分

综合区域地震活动、地震地质等方面的研究成果，归纳出本区强震的发生条件，并以此划分东海潜在震源区，位于东海邻近海域的重要潜在震源区主要有：

（1）舟山6.5级潜在震源区：位于舟山群岛及附近海域，NE向的丽水—奉化断裂，NNE向的镇海—温州断裂和NWW向的舟山—国头断裂等通过本区，断裂明显控制了舟山群岛的形成和发育。舟山潜在震源区，现代小地震十分活跃，近20年发生过6次4级左右的地震。

（2）镇海6.0级潜在震源区：位于杭州湾南岸及附近海域，地质构造较为复杂，区内近EW向断裂发育。历史上曾在1523年发生镇海4.75级地震，现代小地震也时有发生。

（3）杭州6.0级潜在震源区：NE向萧山—球川断裂和乌镇—马金断裂（中段）通过本区。乌镇—马金断裂中段晚更新世发生过活动。杭州附近是NWW向大别山北麓—杭州湾南岸地貌断阶带通过处，新构造差异运动较显著。历史曾在1929年发生杭州5级地震、1856年富阳4.75级地震、1867年海宁4.75级地震、1678年海盐4.75级地震和1624年上海4.75级地震。

（4）长江口7.0级潜在震源区：位于长江口水下三角洲地区。奉贤—南汇断裂可能继续延伸到本区域。此外，NW向地貌断阶带和断裂与NE向断裂在本区交汇转折。本区中强地震较多，现代小地震也很活跃。历史上长江口于1752年、1844年和1885年发生过3次5级地震，1996年发生过6.1级地震，1505年10月9日黄海6级地震亦可能移到长江口附近。

（5）温州外海6.0级潜在震源区：NE向闽浙沿海断裂带通过本区。本区跨越两个地质构造单元，西区为浙闽隆起区，东区为东海陆架盆地。1926年在温州外海发生过5.25级地震，1960年曾发生5.0级地震。

（6）东海5.5级潜在震源区：东海大陆架发育一系列NNE向断裂，控制着NNE向长条状陆架边缘坳陷带的形成和演化，该断裂系和坳陷带被一系列NW向断裂切错。就本区的构造条件分析，在陆架东部边缘地区似有发生中强地震的可能，但历史和现今均无相应大小的地震活动，因此划为5.5级潜源区。

3）地震烈度

对不确性校正后的0.2°×0.2°网格场点的50年超越概率10%的地震烈度（即俗称的基本烈度），进行计算机等值线划分、归并得到东海地震烈度区划图（见图8.9）。结果显示，本区50年超越概率10%的地震烈度（以下简称地震烈度或烈度）分布具有如下特征。

东海地区内部构造规模较大，结构也很具特征，但历史和现今均无较强地震记载或记录，我们仅把它当做 5.5 级背景潜源处理，因而其烈度主要来自周边地震的影响，大面积为小于 V 度区。东海边缘海域，西北的舟山群岛一带本身具备发震可能，为 Ⅵ—Ⅶ 烈度区；东部受琉球群岛构造带影响，烈度多为 Ⅵ 度，甚至可达 Ⅶ 度；南部及西南、东南部受东南沿海地震构造带、台湾地震构造带和琉球地震构造带的控制和影响，地震烈度最高，为 Ⅶ—Ⅸ 度。

### 8.1.5 小结

综合浙江沿海东海陆架的地形地貌特征、海底工程地质特征、活动断层分布状况和新构造活动与地震烈度分布状况，可得到东海地质灾害的基本情况。总体来说，东海地震、活动断层活动性南部强于北部，东部（冲绳海槽—琉球岛弧—台湾岛一带）强于西部。它们不仅会给海底工程造成直接破坏，而且地震会诱发滑坡、浊流、沙土液化，从而造成更大的危害。

## 8.2 浙江省邻近海域海底稳定性分析

根据前一节对浙江省邻近海域的地形地貌、工程地质特征、地震活动与地震烈度以及活动断层的发育与分布特征等的综合分析，进行浙江省邻近海域的海底稳定性分析。

目前在区域地壳稳定性评价中多采用四态分级：稳定、基本稳定、次稳定和不稳定，或者分为稳定、基本稳定、稳定性一般、较不稳定和不稳定五级。也有按照模糊数学分类最好为奇数的原则，采用五级逻辑分类体系将浙江省邻近海域地质灾害稳定性分区划分为五级，即：优等（Ⅰ）、良好（Ⅱ）、中等（Ⅲ）、较差（Ⅳ）和差（Ⅴ）。

本文根据影响海底不稳定性的环境地质因素，即活动构造、海底地形与重力作用、底质类型与沉积速率、海洋动力地质作用、地质环境变迁等因素，参考一些地质灾害分区评价方法，将浙江邻近海域划分为不稳定环境地质区、较不稳定环境地质区、稳定性一般环境地质区、较稳定环境地质区和稳定环境地质区五类（王舒畋等，2010）（见图 8.10）。

### 8.2.1 不稳定环境地质区

冲绳海槽中—南段不稳定环境地质区（Ⅰ区）：

冲绳海槽中—南段槽底地形变化急剧，尤以槽坡为甚，重力滑坡、浊流活动十分活跃。浊流在陆坡上侵蚀形成海底峡谷，在坡麓堆积形成浊流扇。断裂活动促成重力滑坡的现象多见。大陆坡中段的上部发现具有高角度交错层理的埋藏三角洲，这种沉积层极不稳定，很容易因地震触发产生滑坡、滑塌。

**187**

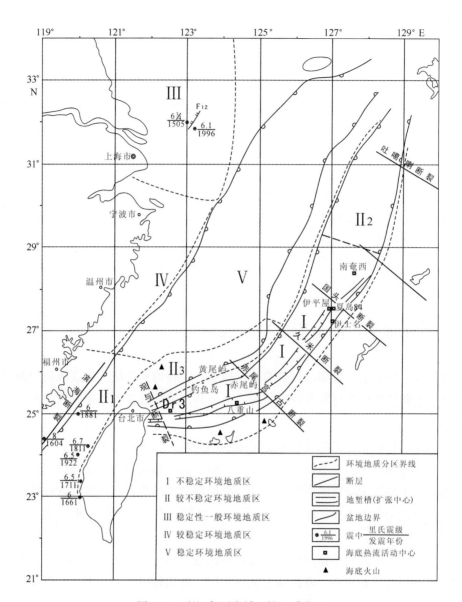

图 8.10 浙江邻近海域环境地质分区

　　海槽中—南段断裂、尤其是活动断裂发育，地震活动强烈，1938 年宫古岛西北约 50 km 海中发生 7.2 级地震。岩浆活动活跃，中新世以来一直是岩浆活动的重要场所，第四纪期间岩浆活动更是有增无减。海槽东侧斜坡上的许多岛屿都是火山岛。在海槽槽底，还有许多突兀于海底、由火山喷发作用形成的海底山，部分海底山直到现代喷发作用还在进行。据报道，1924 年 10 月 31 日位于南琉球西表岛北东东方向约 12 海里处的海槽中发生了海底火山喷发，喷出的大量浮岩向东漂移。海槽地热温度与热流异常升高现象十分明显，现代海底热液活动强烈。该区属不稳定环境地质区。

## 8.2.2　较不稳定环境地质区

（1）台湾海峡（含福建中南部近海）较不稳定环境地质区（Ⅱ₁区）

本区包括福建中南部近海。台湾海峡浪大流急，地形崎岖多变，浅滩、洼地和冲刷槽交错分布。尤其是台湾浅滩，滩区水浅浪大，海底发育大型沙丘，活动性极强，潮流水道也很发育，还有活动断层、滑坡，地震烈度也高。福建中部海坛岛—乌丘屿外海发现数条第四纪断层。在福建中部的泉州直至广东东部的汕头沿海地带，存在一条中强地震带。该区属较不稳定环境地质区。

（2）冲绳海槽北段较不稳定环境地质区（Ⅱ₂区）

冲绳海槽北段水深较中、南段浅，但与中、南段类似，槽底地形、尤其是槽坡地形变化大，断裂构造、海底峡谷、单体海底山发育，重力滑坡、浊流活动活跃，活动断裂、天然地震也十分发育。但较之中南段，活动性显得弱一些，故将该区划为较不稳定环境地质区。

（3）台湾东北海域较不稳定环境地质区（Ⅱ₃区）

该区位于台湾东北海域，包括东海陆架东南缘和陆架边缘隆褶带南段，钓鱼岛、黄尾屿、赤尾屿等岛礁位于其内。该区天然地震和岩浆活动均比较活跃，出现一系列第四纪火山岛，如黄尾屿、彭佳屿、棉花屿、花瓶屿、龟山岛、鱼卵屿以及钓鱼岛附近的贡尾礁等。岩性多为安山岩和橄榄玄武岩。故将该区划为较不稳定环境地质区。

## 8.2.3　稳定性一般环境地质区

长江口稳定性一般环境地质区（Ⅲ区）：

该区位于东海陆架西北部，包括舟山群岛以北的杭州湾和长江三角洲地区。该区海水浅，水动力强，主要地质灾害因素是三角洲和潮流沙脊群；构造脊、古河道、侵蚀洼地、浅层气也有分布；活动断裂、天然地震也比较发育。高分辨率多道地震调查已在长江口发现多条走向以北东向为主的第四纪正断层。1996年11月9日发生在长江口海域的6.1级地震对上海市造成明显的影响。该区划为稳定性一般环境地质区。

## 8.2.4　较稳定环境地质区

浙江—闽北近海较稳定环境地质区（Ⅳ区）：

本区水动力强，受来自长江口向南扩散的泥沙影响，海底泥质堆积速率高，承载力低；有浅层气分布；有明显地形坡度，可能会发生海底滑坡。但总体来看，浙江—闽北近海断裂与地震活动性均相对较弱。从1930年以来，浙江陆域未发生过4.75级以上地震，与邻区相比，浙江的地震强度较弱，频率较低。故将该区划为较

**189**

稳定环境地质区。

## 8.2.5　稳定环境地质区

东海中—东部陆架稳定环境地质区（Ⅴ）：

东海中—东部陆架地形平坦，水深较大，水动力弱。主要地质灾害因素少，海底有些残留侵蚀沟槽、侵蚀洼地和埋藏古沙脊分布。断裂、地震等新构造活动相对较弱。该区是一个稳定的环境地质区。

总体来看，地质灾害分区的界线与地震烈度区划的界线相近，尤其是地质灾害差区的界线，如台湾岛东部的地质灾害稳定性差区和较差区的界线级，以及长江口和杭州湾东部的地质灾害稳定性一般区的界线，都与地震烈度区划界线相近。台湾岛东部地震烈度为9度区，同时该区域地形变化较大，地形起伏剧烈，这些都造成该区域是地质灾害稳定性差区。而长江口和杭州湾地区地形坡度平缓，地形起伏度小，地震烈度是该区域将为严重的影响因素，而地震烈度的权重较大，所以造成其被归于稳定性一般区。

稳定性分区与区域构造地貌分区界线没有很好的对应关系。这既可能是由于地震烈度的影响因子在评价中起的作用太大，也可能是由于地形坡度和地形起伏度分级指数不合理所造成的。

综合比较不难发现，该评价结果首先与地震烈度区划界线相近，而后在地震烈度同级区中，地层承载力指标是影响分区结果的主要因素，如浙闽岸外泥质沉积区的地层承载力值低，造成部分区域被归并为地质灾害稳定性较差区。最后，才考虑地形坡度和地形起伏度对评价结果的影响。这既说明了评价指标对分区结果具有很好的指示意义；同时又指出了由于评价指标分级的不合理和数据标准化过程中存在的问题，造成各指标间尚未实现在同一水平进行比较的想法。所以，深入研究各指标的值域范围，建立合理的分级体系，以实现分区结果的更加科学，并为下一步研究指明方向。

## 8.3　结论

（1）浙江省邻近海域主要分布有中砂、细砂、粉砂、粉土、淤泥质黏土和淤泥6种表层沉积，均属全新世浅海相松散沉积物。这6种沉积除粒度组成各有区别外，总的表现为高含水率、高孔隙比、可塑性强（黏性土）、低强度和结构较松散（砂性土）等特点。海域内浅层土大体可分为淤泥层、黏土层、粉土层、粉砂层、细砂层五个岩性地层，其中细砂属低—中压缩性土，淤泥和淤泥质粉质黏土属高压缩性土，其余属中—高压缩性土。

（2）浙江省邻近海域活动断层主要分布在冲绳海槽地区、东海大陆架西部及东海陆架盆地东部与西边界地区；其中以冲绳海槽地区最为发育，断裂延伸长，断距大。

（3）台湾—琉球群岛地区位于板块边缘，是东海主要地震频发带；东海广大海区除靠近西部陆地边缘有为数不多的 6 级以上地震活动外，地震总体活动水平低。在东海共划分了 27 个潜在震源区。东海地区内部地震烈度为小于 V 度区；东海西北的舟山群岛一带本身具备发震可能，为Ⅵ—Ⅶ烈度区；东部受琉球群岛构造带影响，烈度多为Ⅵ度，甚至可达Ⅶ度；南部及西南、东南部受东南沿海地震构造带、台湾地震构造带和琉球地震构造带的控制和影响，地震烈度最高，为Ⅶ—Ⅸ度。

（4）东海地震和活动断层的活动性南部强于北部，东部（冲绳海槽—琉球岛弧—台湾岛一带）强于西部。它们不仅会给海底工程造成直接破坏，而且地震会诱发滑坡、浊流、沙土液化，从而造成更大的危害。

（5）按照最大隶属度原则将东海地质灾害稳定性划分为稳定、较稳定、一般、较差和差五个级别。东海的冲绳海槽中—南段属不稳定环境地质区；冲绳海槽北段、台湾海峡、台湾东北部海域属较不稳定环境地质区；东海西北部海域属环境地质稳定性一般区；浙江—闽北近海属较稳定环境地质区；东海中—东部海域属环境地质稳定区。

# 参 考 文 献

陈俊仁，李廷桓 . 1993. 南海地质灾害类型与分布规律，地质学报，67（1）：76 – 85.

郭玉贵 . 1998. 中国近海及领域环境地质稳定性分析 . 中国地质灾害与防治学报，9（2）：51 – 62.

国际地震中心 . 2000. 国际地震中心目录（1964—2000 年）.

国家地震局 . 1991. 中国地震烈度区划图（1992 年 5 月 22 日国务院批准发布实施）. 北京：地震出版社 .

李斌，王舒畋，等 . 2008. 平潭岛外—乌丘屿段演海断裂活动性分析 . 上海地质，4：30 – 33.

李培英，李萍，刘乐军，等 . 2003. 中国海洋地质灾害调查和评价研究的现状、基本理论、方法及进展，海洋学报，25（增刊）：122 – 133.

刘乐军 . 2004. 东海地质灾害分区研究的理论与实践 . 博士毕业论文 .

刘锡清，等 . 2006. 中国海洋环境地质学，北京：海洋出版社 .

王舒畋，李斌 . 2009. 长江口海域的第四纪断层与新构造活动 . 海洋地质与第四纪地质，29（1）：53 – 58.

王舒畋，李斌 . 2010. 东海新构造与新构造运动 . 海洋地质与第四纪地质，30（4）：141 – 150.

张梁，张业成，罗元华，等 . 1998. 地质灾害灾情评估理论与实践 . 北京：地质出版社 .

# 第9章　浙江全新世海滩岩与沿海环境变迁

　　海滩岩是指形成于砂质海滩潮间带、由碳酸盐（主要是文石和高镁方解石）胶结海滩沉积物形成的一种海岸带碳酸盐胶结岩（图9.1）。海滩岩胶结迅速，成岩时间短，可在数年之内胶结成岩。海滩岩作为一种特殊的沉积岩，其分布和物质组成与特定的气候、海平面、地形和物源等各种因素密切相关。因此，海滩岩的研究意义体现在古气候、古地理、地层学、地貌学和岩石学等多个领域，具体可概括为以下4点：①海平面变化。由于海滩岩成岩于潮间带，其出露位置可认为是平均海平面的位置。因此，不论在构造升降显著的海岸带还是在构造相对稳定的海岸带，海滩岩都可作为古海平面的指示物，被用以研究过去相对海平面的变化。②海岸带演化。海滩岩的形成反映了特殊的海岸带环境，可以通过分析海滩岩的时空分布来反演海岸带的演化过程。同时，海滩岩一旦形成，对原有的海滩地貌动力学和生态体系又有强烈的反馈作用。海滩岩的发育可以改变海滩沉积物的运移体系和海滩的水动力特征，特别是对侵蚀海滩，海滩岩的发育还可以大大减缓剥蚀速度。此外，海滩岩中不但生存着红藻等微生物群落，没入水下的海滩岩还为珊瑚及其他固着生物的生长发育提供附着物。③地表碳酸盐岩成岩机制。海滩岩成岩于"淡水－半咸水－海水"的交汇带内，涉及渗流和潜流两种微环境，因而研究海滩岩对于了解地表系统的碳酸盐岩形成机制有重要意义。④海滩岩在古气候变化方面具有重要的研究意义，利用海滩岩中的氧同位素特征可以重建海滩岩形成时的古温度特征，其特殊的分布和结构构造是灾害性气候事件的重要指标。

图9.1　典型海滩岩及沉积环境（B. navez 摄于圣吕留尼旺岛，Wikipedia）

　　浙江沿海地处东亚季风区，兼有海陆两种不同属性的环境特征，对气候变化极其敏感，发达的工业生产和急剧膨胀的经济活动又迫使浙江海岸带的生态系统变得异常脆弱。在全球变暖、海平面上升和各种极端气候频发的大背景下，揭示中短时间尺度上气候、海岸带环境和生态系统的变化规律及其反馈机制，是预测未来气候的变化趋势、保护海洋环境、预防海洋灾害、规划社会中长期发展纲要以及确保海洋经济可持续发展所面临的关键问题。浙江沿海广泛分布着地质历史时期形成的海滩岩，它们分布在岬角之间的小海湾内，出露于岸后沙丘、潮间带和低潮线之下。借助浙江沿海海滩岩的研究，重建浙江全新世海平面和古气候的演化历史，初步揭示浙江沿海环境变迁的基本特征，可为解决上述关键问题提供科学依据。

## 9.1　海滩岩的研究现状

　　关于海滩岩的最早报道可以追溯到 1817 年，此后相关报道日渐增多。但海滩岩的研究至 20 世纪 50 年代后才得以深入开展。这期间的研究内容以地貌、沉积、岩相等描述性内容为主；研究方法和手段也相对简单，主要以光学显微镜镜下分析为主。自 20 世纪中期以后，随着新技术的进步，对海滩岩的研究逐渐扩展到胶结物的元素地球化学和同位素地球化学、微生物在成岩中的作用以及海滩岩生态群落等方面，所使用的研究方法和手段也日趋先进和多样化，而近年来的海滩岩研究则注重多种方法和手段的综合应用。

　　我国对海滩岩研究的最早记录相对西方较晚，20 世纪 60 年代曾昭璇对我国华南沿海发育的海滩岩进行了初步研究，并将其命名为"海岸砾岩"。此后几十年，我国学者对海滩岩的研究进入了一个新的阶段，不仅在闽、粤、桂、海南、台湾沿海及西沙群岛等地发现了大批岸上出露和水下沉溺的海滩岩，而且对海滩岩的岩石学特征、形成条件、年代测定及其在古气候学、古地理学、古地貌学、新构造学等方面的意义作了深入探讨。有些学者还提出了海滩岩分类、分期原则，展开了识别海滩岩真伪的讨论，并在此基础上开始探讨海岸构造升降、海平面变化、海滩岩分期与对比、全新世气候变迁等地质地理意义，以及海滩岩与海岸沙丘岩的对比研究等，取得了一系列的研究成果。自国家海洋局第二海洋研究所在 1981—1985 年"全国海岸带和海涂资源综合调查"中首次确认浙江全新世海滩岩之后（见图 9.2），不断有新的露头发现。迄今为止，已在岱山县、象山县、嵊泗县和三门县的 14 处海岸发现了海滩岩存在。近年来，针对浙江沿海海滩岩形成时特殊的气候及地理环境条件，利用各种分析测试手段广泛开展了年代学、古生物学、岩石学、矿物学和元素地球化学方面的研究，初步揭示了海滩岩的基本特征、形成时代和特殊的环境条件，对浙江全新世气候及海平面的变化进行了较全面的探讨。当前，浙江省海滩岩的研究工作也面临着一系列的问题。一方面，随着海岸工程、养殖、旅游等行业对砂质海滩的开发，造成海滩岩露头遭受快速破坏；另一方面，在上升海岸的海滩岩或是形成于早全新世高海平面时的海滩岩，由于脱离海水环境受大气淡水或地表淡水的影响，胶结物以及生物碎屑被改造成为低镁方解石，这使得依赖胶结物氧碳同位素进行的古气候研究在一定条件下难以开展，对成岩时期海滩水动力环境的研究也因胶结物的改造而不易进行，[14]C 测年结果的误差也因此扩大。

图 9.2　浙江省象山县爵溪镇的海滩岩

　　总体上看，我国的海滩岩研究取得了长足进展，但在某些方面还存在一些争议。如海滩岩的定义，国际上通常将海滩岩定义为热带、亚热带地区砂质海滩上由碳酸盐胶结潮间带沉积物形成的一种海滩相沉积岩，即海滩岩的成岩仅限于潮间带内。相比之下，国内学者对海滩岩的定义范围则要宽得多，认为海滩岩的成岩不限于潮间带，还包括海浪飞溅带。对于海滩岩露头的认定以及研究意义等不同学者都有不同的理解，不少学者将华南沿海发育的各种不同成因机制的碳酸盐胶结岩都归入海滩岩。此外，我国的海滩岩研究中定量、综合手段的应用仍嫌不足，如微观环境下胶结物的形成与演化、胶结物的元素地球化学和同位素地球化学组成，以及水动力环境对碳酸钙沉积胶结的影响等研究工作还有待开展或加强。目前我国已报道的海滩岩露头共有 70 余处，分布范围从热带的南沙群岛向北至温带的山东沿海。这些海滩岩主要分布于热带和亚热带地区，占总数的 73.85%。然而由于这些已报道的露头中一部分实际上属于风成岩或贝壳堤岩，真正的海滩岩露头数量要少一些。

## 9.2　浙江海滩岩的分布与物质组成

　　我国现代海滩岩的形成仅限于 18.5°N 以南的海南岛、西沙群岛和南沙群岛等热带环境中，而浙江沿海的海滩岩全部形成于地质历史时期，分布在潮间带、岸后沙丘甚至在平均低潮线之下，反映了海平面和海岸带环境变化的影响。由于空间分布的差异，海滩岩的物质组成差异很大，不仅反映了水动力条件、地形、物源和生态群落的特点，也可能是成岩作用的结果。本章的主要目的是系统分析浙江沿海海滩岩的空间分布和物质组成，结合浙江海岸带现代环境特征，为海平面、古气候和古环境的重建工作提供依据。

## 9.2.1　海滩岩沉积环境

迄今，浙江沿海全新世海滩岩已经发现 14 处：象山县爵溪镇下沙、大岙、东翅膀和大螺池，旦门西洋山、金沙湾、白沙湾（见图 9.3），道人山岛，高塘岛，铜头岛；岱山县大长涂岛小沙河、大沙河；嵊泗县泗礁山岛沙塘；三门县牛密塘、牛头门（表 9.1）。其中，下沙、大岙和小沙河三处海滩岩出露最好且发育典型。

表 9.1　浙江沿海海滩岩分布地理坐标

| 地名 | 纬度（°N） | 经度（°E） |
| --- | --- | --- |
| 嵊泗县泗礁山岛沙塘 | 30.711 | 122.462 |
| 岱山县大长涂岛大沙河 | 30.235 | 122.320 |
| 岱山县大长涂岛小沙河 | 30.238 | 122.309 |
| 象山县道人山岛 | 29.548 | 121.987 |
| 象山县爵溪镇大岙 | 29.467 | 121.972 |
| 象山县爵溪镇下沙 | 29.470 | 121.965 |
| 象山县爵溪镇大螺池 | 29.450 | 121.984 |
| 象山县爵溪镇东翅膀 | 29.453 | 121.985 |
| 象山县旦门金沙湾 | 29.438 | 121.976 |
| 象山县铜头岛 | 29.230 | 122.010 |
| 三门县牛密塘 | 28.941 | 121.709 |
| 三门县牛头门 | 28.913 | 121.701 |
| 象山县旦门西洋山 | 29.349 | 121.930 |
| 象山县高塘岛 | 29.108 | 121.864 |

浙江沿海海岸曲折，多花岗岩基岩岬角海湾。海滩岩基本上都出露在浙江省中北部沿海大陆或海岛的小型海湾中，湾宽 300～600 m。海湾三面环山，正面开口方向时有小的岛礁，海湾内顶部有规模不大的砂砾滩，砂砾滩的背后，相当于风暴高潮位处有一顺岸线延伸高 5～8 m 的沙堤。沙堤宽十至数十米不等，沙堤及后缘的低山之间多有小面积的平坦地（或洼地），并有间歇性小溪，高潮时潮水顺小溪倒灌，可进入沙堤后侧。海滩岩出露于湾的中部或湾的一侧，其规模视湾的宽度、海滩岩类型及后期破坏程度而异，出露长度 50～300 m，宽度 10～80 m 不等（见表 9.2）。"海滩型"海滩岩多出露于平均海平面附近，一般位于中潮位坡折之下，少

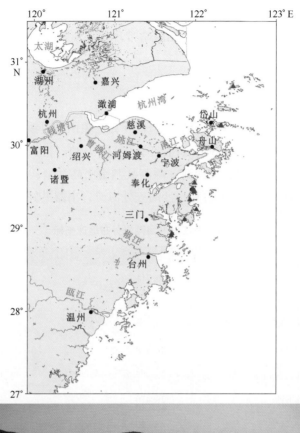

图 9.3　浙江省象山县白沙湾海滩岩露头（2012 年 8 月 13 日 10:13，夏小明拍摄）

数分布于中潮位之上高潮位附近，顶面高程 -2.5~4 m。"沙堤型"海滩岩分布于湾顶高潮位之上，规模较小，顶部高程 4~6 m，底板高程 1.5~2.5 m。如大岙海滩岩高出平均海平面约 1 m，泗礁山岛沙塘海滩岩则位于平均海平面下 2~2.5 m。大长涂岛小沙河因人工挖砂，海滩岩全部暴露在海滩中，西洋山湾沙滩、沙堤因人工破坏轻，海滩岩出露面积最小，沙滩、沙堤之下可能还埋有海滩岩未出露。

**表 9.2　浙江沿海主要海滩岩的分布情况（赵建康等，1994）**

| 地点 | 类型 | 长度（m） | 宽度（m） | 高程（m） | 备注 |
|---|---|---|---|---|---|
| 大长涂岛小沙河 | 海滩型 | 100 | 60 | −1.0～1.0 | 高程为海滩岩表面外侧最低点至内侧最高点高程（黄海高程） |
| 大长涂岛大沙河 |  | 22 | 18 | 0.5～1.5 |  |
| 爵溪下沙 |  | 150 | 82 | 0.1～0.4 |  |
| 爵溪大岙 |  | 350（断续） | 57 | −0.7～0.2 |  |
| 爵溪东翅膀 |  | 115（断续） | 断续分布 | 0.5～4.3 |  |
| 旦门西洋山湾 |  | 325 | 24 | 2.0～4.3 |  |
| 爵溪大螺池 | 沙堤型 | 45 | 13 | 4.1 | 高程为顶部最高点高程 |
| 旦门金沙湾 |  | 60 | 10 | 5.8 |  |

　　浙江沿海海滩岩，多数呈单斜岩层，向海倾斜，倾向和小海湾开口方向一致，倾角多为 5°～9°，与其所在海湾中沙滩坡度接近，典型的海滩岩呈叠瓦状平行海岸排列（图 9.4）。如岱山大长涂和象山爵溪下沙海滩岩，每一单列的宽度在 5 m 左右，总宽度一般为 30～50 m，大长涂海滩岩总宽达 70 m，旦门西洋山湾海滩岩总宽度则小于 20 m。海滩岩厚度一般为 30～50 cm，最厚可达 80 cm。部分海滩岩由于人工挖砂和自然界外力破坏，以块状零乱分布于海滩之中。

图 9.4　爵溪下沙海滩岩产状及手标本特征（高中和摄）

1—涨潮景观；2—落潮景观；3—产状；4—手标本

### 9.2.2 海滩岩年代学

从浙江海滩岩分布特征看，它的形成是不连续。据$^{14}$C测年数据可知，浙江海滩岩沉积可分为中全新世和晚全新世两个阶段，主要形成在中全新世大西洋晚期至亚北方期（6 500～2 400 a B.P.）阶段，正值中国全新世大暖期。晚全新世阶段相当于亚大西洋期（1 100 a B.P.）。中全新世阶段可细分为6 500 a B.P.，6 100～5 800 a B.P.，5 500 a B.P.，5 200～5 100 a B.P.，4 800～4 100 a B.P.，3800 a B.P.，3 500～2 400 a B.P.共七个时期。两大阶段之间有1 300 a的间断，七个时期之间有300～400 a的间断，基本上可与福建、海南等地的海滩岩形成时代相对比（表9.3）。

表9.3 浙江沿海主要海滩岩$^{14}$C（a B.P.）测年数据（修改自杨守仁等，1995）

| 地点<br>分期 | 旦门 | 大岙 | 下沙 | 小沙河 | 泗礁 |
|---|---|---|---|---|---|
| Ⅷ（1 100） | 1 100±64 | | | | |
| Ⅶ（3 500～2 400） | 2 400±130 | | | | |
| | 2 440±85 | | | | |
| | | 2 570±125 | 2 580±125 | | |
| | | | | 2 730±125 | 2 705±160 |
| | | | | 2 770±140 | 2 795±160 |
| | | | | 2 875±140 | |
| | | | | 2 985±110 | |
| | 3 100±87 | | 3 135±150 | | |
| | | | 3 210±170 | | |
| | 3 280±87 | | 3 290±150 | | |
| | | | 3 420±170 | | |
| | | | 3 486±99 | | |
| Ⅵ（3 800） | | 3 790±145 | 3 765±170 | | 3 780±100 |
| Ⅴ（4 800～4 100） | | | 4 110±170 | | |
| | | | 4 225±135 | | |
| | | | 4 490±175 | | |
| | | | 4 590±120 | | |
| | | | 4 640±135 | | |
| | | | 4 815±120 | | |
| Ⅳ（5 200～5 100） | | | 5 070±125 | 5 160±170 | |
| Ⅲ（5 500） | | | 5 490±125 | | |
| Ⅱ（6 100～5 800） | | | 5 960±110 | | 5 825±210 |
| | | | 6 080±110 | | |
| Ⅰ（6 500） | | | 4 340±150 | | 6 485±210 |

## 9.2.3　海滩岩组分特征

### 9.2.3.1　岩石学特征

浙江沿海海滩岩岩石类型虽多，但它们的结构构造基本相同，只是生物碎屑和陆源碎屑的百分含量不同。陆源碎屑的分选性和磨圆度均较差，常含砾石，其成分与岬角花岗岩以及海滩上从岬角和背后低山风化剥蚀下来的砂砾成分一致，表明它们是来自附近基岩，未经远距离搬运和分选。生物碎屑壳体大小不一，常顺层定向排列，反映潮流的作用。海滩岩为颗粒支撑结构，孔隙多而大，连通性好，有粒间孔隙和生物孔腔两类，一般未被充填。在颗粒的外围，通常有一圈垂直于颗粒表面的文石针。海滩岩的层位越靠上，越向海，其文石针就越明显，相反，海滩岩的层位越靠下，越向陆，孔隙内胶结物也逐渐变化，有时文石针为柱状方解石胶结物所替代，很可能是文石针组合重结晶的结果（见图 9.5）。有时在有孔虫等生物壳体的孔腔中可见少量粉晶方解石生长，但孔隙基本上是空的。海滩岩中的生物碎屑保持其原始组构，如双壳类可见正纤结构的外层和交错片状结构的内层，苔藓虫可见毯状的平行片状结构。下沙剖面中棒锥螺 *Turritella bacillum Kiener* 和下沙现代海滩上一个现生的棒锥螺以及一个现生的间褶线纹蚶 *Arcopsis interplicata*（*Grabou et King*）壳体红外吸收光谱分析显示，文石百分含量依次为 56%、78%、78%，方解石百分含量依次为 44%、22%、21%。可见，海滩岩中的壳体比现生壳体的文石含量较低，方解石含量较高。如果可以将此归因于矿物不稳定状态向稳定状态转变，那么这种转变程度不高，仍未能使海滩岩中壳体的文石矿物及原始组构受到明显改造。岩石薄片中未见明显的成岩构造，表明浙江海滩岩处于成岩初期阶段，淡水对它的影响不大。现以保存状况最好的下沙海滩岩和小沙河海滩岩为例，按亚层层序自上而下论述其岩石学特征如下。

**下沙海滩岩：**（层序自上而下）

亚层 5：含生屑石英粗砂岩。水平层理较清晰，颗粒中石英占 60%～70%，花岗岩屑及长石占 50%，生物碎屑占 15%，以双壳类、腹足类、有孔虫、苔藓虫为主，壳体保持原始组构。颗粒直径 1 mm 左右，常为棱角状，长轴顺层定向排列。有 10% 孔隙基本未被充填，为原始胶结，即在颗粒周围生长一层垂直于其表面的文石针。

亚层 4：砂质生屑灰岩。结构构造同上，唯颗粒中石英、长石和花岗岩屑仅占 40%，而生物碎屑占 45%，生物孔腔常为文石泥充填。

亚层 3：砂质生屑灰岩。结构构造同上，唯颗粒中石英、长石及花岗岩屑更少，仅占 30%，生物碎屑也少，占 30%，颗粒间孔隙多而大，连通性好。

亚层 2：砂质生屑灰岩。结构构造同上，唯颗粒中石英、长石及花岗岩屑占

40%，生物碎屑和团藻占35%，粒间孔隙及生物孔腔约占20%，腔内填以文石泥，时有少许细方解石。胶结物仍以文石针为主，但时有细柱状方解石。

亚层1：生屑质石英粗砂岩。结构构造同上，唯石英碎屑占60%，生物碎屑占30%，以苔藓虫为主，孔隙占10%。

图9.5　爵溪下沙海滩岩胶结物及其结构（引自高中和等，1991）

1—偏光显微照片；2~4—扫描电镜照片

**小沙河海滩岩：**（层序自上而下）

亚层7：含岩屑生屑灰岩。水平层理清晰，颗粒中生物碎屑占60%左右，以双壳类、有孔虫和藻团为主，壳体原始组构保存良好，花岗岩屑占20%左右；颗粒径直小于0.5 mm。孔隙占20%，基本未被充填，原始胶结，颗粒支撑结构，长轴顺层定向排列，磨圆度分选性均较差。

亚层6：生屑质岩屑粗砂岩。具水平层理，花岗岩屑占60%，生物碎屑仅占30%，孔隙占10%。

亚层5：含岩屑生屑灰岩。结构构造同层7，唯石英、长石碎屑占20%，生物碎屑占50%，孔隙占30%。

亚层4：含生屑岩屑粗砂岩。结构构造同层6，花岗岩屑和石英、长石碎屑占65%左右，生物碎屑占20%，孔隙占10%，颗粒直径1.5~2 mm。

亚层3：岩屑质生屑灰岩。结构构造同层5，唯石英、长石碎屑和花岗岩屑占35%，生物碎屑占50%，孔隙占15%，粒径1 mm左右。

亚层2：岩屑质生屑灰岩。结构构造同上，唯石英、长石碎屑占25%，生物碎屑占 60%，孔隙占 25%，粒径在 0.3 mm 以下。

亚层 1：岩性同上。唯粒径在 0.5 mm 以下。

### 9.2.3.2　生物碎屑记录的生物属种

海滩岩中生物碎屑以近岸浅水和附着于岩石上的生物属种为主，优势种群为瓣鳃纲和腹足纲，介形虫和有孔虫次之。

浙江海滩岩中的有孔虫和介形虫属种比较单一，有孔虫数量非常巨大，介形虫比较稀少，介形虫/有孔虫比值一般小于 1/66，反映了滨岸环境下的特点。有孔虫以 *Cavarotalia annectens*（Parker et Jones）、*Elphidium advenum*（Cushmen）、*Elphidium hisptdulum Cushmen*、*Quinqueloculina seminula Linnaeu*s 为主，还有 *Ammonia beccarri*（Linnarus）、*Poroeponides* sp.、*Pararotalia inermis*（Terquem）、*Spiroloculina laevigata Cushmen et Todd*、*Quinqueloculina aknertana rotunda*（Gerke）、*Q. lamarckiana d'Orbigny* 等，可以归为 *Cavarotalia annectens – Elphidium advenu*m 类群；介形虫以 *Echinocythereis bradyi Ishizaki*、*Alocopocythere transcendens Siddiqui*、*Aurila miii Ishizaki* 等为主，还有 *Sinocytheridea latiovata Hou et Chen*、*Stigmatocythere dorsinoda Chen*、*Neomonoceratina dongtaiensis Yang et Chen*、*Loxoconcha viva Ishizaki*、*Leguminocythereis hogdii*（Brady）等。

下沙海滩岩中有孔虫以 *C. annectens* 占绝对优势，为总数的 96.37%。下沙海滩岩也可以有孔虫特征分为上下两部分，下部第 1、第 2 层除 *C. annectens* 之外，其他各种均很稀少，上部第 3、第 4 和第 5 层 *C. annectens* 所占比例减少，*E. advenum* 占到了 1.25% 以下，显示出动物群落结构较第 1、第 2 层稍复杂。大岙和小沙河海滩岩中有孔虫数量相对较少。大岙剖面中 *E. advenum* 在各层有孔虫总数中所占比例均大于 9%，在第 1 层甚至占到 68.32%。小沙河剖面与大岙剖面类似，但 *E. advenum* 的比例没有大岙剖面高，而 *Q. seminula* 所占比例却相对高一些，同时在岩石切片中见到列式壳的有孔虫。各属种的有孔虫壳体磨损都比较严重，可能是受潮流的影响，来回磨蚀或经过一定距离的移动。介形虫在大岙和小沙河剖面都很稀少，在下沙海滩岩中相对多一些。

在生物碎屑中含量占主导的是贝类，依据生态位的不同可细分为以下三类。

（1）广温广布性种类。这一类群的现生分子广泛分布于我国南海、东海、黄海和渤海，是我国沿海潮间带底栖生物群落中的主要常见种，共有 26 种，占海滩岩中贝类总数的 48.15%，主要有 *Notoacmea schrenchi*（Lischke）、*Monodonta labio*（Linne）、*Turritella fortilirata Sowerby*、*Neverita didyma*（Roding）、*Rapana venosa*（Balenciennes）、*Thais luteostoma*（Holten）、*Cantharus ceaillei*（Philippi）、*nassarius succinctus*（A. Adams）、*Oliva mustellina Lamarck* 共 9 种腹足动物和 *Barbatia fusca Bruguiere*、*B. parallelogramma*（Busch）、*Tegillarca granosa*（Linnaeus）、*Scapharca subcre-*

*nata*（*Lischke*）、*Arcopsis interplicata*（*Grabou et King*）、*Didimacar tenebrica*（*Reeve*）、*Anomia lischkei Dautzenberg et Fischer*、*Ostrea cucullata Born*、*O. rivularis Gould*、*O.*（*Crassostrea*）*pes－tigris Hanley*、*Dosinia*（*Phacosoma*）*japonica*（*Reeve*）、*D. gibba A. Adams*、*Gomphina aequilatera*（*Sowerby*）、*Meretrix meretrix Linnaeus*、*Venerupis*（*A-mygdala*）、*philippinarum*（*Adams et Reeve*）、*Cyclina sinensis*（*Gmelin*）、*Trapezium*（*Neotrapexium*）*liratum*（*Reeve*）共 17 种双壳类动物。

（2）亚热带性种类。这一类群的现生分子分布于我国南海和东海，向北不越过长江口，不进入黄、渤海。共有 9 种，占海滩岩中贝类总种数的 16.67%。主要有 *Chlorostoma argyrostoma*（*Gmelin*）、*Turritella bacillum Kiener*、*T. cf. fascialis Menke*、*Onustus exusa*（*Reeve*）*Babylonia lutosa*（*Lamarck*）、*Turricula nelliae spurious*（*Hedley*）6 种腹足动物和 *Barbatia virescens*（*Reeve*）、*Septifer virgatus*（*Wiegmann*）、*Placuna placenta*（*Linnaeus*）3 种双壳动物。

（3）热带性种类。这一类群的现生分子在我国主要分布于南海，向北一般不越过台湾海峡南部，在世界上主要分布于印度洋和太平洋热带海区，共有 17 种，占海滩岩中贝类总种数的 29.63%，主要有 *Umbonium vestiarium*（*Linnaeus*）、*Calyptraea morbid*（*Reeve*）、*Nassarius siquinjorensis*（*A. Adams*）、*Vexillum vulpeculum Linnaeus*、*Conus striatus Linnaeus*、*Trochus niloticus maximus Koch*（图 9.6）共 6 种腹足动物和 *Arca navicularis Bruguiere*、*Trisidos semitorta*（*Lamarck*）（图 9.6）、*Anadara antiquate Linnaeus*、*Chlamys pica*（*Reeve*）、*Cardita variegate Bruguiere*、*Codakia puntata*（*Linnaeus*）、*Katelysia*（*Hemitapes*）*rimularis*（*Lamarck*）、*Donax cuneatus Linnaeus*、*D. incarnatus Chemnitz*、*Sanguinolarta*（*Psammotaea*）*virescens Deshayes*、*Tellina perna Spengler* 共 11 种双壳动物。

图 9.6　浙江海滩岩中典型热带贝类

左：半扭蚶 *Trisidos semitorta*；右：大马蹄螺 *Trochus niloticus maximus Koch*。引自 www. sealifebase. fisheries. ubc. ca

贝类生物碎屑在不同的海滩岩剖面、海滩岩的不同层位分布面貌也不尽相同。相对而言，下沙海滩岩中贝类种类较丰富，数量也较多，热带性分子所占比例也较大。在其下部即第 1、第 2 层，属种数量和个体数量较少，热带种类也较少，贝类动物群结构较简单；在其上部即第 3、第 4、第 5 层，属种数量和个体数量都较多，热带性种类也较多，贝类动物群的结构较复杂但稳定，种与种之间个体数量分布也较均匀，可以说此时是浙江海滩岩中贝类动物群的鼎盛时期。因此，根据贝类碎屑可将下沙海滩岩分为上下两部分。

### 9.2.3.3　元素地球化学特征

经全岩样酸溶处理，用等离子光量计对下沙、大峧和小沙河三个部而进行元素含量分析。结果表明，浙江海滩岩的 CaO、MgO 和 Sr 的含量变化分别为 11.4% ~ 28.63%、0.299% ~ 1.853% 和 $252.5 \times 10^{-6}$ ~ $890.6 \times 10^{-6}$，它们的平均含量分别为 17.93%、0.963% 和 $494.6 \times 10^{-6}$（表 9.4）。CaO/MgO 比值在 9.428 ~ 61.02 之间变化，平均值为 24.09。上述含量特征与西沙群岛生物骨屑海滩岩和海南岛沿岸陆屑海滩岩的 Ca、Mg 和 Sr 的地球化学特征相近。

表 9.4　浙江主要海滩岩地球化学特征（引自杨守仁等，1995）

| 地点 | 层号 | Al₂O₃（%） | CaO（%） | MgO（%） | CaO/MgO | Ce/La | Sr（10⁻⁶） |
|------|------|------|------|------|------|------|------|
| 下沙 | 1 | 0.4589 | 28.63 | 0.5468 | 52.36 | 1.713 | 509.0 |
| | 2 | 0.5353 | 27.67 | 0.5871 | 47.13 | 1.645 | 568.0 |
| | 3 | 0.6802 | 17.47 | 1.8530 | 9.43 | 1.890 | 462.4 |
| | 4 | 0.2366 | 25.16 | 1.2700 | 19.81 | 1.767 | 785.0 |
| | 5 | 0.3767 | 19.84 | 1.4160 | 14.01 | 1.812 | 575.1 |
| 大峧 | 1 | 0.4534 | 11.62 | 0.3498 | 33.22 | 2.058 | 252.5 |
| | 2 | 0.3756 | 18.24 | 0.2989 | 61.02 | 1.890 | 508.0 |
| | 3 | 0.5911 | 15.42 | 0.4150 | 37.16 | 1.618 | 372.3 |
| | 4 | 0.7105 | 19.13 | 0.9075 | 21.08 | 1.611 | 890.8 |
| | 5 | 0.5170 | 14.16 | 0.5682 | 24.92 | 1.789 | 278.7 |
| | 6 | 0.7613 | 13.98 | 0.6778 | 20.63 | 1.830 | 310.1 |
| 小沙河 | 1 | 0.5544 | 18.70 | 1.2180 | 15.35 | 2.064 | 526.5 |
| | 2 | 0.6103 | 18.79 | 1.520 | 12.43 | 2.044 | 539.8 |
| | 3 | 0.5767 | 11.40 | 1.1400 | 10.00 | 2.599 | 391.7 |
| | 4 | 0.6905 | 12.19 | 1.1910 | 10.24 | 2.565 | 348.6 |
| | 5 | 0.4040 | 17.84 | 1.2550 | 14.56 | 2.119 | 550.8 |
| | 6 | 0.5403 | 14.71 | 0.9557 | 15.39 | 2.242 | 470.5 |
| | 7 | 0.5745 | 17.71 | 1.1930 | 14.84 | 2.244 | 561.9 |

下沙、大峧和小沙河剖面海滩岩 CaO 平均含量分别为 23.75%、15.43% 和 15.91%，MgO 平均含量分别为 1.14%、0.533% 和 1.21%，CaO/MgO 比值分别为

11.43、28.77 和 13.20，Sr 平均含量分别为 $579.9 \times 10^{-6}$、$435.4 \times 10^{-6}$ 和 $483.3 \times 10^{-6}$。三个剖面海滩岩地球化学特征的差异，可能反映了各自生物的类别和含量的不同，也可能是由于环境因素的变化引起。下沙剖面贝类相对丰富，有孔虫等相对较少，文石含量较多，所以 CaO/MgO 比值较低，Sr 含量较高，而其他剖面贝类相对较少，有孔虫等相对较多，文石含量相对较少，所以 CaO/MgO 比值较高，Sr 含量较低。

如表 9.4 所示，下沙海滩岩可分两部分，下部 1~2 层 $Al_2O_3$、CaO 含量和 CaO/MgO 比值较高，MgO 和 Sr 含量较低，而上部 3~5 层刚好与之相反，这一变化与矿物学特征相一致。原因在于该剖面下部文石含量较低，方解石含量较高，而上部却相反；同时也说明下部海滩岩近陆侧，不稳定矿物转变为稳定矿物的程度比上部海滩岩近海侧要高。

大岙剖面与下沙剖面在岩性上虽然不相同，但在元素地球化学特征上却有相似之处。第 1 层 CaO 含量和 CaO/MgO 比值较低，第 2~3 层 CaO 含量和 CaO/MgO 比值较高，MgO 和 Sr 含量较低，第 4~6 层 CaO 含量和 CaO/MgO 比值较低，MgO 和 Sr 含量较高。因此，大岙剖面 2~3 层和 4~6 层分别与下沙剖面 1~2 层和 3~5 层相对应。小沙河剖面的元素地球化学特征大致与下沙剖面 3~5 层相对应。

### 9.2.3.4 氧碳稳定同位素特征

利用海滩岩中亚热带性种 *Turritella bacillum Kiener* 壳体测试了下沙、大岙剖面各层海滩岩的氧碳稳定同位素；利用海滩岩中广温广布性种 *Arcopsis interlicata*（*Grabou et King*）壳体测试了小沙河剖面各层海滩岩的氧碳稳定同位素。结果表明，$\delta^{13}C$ 值介于 0.49‰ ~ 2.15‰ 之间，表明浙江海滩岩处于海相 $CaCO_3$ 沉积环境中。但是，下沙剖面下部 $\delta^{13}C$ 值为负值，而上部 $\delta^{13}C$ 值为正值，表明下部海滩岩形成时海水盐度偏低，受到淡水影响，而上部海滩岩形成时海水盐度较高，几乎处于正常状态。$\delta^{18}O$ 值介于 –2.0‰ ~ –2.87‰ 之间。

## 9.3 浙江沿海全新世环境变迁

海滩岩形成于热带、亚热带砂质海滩的潮间带，它的产出位置代表了平均海平面和特殊的气候条件。浙江沿海海滩岩露头的高程各不相同，记录了历史时期海平面的变化趋势。同时，测年数据、生物群落、氧碳同位素和元素地球化学等特征也表明，浙江沿海几乎所有的海滩岩都形成于中、晚全新世，当时的海岸带环境和气候条件与现代有较大的差异。本节将在海滩岩沉积环境、年代学和组分特征研究的基础上，进一步揭示浙江沿海海滩岩所记录的环境与气候信息。

### 9.3.1 海平面变化

浙江沿海环境的变迁，其根本在于海平面的升降。然而，控制海平面升降的主要因素是地学界长期面临的难题之一。根据世界各地海平面升降的差异性，地学界总结了以下 5 大可能的控制因素。

①全球性冰盖冻融引起的水动型升降；

②地区性地壳变动引起的地动型升降；

③沉积物压实作用引起的海平面下降；

④冰盖和水体重量引起的地壳均衡升降；

⑤水温变化造成的大洋水体膨胀和收缩。

珊瑚礁和有孔虫壳体的氧同位素都是比较常用的重建海平面变化的方法，但在中短时间尺度海岸带环境变迁研究中海滩岩是不可或缺的研究材料。虽然受海岸带构造升降的影响，海滩岩仍然是重建相对海平面变化的重要指标。"海滩型"海滩岩，形成于平均海平面附近，其 $^{14}$C 采样点高程大致可以代表当时的平均海平面高程，而"沙堤型"海滩岩，系激流作用的产物，形成于高潮位附近，其底板可代表当时的平均海平面位置。依据浙江沿海海滩岩以及海相地层中的泥炭、炭化木和黏土共 34 个样品的测年数据（岳云章等，1988；赵建康等，1994；杨守仁等，1995），重建了浙江全新世相对海平面的变化曲线（图 9.7）。该曲线与赵希涛等（1996）重建的中国东部全新世海平面变化相似。

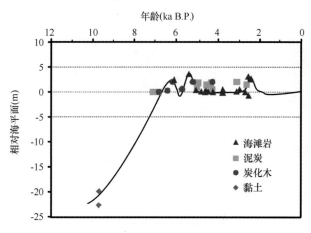

图 9.7　浙江全新世相对海平面变化曲线

如图 9.7 所示，浙江全新世海平面在距今 7000 年以前是急速上升的，上升速率约为 7.7 mm/a。大约在距今 7000 年，海平面上升至 -2 m 位置，而在距今 6400 年前后达到现今海平面高度。此后，海平面又经历了若干次小幅波动。16 个海滩岩测年样品中大部分处于现代平均海平面处，但是其中有 4 个样品代表的海平面小幅升高，分别是爵溪大螺池样品采自高程 3.7 m 处，测年数据为距今 5 490 ± 125 年，道人山岛样品采自高程 2.2 m 处，测年数据为距今 5 960 ± 110 年，旦门金沙湾样品采自高程 3.1 m 处，测年数据为距今 2 580 ± 125 年，旦门西洋山湾样品采自高程 2.6 m 处，测年数据为距今 2 440 ± 85 年。经平滑后，可知全新世以来浙江沿海出现了三次较明显的高海平面期，时间分别为 6 200 ~ 5 900 a B.P. 、5 600 ~ 5 200 a B.P. 和 2 700 ~ 2 100 a B.P. 。峰值时间分别为距今 6 000 年、5 400 年和 2 400 年，海平面比现今高 2 ~ 3 m。与海平面变化相对应，余姚地区全新世以来经历了河姆渡海侵、皇天畈海侵、钟家塌海侵和大沽塘海侵，相应地经历了河姆渡海退和皇天畈海退。三个阶段的海侵在浙江沿海地区地貌、地层和文化遗址等方面均有不少体现。

在距今 18 000 年前（18 000 a B.P. ）的末次冰盛期，海平面比现今约低 120 m，整个浙江沿岸和大部分东海陆架都在海平面之上，有人称之为"沙漠化"，至今在东海陆架上分布着当时的残留沙。随着海平面逐渐上升，直到距今 11 000 年前浙江北部沿岸才第一次出现海相沉积，即开始发育海岸带。浙江沿海对海平面变化最敏感当属浙北滨海平原地区，杭嘉湖平原和宁绍平原基本上都是由全新世的四个海相沉积层和两个潟湖湖沼相沉积层所组成，反映了由于海平面变化引起的沿海环境变迁。结合海滩岩建立的海平面变化曲线和浙北平原的地层分布（图 9.8），从老到新浙江沿海环境变迁经历了以下八个时期。

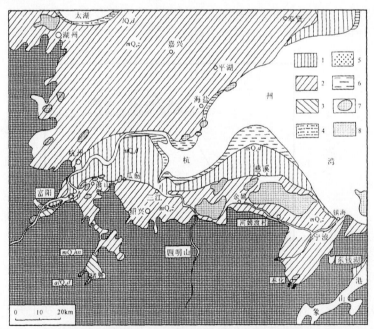

1—第四海相沉积层（mQ₄d）；2—第三海相沉积层（mQ₄z）；3—第二海相沉积层（mQ₄hn）；
4—湖相沉积层（lqQ₄d）；5—近代河流冲积层（alQ₄d）；6—潮间带；7—岛屿或陆屿；
8—山地丘陵；Q₄d-全新统大古塘组；Q₄z-全新统钟家塌组；Q₄hn-全新统皇天畈组

图 9.8　浙北全新世古海岸线及地层分布（据覃军干，2006）

第一期（11 000 ~ 7 000 a B.P. ）：该期海平面快速上升至 −2 m，钱塘江谷地因遭到侵蚀成为早期溺谷，杭嘉湖平原和宁绍平原大部分被海水淹没，海岸线一度到达四明山、会稽山麓。海侵过程中在平原上沉积了一层厚 10 ~ 50 cm 的沉积层，此时钱塘江河口湾尚未发育。

第二期（7 000 ~ 6 200 a B. P.）：该期海平面缓慢上升至现今水平，但是由于海平面上升后，基准侵蚀面升高，陆源物质的沉积速率大于海平面上升速率，大量河流搬运的沉积物在沿岸淤积，使浙江沿岸形成了大量的潟湖或湖沼，海岸线略微向海推进。该期沉积物以富有机质黏土为主，反映了潟湖湖沼沉积环境。该期已经进入全新世大暖期，但是浙江沿海没有发现海滩岩沉积，可能与较弱的水动力条件有关。

第三期（6 200 ~ 5 900 a B. P.）：该期是中全新世浙江沿海海平面的一次快速上升过程，海平面比现今高约 2 m，浙北海岸带迅速推进至"富阳—诸暨"一线的山前地带，杭州大部分地区位于海平面之下。由于此时浙北的杭嘉湖平原尚未大规模淤积成陆，所以杭州湾"喇叭口"形沉积环境尚未形成，仅在邻近现今富阳和诸暨的杭州湾南岸地区沉积了一层厚 0.4 ~ 1 m 的海相沉积层，该层沉积物以泥质粉砂为主，含有 *Trochammina sp* 等近岸环境中的有孔虫，反映了水动力条件较弱的浅海环境。但是，该期浙江沿海海滩岩却开始出现，在爵溪下沙海滩形成了较大规模的海滩岩，指示了局部较强的水动力条件。

第四期（5 900 ~ 5 600 a B. P.）：该期是中全新世大海侵背景下一次小规模的海退过程，沉积了一层厚 0.2 ~ 0.7 m 的潟湖湖沼相沉积，浙北海岸线没有明显的变化。

第五期（5 600 ~ 5 200 a B. P.）：该期是中全新世大海侵过程中最强一波海平面上升，海平面比现今高约 3 m，浙北海岸线快速推进至"湖州—杭州—绍兴—奉化"一线的山前地带。杭嘉湖平原和宁绍平原的大部便是在此时开始淤积成陆，可以说现今浙江海岸带的基本轮廓就是在该期沉积而成。沉积物仍以泥质粉砂为主，大部分地区的水动力条件都不强，但是在浙江沿岸局部海滩仍有海滩岩发育。同时，由于沉积物淤积，杭州湾的"喇叭口"形状开始逐渐显现。

第六期（5 200 ~ 2 700 a B. P.）：该期是浙江沿海相对稳定的低海平面期，海平面高度与现今相当，没有大的波动，沉积物供给也很稳定。浙北现今的海岸线没有明显变化，但是此时的杭州湾比现今要开阔得多。该期浙江沿海海滩岩大规模发育，表明海滩岩的形成很可能需要一个相对稳定的海平面条件和物源供给。

第七期（2 700 ~ 2 100 a B. P.）：该期是晚全新世最强的一次海平面上升，海平面比现今要高约 2.5 m。由于此时浙江大部分海岸带已经在第五期淤高，海平面上升后对岸线的影响并不大，但是钱塘江河口湾进一步淤积后显著地向海推进了约 40 km，宁绍平原也进一步向海扩展，杭州西湖便在此时形成雏形。沉积物以"泥质粉砂 - 粉砂"为主，水动力条件较其他几期略有增强，但仅局限在杭州湾内。该期也是浙江海滩岩大规模发育的最后时期。

第八期（2 100 a B. P. 至现今）：该期是晚全新世低海平面时期，海平面高度与现今相当，但是在末期却显示出快速上升的趋势，可能是人类活动加剧及全球变暖的结果。该期的海滩岩仅有零星分布，反映出此时较冷的气候条件已经不利于海滩岩的形成。

目前，浙江沿海海平面正以 2.75 mm/a 的平均速率快速上升。从上述周期性变化来看，海平面上升对滩涂的淹没是暂时的，海平面上升是一个淤积造陆的过程，浙北的大部分平原都是海平面上升淤积的结果，从而成就了"鱼米之乡"的美名。可以说，海平面上升的危害体现在当代，但它带来的利益却潜藏在百年之后。

## 9.3.2  古气候演变

由于在全球气候变化背景下区域响应不同，全新世气候分期在不同地区略有不同。浙江全新世气候属于华南长江中下游地区的气候特征，可以划分为以下 3 个时期：早全新世（10 000 ~ 8 000 a B. P.）——气候暖干、中全新世（8 000 ~ 3 000 a B. P.）——气候温湿、晚全新世（3 000 a B. P. 至现今）——气候干凉（表9.5）。全新世大暖期（也称为气候适宜期）出现于 8 500 ~ 3 000 a B. P.，并又将其划分为 4 个阶段：8 500 ~ 7 200 a B. P. 为温度不稳定的由暖变冷阶段；7 200 ~ 6 000 a B. P. 为稳定温热气候，即大暖期的暖湿阶段（鼎盛阶段）；6 000 ~ 5 000 a B. P. 为气候波动激烈，环境较差阶段；5 000 ~ 3 000 a B. P. 为温度波动缓和阶段。

**表9.5  全新世气候分期（引自刘锐，2007）**

| 西北欧气候期 | 起止年代（a B. P.） | 气候特征 | 中国划分 | 起止年代（a B. P.） | 气候特征 |
|---|---|---|---|---|---|
| 亚大西洋期 | 2500 ~ 100 | 比较凉湿 | 晚全新世 | 3000 ~ 0 | 干冷和干暖交替 |
| 亚北方期 | 5000 ~ 2500 | 比较暖干 | | | |
| 大西洋期 | 7500 ~ 5000 | 湿热 | 中全新世 | 8000 ~ 3000 | 温暖潮湿 |
| | | 干凉 | | | |
| | | 湿暖或湿热 | | | |
| 北方期 | 9500 ~ 7500 | 比较暖干 | 早全新世 | 10000 ~ 8000 | 温和干燥 |
| 前北方期 | 10000 ~ 9500 | 比较冷干 | | | |
| 末次冰盛期 21 000 ~ 12 000 年以干冷为主 | | | | | |

从已有的露头来看，浙江沿海海滩岩形成年代可划分为 8 个时期，大部分形成于 6 200 ~ 2 400 a B. P. 之间。对照浙江全新世气候分期，可知这些海滩岩基本上都形成于全新世大暖期（8 000 ~ 3 000 a B. P.），它反映的是一种比较温暖的气候条件。Guilcher 认为世界上95%的海滩岩分布在热带。虽然在我国亚热带沿海、日本暖温带地区和地中海沿岸也分布有海滩岩，但这并不意味着在亚热带和暖温带也可以广泛形成海滩岩。通常认为，海滩岩的形成需要一个热带或近于热带的气候条件，

尤其是光热条件，所以大量海滩岩的存在可以指示当时的气候条件可能为热带或近于热带。

我国现代海滩岩的形成，仅见于 18.5°N 以南的海南岛、西沙群岛等地，北部边界年平均气温为 25℃ 左右，泗礁是浙江省海滩岩分布的北界，现今年平均气温约 16℃，两者之间相关约 9℃。若按每个纬度水平温差 0.5℃ 推算，也相当约 6℃，表明浙江海滩岩形成时的全新世中期气候应该比现代要温暖。这种温暖的气候条件首先体现在海滩岩生物碎屑的群落特征上。浙江沿海现生腹足类和双壳类可划分为 4 个类群：温带性、广温广布性、亚热带性和热带性类群，而在浙江海滩岩中却未发现有温带性贝类。浙江沿海的现生热带性种类分布区域较小，数量很少，局限于浙江南部外侧岛屿等地，这些地区主要受台湾暖流的影响。从目前我国贝类分区来看，热带性种类主要分布于福建厦门以南沿海和海南岛、西沙群岛、南沙群岛等热带海区。受黑潮暖流及其分支台湾暖流的影响下，有极少量的热带性种类可分布到浙江南部的近岸地区，但不会分布到暖流影响很小的象山以北地区。浙江海滩岩中贝类动物群与浙江沿海现生贝类相比有 38 种是共有的，占海滩岩中贝类总数的 70.37%，但是海滩岩中 17 种热带贝类中共有 9 种未出现在现今的浙江沿海。显然，浙江沿海海滩岩的形成环境要比现代温暖。结合浙江沿海地区的孢粉资料可知，中全新世当地为"常绿阔叶－落叶阔叶"混交林植被景观，孢粉组合为"*Quercus acutissima*（麻栎）－ *Cyclobanopsis glance*（青岗栎）－ *Taxodiaceae*（杉科）"，也显示了温暖湿润的气候环境。但是，浙江处于中纬度副热带高压附近，夏季炎热干旱，蒸发作用强烈，有利于海滩岩的形成，所以当时的实际气温可能比现代大约要高 3～5℃。

除了根据海滩岩的分布、贝类群落和植被景观来推测当时的气温外，海滩岩贝壳壳体中的氧同位素提供了一种定量计算海水温度的方法。贝壳壳体中的氧同位素分馏主要受温度的影响，下沙、大岙和小沙河剖面中 *Turritella bacillum Kiener* 和 *Arcopsis interlicata*（*Grabou et King*）壳体的氧同位素值介于 −2.00‰ ～ −2.87‰。依据堀部纯南等（1972）回归的关系式：

$$T（℃）= 13.85 − 4.34（\delta^{18}O_s − \delta^{18}O_{sw}）+ 0.04（\delta^{18}O_s − \delta^{18}O_{sw}）^2$$

式中，$T（℃）$ 为古海水温度，$\delta^{18}O_s$，$\delta^{18}O_{sw}$ 分别为样品和当时海水的氧同位素值，假设 $\delta^{18}O_{sw}$ 为 −1‰，计算可得浙江海滩岩形成时的海水温度为 18.23～24.09℃，平均为 20.25℃，比现今浙江中、北部沿海地区的海水年平均温度 16～17℃ 要高出 3.25～4.25℃。现今广东南部沿海地区海水年均温度为 21～23℃，说明浙江海滩岩形成时的海水温度与现今的广东南部沿海地区海水温度相当。

### 9.3.3 灾变事件

通过分析浙江沿海海滩岩的组分特征，可以发现海滩岩存在两大非常明显的沉积特点：①海滩岩中沉积物颗粒往往要粗于下覆海滩中的正常沉积物；②海滩岩中生物碎屑的含量也远远大于正常的砂质海滩。这种沉积特征与浙江全新世近海较弱的水动力条件不符，海滩岩很难形成于正常的浙江沿海海滩环境中。

象山县爵溪下沙和岱山县大长涂岛小沙河海滩岩中普遍存在着粒径大于 1 mm 的粗砂和极粗砂，远大于正常海滩颗粒，而且分选性差。如果不除去海滩岩中的碳酸钙（主要是生物贝屑），海滩岩的粒径更粗，分选更差。图 9.4 为爵溪下沙潮间带出露的海滩岩，图中（右下角）可见大块的贝壳与海滩沙胶结在一起。元素地球化学分析结果也表明，浙江沿海海滩岩中碳酸钙含量远大于正常海滩沉积物中碳酸钙的含量。海滩岩中含有帘蛤科、蛾螺科、蛤蜊科和蜓螺科等贝类，各种贝类的生态位在高潮线和低潮线附近、潮间带的岩石间和潮下带浅海。在正常气候条件下这些贝类的壳体也可在沙滩上沉积，但是正常海滩沉积物中的碳酸钙含量最多不会超过 15%，而下沙、大岙和小沙河海滩岩中碳酸钙含量绝大多数大于 15%，特别是下沙海滩岩，平均碳酸钙含量为 42.4%，最高可达 51%。海滩岩中碳酸钙含量与海滩沉积中贝屑和贝壳的含量有关，而贝屑含量则取决于海滩生物的生产量。海滩岩中的贝壳很多都比较完整，而且个体大，直径可达几厘米以上，有的甚至大于 10 cm，远大于与其胶结在一起的海滩沙粒。如此大粒径且大量的贝屑在正常的沉积环境中根本不存在，只有在风暴期间才能被大浪搅动集中起来，含大量壳体完整的贝壳已经是中外学者认同的风暴沉积特征。大贝壳和粗砂是在极强的动力环境开始减弱的条件下沉积的，贝壳没有破碎，下凹面与粗颗粒之间存在明显的空隙，指示了颗粒在悬浮状态下急速沉积。海滩岩的大孔隙度还表明，颗粒沉积后不再被波浪的进退流所推动，如果经过多次地来回推移式的搬运，贝壳与粗颗粒之间的空隙就不会存在。随着海浪动力的进一步减弱，悬浮于海水中的较细粒物质相继沉积，覆盖在贝壳的凸面上。细颗粒中显示出来的纹层，反映了海滩滩面上波浪进退流环境。海滩岩的层位和层理及相应的粒度变化都反映了风暴沉积的动力过程。

浙江沿海大部分海区潮汐为正规半日潮，平均潮差约 4 m，全年大部分时间浪高小于 1.2 m。正常条件下，浙江沿海的水动力条件并不太强。但是，浙江沿海的风暴潮却十分频繁。据 1949—2008 年统计，在浙江登陆的台风 40 个，平均每年 0.67 个；影响浙江省台风有 312 个，平均每年 5.2 个。据历史记载，公元 1177 年（宋熙淳四年）"四年九月，明州大风，驾海潮坏定海、鄞县海岸七千六百丈余"。又如 1472 年 8 月 21 日，海盐县志记载"陆地成海，淹死男妇五六万"。因此，浙江沿海海滩岩的时空分布很可能反映了本区灾变事件的演化历史，气候回暖的过程正是浙江沿海灾害性风暴潮的高发期。当然这里的灾变事件并不等同于地震海啸等地质灾害，仅是指对人类社会经济活动有约束作用的灾害性气候事件。虽然浙江沿海海滩岩发育期介于 6 500 ~ 1 100 a B. P. 之间，但是真正大规模出现海滩岩是在 5 200 ~ 2 700 a B. P.，属于全新世大暖期的最后两个阶段。前人研究表明，这两个阶段的前期气温波动剧烈，而后期气温趋向缓和。但是，浙江海滩岩记录却表明，中全新世以来浙江沿海的气候至少存在7次"冷-暖"旋回,其变化周期约为300年,这也恰好反映了浙江沿海灾害性气候的发生频率(表9.6)。从海滩岩反映的古气候演变可知,在全球变暖的大背景下浙江沿海的灾害性气候事件会越来越频繁。

表9.6 浙江沿海海滩岩分期与风暴潮演化

| 沉积阶段 | 分期(ka B. P.) | 时间间隔 | 冷暖期 | 风暴强度 |
|---|---|---|---|---|
| Ⅱ | Ⅷ 1.1 | | 暖 | 强 |
| | | 1300 | 冷 | 弱 |
| Ⅰ | Ⅶ 3.5-2.4 | | 暖 | 强 |
| | | 300 | 冷 | 弱 |
| | Ⅵ 3.8 | | 暖 | 强 |
| | | 300 | 冷 | 弱 |
| | Ⅴ 4.8-4.1 | | 暖 | 强 |
| | | 300 | 冷 | 弱 |
| | Ⅳ 5.2-5.1 | | 暖 | 强 |
| | | 300 | 冷 | 弱 |
| | Ⅲ 5.5 | | 暖 | 强 |
| | | 300 | 冷 | 弱 |
| | Ⅱ 6.1-5.8 | | 暖 | 强 |
| | | 400 | 冷 | 弱 |
| | Ⅰ 6.5 | | 暖 | 强 |

## 9.3.4 古人类活动

全新世仅有1万年,在地质历史上只不过是短短的一瞬,但它却是人类文明蓬勃发展的时期。虽然人类社会有其自身的发展规律,但自然环境作为人类活动的载体必然对人类社会的演替有驱动作用。特别是在农耕时代,生产力低下,自然环境几乎决定了整个社会的发展方向。有的文明,如中美洲玛雅文明和古埃及文明甚至因为环境的变迁而灭绝。中华文明延续5 000多年,环境变化在社会生活中也有明显的反映,比如唐朝学子可以在长安近郊的竹林中吟诗,浩瀚的罗布泊也曾孕育古楼兰文明,大帝舜在4 000多年前还可以在济南历山用大象耕地。王律江等(Wang et al.,1999)最早系统性地研究了中国朝代更替与环境变迁之间的关系,随后张中平等(Zhang et al.,2008)也发现当自然环境温暖湿润的时候正好对应于一个强大的朝代,而当发生干旱时往往会导致朝代的更替(见图9.9)。尤其是唐朝末年、元朝末年和明朝末年,中国普遍遭遇了严重的干旱气候,很可能因此而迫使农民暴动或是游牧民族南下劫掠,中原王朝灭亡。

长江中下游新石器时代文化始见于距今7 000年前后,主要有两支文化体系

**211**

（表9.7）：环太湖地区的马家浜文化体系和分布于杭州湾以南宁绍平原一带的河姆渡文化体系。两支文化隔着钱塘江相互遥望，相互影响，基本上趋于同步发展。河姆渡文化（7 000~5 000 a B. P.）被誉为"中华远古文明之光"，在长达2000年的时间里，新石器文化在温暖适宜气候的庇护下得到长足发展，但是在距今约5 000前气候和环境的逐渐恶化，兴盛一时的古文化消失殆尽。

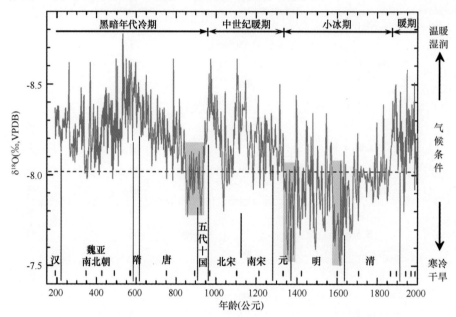

图9.9 中国朝代更替与自然环境变迁（修改自 Zhang et al.，2008）

**表9.7 长江三角洲古文化体系（引自刘锐，2007）**

| 文化体系 | 名称 | 年代 | 居住地 |
|---|---|---|---|
| 马家浜文化体系 | 马家浜文化 | 7000~5800 a B. P. | 长江以南钱塘江以北环太湖地区 |
| | 崧泽文化 | 5800~5200 a B. P. | |
| | 良渚文化 | 5200~4000 a B. P. | |
| | 广富林文化 | 4000 a B. P. 后 | |
| | 马桥文化 | 4000 a B. P. 后 | |
| 河姆渡文化体系 | 河姆渡文化 | 7000~5000 a B. P. | 杭州湾以南宁绍平原 |

河姆渡遗址是举世闻名的新石器时代遗址，地理定位在29°58′N，121°22′E，分布于姚江下游河谷平原之上。遗址位于余姚市罗江乡河姆渡村东北，面积约 $4 \times 10^4 \ m^2$，1973年和1977年进行过两次发掘。有4个相继叠压的文化层，$^{14}C$ 测年数据显示最上面的一层距今4 700年，第二层距今有5 800年，第三层和第四层距今6 210年到6 950年。其中第三、第四层是长江下游和东南沿海迄今为止发现的新石

器时代最早文化层。河姆渡文化的层状分布特征是浙江沿海环境变化的必然结果。

余姚平原现在的地形呈四周高、中间低的船状特征，而河姆渡一带是余姚境内地势最低的地块。考古学认为，河姆渡文化时期这里的自然环境与现今截然不同，应该非常优越且没有姚江横亘在遗址与四明山之间。河姆渡遗址所处的宁绍平原是在全新世早期才淤积成陆的滨海平原，遗址第四文化层以下即是生土层，其中含有大量的浅海有孔虫，说明在河姆渡文化之前相当漫长的一段时间里，这里曾属于潮间泥滩或入海河口环境。随着海岸带环境的变迁，河姆渡文化也经历了"形成—繁荣—消亡"的过程。

全新世初浙江沿海地区经历了最大规模的一次快速海侵（11 000～7 000 a B. P. ）。高峰时期海水直达四明山、会稽山麓，宁绍平原沦为一片浅海。姚江南岸是连绵起伏的四明山，北面是与四明山相平行的慈南山地，东面方为乌石山、羊角尖山等低山小丘陵为主体的大隐—慈城高地。此时四明山成了天然的海堤，"大隐—慈城"高地则像从四明山向北伸出去的一条巨大的丁坝，慈南山地成为雄伟壮观的顺坝。河姆渡一带特殊的"工"字形地貌，有效地促使河姆渡一带不断淤积，并在海退初期很快出露成陆，成为河姆渡文化的发祥地。"东南沿海第一村"河姆渡村落迎来了第一批到达这里的先民。四明山北麓的地表水可以顺畅排泄，而潮汐的涨落推动湖水有规律的升降，从排涝和灌溉两个方面为稻作农业的产生、发展提供有利条件，这时的水环境总体是有利于先民的生产和生活。疏林草原是很容易衍生农业的环境，再加上温暖的气候条件和适宜的水域条件，定居下来的河姆渡人在一定智力和技术水平的支持下开始了原始耕作。

在距今 7000 年前后，气候湿润，属亚热带至热带海洋性季风气候。由于海面升高，湖泊众多，地下水位较高。先民即在湿热湖沼环境中发展了可能是世界上最早的稻作农业，人口得以大量繁衍，全新世高温期可以说是长江中下游农业文化创立及发展的时代。在极度适宜的气候环境的庇护之下，河姆渡文化、马家浜文化以及其后的崧泽文化、良渚文化从水田农业文化发展成为更高级别的新石器文明形式。河姆渡村落的南面是绵亘不绝的四明山脉，村子距离最近的山头仅有 100 余米。四明山上，有茂盛的原始森林，常绿落叶阔叶林布满其间。村落与四明山之间以沼泽和浅滩相间，还没有姚江的阻隔，而从四明山上下来的芝岭溪则水流湍急，流经村落，向北注入湖沼。在晚更新世，四明山北麓的地表水以"大隐—慈城"高地为分水岭，分东、西两路入海。东路大隐溪水向东北方伸展，在现在的宁波市区汇合奉化江、鄞江的流水后往北入东海。西路余姚江分为两支：一支自河姆渡向西汇合车厩、陆埠溪流水，再向西北经余姚在周巷附近进入杭州湾；另一支自云楼向东经马渚折北从泗门进入杭州湾。

村落背山面水，离海岸最远不过 10 km。东、西、北三面是浩瀚的湖泊沼泽。现今这范围内早已干涸成为大片土地，其表土 1～2 m 以下可见深达 10 余米的淤泥层和大片的泥炭层，这都是当年湖泊沼泽的沉积。河姆渡时期这种山地、森林、丘陵、平原、湖泊、沼泽与海洋相间的地理环境，加上当时气候温润，雨量充沛，使这里的动植物资源都极为丰富。河姆渡遗址两次考古发掘发现了大量的动植物遗存，经专家鉴定，动物至少有 61 种、属，植物也在 25 种以上。其中动物除了我们非常熟悉的河蚌、螺蛳、青蟹、乌龟、鳖、各种鱼类、鸟类和猪、狗、水牛以外，还有红面猴、穿山甲、貉、獾、黑熊、老虎、大象、犀牛等。植物则以紫楠、香桂、苦楝等落叶、阔叶林为主，还有山桃、酸枣等灌木和菱角、芡实等水生植物。丰富的动植物遗存为今人形象地描绘 7000 年前河姆渡优越的生态环境提供了条件，河姆渡先民正是在这样的环境中创造出了灿烂的河姆渡文化。

中全新世海侵（7 000 ~ 5 200 a B. P.）使浙江沿海海平面达到最高，而后快速下降并趋于稳定。河姆渡古文明的鼎盛时期距今 7 000 ~ 5 000 年，其第三文化层（顶板高程为 1.5 m，$^{14}$C 年龄为 6 265 ~ 5 910 a B. P.）与第二文化层（$^{14}$C 年龄为 5 840 ~ 5 660 a B. P.）之间的文化内涵有明显差异，文化间断与全新世第一次高海平面在时间上一致，即此次海侵造成了河姆渡文化的间断。同时，河姆渡文化的消失则与第二次高海平面时的海侵有关，此次海侵致使杭州湾淤高，大约是在距今 5000 年前后的时候，杭州湾"喇叭口"地形形成淤高以后四明山北麓和余姚平原地表水北排受阻，姚江干流上游的曹娥江也同样遇到杭州湾海岸线淤高而排水不畅，向余姚平原分流。原姚江北部平原的上升，姚江改道东流，从河姆渡村落与四明山之间穿过，阻断了先民上山采集、狩猎的通道，而海水溯江而上，土地咸化，使先民赖以为生的水稻生产从连年减产到颗粒无收，这样不得不离开这块生活了 2000 年之久的土地，向外迁徙，另谋生路。

## 9.4 结论

浙江沿海海滩岩广泛分布在岬角之间的小海湾内，其中以爵溪下沙、大岙和大长涂岛小沙河海滩岩规模最大、保存最为完整。中、晚全新世是浙江沿海海滩岩的主要发育期，海滩岩的胶结类型、矿物组成和元素地球化学特征均表明，浙江沿海大部分出露的海滩岩尚未经历强烈的成岩作用，其记录的环境和气候信息有助于反演浙江全新世沿海环境的变迁。

海滩岩的形成首先需要一个光照强、蒸发量大的气候环境。我国现代的海滩岩仅分布在热带海区，浙江沿海的海滩岩也基本上都形成于全新世大暖期，当时浙江沿海的气候环境很可能与现代的热带海区相似。浙江海滩岩中特有的热带贝类属种，有力地佐证了这种相似性，贝类壳体氧同位素组成也指示了一个温暖的海水环境。综合海滩岩的纬带分布、生物群落特征以及氧同位素定量计算的结果，可知中、晚全新世浙江沿海气温比现今约高 3 ~ 5℃。

海滩岩的形成还需要一个强烈的水动力条件。海滩岩中极粗的颗粒组分、异常丰富的贝屑含量、层中的粒序和贝壳的形态特征均表明，浙江全新世的海滩岩并不是正常沉积环境下的产物。杭嘉湖平原和宁绍平原四个海相沉积层中广泛存在的泥质粉砂表明，无论海平面如何变化，中、晚全新世浙江海岸带的水动力条件一直较弱。结合前人的研究成果，我们认为浙江沿海的海滩岩是风暴潮沉积在一定的气候和水化学条件下胶结而成，它的年代学特征反映了浙江沿海灾变事件的发生频率。中、晚全新世浙江沿海气候至少存在 6 次以 300 年变化为周期的"冷 – 暖"旋回。在回暖过程中，灾变事件的发生频率相应增加，这预示着在全球变暖的大背景下，浙江沿海风暴潮等灾变事件将会越来越严重。

浙江沿海海岸带环境变迁的根本原因在于海平面的变化。依据浙江沿海 16 个海滩岩以及海相地层中 18 个泥炭、炭化木和黏土样品的测年数据，重建了浙江全新世相对海平面的变化曲线，发现全新世以来浙江沿海出现了 3 次较明显的高海平面期：6 200 ~ 5 900 a B. P. 、5 600 ~ 5 200 a B. P. 和 2 700 ~ 2 100 a B. P.，海平面比现今约高 2 ~ 3 m。与海平面变化相对应，浙江全新世海岸带的变迁经历了 8 个时期。在第一期（11 000 ~ 7 000 a B. P.），浙江刚刚开始发育海岸带，钱塘江谷地因遭到侵蚀成为早期溺谷，杭嘉湖平原和宁绍平原大部分被海水淹没，海岸线一度到达四明山、会稽山麓；在第三期（6 200 ~ 5 900 a B. P.），浙北海岸线迅速推进至"富阳—诸暨"一线的山前地带，杭州大部分地区仍位于海平面之下，杭州湾喇叭口形沉积环境尚未形成；在第五期（5 600 ~ 5 200 a B. P.），浙北海岸线快速推进至"湖州—杭州—绍兴—奉化"一线的山前地带。杭嘉湖平原和宁绍平原的大部便是在此时开始淤积成陆，现今浙江海岸带的基本轮廓就是在该期沉积而成；在第七期（2 700 ~ 2 100 a B. P.），浙江大部分海岸带已经在第五期淤高，海平面上升后对岸线的影响并不大，但是钱塘江河口湾进一步淤积后显著地向海推进了约 40 km，宁绍平原也进一步向海扩展，杭州西湖便在此时形成雏形。

海平面上升是一个淤积造陆的过程，浙江海岸带的大部分平原都是在海平面上升期淤积而成，为古人类文明的发展提供了沃土，同时也决定了文明的存亡。中全新世海侵（7 000 ~ 5 200 a B. P.）使浙江沿海海平面达到最高，而后快速下降并趋于稳定，大面积的滨海平原淤积形成，河姆渡古文明正是在此期间达到鼎盛。河姆渡第三文化层（6 265 ~ 5 910 a B. P.）与第二文化层（5 840 ~ 5 660 a B. P.）之间的文化间断与全新世第一次高海平面在时间上一致，即此次海侵造成了河姆渡文化的间断，河姆渡文化的消失则与第二次高海平面时的海侵有关。

# 参 考 文 献

高中和, 陈晓明 . 1994. 浙江省三门县沿海发现全新世海滩岩 . 地震学刊, 3: 21 – 22.

高中和, 季幼庭, 徐映深, 等 . 1991. 浙江象山海滩岩的发现及意义 . 地震地质, 13 (1):

28 – 32.

国家海洋局海洋发展战略研究所课题组 . 2010. 中国海洋发展报告 . 北京：海洋出版社，574.

江大勇，杨守仁 . 1994. 浙江中全新世海滩岩中的动物群及其古气候古环境意义 . 海洋地质与第四
　　纪地质，14（4）：53 – 59.

江大勇，杨守仁 . 1995. 浙江象山爵溪镇下沙中全新世海滩岩中热带贝类初步研究 . 北京大学学报
　　（自然科学版），31（2）：229 – 237.

江大勇，杨守仁 . 1999. 浙江沿海全新世海滩岩基本特征及其古地理意义 . 古地理学报，1（1）：
　　61 – 67.

金翔龙 . 1992. 东海海洋地质 . 北京：海洋出版社，524.

刘锐 . 2007. 宁绍平原 MIS3 以来的古环境与古文化记录 . 同济大学硕士论文 .

马克俭，冯应俊 . 1993. 浙江沿海全新世海滩岩的沉积相及其意义 . 地震地质，15（3）：
　　269 – 276.

钮学新，张文坚，钟元 . 2001. 浙江省短期气候预测系统研究 . 北京：气象出版社，336.

孙金龙，徐辉龙 . 2009. 中国的海滩岩研究与进展 . 热带海洋学报，28（2）：103 – 108.

覃军干 . 2006. 宁绍平原及邻区晚更新世以来的孢粉研究及古环境意义 . 同济大学博士论文 .

王力 . 1998. 香港海滩岩与海滩风暴沉积 . 中国科学（D 辑），28（3）：257 – 262.

杨守仁，江大勇 . 1995. 浙江全新世海滩岩的综合研究 . 地质论证，41（4）：332 – 340.

杨守仁，杨松 . 1996. 中国 10 ka 来海滩岩时空分布与气候变迁。科学通报，41（8）.

袁又申，毕福志，舒桂明，等 . 1989. 广东广澳海滩岩与风成砂丘岩的区别 . 海洋通报，8（3）：
　　39 – 50.

岳云章 . 1988. 浙江沿海 $^{14}$C 测年与全新世以来的海平面变化 . 东海海洋，6（2）：16 – 21.

张培坤，郭力民 . 1999. 浙江气候及其应用 . 北京：气象出版社，183.

赵建康，陈介胜 . 1994. 浙江全新世海滩岩及其古地理意义 . 海洋地质与第四纪地质，14（1）：
　　35 – 42.

浙江省海岸带和海涂资源综合调查报告编写委员会 . 1988. 浙江省海岸带和海涂资源综合调查报
　　告，北京：海洋出版社，485.

Wang L. , Sarnthein M. , Erlenkeuser H. , et al. 1999. Holocene Variations in Asian Monsoon Moisture：a
　　Bidecadal Sediment Record from the South China Sea. Geophysical Research Letters，26（18）：
　　2 889 – 2 892.

Zhang P. , Cheng H. , Edwards R. L. , et al. 2008. A Test of Climate, Sun, and Culture Relationships
　　from an 1810 – Year Chinese Cave Record. Science，322：940 – 942.

# 第10章 浙江省近岸海洋地质灾害与防治研究

中国是一个海洋大国，近岸地区是国民经济发展的主要区域，也是人类活动最活跃最频繁的地带。占我国陆域国土13%的沿海经济带，承载着全国42%的人口，创造出全国60%以上的国民经济产值。改革开放以来，我国海洋经济迅猛发展，2010年全国海洋生产总值达39 572亿元，占国内生产总值的9.86%（国家海洋局，2011），海洋经济已成为国民经济新的增长点。但是，我们也要看到，沿海经济带的发展，对近岸特别是海岸带资源环境具有极大的依赖性，海岸带系统任何格局或要素的改变，都将影响沿海人民的生存环境和经济的发展。海岸带作为岩石圈、水圈、大气圈、生物圈四大圈层相互作用、相互渗透、相互影响的地带，海陆相互作用过程复杂，具有对环境变化反应敏感和对灾害抵御脆弱的特点。近几十年来，随着我国经济建设的快速发展，近岸资源开发利用强度大幅度增加，对近岸作用的强度也越来越大。这种作用既为我们带来了利益，同时也带来了明显的负面效应。当前，我国近岸地区面临的灾害问题，既有不可抗拒的自然变化（如全球变化）因素，又有人类不合理的经济活动叠加其上，愈显复杂而重要。其中，海岸带地质灾害是主要的海洋灾害。

我国近岸地质灾害类型复杂多样，分布广泛。有地表的，也有地下的；有直接的，也有潜在的。除由于人为严重影响且分布广泛的海平面上升、海岸侵蚀、海水入侵、滨海湿地退化、港湾淤积和海岸沙漠化等之外，还有大量的潜在性或先兆性的地质灾害，如地震、活动断层、滑坡、活动沙体、易液化地层以及影响海岸工程的各种潜在地质灾害等。其中，海岸侵蚀、港湾淤积、海平面上升与地面下沉、滨海湿地退化和海水入侵等，发生的地域广，持续时间长，治理难度大，而且是海岸带地区特有的地质灾害，已对我国海岸带资源开发与环境保护构成全面而持久的威胁。

浙江省是一个海洋大省，漫长的大陆岸线连绵约2 218 km，近海岛屿星罗棋布，多达3 820个，海岛岸线约4 497 km，沿海是经济、技术、文化最发达地区和人口稠密地带，同时又是对外开放的前沿。近年来，随着沿海经济的快速发展，各种地质灾害事件也时有发生，对经济发展和人民生命财产安全带来了极大的损失和威胁，因此对浙江省近岸海洋地质灾害的研究就有着特别重要的现实意义。

## 10.1　近岸海洋地质灾害的研究现状

国外海洋地质研究工作起步较早，欧洲、美国及加拿大等发达国家的小比例尺、近海海底调查已基本结束，特别是威胁海上石油平台的近海海底斜坡调查研究（刘守全、张明书，1998）。从当前这些国家开展的海洋地质灾害研究项目可以看出，其工作重点已经转向针对特定地区（多为海上油气田、海底滑坡与地震多发带等）和深海、半深海的高分辨率成图、建模与定量解释、风险评估及灾害预警等。

欧洲国家在较早之前就联合完成了针对陆架滑坡稳定性的研究，即 COSTA（Continental Slope Stability）计划。该计划由挪威的特罗姆瑟（Tromsoe）大学、贝尔根大学和奥斯陆大学岩土研究所、法国的 IFREMER Brest 研究所、英国南安普敦海洋中心、英国地质调查局（BGS）、意大利海洋地质研究所、西班牙巴塞罗那大学等机构联合完成。他们选取了欧洲 10 个典型区域进行研究，建立了已经发生或可能再次发生滑坡的区域海底沉积物物理力学性质数据库，并对大陆边缘、河口三角洲和海湾在自然和人类活动作用下的海底斜坡稳定性进行了评价（刘乐军等，2004）。

位于挪威的地质灾害国际研究中心（ICG），在过去几年里整合各方面有利资源（包括欧洲和美国的科研院所与石油工程公司），开展了海洋地质灾害研究项目，主要以挪威海域为主。因为该海域滑坡、浅层气、地震及其引发的海啸等地质灾害较为显著，如巨大的 Storegga 复合滑坡体（$9 \times 10^4$ km$^2$）的滑坡搬运量达到了 3 000 × 10$^4$ m$^3$（Canals, et al., 2004），加之 Ormen Lange 气田正位于此海域，因此对该区的海洋地质灾害研究就显得颇为重要。研究的主要内容包括海底斜坡稳定性评价、大陆边缘海底斜坡潜在触发机制、浅层气与天然气水合物作用机制、地球物理探测方法及数据处理与成像等。为此实施了若干相应的研究项目，如 Oremen Lange、SPACOMA（欧洲大陆边缘–欧洲被动大陆边缘的斜坡稳定性）、GANS（水合物分解对海底稳定性的影响）、SIP–8（深水取芯设备和技术研究）、ASSEM（海岛地质灾害长期监测传感器阵列）以及天然气渗漏机制与监测项目等，并取得了很好的研究进展和大量的研究成果。

近年来，我国的海洋地质灾害研究也取得了一定进展，主要包括：①1985—1986 年中美黄河口联合调查，发现黄河三角洲广泛发育海底滑坡、工程软弱层及海底刺穿等灾害现象（Prior, et al., 1986；杨作升等，1994；李广雪等，2000）；②南海北部灾害地质及海底工程地质条件评价，编制了 1∶200 万南海地质灾害图；进行了南海珠江口盆地油气开发区 1∶20 万海洋工程地质调查，发现了位于陆架和陆架坡折区，面积达 1 000 km$^2$ 的海底滑坡区（冯文科等，1994；鲍才旺和姜玉坤，1999；王圣洁等，2006）；③中国海岸带灾害地质特征及其评价和趋势预测研究，构建了海岸带灾害地质风险评价指标体系，编制了 1∶50 万中国海岸带灾害地质图、海岸带地震震中与地震动峰值加速度区划图以及我国海岸带灾害地质风险区划图，建立了海岸带地质灾害模糊综合评判模型（李培英等，2007）；④"我国近海海洋综合调查与评价"专项项目"海洋地质灾害调查与研究"，重点对海岸侵蚀、海水入侵、湿地退化和其他灾害进行了全面的调查和评价，编制了 1∶5 万至 1∶1 000 000 万的中国海岸带各类型灾害分布图（李培英等，2010）；"我国近海海洋综合调查与评价"专项项目"重要海湾和河口湾淤积灾害及防治"，编制了 1∶5 万至 1∶10 万的典型海湾淤积灾害现状图（夏小明等，2011）。这些工作的开展为国家、地方立法和行政管理部门制定法规，为海岸带综合管理乃至国家经济发展战略的制定，为各类海岸工程的设计与施工，提供了理论基础和科学依据。

目前，我国海洋地质灾害研究主要集中在海岸带与油气富集区域，如黄河三角洲、南黄海、东海、南海北部陆架区等。对其他海域，特别是半深海、深海地质灾害的研究程度尚不高。总体来看，我国海底灾害研究，无论在研究规划、内容、现场观测手段技术等方面均与国外有一定差距，至今没有制定和开展大型而系统的海底灾害研究计划。

## 10.2　浙江省近岸海洋地质灾害的类型与分布特征

浙江省海岸绵长，类型多样，近岸地质灾害具有种类多样、成因复杂、区域差异大、人类活动影响大和全球变化影响趋势明显等特点。本节重点讨论浙江省近岸主要的海洋地质灾害类型及其分布特征。

### 10.2.1　近岸主要地质灾害类型

从危害程度和成因动力角度出发，李培英（2008）将海岸带地质灾害分为构造成因类型、重力成因类型、动力侵蚀－堆积成因类型、海－气相互作用成因类型、岩土－地层性质成因类型和人类活动成因类型 6 大类 42 种（见表 10.1）。本专题调查与研究发现，浙江省海岸带中，致灾严重、分布广泛的主要是海岸侵蚀、港湾淤积、浅层气和地面沉降，其次是风暴潮、潮流冲刷槽、易损湿地、海岸滑坡与海水入侵等。

1）海岸侵蚀

海岸侵蚀是指在海洋动力作用下，沿岸供沙少于沿岸输沙而引起的海岸蚀退的破坏性海岸过程。海岸侵蚀灾害则是由海岸侵蚀造成的沿岸地区的生产和人民财产遭受损失的灾害，是海岸侵蚀的成链过程。作为一种自然现象，它既是海陆相互作用的结果，又是沿岸能量物质交换的产物，世界各地普遍存在。并且，人类不合理的开发活动，如海滩资源与海底砂矿开采、水库截流（减少入海泥沙）等，都可加

**219**

剧海岸侵蚀的过程。海岸侵蚀不仅会给沿岸地区人民的生产和生活带来严重影响，而且海岸侵蚀及其引起的环境恶化，还会导致海岸带开发的经济效益和社会效益的下降。

表 10.1　海岸带地质灾害分类体系（李培英，2008）

| 类型 | 构造成因型 | 重力成因型 | 侵蚀－堆积成因型 | 岩土－地层型 | 海－气相互作用型 | 人类活动型 |
|---|---|---|---|---|---|---|
| 直接灾害地质类型 | 地震<br>火山<br>地裂缝<br>活动断层 | 滑坡<br>崩塌<br>泥石流<br>塌陷<br>海岸坍塌 | 海岸侵蚀<br>海岸沙丘<br>港湾淤积<br>侵蚀陡坎<br>潮流沙脊<br>海底沙波沙丘<br>冲刷槽<br>海底峡谷 | 浅层气<br>泥火山 | 风暴潮<br>海面上升<br>盐渍化土地<br>海水入侵 | 地面沉降<br>海岸侵蚀<br>盐渍化土地<br>海水入侵<br>易损湿地<br>沙漠化土地<br>水土流失<br>地下水污染 |
| 潜在灾害地质类型 | 断层崖<br>断层陡坎<br>休眠火山<br>埋藏断层<br>海山海丘 | 倒石堆<br>海底泥流 | 海蚀崖<br>岩滩<br>沿岸堤<br>水下三角洲<br>潮流三角洲<br>海岸阶地<br>浅滩<br>海釜 | 古河道<br>埋藏不整合面<br>古三角洲<br>古沙堤<br>软弱层<br>液气体矿床<br>易液化沙层<br>起伏基岩 | 易损湿地<br>古海滩 | 强烈淡水抽水区<br>防护林破坏区<br>工业废弃物<br>矿坑塌陷 |

我国海岸侵蚀自 20 世纪 50 年代末期日渐明显，较发达国家滞后约半个世纪。60 年代海岸侵蚀主要发生在粉砂淤泥质海岸。进入 70 年代，尤其是 70 年代末期以来，海岸侵蚀明显加剧。目前，约有 70% 的砂质海岸和大部分开敞的粉砂淤泥质海岸遭受侵蚀，已给沿岸人民的生产和生活带来严重影响或构成潜在的威胁，造成巨大经济损失的海岸侵蚀灾害事件也时有发生。

2）港湾淤积

港湾淤积是由于港湾周围及河流上游水土流失严重，河流泥沙含量高，湾内海水循环不畅，形成拦门沙的自然过淤。淤积达到一定程度就形成灾害，可能使港口通航能力降低，甚至报废，或者需要大量投入用以清淤疏浚。近年来在内海进行大规模的网箱养殖，使内海湾进出水通道堵塞造成海水补排不畅，淤积严重。我国的淤积灾害分布范围非常广泛。

河口航道及港口淤积达到一定程度就形成灾害。河口航道淤积，是在自然条件下，由于水动力改变引发淤积的过程。港口淤积，多是在人工开挖的港池、航道内，因人为活动改变了动态平衡而形成的沉积过程。

港湾淤积的危害主要有：①淤积较严重时将影响到航道运营，使得船只不能正常往来，或是降低船舶的装载量增加成本；②淤积严重时，可能造成船只搁浅或撞船事故；③港湾淤积，淤泥质、腐殖土增加，海水含氧量降低，导致湾内大批鱼类死亡。因此，港湾淤积不但影响当地经济的发展，对来往船只生命财产的安全亦会构成威胁。

### 3）浅层气

浅层气是十分危险的潜在地质灾害类型，因这种气常具有高压性质，会造成井喷，引起火灾甚至导致整个平台烧毁。地层含气还会降低沉积层的抗剪切强度，影响工程的基础稳定。载气沉积层在声学浅地层剖面记录上形成低速屏蔽层，其反射结构有以下主要特征：一是造成地层反射波相位在对比追踪中骤然中断；二是其顶部以上的地层反射波清晰可辨，可连续追踪，而下部地层反射波被部分或全部地屏蔽；三是低速屏蔽与正常地层交界处的内侧，因相位下拉而形成"低速凹陷"特征。

### 4）地面沉降

地面沉降系指在自然因素或人为因素影响下形成的地表垂直下降现象。可能引起地面沉降的因素很多，如构造下沉、沉积物自重压缩、开采油气、海平面上升、开采地下水、建筑物负载等等。研究表明，现在发生最广泛的地面沉降主要是过渡开采地下水，引起沉积物体积收缩导致的。我国地面沉降始于 20 世纪 20 年代，50 年代以后明显发展，70 年代急剧发展，成为影响人民生活、妨碍城市建设的重要地质灾害。

地面沉降造成的危害主要有地面高程损失，使防洪、排涝工程效能下降；桥下净空减小，内河通航能力下降；地面水准点失准；地面不均匀沉降，造成地面变形，破坏建筑物地基，严重影响地上和地下建筑物及各种设施的正常使用，甚至完全报废。滨海地区的地面沉降引起的灾害与内陆相比，最大不同点是引起相对海平面上升，导致海水倒灌，风暴潮加强，海岸侵蚀加重，陆地排洪不畅，沿岸沼泽化，生活水质恶化，以及交通、航运、防汛、防洪等一系列更加严重的问题，我国每年由此造成的直接经济损失达数百亿元。

### 5）潮流冲刷槽

潮流冲刷槽在粉砂淤泥质海岸带的潮滩和水下岸坡是普遍存在的地质灾害类型，在潮滩上称为潮沟，在水下岸坡和陆架上称为潮流冲刷槽。大型潮流冲刷槽主要发育在地形束狭的海区，如海峡、大型岬角外侧、潮流沙脊之间等。正在发育的潮流

**221**

冲刷槽之所以被列为灾害地质体，是因为其所处的地貌部位海流或波浪动力作用很强，侵蚀过程伴随沉积物的群体运动，对管道和桩柱的破坏作用巨大，给海洋工程的安全造成危害。侵蚀地形的凹凸不平，给海底管线的敷设、平台建设等，都能造成很大的障碍。

6）海岸滑坡

滑坡是在一定的自然条件下，斜坡上的岩体或土体受重力作用，沿着一定的软弱面或潜在破碎软弱带产生整体向下滑动的现象。海底滑坡可以在由松散沉积物构成的坡度不太大的斜坡地带发生，在堆积型大陆坡上也经常发生。在海岸带，主要见于水下三角洲前缘和冲刷槽槽坡。海底滑坡对海底油气工程威胁较大，是一种重要的海底地质灾害类型。快速堆积的三角洲前缘斜坡稳定性差，在地震、风暴潮诱发下很容易发生滑坡。海底陡坎是潜在滑坡危险的地形因素，坡度较大的水下岸坡、近岸泥质堆积台地陡坡都有可能发生滑坡。

7）海水入侵

海水入侵是由于自然或人类活动的影响，滨海地区地下含水层水动力条件发生变化，导致淡水和海水（咸水）之间的平衡状态遭到破坏，海水或高矿化度咸水向陆地淡水含水层运移而发生的水体侵入的过程或现象。引起咸淡水间的平衡向恶性发展的自然原因有：干旱、沿海潮汐增强、海平面升高等，人类活动影响主要是：过度开采地下淡水、在陆域盲目发展盐田和海水养殖、地下工程破坏地下水力结构等。

某些滨海地区在历次海进中，形成了多层海相地层，这些海相地层中往往赋存有古咸水，且可能与地下淡水有一定接触关系，若大量开采深层淡水，原有水力渗透结构被打破，导致古咸水向淡水越流补给，也会形成海水入侵。海水入侵灾害的严重后果有土地盐渍化荒漠化、生态系统崩溃、工农业减产、地下管路腐蚀等。

## 10.2.2 近岸主要地质灾害分布特征

1）海岸侵蚀

浙江省海岸线总长约 6 715 km，位居全国之首，其中大陆岸线长约 2 218 km，海岸类型以基岩港湾海岸为主，淤泥质岸线次之。海岸侵蚀主要发生在以下一些岸段：① 杭州湾北岸金山—海盐县（武原镇）岸段，侵蚀是由自然因素引起的，强劲的潮流冲刷、杭州湾喇叭形的聚能效应、杭州湾南岸庵东浅滩淤积外移是造成该岸段侵蚀的主要原因，近年来修造海塘以及建筑丁坝群使该岸段处于人工稳定状态。② 杭州湾南岸临山—西三岸段（见图 10.1）。侵蚀是自然因素和人为作用共同的结

果。钱塘江萧山、绍兴岸段大规模围涂，岸线外移，使钱塘江主流南摆。另外，曹
娥江出口水道变动对该岸段的侵蚀也有密切关系。③甬江口—分水礁岸段。该岸段
主要是人工海岸，仅崎头山沿岸为基岩岬角海岸，侵蚀较严重，舟山岛等岛屿沿岸
也有海岸侵蚀发生。④金清—玉环岸段。本段海岸是典型的基岩港湾海岸，岬角海
岸遭受侵蚀。⑤瓯江口北岸盘石—黄华岸段。该岸段的侵蚀主要是由于瓯江主流偏
移所导致的。砂质海岸如泗礁岛五龙沙滩、大衢山万良岙沙滩、六横岛外门沙沙滩
以及象山沙滩等，均因人工挖砂而遭破坏。

图 10.1　临山镇侵蚀岸段筑起堤坝

2）港湾淤积

我国沿海各省区都有港口、航道的淤积现象，对海上交通运输和港口的发展构
成严重障碍。浙江省主要港湾有杭州湾、象山港、三门湾、浦坝港、漩门湾、乐清
湾、大渔湾、沿浦湾，其中象山港、三门湾、乐清湾是半封闭型海湾。目前，舟山
市的主要航道淤积情况日渐严重。这主要是舟山市近年来在开发和建设过程中，大
量采用移山填海、围海造田的办法，改变了港湾内部潮流的流速、流向，人为地造
成了港区航道淤积情况的加剧。温岭市礁山港、温州市鳌江港也存在比较严重的淤
积情况。三门湾（见图 10.2）、乐清湾部分岸段发生淤积（见图 10.3）。尤其是乐
清湾淤积状况十分严重的，在湾西侧南岳以南一代沿海，有的围堤外面的滩涂比堤
内水稻田还要高出三四十厘米，深水港口资源正在逐步退化。

例如海盐县杭嘉湖南排长山闸，1980 年建成仅 3 年，下游就有 $1.0 \times 10^4$ m³ 淤
积；鄞县象山港北岸的大嵩闸，1974 年建成，到 1979 年下游 3 km 河道已有一半断
面遭到严重淤积；苍南朱家闸于 1965 年建成，下游河道都发生淤积。最为典型的是

图 10.2　浙江三门县健跳镇健跳码头海湾淤积

图 10.3　浙江乐清县黄华镇岐头闸海湾淤积

1959 年建的宁波市姚江大闸，姚江 3 km 长的下游河道及宁波到镇海 22 km 长的甬江内淤积了泥沙 $2.4 \times 10^7$ m³，河道淤高 1.87 m，降低了下游通航能力，原来 5 000 吨轮船可候潮进出，3 000 吨轮船可以自由进出，现虽经每年疏浚，也只能达到 3 000 吨轮船候潮进出。总之，建闸后的淤积降低下游各河道及港口码头通航和防洪能力。

3）浅层气

我国近海油气资源开发环境调查中，在很多海区发现了浅层气。浅层气的存在对海洋工程构成严重威胁。浙江省沿岸浅层气主要在河口、港湾区有发现，具体包括：①钱塘江口（海盐县城—西三以及杭州湾南岸），杭州湾海域是钱塘江三角洲堆积区，三角洲堆积体中富含浅层气；②舟山地区，锚地发现有浅层气；③象山港内发现有浅层气；④三门湾，在湾口外海域有发现；⑤椒江口和台州浅滩发现浅层气；⑥金清港—玉环岛近岸海域有浅层气；⑦乐清湾口门附近海域有浅层气；⑧瓯江口也发现有浅层气。

4）地面沉降

地面沉降是浙江省平原区最主要的地质灾害，以嘉兴、宁波地面沉降最为严重。宁波市、嘉兴市地面沉降始于 20 世纪 60 年代，随着地下水开采量增大，地下水位不断下降，地面沉降也不断加剧，到 1996 年宁波市沉降中心的累计沉降量 428 mm，沉降量为 50 mm 的沉降范围约 75.5 km²；嘉兴市到 1994 年沉降中心累计沉降量达709.6 mm，沉降量为 50 mm 的沉降范围达 600 km²。嘉兴市从 1984 年后急剧沉降。l990 年起地下水开采量有所控制，沉降速率有所减缓，但沉降范围仍不断向外扩展，平均沉降速率为 28.1 mm/a，属中等活动沉降区；宁波地面沉降，从 1964—l996 年平均沉降速率达 13.0 mm/a，由于采用压缩开采量和增加人工回灌量，已使地面沉降转为基本控制阶段，1996 年沉降速率为 4.7 mm/a，但累计沉降量目前已超过 428 mm，对城市所造成的危害仍是十分严重的。

温黄平原地下水开采集中的路桥镇城区—椒江农场及金清一带，至 1995 年 I 、II 含水层降落漏斗中心水位已分别降到 − 57.78 m（路桥）、− 41.3 m（泽国）、− 35.09 m（沙田），多处发生井管上升，井台地面开裂等地面沉降迹象。据金清以东 38 号监测井井管上升定期监测，自 1986 年建井台，到 1995 年 9 月中旬，累计地面沉降量已达 202 mm；温岭市石粘镇、牧屿镇和横峰镇井管明显抬高，在正常水位情况下，本不应进水的区域，目前已开始进水，估计沉降量在 300 ~ 400 mm 之间，沉降面积粗略统计约 13.3 km²。温黄平原区域地面沉降问题是继宁波、嘉兴之后又一严重的地区。根据地面沉降中心与地下水水位降落漏斗中心基本一致的实践，在萧绍—慈北平原和温瑞平原都存在着潜在地面沉降的危险。

据初步估算，宁波地面沉降所造成的直接经济损失约 1.0 亿元，间接经济损失4.0 亿元（其中最大的是桥净空减少影响通航达 3.0 亿元）；1992 年 6 月太湖流域涝灾、嘉兴市洪涝面积达 127.06 万亩，地面沉降使洪涝面积扩大，其直接经济损失（包括湖州市）14.4 亿元。

宁波地面沉降，当地下水位在 − 20 m 范围内变化，地面沉降与水位曲线表现为近似直线，表明土层近似为弹性压缩；当水位超过 − 20 m，土层进入塑性压缩阶段，即使水位回升，土层永久变形量大，沉降大幅增大；当地下水位超过 − 28 m，土层进入纯塑性变形，水位回升土层还继续压缩。由于各土层性质不同，压缩性也不同，一般情况下，地层中淤泥质黏性土累计厚度越大，被压缩量越大，地面沉降也越大。

5）潮流冲刷槽

潮流冲刷槽在粉砂淤泥质海岸的潮滩、水下岸坡普遍分布。浙江省沿岸最典型的潮流冲刷槽位于杭州湾北岸金山卫—西三之间的近岸海域，深度在20 m以上。另外，在三门湾内岛屿与沿岸潮滩之间也发育潮流冲刷槽，最大水深达15 m以上；象山港口门外、舟山群岛部分岛屿之间和杭州湾南岸都有潮流冲刷槽发育。

6）海岸滑坡

海岸滑坡主要发生在潮汐通道与潮流冲刷槽中。根据浙江海岸带、海岛调查等资料的统计分析（来向华，2000），在潮汐水道边坡区共发现38处明显的边坡失稳现象（图10.4）。而按照滑坡体的稳定状态，又可划分为破碎性滑坡和整体性滑坡。破碎性滑坡指滑坡体在失稳的同时或随后的运动过程中部分或整体破碎（甚至成流动状态）。整体性滑坡指滑坡体在失稳的同时或随后的运动过程中基本保持不变形。经统计，在已被发现的38处失稳现象中以整体性滑坡居多，共30处，这可能与破碎性滑坡在浅地层剖面上难以被识别有关。由于已有的资料以普查为主，缺少详细调查和其他验证资料（如侧扫声呐资料），因此，研究区内边坡失稳的类型、数量及分布尚不完全清晰。就已识别出的土体失稳现象来看，由剪胀性土破坏形成的整体性滑坡仍占多数。

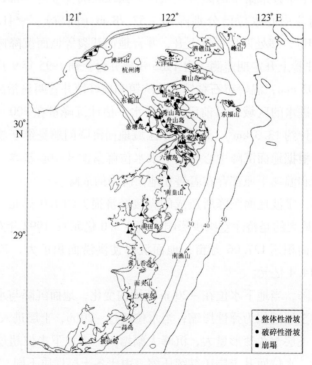

图10.4　浙江沿岸潮汐水道边坡失稳的分布状况

此外，按照滑坡发生的年代也可以划分为两类：一类是现代沉积动力环境作用下的现代滑坡；另一类是与现代沉积动力环境无关的老滑坡。从已识别出的滑坡体来看，几乎全部为现代滑坡，只在青龙门水道中发现了一处老滑坡，该滑坡发生后已经后期环境改造，变形较大，特征不明显，并且已经被现代沉积物所覆盖。

### 7）海水入侵

据 2008 年和 2009 年《浙江省海洋环境公报》，浙江省海洋与渔业局在宁波象山贤庠海滨地区、台州临海—椒江滨海地区和温州温瑞海滨地区实施了海水入侵监测。监测结果表明，各地区域海水入侵现象不明显。

## 10.3　典型区域地质灾害特征及其风险评估

### 10.3.1　杭州湾北岸侵蚀灾害特征及其风险评估

#### 10.3.1.1　杭州湾北岸侵蚀特征

杭州湾是我国最大的河口湾，历史时期杭州湾经历了沧海桑田的变化。总的演变趋势是北岸侵蚀后退，南岸淤积向海延伸。

杭州湾海岸属海滨平原型淤泥质海岸，南下的长江口泥沙为杭州湾的淤积提供了丰富的物质来源，且在平湖市乍浦—慈溪市闸口段有显著的隆起——河口沙坝和近北岸处发育乍浦—金山深槽及江岸变窄、江底变浅，迫使潮波变形破裂，导致潮流对北岸强烈冲刷，冲刷物质则由潮流带至南岸淤积，在这 60 年来冲刷侵蚀和淤积外涨持续于不同岸段或同一岸段交替反复，此现象在不同时代、不同时期的航卫片上得到佐证，它们较完整地记录了这一动态发展的踪迹。从其演变形迹分析，杭州湾北岸一直遭受侵蚀，岸线后退，属连续侵蚀型；南岸则均处于淤涨堆积，岸线外移，属连续堆积型。

杭州湾北岸是以冲刷为主的侵蚀海岸，局部为稳定海岸。自明朝全面修筑海塘后，控制了大面积、大范围的塌岸；20 世纪 50 代以来，又进行系统整流护岸工程，逐步使北岸成为相对稳定岸段，但个别地段近 60 年以来仍冲淤更迭（表 10.2）。

**表 10.2　杭州湾北岸侵蚀岸段参数统计**

| 岸段 | 岸线长度（km） | 时限（a） | 最大侵蚀距离（m） | 侵蚀速率（m/a） |
|---|---|---|---|---|
| 乍浦—海盐 | 16.3 | 1975—1984 | 200～400 | 22.2～44.4 |
| 金丝娘桥—平湖市水口村 | 9.2 | 1975—1984 | 150 | 16.6 |
| 澉浦—金丝娘桥 | 54 | 1973—1989 | | 0.06～0.31（下蚀） |
| 乍浦—大小金山 | 16.44 | 1960—1973 | | 0.08～0.38（下蚀） |
| | 15.99 | 1989—1997 | | 0.13～0.63（下蚀） |

1）金丝娘桥—平湖市水口村岸段

海岸线长 9.2 km。20 世纪 50—60 年代海岸线相对稳定，没有变化，至 1975 年该段围垦滩涂约 3.53 km²，致使岸线向外推移 500～600 m，年平均 45.5～54.5 m，1975—1985 年至今稳定无变化。从岸滩消长关系来看，1964 年、1975 年和 1984 年各年代出露岸滩宽度都比较接近。如金丝娘桥附近岸滩宽度：1964 年宽 900 m、1975 年宽 950 m、1984 年又缩窄为 800 m，20 年时间消长变化为 50～150 m，年平均为 2.5～7.5 m，由此可以得出，该岸段变化甚小，基本稳定。

2）平湖市水口村—乍浦—海盐澉浦岸段

海岸线长约 62.5 km。历史时期为侵蚀段，形态呈弧形内凹，从明朝全面修筑海塘后则趋于人工加固稳定。近 50 年来海岸线变动不大，岸滩有较小消长。

杭州湾北岸，南汇至金山卫岸段，不同时间段，冲淤交替。这与刘苍字等（2000）所论述的杭州湾北岸侵蚀波和淤积波的交替是一致的。金山至乍浦近岸深槽区，总体上以冲刷为主。如图 10.5 至图 10.8 所示，1960—1973 年间大、小金山处表现为淤积，而以西深槽区则表现为冲刷，1973—1989 年间表现为冲刷，1989—1997 年深槽区仍表现冲刷，紧贴其北面靠岸部分存在一淤积带；乍浦 1960—1973 年表现为冲刷，1973—1989 年表现为淤积，1989—2009 年表现为冲刷；澉浦区紧贴岸边 1960—1973 年表现为淤积。

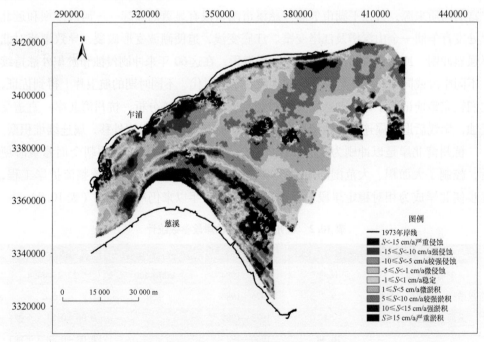

图 10.5　1960—1973 年杭州湾地形变化

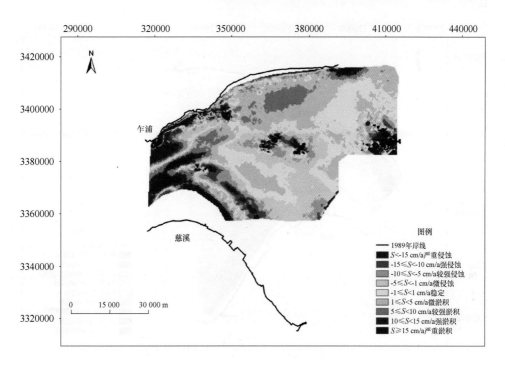

图 10.6　1973—1989 年杭州湾地形变化

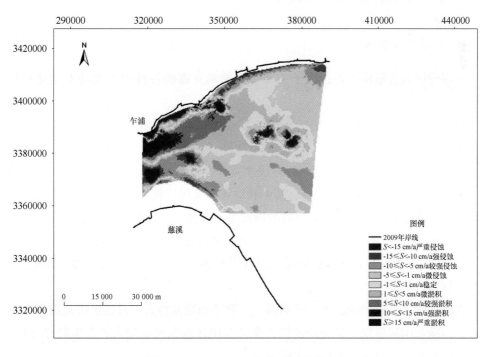

图 10.7　1989—2009 年杭州湾地形变化

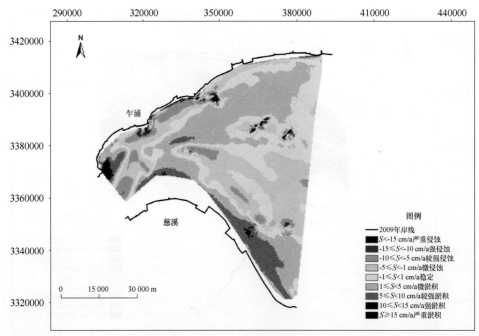

图 10.8　1960—2009 年杭州湾地形变化

## 10.3.1.2　杭州湾北岸海岸侵蚀的风险评估

### 1）评价因子体系

海岸侵蚀灾害危险性评价因子主要是指影响灾害的各种因素及动态变化趋势。主要有以下几种。

（1）自然因素

海岸地貌类型（$g$）

我国海岸根据后滨物质组成可以分成硬质基岩海岸和软质海岸（包括第四纪沉积层、沙丘和红壤型花岗岩风化壳），其中软质海岸又可以按照形态划分为袋状软质海岸和平直软质海岸。在其他因素一致的情况下，显然，基岩海岸的侵蚀危险性最小，袋状软质海岸次之，平直软质海岸最大。目前我国沿海城市有许多岸段已经建立人工护岸，在一段时期内受人工护岸成功保护的海岸其侵蚀风险性可以认为与基岩海岸相当。

风暴潮（$h$）

在其他因素一致的情况下，风暴潮发生频率和增水愈大，侵蚀灾害危险性愈高。考虑到当前我国风暴潮灾害统计现状，要完全统计各地风暴潮灾害发生频率和增水值还比较困难，可以用最大增水来代替。

波浪（$H_w$）

波浪能量一般可用波高表示。利用平均波高这一因子来指示能量大小。显然，在其他因素一致的情况下，平均波高愈大，侵蚀灾害危险性愈高。

（2）人为因素

鉴于有些人为因素如海岸工程、围海造地、植被破坏等非常难以计量，借鉴 EUROSION 研究成果，利用城市化水平（$u$）代替上述因素进行说明。通常，在其他因素一致的情况下，城市化水平愈高，其对海岸开发力度愈大，沿岸海岸工程修建、围海造地、植被破坏等愈大，侵蚀灾害危险性愈高。

（3）海岸动态

现状海岸侵蚀速率（$r$）：显然，在其他因素一致的情况下，现状海岸侵蚀速率越大，危险性越高。

2）评价方法

危险性评价是基于一定的量化规则，对各评价进行量化，然后按照一定的计算规则对选定的评价区域各单元危险性进行相对大小的比较。若定义 $N$ 为自然因素；$HU$ 为人为因素；$M$ 为海岸动态因素。因上述指标单位不同，量级不同，很难将其合并进行运算。因此，一般定义一种规则对各因子再进行量化分级。步骤如下。

（1）设定分级级别个数。

（2）对各级别对应的量值进行规定。如表 10.3 所示，级别数为 3，1 级对应的量值为 0；2 级对应的量值为 1；3 级对应的量值为 2。

表 10.3　海岸侵蚀危险评价指标体系

| 项目 | 因子 | 指标 | 划分标准 | 危险等级量值 |
|---|---|---|---|---|
| 危险性（$H$） | 自然因素（$N$） | 海岸地貌类型（$g$） | 平直软质海岸 | 2 |
| | | | 袋状软质海岸<br>不稳定人工护岸 | 1 |
| | | | 硬质基岩海岸<br>稳定人工护岸 | 0 |
| | | 风暴潮（最大增水 $h$） | >3.0 m | 2 |
| | | | 1.5～3.0 m | 1 |
| | | | <1.5 m | 0 |
| | | 平均波高（$H_w$） | >1.0 m | 2 |
| | | | 0.4～1.0 m | 1 |
| | | | <0.4 m | 0 |
| | 人为因素（$HU$） | 城市化水平（即城镇人口／总人口） | >70% | 2 |
| | | | 40%～70% | 1 |
| | | | <40% | 0 |
| | 海岸动态因子（$M$） | 现状海岸侵蚀速率（$r$）划分标准见表 10.4 | 强侵蚀、严重侵蚀 | 2 |
| | | | 微侵蚀、侵蚀 | 1 |
| | | | 淤涨、稳定 | 0 |

**231**

表10.4　海岸稳定性分级标准

| 海岸状态 | 岸线侵蚀速率 r | | 岸滩下蚀 s |
| --- | --- | --- | --- |
| | 砂质海岸（m/a） | 粉砂淤泥质海岸（m/a） | 下蚀速率（cm/a） |
| 淤涨 | $r \geqslant +0.5$ | $r \geqslant +1$ | $s \geqslant +1$ |
| 稳定 | $-0.5 \leqslant r < +0.5$ | $-1 \leqslant r < +1$ | $-1 \leqslant s < +1$ |
| 微侵蚀 | $-0.5 \geqslant r > -1$ | $-1 \geqslant r > -5$ | $-1 \geqslant s > -5$ |
| 侵蚀 | $-1 \geqslant r > -2$ | $-5 \geqslant r > -10$ | $-5 \geqslant s > -10$ |
| 强侵蚀 | $-2 \geqslant r > -3$ | $-10 \geqslant r > -15$ | $-10 \geqslant s > -15$ |
| 严重侵蚀 | $r \leqslant -3$ | $r \leqslant -15$ | $s \leqslant -15$ |

注：" + "表示淤涨；" - "表示侵蚀。

当某段岸线同时具有海岸线位置变化和岸滩蚀淤速率时，采用就高不就低的原则。

若各因子都已经经过量化分级，则定义如下规则进行计算：

$$N = (g + h + H_w)/3$$

式中，$g$ 为海岸地貌类型，$H_w$ 为波浪，$h$ 为风暴潮。

$$HU = u$$

式中，$u$ 为城市化水平。

$$M = r$$

式中，$r$ 为现状海岸侵蚀速率。

危险性 $H$ 定义如下：

$$H = (N + HU + M)/3$$

根据其危险性系数 $H$ 划分海岸侵蚀的危险性等级，$H = 0 \sim 0.5$ 为低危险性，$H = 0.5 \sim 1.5$ 为中危险性，$H = 1.5 \sim 2$ 为高危险性。

3）评价结果

根据以上海岸侵蚀危险评价指标和评价方法，将评价单元各评价指标值列于表10.5，由于评价单元较小，平均波高与最大增水指标相同。将表10.3中的各危险等级量值赋予各评价指标得到表10.6。

表10.5　杭州湾北岸侵蚀危险性因子统计

| 评价单元 | 海岸地貌类型 | 平均波高（m） | 最大增水（m） | 城市化水平城镇人口/总人口（%） | 侵蚀速率（m/a） |
| --- | --- | --- | --- | --- | --- |
| 金丝娘桥—乍浦 | 稳定人工护岸 | 0.4 | 2.00 | 39.57 | -16.6 |
| 乍浦—海盐 | 稳定人工护岸 | 0.4 | 2.18 | 39.57 | -33.3 |
| 海盐—澉浦 | 稳定人工护岸 | 0.4 | 2.61 | 39.57 | -10.5 |

表 10.6　杭州湾北岸侵蚀危险性因子危险等级统计

| 评价单元 | 海岸地貌类型 | 平均波高 | 最大增水 | 城市化水平 | 侵蚀速率 | 危险性等级 |
|---|---|---|---|---|---|---|
| 金丝娘桥—乍浦 | 0 | 1 | 1 | 0 | 2 | 中 |
| 乍浦—海盐 | 0 | 1 | 1 | 0 | 2 | 中 |
| 海盐—澉浦 | 0 | 1 | 1 | 0 | 2 | 中 |

通过危险性 $H$ 的定义计算得到杭州湾北岸各岸段的海岸侵蚀危险性系数都为 0.89，各岸段危险性等级见表 10.6，表明杭州湾北岸处于中等风险等级。

## 10.3.2　三门湾淤积灾害特征及其风险评估

### 10.3.2.1　三门湾淤积灾害特征

1）总体特征

以平均大潮高潮时水陆分界线作为海岸线，以海岸线至海图 0 m 线之间的区域为潮滩地貌区，勾画出不同历史时期的岸滩地貌分布（图 10.9 至图 10.12）。

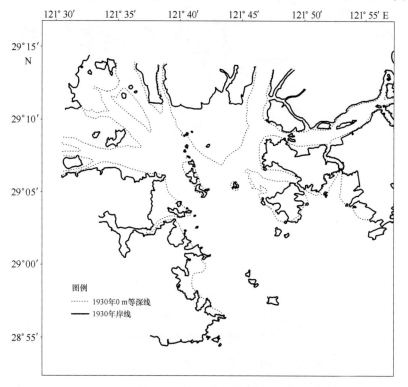

图 10.9　1930 年岸滩形势

经过全新世以来的长期演变，1930 年三门湾海岸、滩槽地貌格局已成型（图

**233**

10.9）。1930—1964 年，海岸线变化不大（图 10.11），潮滩也基本稳定（图 10.12），三门湾整体上处于稳定或缓慢淤积的自然状态（图 10.13）。1964 年以来，三门湾整体上进入快速淤积状态，表现为以下几方面特征：①海岸线随围涂堵港工程建设而向外推移；②潮滩淤涨加快；③汉道深槽普遍淤积。不同时期的海图与地形图对比结果显示（见图 10.13 至图 10.15），冲刷区和淤积区呈明显的条带状分布，并沿汉道主轴方向延伸。三门湾地貌发育与演变具有明显的时空不均匀特征。

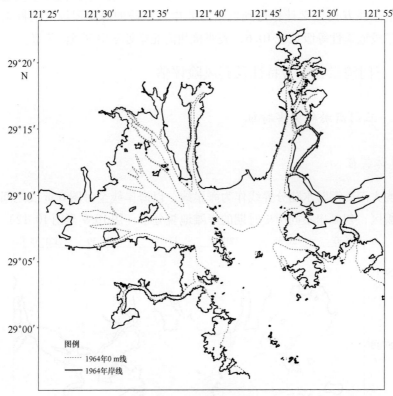

图 10.10　1964 年岸滩形势

2）海岸线推移

海岸线推移主要发生在纳潮海湾（图 10.11）。湾北部的下洋涂沿岸是三门湾地区开发历史最早的区域，岸线推移也最典型，明末清初胡陈港和车岙港还是相通的，通道后缘即为当时的基岩岸线所在，距离目前岸线 8 km。自此以后，当地居民开始围涂垦农，至 1930 年，岸线外推了 6.4 km。1949 年后至今，通过网坝促淤和围涂，岸线又迅速外推了近 2 km。其余区域的岸线推移主要由 1949 年后开始的数十处围涂堵港工程引起的（见图 10.16）。如，1973 年大塘港堵港，使湾中的几个海岛与大陆相连，海岸线向海推进了 2 km 之多；湾西北三山涂沿岸 1968—1976 年多次围垦，岸线向海推移了约 4 km；2007 年完工的宁海县、三门县蛇蟠涂围垦工程使三门湾中的最大海岛蛇蟠岛与大陆相连，岸线也由此向海推进了约 9 km（图 10.11）；

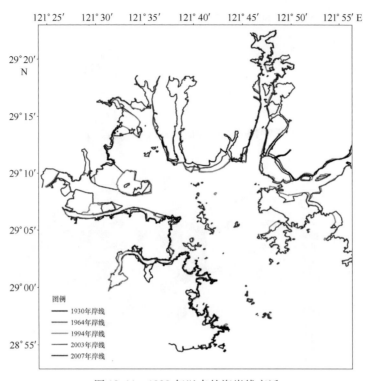

图 10.11  1930 年以来的海岸线变迁

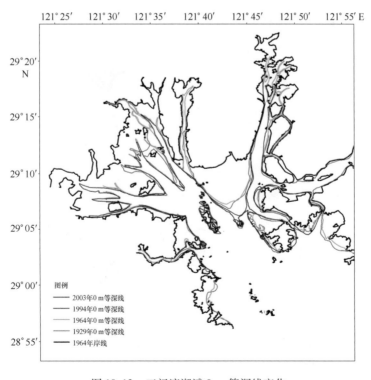

图 10.12  三门湾潮滩 0 m 等深线变化

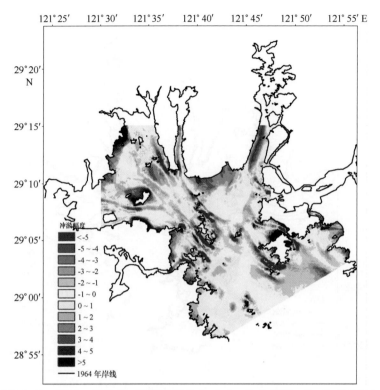

图 10.13　1930—1964 年三门湾冲淤分布（"＋"为淤积，"－"为侵蚀）

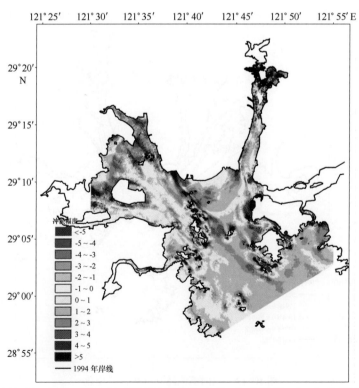

图 10.14　1964—1994 年三门湾冲淤变化（"＋"为淤积，"－"为侵蚀）

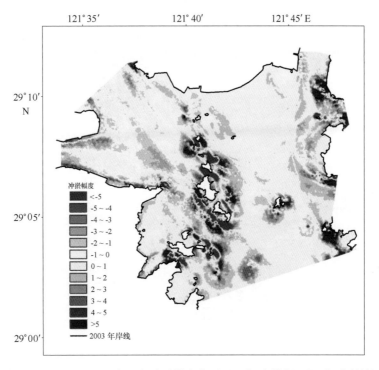

图 10.15　1994—2003 年三门湾冲淤变化（"＋"为淤积，"－"为侵蚀）

2007 年完工的晏站涂围垦工程使正屿港潮汐支汊消失，湾中的花鼓岛也随之与大陆相连，海岸线由此向海推进了约 8 km（图 10.11）。

3）潮滩发育与演变规律

三门湾潮滩分布在纳潮海湾、口门汊道与口外近滨区沿岸，其各自的地貌形态和演变动态具有明显区别。

1930 年，纳潮海湾内潮滩分布格局已基本成型（图 10.9），并以舌状潮滩为主，主要有下洋涂、三山涂、双盘涂、蛇蟠涂、晏站涂、花岙涂等。1930—1964 年，各潮滩淤涨均较缓慢，0 m 等深线基本保持不变（图 10.12）。1964 年后，各潮滩的淤涨状况发生了明显分化，位于海湾西部的双盘涂、蛇蟠涂、晏站涂淤涨缓慢，淤积部位主要分布在高滩；三山涂、下洋涂则淤涨较快。

三山涂，1930 年西白茇—三山涂之间尚有 500 m 的通道相隔（图 10.9），1964 年已完全连成一片，1964—1994 年，三山涂 0 m 线向东南方向外推约 2 000 m，与湾中部田湾岛西北潮滩几乎相连，1994 年以来则变化不大。横向上，潮滩没有明显扩展。

下洋涂，是三门湾近代动态变化最显著的潮滩。1930—1964 年间，下洋涂以胡陈港为界，分为东西两片，下洋涂基本保持不变；1964—1994 年间，1978 年的胡陈港堵港后，使两片滩涂发育为一体，0 m 线外推约 2 000 m；2003 年，0 m 线已经与花岙岛西北涂 0 m 线连为一体，下洋涂前缘向两侧扩展约 500 m。

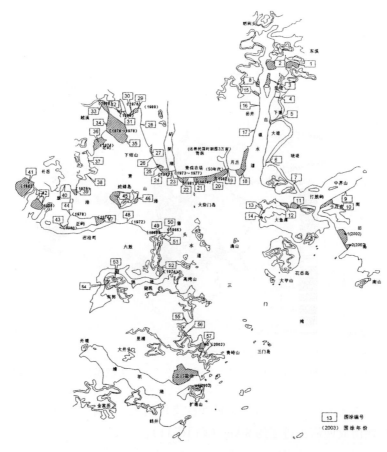

图 10.16 三门湾围涂、堵港工程分布

潮滩淤涨也具有不同的相带特征。自然条件下，高潮滩生长植被，流速小，淤积相对较快，中、低滩淤积较慢，潮滩发育形成"S"形剖面形态。围涂工程后，为恢复正常的"S"形剖面形态，潮滩淤涨加快。但是，各相带淤积状况并不一致，主要取决于围垦工程的规模与位置。

以下洋涂为例（见图 10.17 和图 10.18），1964—1993 年，围涂工程主要位于高滩上部，高滩下部淤积相对较慢，中滩淤积速率最快，30 年淤积 1.5 m 左右，低滩淤高约 0.8 m；1994—2003 年，淤积变慢，高滩淤积了约 0.3 m，中滩淤高 0.5 m，低滩 0.2 m。1964 年以来，下洋涂潮滩累计淤高了 1～2 m，平均淤积速率为 2.5～5.0 cm/a，是自然状态下潮滩淤积速率的 5～10 倍，这也表明人类开发活动（围涂堵港）已成为三门湾潮滩发育演变的主要因素。

### 10.3.2.2　三门湾淤积灾害的风险评估

1）评价指标体系

港湾淤积灾害风险性评价因子主要是指影响灾害的各种因素及动态变化趋势。

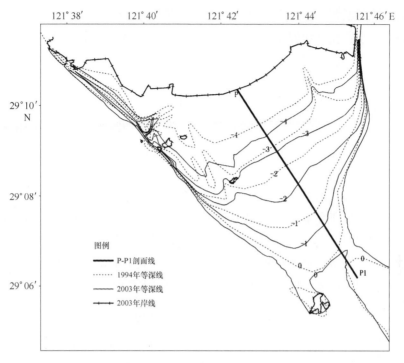

图 10.17　下洋涂等深线变化

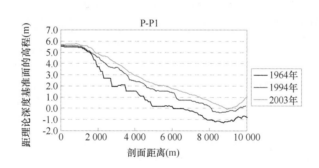

图 10.18　下洋涂 P–P1 剖面地形对比

（1）自然因素

①海湾类型：海湾是指被陆地环绕且面积不小于以口门宽度为直径的半圆面积的海域，通常有由两个明显的岬角或沙坝所形成的湾口连接海湾与外海。从成因上看，又可分为原生湾和次生湾两大类，冰后期海侵淹没沿岸低地、河谷而形成原生湾（溺谷型），如大窑湾、胶州湾、乐清湾、厦门湾、钦州湾等；次生湾是指后期沉积物运动或地貌演化改造沿岸低地、泻湖、三角洲河口和珊瑚环礁等，形成与原来地貌形态有很大变化的海湾，其中以沙坝泻湖型海湾居多，如山东月湖、海南博鳌港与小海等。河口湾是指开阔的喇叭形河口，如杭州湾、台州湾、珠江口伶仃洋与黄茅海等。在其他因素一致的情况下，显然，沙坝泻湖型海湾的淤积灾害风险性

**239**

最大，河口湾的淤积灾害风险性次之，溺谷型海湾的淤积灾害风险性最小。

②海湾大小：在其他因素一致的情况下，淤积灾害风险性与海湾面积成反比，即海湾面积愈大，淤积灾害风险愈小。

③涨落潮量：在其他因素一致的情况下，显然，涨落潮量越大，海湾淤积灾害的风险性越小，考虑到涨落潮量主要取决于潮差，因此，可以用平均潮差代替。

④泥沙来源：在其他因素一致的情况下，泥沙来源越丰富，海湾的淤积风险性越大。在以悬浮泥沙运动为主的海湾，可以用平均含沙量来代替。

（2）社会因素

鉴于有些人为因素如临海工业、港口工程、围海造地、围海养殖等人类开发活动难以计量，本次研究主要利用城市化水平（即城镇人口/总人口）和海域分等定级（全国分成六级，如表 10.7 所示）代替上述因素进行说明。通常，在其他因素一致的情况下，城市化水平和海域分等定级愈高，其对海湾开发力度愈大，沿岸海岸工程修建、围海造地、植被破坏等愈大，淤积灾害危险性愈高。

表 10.7　全国海域分等定级

| 分等定级 | 海 域 |
|---|---|
| 一等海域 | 上海市宝山区、浦东新区；山东省青岛市北区、市南区、四方区；福建省厦门市湖里区、思明区；广东省广州市番禺区、黄埔区、萝岗区、南沙区，深圳市宝安区、福田区、龙岗区、南山区、盐田区 |
| 二等海域 | 上海市奉贤区、金山区、南汇区；天津市塘沽区；辽宁省大连市沙河口区、西岗区、中山区；山东省青岛市城阳区、黄岛区、崂山区、李沧区；浙江省宁波市海曙区、江北区、江东区，温州市龙湾区、鹿城区；福建省泉州市丰泽区，厦门市海沧区、集美区；广东省东莞市，汕头市潮阳区、澄海区、濠江区、金平区、龙湖区，中山市，珠海市斗门区、金湾区、香洲区 |
| 三等海域 | 上海市崇明县；天津市大港区；辽宁省大连市甘井子区，营口市鲅鱼圈区；河北省秦皇岛市北戴河区、海港区；山东省即墨市，胶州市，胶南市，龙口市，蓬莱市，日照市东港区、岚山区，荣成市，威海市环翠区，烟台市福山区、莱山区、芝罘区；浙江省宁波市北仑区、鄞州区、镇海区，台州市椒江区、路桥区，舟山市定海区；福建省福清市，福州市马尾区，晋江市，泉州市洛江区、泉港区，石狮市，厦门市同安区、翔安区；广东省惠东县，惠州市惠阳区，江门市新会区，茂名市茂港区，汕头市潮南区，湛江市赤坎区、麻章区、坡头区、霞山区；海南省海口市龙华区、美兰区、秀英区，三亚市 |
| 四等海域 | 天津市汉沽区；辽宁省长海县，大连市金州区、旅顺口区，葫芦岛市连山区、龙港区、绥中县，瓦房店市，兴城市，营口市西市区、老边区；河北省秦皇岛市山海关区；山东省莱州市，乳山市，文登市，烟台市牟平区；江苏省连云港市连云区；浙江省慈溪市，海盐县，平湖市，嵊泗县，温岭市，玉环县，余姚市，乐清市，舟山市普陀区；福建省长乐市，惠安县，龙海市，南安市；广东省恩平市，南澳县，汕尾市城区，台山市，阳江市江城区；广西区北海市海城区、银海区 |

| 分等定级 | 海　域 |
|---|---|
| 五等海域 | 辽宁省东港市，盖州市，普兰店市，庄河市；河北省抚宁县，滦南县，唐海县，唐山市丰南区，乐亭县；山东省长岛县，东营市东营区、河口区，海阳市，莱阳市，潍坊市寒亭区，招远市；江苏省大丰市，东台市，海安县，海门市，启东市，如东县，通州市；浙江省岱山县，洞头县，奉化市，临海市，宁海县，瑞安市，三门县，象山县；福建省连江县，罗源县，平潭县，莆田市城厢区、涵江区、荔城区、秀屿区，漳浦县；广东省电白县，海丰县，惠来县，揭东县，雷州市，廉江市，陆丰市，饶平县，遂溪县，吴川市，徐闻县，阳东县，阳西县；广西区北海市铁山港区，防城港市防城区、港口区，钦州市钦南区；海南省澄迈县，儋州市，琼海市，文昌市 |
| 六等海域 | 辽宁省大洼县，凌海市，盘山县；河北省昌黎县，海兴县，黄骅市；山东省昌邑市，广饶县，垦利县，利津县，寿光市，无棣县，沾化县；江苏省滨海县，赣榆县，灌云县，射阳县，响水县；浙江省苍南县，平阳县；福建省东山县，福安市，福鼎市，宁德市蕉城区，霞浦县，仙游县，云霄县，诏安县；广西区东兴市，合浦县；海南省昌江县，东方市，临高县，陵水县，万宁市，乐东县 |

（3）动态变化因素

现状港湾淤积速率（r）：显然，在其他因素一致的情况下，现状港湾淤积速率愈大，风险性愈高。

2）评价方法

风险性评价是基于一定的量化规则，对各评价因子进行量化，然后按照一定的计算规则对选定的评价区域危险性进行相对大小的比较。若定义 $N$ 为自然因素；$HU$ 为人为因素；$M$ 为海湾动态因素。因上述指标单位不同，量级不同，很难将其合并进行运算。因此，一般定义一种规则对各因子再进行量化分级。步骤如下。

（1）设定分级级别个数。

（2）对各级别对应的量值进行规定。见表 10.8，级别数为 3，1 级对应的量值为 1；2 级对应的量值为 2；3 级对应的量值为 3。

若各因子都已经经过量化分级，则定义如下规则进行计算：

$$自然因素\ N = (c + m + h + s)/4$$

$$人为因素\ HU = (u + g)/2$$

$$动态因素\ M = r$$

定义危险性 $H$ 的计算公式如下：

$$H = (N + HU + M)/3$$

问题的关键在于如何对上述各因子进行分级。按照表 10.8，可以按照低危险性、中危险性和高危险性等三级划分方案对其进行分级。并规定，低危险性得分为 1；中危险性得分为 2；高危险性得分为 3。然后，可以基本按照平均分割的方法对危险性级别进行界定：$1 \leqslant H < 1.6$ 为低危险性；$1.6 \leqslant H < 2.4$ 为中危险性；$H \geqslant 2.4$ 为高危险性。

表 10.8　海湾淤积灾害风险评价指标体系

| 项目 | 因子 | 指标 | 划分标准 | 危险等级量值 |
|---|---|---|---|---|
| 危险性（$H$） | 自然因素（$N$） | 海湾类型（$c$） | 溺谷型海湾 | 1 |
| | | | 河口湾 | 2 |
| | | | 沙坝泻湖型海湾 | 3 |
| | | 海湾面积（$m$） | $>300 \ km^2$ | 1 |
| | | | $10 \sim 300 \ km^2$ | 2 |
| | | | $<10 \ km^2$ | 3 |
| | | 平均潮差（$h$） | $>4.0 \ m$ | 1 |
| | | | $2.0 \sim 4.0 \ m$ | 2 |
| | | | $<2.0 \ m$ | 3 |
| | | 平均含沙量（$s$） | $<0.05 \ kg/m^3$ | 1 |
| | | | $0.05 \sim 0.5 \ kg/m^3$ | 2 |
| | | | $>0.5 \ kg/m^3$ | 3 |
| | 社会因素（$HU$） | 城市化水平（$u$，即城镇人口/总人口） | $>70\%$ | 3 |
| | | | $40\% \sim 70\%$ | 2 |
| | | | $<40\%$ | 1 |
| | | 海域分等定级（$g$） | 一、二等 | 3 |
| | | | 三、四等 | 2 |
| | | | 五、六等 | 1 |
| | 动态因素（$M$） | 现状港湾平均淤积速率 cm/a（$r$） | 稳定 $r<1$ | 1 |
| | | | 一般淤积 $1 \leqslant r < 5$ | 2 |
| | | | 严重淤积 $5 \leqslant r$ | 3 |

3）风险性评价

（1）数据来源及处理

①海湾类型（$c$）：三门湾是一个溺谷型海湾。

②海湾面积（$m$）：三门湾 2007 年的海域面积为 415.59 $km^2$，大于 300 $km^2$。

③平均潮差（$h$）：三门湾湾内平均潮差均在 4 m 以上，最大潮差可达 7.98 m（中国海湾志编纂委员会，1992）。

④平均含沙量（$s$）：三门湾冬季大潮平均含沙量为 0.20 ~ 0.65 $kg/m^3$，小潮为 0.03 ~ 0.07 $kg/m^3$；夏季大潮平均含沙量为 0.1 ~ 0.5 $kg/m^3$，小潮为 0.02 ~ 0.05 $kg/m^3$。冬季大潮时，三门湾绝大部分区域的平均含沙量小于 0.5 $kg/m^3$，仅牛

山咀—花岙岛和珠门港一带大于 0.5 kg/m³，总体而言，三门湾平均含沙量介于 0.05 ~ 0.5 kg/m³（中国海湾志编纂委员会，1992）。

⑤城市化水平（$u$，即城镇人口/总人口）：据 2007 年《中国城市统计年鉴》，三门湾沿岸的宁波市与台州市的城市化水平分别为 33.7% 和 17.7%。

⑥海域分等定级（$g$）：据中国海域分等定级划分结果，宁波市象山县、宁海县和台州市的三门县沿岸海域均为五等海域。

⑦现状港湾平均淤积速率 cm/a（$r$）：据夏小明（2011）研究结果，三门湾 1964—2003 年间的平均淤积速率为 2.2 cm/a。

（2）风险性评价结果

前文指出了可以利用相关评价因子和量化方案对海湾淤积灾害的危险性（$H$）进行评价，评价规则如下：

$$H = （N + HU + D）/3$$

根据 10.3.2.2 节中第 2 点的评价方法和表 10.9 中的数据，计算表明，三门湾淤积灾害的危险性 $H = 1.42$，因此，三门湾海域的淤积灾害为低危险性，但接近中危险性。

表 10.9　三门湾淤积灾害风险性评价因子统计值

| 项目 | 因子 | 指标 | 统计值 | 危险等级量值 |
|---|---|---|---|---|
| 危险性（$H$） | 自然因素（$N$） | 海湾类型（$c$） | 溺谷型海湾 | 1 |
| | | 海湾面积（$m$） | >300 km² | 1 |
| | | 平均潮差（$h$） | 4.0 m 以上 | 1 |
| | | 平均含沙量（$s$） | 0.05 ~ 0.5 kg/m³ | 2 |
| | 社会因素（$HU$） | 城市化水平（$u$，即城镇人口/总人口） | <40% | 1 |
| | | 海域分等定级（$g$） | 五等 | 1 |
| | 动态因素（$M$） | 现状港湾平均淤积速率 cm/a（$r$） | 2.2cm/a | 2 |

考虑到 2003 年后三门湾围涂又进入新一轮高峰期，结果使海湾海域面积与纳潮量不断减少，最终将导致潮滩淤涨加快，因此，淤积灾害的风险应予以足够重视。

## 10.3.3　乐清湾淤积灾害特征及其风险评估

### 10.3.3.1　乐清湾淤积灾害特征

1）岸线变迁

从不同历史时期的海岸线变化来看（见图 10.19），自 1964 年来，乐清湾海岸线变迁明显加快，主要的变化发生在内海湾的几个围填海工程，如漩门一期堵港工程、漩门二期围垦蓄淡工程、方江屿堵港工程等，以及沿岸的滩涂围垦工程。

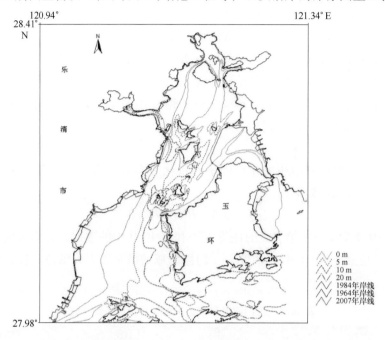

图 10.19　乐清湾近期海岸线变迁

2）冲淤分布特征

根据 1956 年、1964 年、1979 年和 2002 年 4 个时期的海图和水下地形图资料进行对比，按照冲淤强度定量化分级指标（表 10.10），对乐清湾各阶段的海底冲淤变化进行分析。

表 10.10　冲淤强度定量化分级指标

| 冲淤强度分级 | 冲淤速率（cm/a） | |
| --- | --- | --- |
| 严重淤积 | $S \geqslant 15$ | |
| 强淤积 | $10 \leqslant S < 15$ | |
| 较强淤积 | $5 \leqslant S < 10$ | |
| 微淤积 | $1 \leqslant S < 5$ | |
| 稳定 | $-1 \leqslant S < 1$ | 参照"908 专项"海岸带调查技术规程、海洋地质灾害调查技术规程 |
| 微侵蚀 | $-5 \leqslant S < -1$ | |
| 较强侵蚀 | $-10 \leqslant S < -5$ | |
| 强侵蚀 | $-15 \leqslant S < -10$ | |
| 严重侵蚀 | $S < -15$ | |

1956—1964 年期间，乐清湾以淤积为主，主要的淤积发生在内湾的各级水道深槽，年平均淤积速率 1 ~ 10 cm/a，冲刷区主要分布在外湾西部，侵蚀速率 1 ~ 10 cm/a。1964—1979 年间，乐清湾冲淤呈条带状分布，内湾的各级汊道以淤积为主，这主要与汊道上游的围涂堵港工程有关，如漩门一期、江厦潮汐电站工程、方江屿堵港工程等，造成下游水道淤积，而水道之间的潮滩反而局部发生冲刷；外湾的冲淤分布规律明显，自东向西呈冲刷—淤积—冲刷—淤积的带状分布。1979—2002 年间，乐清湾内湾区域，除局部的岛屿岬角附近发生冲刷外，水道与潮滩普遍淤积，年平均淤积速率 1 ~ 10 cm/a；乐清湾外湾的冲淤分布则呈现出与 1964—1979 年间相关的规律，自东向西呈淤积—冲刷—淤积的带状分布，似乎处于调整过程。

平均来看，1964—2002 年间，乐清湾大部分海区以淤积为主，年平均淤积速率 1 ~ 10 cm/a，外湾的东部区域有局部的冲刷（见图 10.20 至图 10.23）。

3）典型地貌发育与演化

从 1956—2002 年各时期等深线的变化来看（见图 10.24 至图 10.27），乐清湾的海域地貌格局没有发生根本改变，这与乐清湾的平面轮廓受地质构造和原始地形控制有关，沿岸基岩岬角和基岩海岛控制了水道的走向，潮滩则发育在水道沿岸或水道之间的缓流区，呈带状或舌状分布。

内湾：受围涂堵港工程的影响，各水道逐渐淤积萎缩，甚至消亡。水道之间的潮滩淤涨，尤其是舌状潮滩淤涨延伸明显。

中湾：受边界的控制，水道深槽及边滩横向变化不大，地貌演化主要表现为垂向的冲淤变化。

外湾：主要为西部的潮滩和东部的潮流深槽两大地貌单元，变化较明显。1956—1964 年间，外湾以冲刷为主，潮流深槽向西扩展，而西部的潮滩则冲刷后退；1964—1979 年间，潮滩和潮流深槽平面位置基本稳定；1979—2002 年间，外湾以淤积为主，潮流深槽向东萎缩，而西部的潮滩则淤涨扩展。

### 10.3.3.2　乐清湾淤积灾害的风险评估

乐清湾淤积灾害的风险评价指标体系与评价方法和三门湾的相同，分别见 10.3.2.2 节中的第 1 点（评价指标体系）和第 2 点（评价方法）。

（1）数据来源及处理

①海湾类型（$c$）：乐清湾是一个典型的溺谷型海湾。

②海湾面积（$m$）：乐清湾海域面积大于 300 km$^2$。

③平均潮差（$h$）：乐清湾平均潮差均在 4 m 以上，最大潮差可达 8.34 m（中国海湾志编纂委员会，1993）。

④平均含沙量（$s$）：乐清湾悬浮泥沙分布比较复杂，冬季、夏季、秋季的全潮

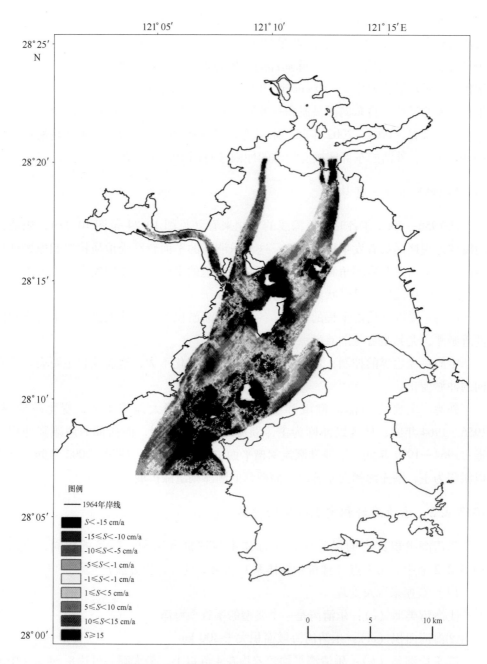

图 10.20　乐清湾冲淤变化（1956—1964 年）

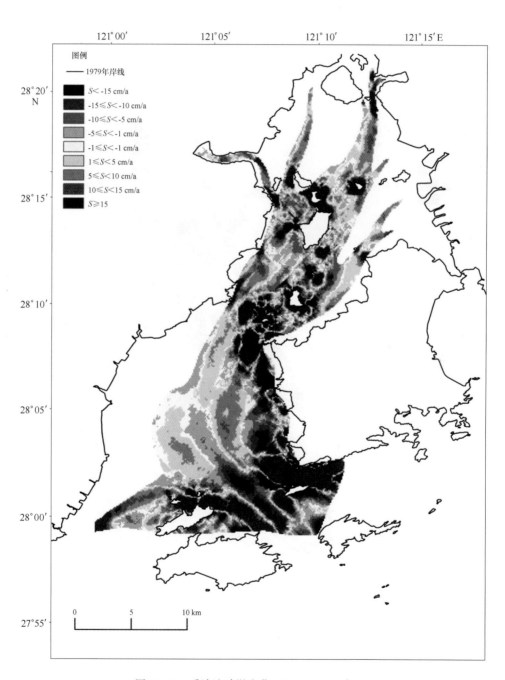

图 10.21　乐清湾冲淤变化（1964—1979 年）

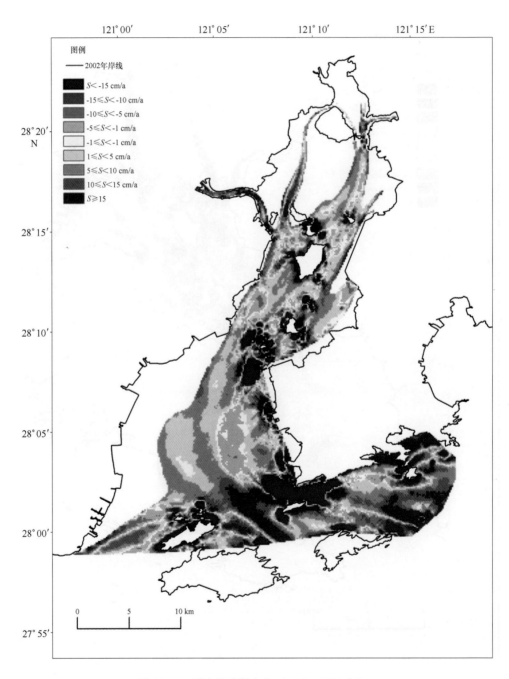

图 10.22 乐清湾冲淤变化（1979—2002 年）

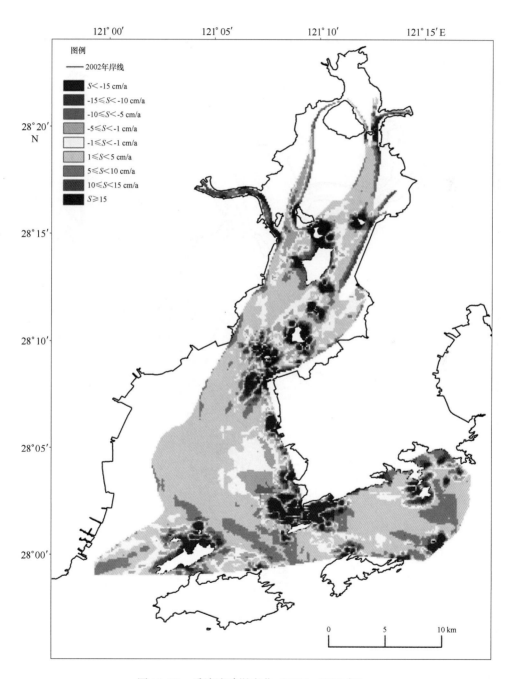

图例
2002年岸线
$S < -15$ cm/a
$-15 \leq S < -10$ cm/a
$-10 \leq S < -5$ cm/a
$-5 \leq S < -1$ cm/a
$-1 \leq S < -1$ cm/a
$1 \leq S < 5$ cm/a
$5 \leq S < 10$ cm/a
$10 \leq S < 15$ cm/a
$S \geq 15$

图 10.23　乐清湾冲淤变化（1964—2002 年）

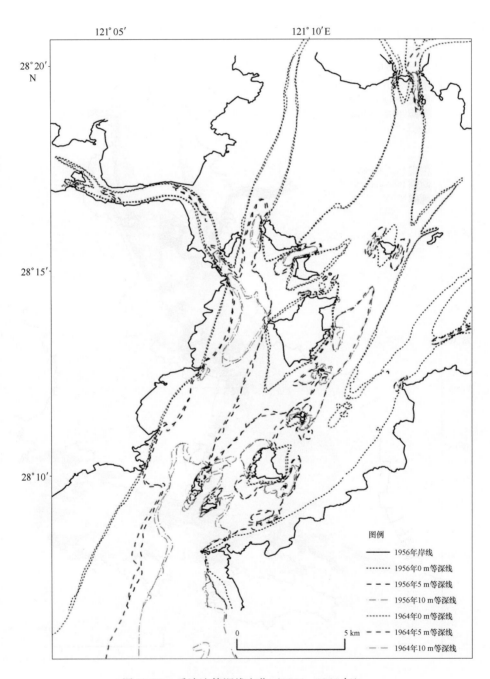

图 10.24  乐清湾等深线变化（1956—1964 年）

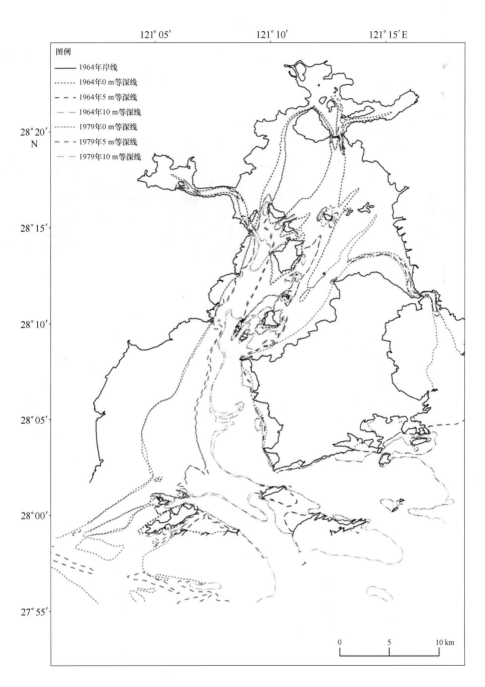

图 10.25　乐清湾等深线变化（1964—1979 年）

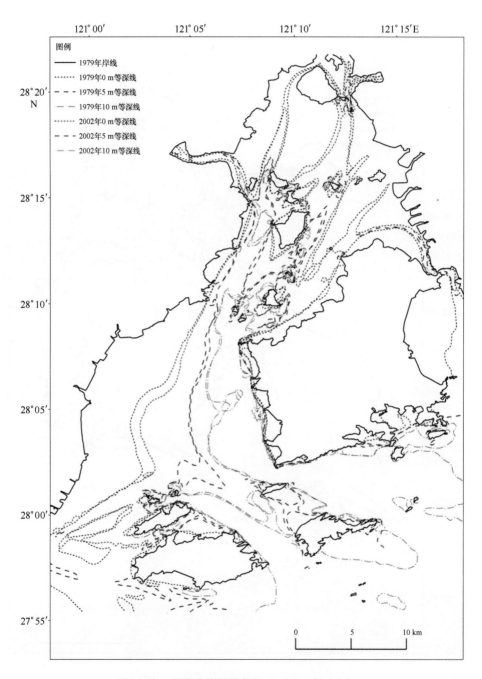

图 10.26　乐清湾等深线变化（1979—2002 年）

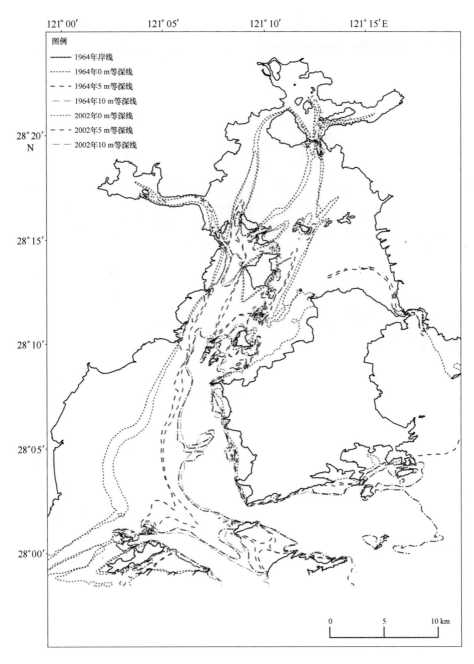

图 10.27　乐清湾等深线变化（1964—2002 年）

垂向平均含沙量均介于 0.05 ~ 0.5 kg/m³ 之间（中国海湾志编纂委员会，1993）。

⑤城市化水平（$u$，即城镇人口/总人口）：据 2007 年《中国城市统计年鉴》，乐清湾沿岸的台州市、温州市的城市化水平分别为 17.7% 和 20.8%。

表 10.11　乐清湾淤积灾害风险性评价因子统计值

| 项目 | 因子 | 指标 | 统计值 | 危险等级量值 |
|---|---|---|---|---|
| 危险性（$H$） | 自然因素（$N$） | 海湾类型（$c$） | 溺谷型海湾 | 1 |
| | | 海湾面积（$m$） | >300 km² | 1 |
| | | 平均潮差（$h$） | 4.5 m 以上 | 1 |
| | | 平均含沙量（$s$） | 0.05 ~ 0.5 kg/m³ | 2 |
| | 社会因素（$HU$） | 城市化水平（$u$，即城镇人口/总人口） | 20% | 1 |
| | | 海域分等定级（$g$） | 四等 | 2 |
| | 动态因素（$M$） | 现状港湾平均淤积速率 cm/a（$r$） | 1.1 cm/a | 2 |

⑥海域分等定级（$g$）：据中国海域分等定级划分结果，台州地区温岭市、玉环县和温州地区的乐清市沿岸海域均为四等海域。

⑦现状港湾平均淤积速率 cm/a（$r$）：据 1979—2002 年乐清湾地形对比分析，近期乐清湾平均淤积速率为 1.1 cm/a。

（2）风险性评价结果

前文指出了可以利用相关评价因子和量化方案对海湾淤积灾害的危险性（$H$）进行评价，评价规则如下：

$$H = (N + HU + D) / 3$$

根据 10.3.2.2 节中第 2 点的评价方法和表 2.10 中的数据，计算表明，乐清湾淤积灾害的危险性 $H = 1.58$，因此，乐清湾海域的淤积灾害为中危险性。

考虑到乐清湾近期的开发活动以大型电厂、港口物流、临港工业建设为主，主要依托乐清湾优越的港口航道资源，从冲淤对比来看，乐清湾仍处于较快淤积状态，尚未达到动态平衡。因此，淤积灾害的风险应予以足够重视。

## 10.3.4　外钓山岸段边坡稳定性分析

### 10.3.4.1　外钓山岸段边坡冲淤演变特征

1）岸滩历史演变

根据工程区岩土工程地质钻孔岩芯分析，上部 14.9 ~ 27.9 m 厚的全新世地层为灰（黄）色淤泥质粉质黏土。因为岩芯是记录沉积过程的标尺，钻孔上部 14.9 ~ 27.9 m 厚的地层应为 8000 年来的海相沉积，估算的全新世平均淤积速率为 0.19 ~ 0.35 cm/a，这可以看成是自然状态下岸滩正常的淤积速率。

据历史资料，20 世纪 60 年代以前，外钓山岸滩演变基本处于自然状态，海岸线主要由岛陆的基岩山体及岬角所控制。从 1928 年的历史海图来看（图 10.28），当时形成的岸滩、深槽、水道地貌格局与今天的情形基本一致，说明从 20 世纪初以来，本海区滩槽地貌格局未发生明显改变。

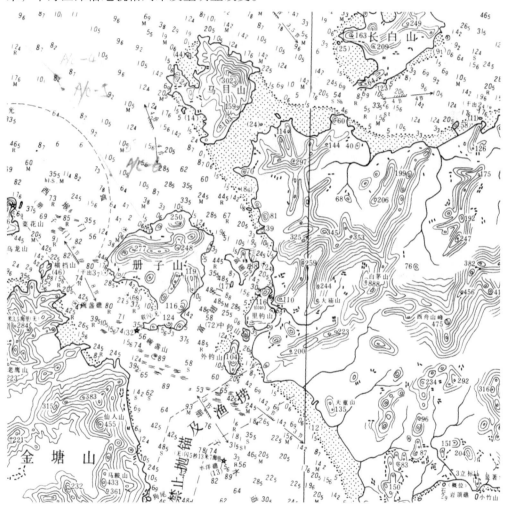

图 10.28　外钓山海域 1928 年历史海图

20 世纪 70 年代以后，当地政府为加快生产，对海岸西侧的舌状潮滩进行围垦，海塘于 1978 年建成，塘长 1530 m，塘顶标高 4.8 m，围涂面积为 0.345 km²。这样岸线向外推移了 100 ~ 500 m，塘外残留低潮滩很窄，仅 50 m 左右，据当地水利部门反映，围垦后该潮滩无明显变化。但围垦束窄了外钓山与册子岛之间水道的宽度，会影响滩槽冲淤变化。

2）滩槽冲淤平面变化

从 1960 年与 2001 年的等深线变化来看（图 10.29），外钓山西海岸的潮滩经长期的缓慢淤积，1960 年其外侧边缘即已到达目前位置。1978 年围垦虽然使岸线向外推移了 100～500 m，目前的 0 m 等深线沿海塘平行分布，比 1960 年的 0 m 等深线平顺，但 40 余年来总体上基本稳定，表明海塘前沿的潮滩变化不大。40 余年来的冲淤对比也表明潮滩基本稳定（图 10.30），冲淤幅度一般小于 1 m。但也发现有两处局部的小范围淤积，幅度有 2～3 m。一处在岛屿北端，与采石场码头建设引起的促淤有关；另一处在西海岸的中部，与围垦海塘外凸引起缓流区淤积有关。

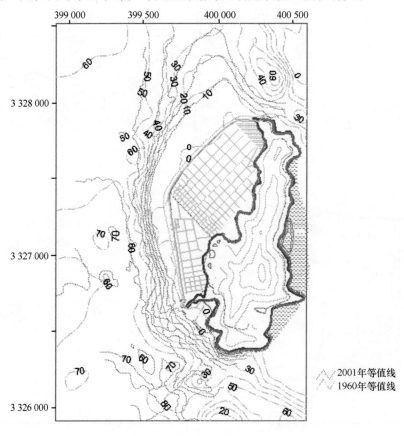

图 10.29　外钓山海岸水深等值线对比

潮滩以外，边坡逐渐变陡，一般在 5～45 m 水深段是陡坡段，45 m 水深以外进入水道深槽区，海底地形变缓。从 1960 年与 2001 年的等深线变化来看（图 10.29），陡坡段普遍发生冲刷，等深线均不同程度地向岸扩展数十米。但在坡脚至水道深槽区，等深线有进有退。冲淤对比结果基本一致（图 10.30），在陡坡段，40

余年来海底一般冲刷 2～10 m；在坡脚至水道深槽区，空间上冲淤交替，幅度可达 ±5 m。

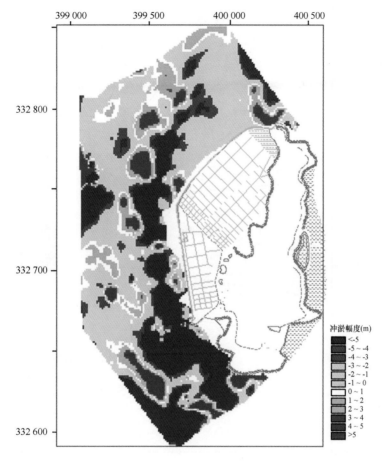

图 10.30　外钓山海域冲淤对比图（1960 年与 2001 年）

3）断面冲淤对比和水深条件分析

为便于分析海岸前沿滩槽的冲淤变化和水深条件，将外钓山海岸沿岸每隔数百米切取横断面（图 10.31），应用 1960 年、1995 年和 2001 年三次地形图进行综合对比分析（图 10.32）。

剖面 A 位于西北角舌状浅滩的中部，海底地形平缓，坡度为 1/16，20 m 等深线离岸约 500 m。从 1960 年至 1995 年，剖面淤积；从 1995 年至 2001 年，剖面冲刷，幅度一般小于 2～3 m，而且愈向岸幅度愈小。

剖面 B 位于舌状浅滩的西南侧。5 m 水深以浅，坡度较缓，冲淤变化也不大。5 m 水深以外，坡度变陡。20 m 等深线离岸约 330 m，并以此为界，内侧边坡一直处于冲刷，幅度小于 2 m，外侧边坡及深槽区则先淤后冲，目前处于冲刷状态，其冲淤

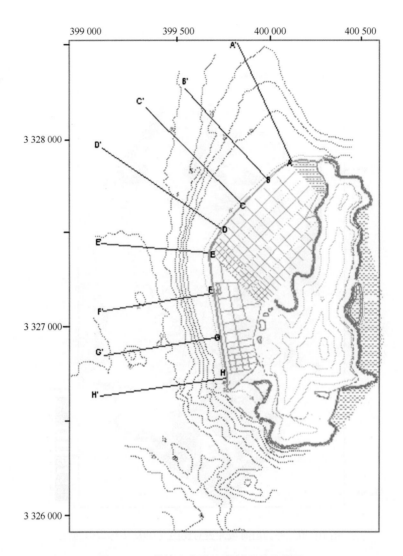

图 10.31　外钓山岸坡地形剖面对比位置

变化与边坡土体失稳有关，从该剖面附近的浅地层探测记录来看（图 10.33），边坡上部浅表地层发生整体性滑坡，并在边坡下部堆积，水流对滑坡体进行冲刷切割，形成冲刷沟（图 10.34），深 3～4 m，冲刷沟外侧残留部分滑坡体。

剖面 C，5 m 水深以内，边坡较缓，1960 年以来一直处于冲刷状态，幅度小于 2 m。5 m 水深以外，坡度变陡，其中 10～35 m 水深段坡度最大，达 1/7，20 m 等深线离岸 280 m。从地形剖面对比来看，陡坡段一直侵蚀，幅度可达 5～10 m，可能是滑坡所致，从 1995 年的地形剖面来看，坡脚似有滑坡体堆积。1995—2001 年，坡脚的滑坡体被侵蚀，幅度达 5 m。

剖面 D，5 m 水深以内，边坡较缓，1960 年以来一直处于基本稳定状态。5 m 水深以外，坡度变陡，其中 5～25 m 水深段坡度最大，约 1/2，20 m 等深线离岸

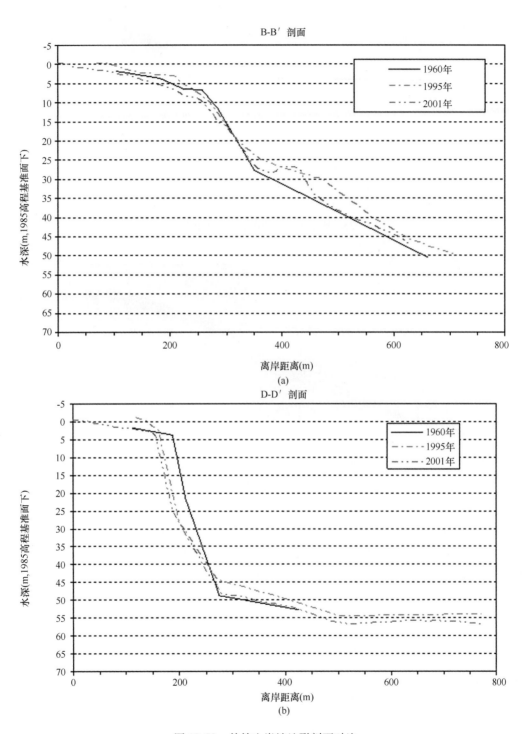

图 10.32 外钓山岸坡地形剖面对比

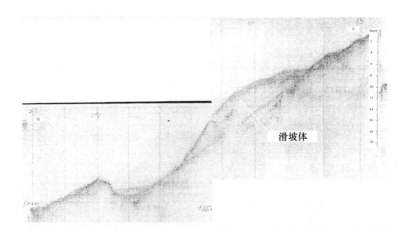

图 10.33  册子水道外钓山岛北侧舌状浅滩西坡

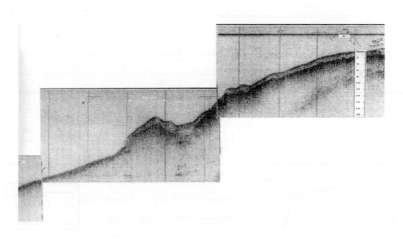

图 10.34  外钓山西北侧水下边坡的滑坡

180 m。从地形剖面对比来看，该剖面与剖面 C 基本一致，陡坡段一直侵蚀，幅度可达 5～10 m，可能是滑坡所致。从 1995 年的地形剖面来看，坡脚似有滑坡体堆积。1995—2001 年，坡脚的滑坡体被侵蚀，幅度达 5 m。

南部的剖面 E、剖面 F、剖面 G、剖面 H 的地形对比，均显示出与剖面 C、剖面 D 基本一致的冲淤演变规律。

### 10.3.4.2  岸滩冲淤稳定性分析

1）深槽发育与维持的环境条件

（1）地质地貌边界条件

外钓山岛西海岸，其周围岛屿、水道形态展布深受北西、北东及东西向三组主要断裂构造控制，在舟山本岛与外钓山、册子岛、金塘山等岛屿之间，形成了近南北向分布的潮流深槽，如册子水道、西堠门水道、富翅门水道、桃夭门、孤茨航门等，这些水道北面经灰鳖洋与杭州湾海域贯通，向南经螺头水道与东海沟通，成为杭州湾与东海水体交换的重要通道之一，因此来自杭州湾与东海的巨大潮量对塑造前沿深槽及周边海区的地貌形态和水深维持起着极重要的作用。

历史以来，外钓山岛西海岸受水道地形的控制而一直稳定，近几十年来由于人工围垦，岸线向外推移，导致过水断面的减小，码头区前沿深槽的过水断面明显束窄，使水流的冲刷作用更为明显，对前沿深槽水深的维持极为有利。

（2）水沙条件

根据水文泥沙实测资料，海岸前沿海域水动力强，大潮期 W1、A1、W2 三站的垂向平均最大落潮流速分别为 140 cm/s、142 cm/s、130 cm/s，最大涨潮流速分别为 70 cm/s、75 cm/s 和 70 cm/s。前沿海域潮流总体上以落潮流占优势。此外，海域垂向流速变化梯度普遍较小，底层潮流流速较大，而悬浮泥沙主要为来自长江的过境泥沙，颗粒细小，不易落淤，含沙量较低，并有逐年减小的趋势。这些水沙条件均有利于海岸前沿深槽的发育与水深维持。

2）海岸边界事件性变动对岸滩冲淤稳定性影响的分析

综合历史地形图件对比分析，外钓山海塘围垦后，沿岸潮滩冲淤变化不大，潮滩以外的陡坡则一直处于较强冲刷状态，而水道深槽区则冲淤交替。由于坡脚持续冲刷，向岸侵蚀后退，使海岸前沿坡折带的坡度变陡。据工程地质钻孔资料，边坡区浅部 20～30 m 厚地层以流塑状、高压缩性的淤泥质黏土或淤泥质亚黏土为主，在重力作用或外力触发下易引发边坡失稳地质灾害，这可从地形对比和浅地层探测记录中得到证实。

# 10.4 浙江省近岸主要海洋地质灾害发展趋势分析

## 10.4.1 海岸侵蚀发展趋势分析

一般认为，随着海平面上升及河流径流量减少引起入海泥沙量减少，以及大量布置不当的海岸工程和直接采挖海砂等原因，海岸侵蚀有不断加剧的趋势。这些原因在浙江海岸都或多或少的存在着，因此，加强这方面的研究，防患于未然是十分必要的。

浙江海岸之所以发育大片的淤泥质海岸，长江来沙是一个极重要的原因。随着国民经济的发展，长江上兴建了三峡电站、南水北调等工程，必然会减少输送入海的泥沙量。长江平均每年径流总量 $9.25 \times 10^{12}$ $m^3$，泥沙 $4.86 \times 10^9$ t。据研究，长江流域输沙每年约有 50% 沉积在长江口附近的水下三角洲，30% 沿岸南下，成为浙江近海沉积和滨海平原发育的主要沙源，沉积在长江口水下三角洲的泥沙又有相当部分成为杭州湾两岸潮滩沉积物。从输沙平衡的角度看，一旦长江来沙大幅度的减少，浙江大部分岸线由于来沙减少而停止淤涨，甚至会出现侵蚀。上海人工半岛工程在南汇边滩进行促淤围涂，造成向杭州湾北岸输沙量的减少，目前上海从南汇角至金山的杭州湾北岸出现了全线冲刷，幅度达 1~2 m，就是一个明显的例子。废黄河口以及现黄河口改道后出现的岸线侵蚀都是流域来沙减少的实例。

长江来沙量的减少必然对浙江岸线产生影响，至于这种影响有多大，范围有多广，以及何时出现这种影响，是浙江河口海岸研究部门、海岸资源管理部门应该尽早开始进行研究并提出对策的重大课题。为了充分利用水资源，浙江省在许多河流建造了水库，同样减少了入海泥沙，应该列入一并研究。

浙江经济发达的地区主要集中在河口平原，如杭嘉湖平原、萧绍宁平原、温（岭）黄（岩）平原（椒江河口）、温（州）瑞（安）平原（瓯江、飞云江平原）。这些平原地势低洼，如杭嘉湖平原平均地面高程比平均海平面要低 1~2 m。随着全球气候变暖，海平面上升，沿海海塘的防御标准会降低，洪潮灾害的压力会增大。同样，海平面的抬高会增加水深，波浪作用加强，自然会加剧海岸的侵蚀。

浙江经济发展极其迅速，规划在 2015 年前的近期要新围滩涂 111.5 万亩，中远期（2016—2050 年）围垦 139.39 万亩，用于满足经济发展对土地资源的迫切需求。目前在建和拟建的电厂象山港、乐清各有二座，三门、苍南各有一座，这些电厂需要建造码头，布置取排水口，以及围筑海涂用作灰场；杭州湾跨海大桥、舟山连岛工程以及众多的码头等涉水工程纷纷上马。这些工程虽然在实施前都进行可行性研究，对海洋环境的影响进行了分析评估，但由于海岸泥沙运动的复杂性，有可能对工程的负面影响估计不足，其中包括对海岸侵蚀的影响。加强海岸侵蚀的专题研究，对经济发展和环境保护无疑是有重要的现实意义的。

总之，对浙江海岸而言，由于众所周知的引起海岸侵蚀的原因都存在，并且趋于严重，因此，尽管目前浙江海岸绝大部分岸线是淤涨和稳定的，但随着自然因素如海平面的上升，人工因素如长江流域建库引水减少入海泥沙的严峻形势，海岸侵蚀问题将日渐严重。当前迫切需要尽快开展这方面的研究并提出相应措施，加强海岸管理来防止海岸侵蚀，或使海岸侵蚀带来的损失减至最小。

### 10.4.2　港湾淤积发展趋势分析

鉴于文献资料有限，本部分以三门湾为例进行分析。夏小明（2011）运用均衡态 P-A 关系式，推算 1994 年、2003 年、2007 年三门湾各汊道口门达到均衡状态下的口门断面面积和口门断面平均水深，与实测值进行比较，评价三门湾潮汐汊道系统的稳定性变化。结果显示，人类开发活动影响下的三门湾潮汐汊道的各个子系统的发育演变与调整均趋向均衡态 P-A 关系曲线，并具有明显的区域性、阶段性特征。其中，沥洋港、青山港能够较快调整，达到均衡状态；蛇蟠水道受到晏站涂前沿舌状浅滩、纳潮区围涂工程的双重影响，处于周期性变化状态；猫头水道、三门湾口门受到沥洋港、青山港、蛇蟠水道演化的多重影响，调整过程复杂多变，具有明显的滞后特征。

夏小明（2011）根据三门湾近期围垦规划（2006—2020 年），预测了各汊道系统发展趋势。其中，猫头水道在今后的 20 年内将一直处于快速淤积调整状态，达到均衡状态下的口门断面平均水深为 12.6 m，比 2003 年实测口门断面平均水深小 5 m，估算猫头深潭最大水深将不足 35 m。

## 10.4.3　海水入侵发展趋势分析

是否受海水入侵影响，取决于水资源量、地下水文结构、地下水开采强度、离海距离等，目前要综合评价海水入侵潜在风险，还比较困难。

据浙江省水利厅公布的 2010 年《浙江省水资源公报》，全省降水量多年平均为 1 603.8 mm，年降水量自西南向东北递减。全省地表水资源总量多年平均为 943.85 × $10^8$ m³，地下水资源量 264.70 × $10^8$ m³。全省平均单位面积水资源量为 92 × $10^4$ m³/km²，仅次于台湾、福建、广东，居全国第四位。但是，省内嘉兴和舟山的多年平均水资源量较低，分别只有 20.76 × $10^8$ m³（其中地表水 17.59 × $10^8$ m³）和 7.95 × $10^8$ m³（地下水几乎没有），而且这两个市均靠海。所以，从水资源量来看，浙江省沿海大部分地区发生海水入侵灾害的风险甚小，而嘉兴和舟山面临一定的风险。

从浙江省沿海地区的地下水文结构来看，由于储水层往往被潮沼相及海相黏土所分隔，各承压水层之间、承压水与潜水的水力联系并不好，这并不利于海水入侵灾害垂向上的发展。与现今海水接触的沿海地层主要是全新统潜水含水层，由于这些地层主要是海积、冲海积和湖沼积地层，透水性差，故现代海水难有向内陆入侵的通道，不利于海水入侵灾害横向上的发展。在我国典型海水入侵区——莱州湾，东部沿海主要含水层为第四系冲积、冲洪积层中细砂、粗砂和卵砾石，含水岩组结构复杂，各含水层间水力联系密切，地下水的主要类型为潜水，局部地区存在微承压水，这种地下水文结构极易因超量开采地下水引发海水入侵灾害。显然，浙江省沿海地区地下水文结构与莱州湾相比，不利于海水入侵灾害的发展。

由于过度开采地下水，浙江省主要平原区地下水位持续下降，造成地面沉降，岩溶水分布区地面塌陷。杭嘉湖平原沉降区几乎波及整个平原，宁波、台州市的地下水开采中心累计沉降量也超过 50 cm，面积仍有扩大趋势。所以，如果仅从地下水开采强度来看，浙江省主要沿海平原区面临一定的海水入侵风险，由于开采的地下水多是埋深较大的承压水，这种风险目前主要来源于地下古咸水对地下淡水的垂向上的浸染，而非现代海水向内陆的平面上的浸染。

综上所述，浙江省沿海地区的海水入侵风险总体较小，但在嘉兴、宁波平原、温瑞平原等地，具有一定的深层地下水过度开采诱发地下水咸化的风险。

## 10.5  浙江省近岸海洋地质灾害的防治对策与建议

### 10.5.1  海岸侵蚀的防治对策

1）建立基准岸线评估制度

荷兰、美国等国家通过确定某一年代的岸线为基准（参考）岸线，然后通过监测与评估，发布海岸动态值，以指导决策。因没有这一相对固定的参考线，海岸侵蚀状况的比较不在一个时间段内，容易让人混淆，也不利于防灾减灾。因此，有必要建立基准岸线，为海岸侵蚀评估提供参照。

2）在海洋综合管理中，引入流域和区域的方式

如前所述，海岸侵蚀最主要的原因是河流入海泥沙的减少。流域和区域方式在环境保护中已经在实施，在防灾减灾中尤其是海岸侵蚀防治中，还没有引起足够的重视，海岸侵蚀防治必须从流域和区域的尺度考虑，否则治标不治本。

3）完善海岸侵蚀动态监测网络和数据库

应整合已有的资料，建立并完善浙江省海岸侵蚀监测网络与数据库，至少包括以下项目：侵蚀海岸的地理位置，监测或调查时间，陆地地貌，海岸类型，海岸线长度，宽度与坡度，沉积物类型，地形地貌，岸段输沙状态与沙量收支，动力因素，侵蚀表现，侵蚀速率，侵蚀原因（含人为因素）等。同时，还有必要对沿海各重点区的侵蚀岸段继续专设若干固定监测剖面，定期进行监测，不断补充于数据库中，以便调查、科研和管理部门能及时掌握海岸与海滩的变化动态。

4）杜绝不合理的海岸资源开发与海岸工程建设

从某些意义上讲，当今造成海岸侵蚀的主要原因是人类不明智的或者是错误的行为，即人类活动的影响已经超过自然因素的影响。近岸采砂导致海岸严重侵蚀的事例在全省都是十分常见；此外，不尽合理的海岸工程建设（如围垦、码头、河流建闸等）造成的负面环境效应也是引发海岸侵蚀的重要因素。而且这些人为的影响因素还有逐步加强的趋势，这应当引起浙江省有关政府管理部门的高度重视。基于海岸带开发与保护协调发展的目的，人类不当的经济活动造成的海岸侵蚀，可通过制定海岸带科学规划与管理规范加以规避。

5）有针对性地开展海岸侵蚀防治工程

以防治海岸侵蚀为目的的工程技术措施通常可分为两大类，即结构性和非结构性的防护措施。结构性防护措施又可分为硬结构和软结构两种。非结构性防护措施包括近岸区土地利用控制，划定海岸基线、海岸退缩线与海岸建设控制线等侵蚀预警线作为政策性的开发利用限制措施，以及禁止不合理的开挖岸滩沙土和围垦等。研究与实践表明，这些措施各有其适用范围、应用前景和实施后在经济与生态环境上的效益利弊。因此，如何根据经济发展程度，针对浙江省不同岸段的具体海岸特点，研究各具适宜的海岸侵蚀防护形式和工程技术标准是今后的一项重要任务。

## 10.5.2　淤积灾害的防治对策

港湾的生态功能、环境功能、对于社会与经济发展的支撑功能非常丰富和突出。对于港湾来说，淤积现象并不总是导致灾害，在不同的部位、面对不同的生态服务功能，淤积是或利或弊皆有可能的。

但是，从建设生态文明的高度和视角来看，人类社会的发展应以自然与人类、环境与社会的和谐共处为目标，以自然资源的永续利用为准绳。根据这一思路，目前浙江省重要港湾的冲淤变化主要缘于人类活动，受淤积影响最直接的两个亚区是潮间带和进出港湾的水道，而这两个亚区的动态与纳潮量及泥沙运移有着密切的联系。

因此，为了保障港湾的生态与服务功能，维持水动力和泥沙过程的平衡，需要从政策导向、发展规划两方面对港湾的淤积灾害进行预防，采取必要和有效的工程措施对已经造成的危害进行整治，同时，开展科学研究，深刻理解港湾的冲淤过程、水动力特征和泥沙输运的过程与机制，为港湾的健康发展提供指导。

1）加强科学论证，做好围填海规划

港湾内滩涂资源丰富，为解决当地人多地少、淡水资源缺乏的矛盾，近年来港湾内的围填海力度逐渐加大，已逐渐影响到港湾的生态环境和港口航道的发展。为防止港湾淤积灾害的加剧，应加强对项目的科学调查和论证，建立专家决策系统，对围填海工程计划或项目进行科学论证，做好围填海规划，提高科学围垦的水平。

2）严格控制围填海规模，加强围填海项目协调与管理

由国家制定围填海计划并纳入国民经济和社会发展计划。年度围填海计划指标分为中央和地方两块，主要根据国家宏观调控的总体要求和沿海地区围填海需求、海域资源禀赋等实际情况，按照适度从紧、集约利用、保护生态、海陆统筹的原则进行统筹安排。

针对围填海管理过程中遇到的现实问题与需求，通过科学研究建立起满足围填用海项目科学化与规范化管理和审批的评估体系，加强各涉海部门的协调，为实现围填用海项目的科学化管理与决策及规划提供技术支撑与管理对策。

3）积极开展港湾的生态修复与保护工作

围填海集中在港湾的潮间带地区，这里不仅是潜在的土地资源，更是沿海物种资源库和近海生物繁育及早期生命活动场所，是重要的滨海湿地，对于生物多样性意义重大。

操作不当，大型的围涂项目在带来经济效益的同时，也会带来生态退化、环境恶化、资源衰退、海洋灾害加剧等一系列问题。如，乐清湾围涂使海岸逐渐趋于平直，流场改变，水动力减弱，水流挟沙能力降低，海湾沉积加速，淤积状况日趋严重，底质环境也发生了变化。

针对围填海工程和淤积灾害造成的生态破坏，要积极修复海洋生态环境，切实有效地保护湿地。只有大力遏制环境污染，努力恢复海洋生态健康，才能确保沿海地区经济社会可持续发展。

同时，努力改进围填海方式。人工岛式围填海是目前国外的流行趋势，虽然会增加围填海成本，但是具有十分明显的优点：首先，不但可以增加更多高价值的土地，还可以在人工岛之间的水道和人工岛岸线上，开展海上交通、旅游观光、海水利用等多种海洋开发活动；其次，不但不会削减原有自然岸线，还会大量新增岸线，甚至新增港口岸线；最后，由于在一定程度上仍能维持水体交换和海洋生态系统，因而对海洋环境影响相对较小。

另外，高效利用围填海新地，减少盲目围垦的需求，才能有效地保护和缓解港湾的海域空间。很多沿海国家坚持以高利润、高附加值开发为主，将围填海新造土地主要用于港口码头、工矿企业、旅游业发展和城市建设。配置于海边的那些炼油、石化、钢铁、造船等资源消耗型企业，由于原料码头与产品码头往往成为工厂的一部分，中转运输费用明显减少，因而经济效益大幅提高。这一点值得学习。

## 10.5.3　边坡失稳的防治对策

1）加强边坡失稳过程机制的研究

水下边坡失稳的发生受多种因素的影响，非常复杂，不像陆上那样相对简单，尽管对此问题的研究已经开展了很多年，但是依然对土体破坏的过程机制不是很清楚。因此，加强边坡失稳过程机制的研究就显得非常重要。

2）加强边坡失稳过程的监测研究

边坡失稳具有突发性的特点，这给现场数据的获取带来极大的困难，特别是在极易发生失稳的风暴期间，根本无法进行海上调查工作，所以需要对现象监测技术进行研究，以获取现场土体破坏的实际记录。

3）加强室内试验研究

在无法及时获得现场第一手数据的情况下，进行室内试验也不失为一种好办法。通过室内试验，可以解决滑坡是如何发生、如何运动等的问题。

4）积极开展工程建设前后岸坡稳定性的调查研究

随着海洋工程活动的日益频繁，岸坡稳定性的研究已成为保证工程安全的重要环节。近岸的滑坡很多是由于工程设计及施工不当引起的。如 1971 年 12 月，宁波港第二作业区，因打桩使土的强度降低产生滑坡，造成沉船 4 艘、死亡 3 人、伤 8 人的严重灾害事故。由此可见，工程建设前开展岸坡稳定性的调查研究是非常必要的。工程建设后，由于土体载荷发生了变化，在潮流与波浪或风暴潮等外力作用下，也有发生滑坡的危险，因此，在工程建设后开展岸坡稳定性的研究也是非常必要的。

5）积极开展边坡失稳防治工程

目前，以防治山地滑坡为目的的工程技术措施已比较多，也比较成熟，但是以防治水下边坡失稳为目的的则非常少，这主要是由复杂的水下地质环境造成的。因此，为了保障海岸工程设施的安全性，积极开展边坡失稳防治方法与工程设计是今后一项重要任务。

## 10.5.4　海水入侵防治对策

浙江省海岛与滨海平原和丘陵地区受自然地理条件影响，水资源贫乏，加上人口密度大，经济发展水平高，属资源型缺水地区。加上城乡水环境污染日益加重，形成了大面积的水质型缺水。如果因为缺水而过度开采地下水，一旦诱发大规模海水入侵，后果极其严峻。

从海水入侵机制来看，要从根本上解决海水入侵问题，必须提高滨海地区的地下淡水水位，要控制海水入侵进程，缓解海水入侵危害，可采取的防控措施可分为限采、补源、堵渗、节水和生态修复 5 个方面，就浙江省目前海水入侵现状而言，限采和节水是最应该采取的措施。限采，即限制开采，关停不合理的开采井，限制不合理的开采量，科学管理地下水资源。节水，加强节水宣传和用水管理，鼓励节水技术研发和应用，提高水资源利用效率。

前面也已提到，有些地区地下潜水的氯度和矿化度较高，但可能是由于晚第四纪海侵地层中盐分较高的缘故，不一定是由现代海水侵入引起的，要明确浙江省海水入侵的程度和性质，还亟须加强有关的监测和研究工作。

**267**

## 10.6 结论与建议

### 10.6.1 主要结论

（1）浙江省沿岸地质灾害具有种类多样、成因复杂、区域差异大、人类活动影响大和全球变化影响趋势明显等特点。其中，致灾严重、分布广泛的主要是海岸侵蚀、港湾淤积、浅层气和地面沉降，其次是风暴潮、潮流冲刷槽、易损湿地、海岸滑坡与海水入侵等。

（2）浙江各类海岸都有侵蚀现象存在，产生的原因既有自然因素也有人为因素。基岩侵蚀海岸是浙江侵蚀海岸中分布最广、范围最大的一类岸线，其主要侵蚀动力是波浪。人工挖砂和涉水工程等人为因素是浙江砂质岸线发生侵蚀的主要原因。杭州湾北岸的侵蚀属典型的潮流侵蚀。通过危险性 $H$ 的定义计算得到杭州湾北岸各岸段的海岸侵蚀危险性系数都为 0.89，表明杭州湾北岸处于中等风险等级。

（3）地质构造与原始地形、潮流、悬浮泥沙是三门湾潮滩发育演变的主要因素，而近代人类活动（围涂堵港）通过改变原有的海岸边界、削弱落潮优势流，促进了潮滩淤涨和深槽淤积，已成为影响三门湾潮汐汊道系统发育演变的主要营力。三门湾淤积灾害的危险性为 1.42，属低危险性，但接近中危险性。考虑到 2003 年后三门湾围涂又进入新一轮高峰期，结果使海湾海域面积与纳潮量不断减少，最终将导致潮滩淤涨加快，因此，淤积灾害的风险应予以足够重视。

（4）在自然状态下，受长江泥沙随浙闽沿岸流扩散南下的影响，乐清湾缓慢淤积。近代的围涂、堵港工程则引发海域冲淤变化加剧，其主要原因是海湾纳潮量减少，潮流动力减弱，尤其是削弱了落潮优势流，造成海域滩槽淤积。乐清湾淤积灾害的危险性为 1.58，属中危险性。考虑到乐清湾近期的开发活动以大型电厂、港口物流、临港工业建设为主，主要依托乐清湾优越的港口航道资源，从冲淤对比来看，乐清湾仍处于较快淤积状态，尚未达到动态平衡。因此，淤积灾害的风险应予以足够重视。

（5）浙江沿岸潮汐水道边坡区土体失稳现象普遍发生，从已识别出的土体失稳现象来看，由剪胀性土破坏形成的整体性滑坡仍占多数，主要分布在 3 个地貌部位：基岩岬角控制的弧形岸滩边坡、水道交汇形成的舌状浅滩两侧边坡和水道区残留高地边坡。边坡剖面"上淤下冲"是滑坡产生的主要因素。

（6）综合历史地形对比和数值模拟结果，海岸边界事件性变动（围垦或码头）会引起边坡沿岸的局部淤积和深槽区的冲刷，同时束窄过水断面，边坡变陡，易引发边坡失稳地质灾害。

**268**

（7）从水资源量来看，浙江省沿海大部分地区发生海水入侵灾害的风险甚小，而嘉兴和舟山面临一定的风险；从地下水开采强度来看，浙江省主要沿海平原区面临一定的海水入侵风险。

（8）海洋地质灾害种类众多、性质迥异，因此其防治对策也各不相同。针对海岸侵蚀，应建立基准岸线评估制度、完善海岸侵蚀动态监测网络和数据库、杜绝不合理的海岸资源开发与海岸工程建设并开展针对性的防治工程；针对淤积灾害，应加强科学论证，做好围填海规划，严格控制围填海规模，加强围填海项目协调与管理，积极开展港湾的生态修复与保护工作；针对海岸滑坡，应加强基础理论研究、现场过程的监测研究、室内试验研究以及防治工程；针对海水入侵，最应该采取的措施是限采和节水。

## 10.6.2 存在问题与建议

### 10.6.2.1 存在问题

（1）已有调查数据与研究成果在多数情况下不足以支撑风险性评估，致使本风险评价所用数据较旧，并不能很好地反映现状。如，港湾淤积灾害评价需要的最直接资料包括水下地形测量、定点站的水文泥沙观测、沉积速率等。除了杭州湾部分区域有现场测量数据以外，其他重要港湾基本上处于盲区，没有精细的地形测量和定点水文泥沙观测用于冲淤对比分析。虽然我们收集了大量的历史资料，但是这些历史资料在时效性方面有些欠缺。其他重要地质灾害，如边坡失稳与浅层气，不仅没有开展专门的调查研究，而且已有的数据资料也非常少，不足以支撑开展相关研究。

（2）浙江省至今尚无地质灾害损失统计制度，致使统计指标体系缺乏，相应的损失资料几乎没有，只是散见在相关文献中，海岸侵蚀则更多的是在风暴潮损失统计中。

（3）尚无周期性（业务化）调查规划或计划予以支持。目前，美国和欧盟都针对地质灾害，建立了长期、周期性的计划。以海岸侵蚀为例，美国大多数州规定，岸线及海岸带调查以 8 年为一个周期；欧盟建立了海岸侵蚀数据库，并保持长期更新，某些国家如荷兰，每年对重点海岸侵蚀、动力、泥沙予以调查，借此评估海岸侵蚀强度，并制定海岸防护工程措施。相比较而言，浙江省及至全国都尚无岸线、海岸带长期和周期性调查与评估规划，给海岸防灾减灾带来诸多数据上的限制。

### 10.6.2.2 建议

（1）以"我国近海海洋综合调查与评价"专项调查工作为基础，引入业务化的海岸侵蚀机制，建立浙江省海岸侵蚀监测网络、数据库与预警体系；以杭州湾北岸为重点区，开展定期监测，就侵蚀状况、机理进行研究；在全省范围内，遴选几个侵蚀较为严重的砂砾滩，如六横岛外门沙、秀山岛沙滩、朱家尖乌石塘等，就海岸侵蚀状况、机理和治理技术开展观测与研究，实施沙滩修复工程，以保护重要的旅游资源。

（2）发展适用于浅滩的观测技术。岸滩下蚀将是全省海岸侵蚀最为主要的表现，长期以来关于岸滩的数据获得比较困难，关键也在于没有适用于浅滩的观测技术，不能取得可靠的、丰富的第一手数据。发展适用于浅滩地形地貌观测技术，快速获取高精度的地形地貌数据，以利于海岸侵蚀的评估。

（3）启动全省港湾专项调查研究工作，对海湾的基础地形和沉积、动力特征进行全面系统的勘测，从分析自然过程和人类活动影响入手，剖析港湾的淤积过程与机制，研究淤积灾害与人类开发活动相互之间的响应机制，进而分析港湾资源环境的承载力，建立起典型港湾评价模型并进行综合评价，为社会经济和港湾资源环境之间的协调发展提供科学依据。

（4）启动全省粉砂淤泥质海岸岸坡稳定性调查研究工作，对边坡失稳的分布特征、成因机制、发育过程以及事件性变动响应等进行全面系统的研究，对潜在的土体滑坡进行风险评估，据此制定相应的防治对策，为沿海开发规划与工程选址提供科学依据。

（5）启动其他重要地质灾害的调查研究工作，如浅层气、地面沉降、潮流冲刷槽等。相对于海岸侵蚀与港湾淤积，这些地质灾害的调查研究更少，数据资料也非常缺乏。

# 参 考 文 献

鲍才旺，姜玉坤．1999. 中国近海海底潜在地质灾害类型及其特征［J］．热带海洋．18（3）：
　　25－31.

蔡锋，等．2010. 908 海岸侵蚀现状评价与防治技术研究报告［G］．厦门：国家海洋局第三海洋
　　研究所．

曹沛奎，董永发，周月琴．1989. 杭州湾北部潮流冲刷槽演变的分析［J］．地理学报，44（2）：
　　157－166.

曹沛奎．1989. 杭州湾北岸高能潮滩的基本特征［J］．海洋与湖沼，20（5）：412－421.

曹沛奎．1989. 杭州湾泥沙运移的基本特征［M］．见：陈吉余，王宝灿，虞志英，主编：中国海
　　岸发育过程和演变规律．上海：上海科学技术出版社，108－119.

陈吉余，恽才兴，虞志英．1989. 杭州湾的动力地貌［M］．见：陈吉余，王宝灿，虞志英，主编：
　　中国海岸发育过程和演变规律．上海：上海科学技术出版社，81－96.

陈沈良．2004. 杭州湾北岸潮滩沉积物粒度的时间变化及其沉积动力学意义［J］．海洋科学进
　　展，22（3）：299－305.

陈卫跃．1989. 潮滩泥沙输移及沉积动力环境——以杭州湾北岸、长江口南岸部分潮滩为例［J］.
　　海洋学报，13：813－821.

陈伟．1992. 杭州湾锋面区余流场结构及其动力分析［M］．中国海洋文学集，2：22－28.

陈希海，徐有成．2001．钱塘江河口边滩的近期变化［M］．海岸河口研究．北京：海洋出版社．
1990．见：浙江省钱塘江管理局、浙江省河口海岸研究所编：《钱塘江河口丛书》之三．北京：
中国水电水利出版社，321 – 332．

丁家元．2004．杭州湾北岸河口演变及建港条件分析［J］．海岸工程，23（1）：35 – 40．

冯文科，石要红，陈玲辉，等．南海北部外陆架和上陆坡海底滑坡稳定性研究［J］．海洋地质与
第四纪地质．1994，14（2）：81 – 94．

冯应俊，李炎．1990．杭州湾地貌及沉积界面的活动性［J］．海洋学报，12（2）：213 – 223．

冯应俊．1992．杭州湾地貌、沉积特征及其与水系锋面的关系［M］．中国海洋文学集，2：
47 – 56．

冯应俊．1993．杭州湾近期环境演变与沉积速率［J］．东海海洋，11（2）：13 – 24．

国家海洋局．2011．中国海洋统计年鉴（2010）．北京：海洋出版社．

韩曾萃，等．1991．杭州湾北岸深槽的形成及其维护（总报告）［G］．杭州：浙江省河口海岸研
究所．

李广雪，庄克琳，姜玉池．2000．黄河三角洲沉积体的工程不稳定性［J］．海洋地质与第四纪地
质，20（2）：21 – 26．

李培英，杜军，刘乐军，等．2007．中国海岸带灾害地质特征及评价［M］．北京：海洋出版社，
325 – 332．

李培英，张海生，于洪军，等．2010．908 专项海洋地质灾害调查研究报告［G］．青岛：国家海
洋局第一海洋研究所．

林春明．1999．杭州湾沿岸平原晚第四纪沉积特征和沉积过程［J］．地质学报，73（2）：
120 – 130．

刘阿成．1992．杭州湾金山深槽的地貌特征及其控制因素［J］．海洋通报，11（5）：71 – 77．

刘苍字，虞志英．2000．杭州湾北岸的侵蚀/淤积波及其形成机制［J］．福建地理，15（3）：
12 – 15．

刘乐军，李培英，李萍，等．2004．加拿大 COSTA 计划简介［J］．海洋科学进展，22（2）：
233 – 239．

刘守全，张明书．1998．海洋地质灾害研究与减灾［J］．中国地质灾害与防治学报，9（增）：
159 – 163．

刘毅飞．2007．杭州湾北岸金山深槽泥沙动力与冲淤演变特征［D］．国家海洋局第二海洋研究所
硕士学位论文．

倪勇强．2003．河口区治江围涂对杭州湾水动力及海床影响分析［J］．海洋工程，21（3）：
73 – 77．

钱塘江志编纂委员会．1998．钱塘江志［M］．北京：方志出版社．

苏纪兰．1992．杭州湾的锋面及其物质输运［M］．中国海洋文学集，2：1 – 12．

王康墡．1992．杭州湾锋面的结构特征［M］．中国海洋文学集，2：13 – 21．

王圣洁，蓝先洪，刘锡清，等．2006．我国海岸带灾害地质因素发育基本特征［J］．中国地质灾
害与防治学报，17（4）：102 – 109．

夏小明，等．2011．浙江省海岸带调查研究报告［G］．杭州：国家海洋局第二海洋研究所．

夏小明，等．2011．浙江省海岛调查研究报告［G］．杭州：国家海洋局第二海洋研究所．

**271**

夏小明，等．2011．重要海湾和河口湾淤积灾害及防治［G］．杭州：国家海洋局第二海洋研究所．

夏小明．2011．三门湾潮汐汊道系统的稳定性［D］．浙江大学博士学位论文．

严钦尚，邵虚生．1987．杭州湾北岸全新世海侵后期的岸线变化［J］．中国科学（B），11：1 225－1 235．

杨金中．2004．杭州湾南北两岸潮滩变迁遥感动态调查［J］．地质科学，39（2）：168－177．

杨作升，陈卫民，陈章榕，等．1994．黄河口水下滑坡体系［J］．海洋与湖沼，25（6）：573－581．

余炯，曹颖，杨永其，等．1999．杭州湾北岸海盐、平湖境内四段标准塘水位、风浪和塘前滩地冲刷分析［G］．杭州：浙江省河口海岸研究所．

余祈文，符宁平．1994．杭州湾北岸深槽形成及演变特性研究［J］．海洋学报，16（3）：74－85．

余祈文．1994．杭州湾北岸深槽形成及演变特性研究［J］．海洋学报，16（3）：74－85．

袁忠浩，宋伟建．1987．杭州湾金山卫深槽地区地貌发育与演变探讨［J］．海洋地质与第四纪地质，7（3）：43－55．

赵广涛，谭肖杰，李德平．2011．海洋地质灾害研究进展［J］．海洋湖沼通报，（1）：159－164．

浙江省海岸带资源综合调查队．1985．浙江省海岸带资源综合调查专业报告（之五）——地质地貌［G］．

浙江省海岸带资源综合调查领导小组办公室．1986．浙江省海岸带资源综合调查报告（内部）［G］．

浙江省海岛资源综合调查领导小组，浙江海岛资源综合调查与研究编委会．1995．浙江海岛资源综合调查与研究［G］．

浙江省水利河口研究院．2007．中国海岸侵蚀概要浙江省部分［G］．

浙江省水利水电勘测设计院．2006．浙江省滩涂围垦总体规划报告［G］．

中国海湾志编纂委员会．1992．中国海湾志（第5分册）［G］．北京：海洋出版社．

中国海湾志编纂委员会．1993．中国海湾志（第6分册）［G］．北京：海洋出版社．

周航，国章华，冯志高．1998．浙江省海岛志［M］．北京：高等教育出版社．

Canals M，Lastras C，Urgeles R，et al. 2004. Slope failure dynamics and impacts from seafloor and shallow sub - seafloor geophysical data: case studies from the COSTA project［J］. Marine Geology. 213 (1 - 4): 9 - 72.

Prior D B，Yang Z S，Bornhold B D，et al. 1986. Active slope failure, sediment collapse, and silt flows on the modern Sub - aqueous Huanghe［J］. Geo - Marine Letters. 6: 85 - 95.

# 第11章 海平面上升对浙江沿岸环境与经济的潜在影响

　　近年来，由温室效应导致的全球气候变暖以及由此引起的全球海平面上升趋势，正引起世界各国的重视和忧虑，海平面的持续上升将威胁经济发达、人口密集、旅游地集中、交通运输便利的沿海城市，因此各国科学家们纷纷进行研究，试图进一步更加精确地预测海平面上升的趋势，以及可能造成的影响，寻求应对海平面上升的策略。20 世纪 80 年代前对海平面变化的研究，多限于建立海平面变化的曲线，20 世纪 80 年代以来，海平面变化研究进入了以预测与影响研究为主要目标的新阶段。资料表明，近一个世纪以来，由于 $CO_2$ 增加造成的温室效应导致气温和海平面均出现了持续上升的势头，随着今后全球 $CO_2$ 的增加和温室效应导致的全球进一步变暖，海平面的上升将进一步加剧。据多数专家预测，到 2050 年，大气层中的 $CO_2$ 将增加 1 倍，由此带来的温室效应将使全球的平均温度上升 1.5 ~ 4.5℃，由于全球气温升高会促使大洋海水热膨胀、陆地冰川消融，由此导致的全球海平面上升将达 1 m 左右，从而危及沿海地区。

　　我国沿海城市的海拔高度一般在 1 ~ 4 m，最低的还不到 1 m。而只占陆地面积 13% 的沿海地区，却有 40% 的人口居住，并且其经济总额已占国民经济总额的 60% 以上。沿海地区是我国社会与经济活动最活跃的地带，又是改革开放的主战场，这里单位面积土地上创造的物质财富最高，城市不断扩展，交通网、通信网迅速发展，正在形成"中国沿海城市链"。因此即使海平面上升 0.5 m，也会给沿海经济发达地区带来严重的乃至灾难性的后果。海平面长期缓慢上升会加剧这些地区的风暴潮灾害、加大洪涝威胁，并且引发海水入侵、土壤盐渍化、海岸侵蚀等诸多问题，同时也严重影响沿海城市基础设施建设。所以海平面缓慢而持续的上升将影响到我国沿海地区社会发展和经济建设的各个方面，成为这些地区经济、社会发展的制约因素之一。而浙江省是一个海洋大省，沿海是经济、技术、文化最发达地区和人口稠密地带，同时又是对外开放的前沿，因此对海平面变化的研究有着特别重要的意义。

## 11.1 海平面变化研究现状

　　国际上对海平面上升问题高度重视，组织开展了许多研究和讨论。1989 年 9 月，美国马里兰"全球海平面上升国际研讨会"着重研讨海平面上升对发展中国家的影响和应采取的对策。1990 年 2 月，政府间气候变化专业委员会在澳大利亚佩斯召开了国际研讨会，审议通过了全球海平面上升影响的对策方案。1993 年 8 月，在日本筑波召开了政府间气候变化专业委员会东半球海平面上升脆弱性评估和海岸带管理国际研讨会。近十几年来，这方面的研究越来越深入，且更加重视研究导致海平面上升的原因、幅度及其可能带来的影响。

20 世纪 80 年代以来，我国较系统地开展了长期海平面变化趋势与影响的研究。"七五"期间，开展了"我国气候与海平面变化及其趋势和影响研究"。"八五"和"九五"期间，相继开展了"气候变化对沿海地区海平面的影响及适应对策研究"，以及"海平面上升对长江三角洲和苏北滨海平原海岸侵蚀的可能影响"、"海平面上升对珠江三角洲经济建设的可能影响"、"渤海两岸平原海平面上升危害性评估"、"海平面上升对海岸带环境的影响与危害及防治对策"等一系列研究。

目前气候变化引起的海平面上升对沿海的影响研究取得了较大的进展，一些主要的研究认识有：

（1）全球气候变暖引起海平面上升。全球气温升高会促使大洋海水热膨胀、陆地冰川消融，从而导致全球海平面上升。模拟研究表明，1910—1990 年，全球海平面受全球气候变暖的影响平均上升了 0.02 ~ 0.06 m；对应不同的温室气体和气溶胶排放情景，预计到 2100 年全球海平面上升幅度为 0.09 ~ 0.88 m。预计到 2030 年我国沿岸海平面上升幅度为 0.01 ~ 0.16 m，最佳估计值在 0.06 ~ 0.14 m；预计到 2050 年上升幅度为 0.06 ~ 0.26 m，最佳估计值在 0.12 ~ 0.23 m；预计到 2100 年上升幅度为 0.21 ~ 0.74 m，最佳估计值在 0.47 ~ 0.65 m。虽然全球气候变暖引起的海平面上升速率在全球各地几乎相等，但由于海洋周围地面沉降和局部地壳垂直运动不一致等原因，全球各地验潮站资料反映的海平面上升幅度并不相同，存在着明显的区域性差异。根据世界各地的验潮站资料，20 世纪全球平均海平面上升了 0.15 ~ 0.18 m，上升速率为 1.0 ~ 2.0 mm/a。

（2）海平面上升严重影响海岛海岸带生态系统和生物资源。这当中，首当其冲的是由小岛和珊瑚礁组成的小岛屿国家。0.5 m 或更高的海平面上升，将大大减少这些岛屿的面积，减少 50% 以上可使用的地下水，并对海岛生态系统产生严重影响。其次是沿海国家地势低洼的地区，如孟加拉国，现约有 7% 的可居住土地位于海拔不足 1 m 的地方，约有 25% 的可居住土地低于海拔 3 m。对这些地区而言，海平面上升最明显的影响是丧失大批的良田。同时，加剧热带气旋及其伴随的风暴潮、洪水带来的损失。就我国而言，如果海平面上升 0.5 m，在没有任何防潮设施情况下，粗略估算我国东部沿海地区可能约有 $4 \times 10^4 \ km^2$ 的低洼冲积平原将被淹没。

目前世界湿地和红树沼泽面积约为 $100 \times 10^4 \ km^2$，其生物量超过任何其他的自然或农业系统。人类所捕获鱼类的 2/3 以及许多鸟类和动物，都依靠沿海湿地和沼泽作为其生命周期的一部分。研究结果表明，这些地区能够适应非常缓慢的海平面上升，但难以适应大于 2.0 mm/a 的快速上升。海平面上升速度过快，湿地就会向内陆延伸，这将使人类进一步丧失良田。

海平面上升还将引起海水侵入河口地区和海岸带地区的地下淡水，进而影响耕地的生产力。据估计，目前孟加拉国部分地区海水向内陆的季节性延伸已超过 150 km。当海平面继续上升 1 m 时，受到海水入侵影响的面积将增加 1 倍，这将对淡水的供应产生很大影响。

气候 – 海洋状态的变化，对海洋生态系统和食物链有长期的影响。如鱼群的地理分布既与厄尔尼诺事件的发生有关，也与气候 – 海洋状态的持续性及从一种状态转为另一种状态的速率有关。预计全球气候变暖后，厄尔尼诺事件发生的频率将增加，浮游生物和幼鱼将减少，这将对鱼类、海洋哺乳动物和海鸟等产生不利影响。

（3）海平面上升影响海岸带环境。首先，海平面上升将加剧海岸侵蚀。在假定仅受单一的海平面上升影响的情况下，长江三角洲地区侵蚀范围扩大，潮滩面积减小，海滩坡度不断加大，淤泥质潮滩可能逐渐演化成砂质海滩。据估计，长江三角洲地区 5 220 多 km² 的潮滩和 1 250 多 km² 的湿地，在海平面上升 0.5 m 时，将因淹没、潮滩侵蚀以及淤涨岸段等损失潮滩约 560 多 km²、湿地近 100 km²；当海平面上升 1.0 m 时，损失潮滩约 1 073 km²，湿地 176 km²。

其次，海平面上升将加剧海水入侵。海平面上升必将改变河口的盐水入侵强度，也会使三角洲江河潮水顶托范围上溯。会潮点和海水楔的上移不仅会引起河道泥沙沉积的变化，影响整个河口的生态环境，也会对河流两岸的城乡供水带来新的问题。全球变暖引起的海平面上升，还将加剧沿海城市由于抽取地下水而引起的地面下沉。

最后，海平面上升将使洪涝灾害加重。如珠江三角洲地势低平，约有 1 500 km² 的土地在珠江基面高程 0.4 m 以下，近一半土地在 0.9 m 以下，主要靠堤围防护。近年来，由于上、中游水土流失，河床淤积已经十分严重，若海平面上升，势必会对洪水起顶托作用，从而加大洪水的威胁。同时，因全球变暖，热带海洋温度升高，西太平洋地区生成台风的概率可能增加。敏感性分析表明，当全球气温升高 1.5℃ 时，西北太平洋台风发生频率可能增加 2 倍左右，在我国登陆的台风将增加 1.76 倍。与此相应，风暴潮在沿海地区的发生频率和强度都会有所增加。

各国的科学家都在海平面上升的有关方面进行了大量研究，有的从引起全球气候变暖的因素出发，通过动力学方法或数值模拟方法计算海平面上升的趋势，或从地质学和考古学方面探讨过去地球上海平面变化的规律，研究海平面上升对沿海地区可能造成的影响；有的则从政治、经济、技术方面研究海平面上升的对策等。在对海平面上升趋势方面的诸多研究中，从海平面高度的实际观测资料（验潮资料）统计分析近数十年来的实际升降趋势，是一项关键的基础性的研究。通过这一研究，人们试图找到最直接、最有说服力的证据，以回答这样的问题：过去数十年世界海平面是否真的在缓慢上升？如果是，上升的速率究竟有多大？这种研究成果往往构成其他方面研究的出发点和立项的前提。这种统计研究，虽然方法并不复杂，但资料收集和数据处理则是费钱、费时且繁琐乏味的工作。国内许多学者均曾开展过这项研究，即利用数十年的潮位资料或月平均海面高度资料分析近期的海面升降趋势，发表了不少统计结果。自20世纪90年代开始，国家海洋局定期发布权威性的《中国海平面公报》，主要根据我国沿海50个验潮站的长期观测资料，统计分析海平面变化特征。如1992年《中国海平面公报》指出，我国海平面近几十年的上升速率平均为1.4～2.0 mm/a；50个验潮站中，海平面上升的有41个站，海平面下降的有9个站（表11.1）。2012年《中国海平面公报》指出，中国沿海海平面变化总体呈波动上升趋势，1980—2012年，中国沿海海平面上升速率为2.9 mm/a，2012年海平面为1980年以来最高位（图11.1）。

表11.1　中国沿岸海平面升降率

| 岸段或区域 | 年升降率（mm/a） | 岸段或区域 | 年升降率（mm/a） |
| --- | --- | --- | --- |
| 渤海沿岸 | 2.0 | 吕四 | 7.2 |
| 黄海沿岸 | 1.0 | 上海地段 | 4.5 |
| 东海沿岸 | 2.7 | 浙江沿岸 | 3.4 |
| 南海沿岸 | 2.1 | 福建沿岸 | 1.9 |
| 辽宁沿岸 | 2.6 | 广东沿岸 | 2.1 |
| 津塘地区 | 2.2 | 广西沿岸 | 2.8 |
| 秦皇岛 | -2.1 | 海南沿岸 | 1.7 |
| 羊角沟 | 9.3 | 中国沿岸 | 1.4～2.0 |
| 龙口-青岛地段 | -1.3 | | |

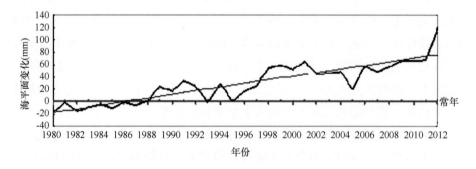

图11.1　中国沿海海平面变化及趋势

但纵观国外和国内学者发表的数字，其特点之一是各数字之间差异很大。这是因为气候变化对海岸带影响研究也存在许多不确定性：①对未来海平面变化趋势的估计有不确定性。影响未来长期海平面升高各种因子很多，有海水热膨胀、山地冰川、格陵兰冰原、南极冰原融化等，其中海水热膨胀影响最大。如海洋上层100 m

的海水温度由 25℃上升到 26℃时，将使海水深度增加 3 cm；其次是山地冰川融化，如果南极和格陵兰以外的山地冰川全部融化，海平面将会升高 30 ~ 50 cm。然而，热膨胀的准确计算和气候变化对冰川消融影响的模拟都很复杂，取决于很多其他因子。②对海平面升高产生影响的估计有不确定性。目前估计未来海平面上升的影响，多是基于目前情况和一些假设条件下完成的。这些情况和条件与未来几十年或 100 年后可能发生的实际情况之间的差别可能会很大。如，海平面上升对长江三角洲海岸侵蚀的趋势的估计，就是假定仅受单一的海平面上升影响而未来区域海洋潮波系统、总流场和大气环流不变且无其他重大突变性因素加入的情景下做出的。还有这些影响的评估大都是基于不采取任何防范措施的前提下得到的，但实际情况将并非如此。因此，在分析这些数据的时候，应结合具体的情况作相应的不确定性分析。

## 11.2　浙江沿海海平面变化特征与趋势

### 11.2.1　浙江沿海历史海平面变化特征

地质历史时期的气候和海平面变化，历来是地质学中的重要课题之一，因为它直接关系到人类的生存与发展。因此，许多科学家正在研究和探索气候与海平面变化之间的关系，以便掌握和了解它们的变化规律以及发展趋势，进行预测、预报，从而更好地为国民经济服务。引起全球海平面变化的原因主要有大洋盆地容积的变化、大洋水体体积的变化、大洋物质分布的变化和动力作用即由气候、水文、海洋等因素引起的海平面变化等。可见引起全球海平面变化的原因是很复杂的，不同地质时期里的海平面变化可能具有各不相同的原因。

海平面变化是一个非常复杂的问题，既包括绝对海平面变化，也包括相对海平面变化。在大多数情况下，海平面变化是绝对海平面变化和相对海平面变化的总体效应。因此，研究海平面的升降变化，既要考虑海平面的绝对变化，也要考虑海平面的相对变化，并且海平面的相对变化对人类社会的影响往往比理论海平面变化的影响更大。海平面变化与气候变化密切相关，气候变暖会导致海面的上升，气候变冷则使得大陆冰盖发育，海平面随之降低。地球表面长周期的垂直调整也影响海平面变化。相对海平面变化（主要指岸线移动），既包括了绝对海平面变化的成分，也包括了由地面沉降、局部地质构造变化、局部海洋水文变化、物源供应以及沉积压实等作用造成的海平面相对变化。其中海洋水文变化还包括周期性的潮汐变化、事件性的风暴潮引起的短周期的海平面变化等。当然，这些短周期的变化常被忽略不计。地面沉降、物源供应和沉积压实作用是造成海平面相对变化的重要因素。当物源供应丰富时，海岸快速淤进，造成相对海平面的下降现象（当然，绝对海平面不一定是下降）。沉积压实作用则造成相对海平面上升的现象。在沉积过程中，随着沉积物的逐渐加厚，下部沉积物中的水分被逐渐排出，变得越来越致密，其孔隙度越来越小。沉积物厚度变小，造成相对海平面上升。

研究结果表明（刘振夏等，2001），海洋氧同位素 6 期 MIS 6（Marine oxygen Isotope Stage）以来与浙江省毗邻的东海大陆架共出现 3 次较高的海平面（图 11.2），分别对应 MIS5、MIS3 和 MISl 海侵，其中 MIS5、MISl 海侵规模较大，而 MIS3 海侵规模较小。MIS5（128～75 ka B.P.）期间全球性气候回暖，发生第四纪以来海侵幅度较大的一次大规模海侵，MIS5 期间海平面比现今海平面要高 3～5 m。MIS 2（25～13 ka B.P.）气候最为寒冷，世界洋面大幅度降低，秦蕴珊等（1987）认为 18 ka B.P. 时期东海海平面下降至 -130 m 左右，现今的东海中陆架暴露于地表成为中国东部平原的一部分，遭受风化剥蚀。金翔龙（1992）认为 15 ka B.P. 时东海海平面开始回升，标志着末次冰消期陆架海侵开始。徐家声（1981）认为 12 ka B.P. 的济州岛海侵使海水沿着黄海南部一直推进到 60 m 等深线附近，并发育较稳定的短期古海岸线。许东禹（1997）认为至 9 ka B.P. 全新世古地理面貌和现代基本一致。总之，15～12 ka B.P. 期间东海海平面上升速度较快，从现代水深的 -130 m 回升到 -60 m，平均上升速率曾高达 23 mm/a。

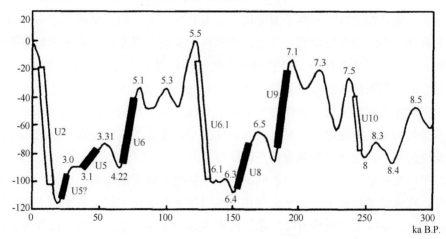

图 11.2 东海海进 - 海退层序和海面变化模式（据刘振夏等，2001）
空心的长柱代表海进层序；实心的长柱代表海退层序

## 11.2.2 浙江沿海现代海平面变化特征及主要影响因素

### 11.2.2.1 浙江现代海平面变化特征

将浙江沿海各典型验潮站逐年的海平面量值都统一到"1985 国家高程基准"上来，并绘出它们年际变化的过程曲线（见图 11.3）（羊天柱等，1999）。不难发现浙江沿海的海平面变化具有如下基本特征。

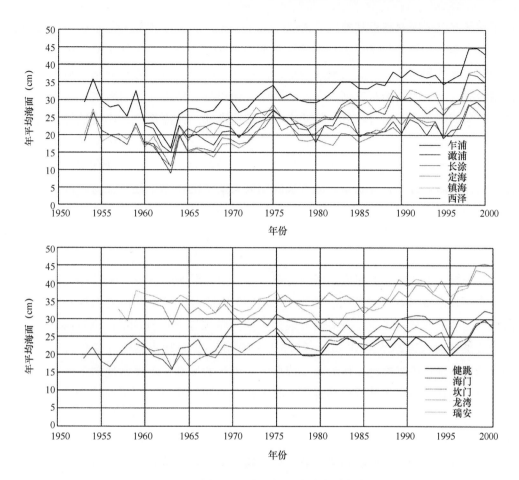

图 11.3　浙江沿海各测站年平均海平面变化

（相对于"1985 国家高程标准"）

（1）全省各测站海平面的年际变化均具有波动的形态和明显的上升趋势；在这一"波动－上升"的变化中，相邻测站的年海平面出现显著升降的事件，几乎都出现在相同的年份，具有总体上一致性和同步性的年际变化，如：1953 年、1958 年、1963 年、1965 年、1971 年、1979 年、1985—1986 年和 1995 诸年份为多数测站波动变化中谷值出现的年份；而 1954 年、1959 年、1969 年、1975 年、1983 年、1989年、1991 年、1998 年和 1999 等年，又是波动形态中峰值出现的年份；其中，近 50 年来最高的峰值出现在 1998—1999 年，最低的谷值发生在 1963 年，全省沿海海平面极差的变幅在 13～29 cm 之间，平均极差可达 21 cm。

（2）包括水准引据和观测误差在内，全省沿海海平面高程的平均状况是：50 年代（1953—1960 年）全省海平面的平均高程为"1985 国家高程基准"以上23.7 cm，60 年代平均高程为 22.4 cm，70 年代海平面高程上升至 26.0 cm，80 年代、90 年代海平面高程相继上升至 27.1 cm 和 30.6 cm，至 2000 年全省沿海海平面的平均状况已达国家高程基准以上 33.6 cm。

（3）如果剔除个别测站显而易见的基面引据误差，全省沿海海平面总体上呈现为南高、北低和西高、东低的地理分布；在浙北、浙中沿海，海平面基本持平，而浙南沿海，海平面则相对较高；在大陆沿岸与河口处，海平面相对较高，而在外海或东部岛屿则海平面相对较低；除此之外，某些潮滩、海涂面广，而腹地又大的海湾，如象山港、三门湾等，其海平面对于外界变化的响应往往不太敏感。

浙江沿海海平面"波动－上升"的机制是十分复杂的，其中，既有与全球的气温、大洋海温上升的直接联系，也有长周期天文要素的作用，还有江河径流、海洋与大气环流变异（如黑潮变异、厄尔尼诺和拉尼娜现象）的影响。

首先，从图 11.3 可以看出，1954 年、1998 年这两个典型的海平面峰值，它们恰巧与长江流域近百年来两次特大洪水的入海年份相对应，而且还可以看出，洪水入海后在科氏力的作用下向南扩展的影响可达浙中甚至浙南沿海，1998 年的洪水甚至会有更长的滞后效应。其次，1959 年和 1975 年这两个显著峰值的出现，又与东海黑潮的明显变异相对应，有关研究表明：这两年黑潮 PN（Pollution Nagasaki）断面的流量分别达到 $23.5 \times 10^6 \text{ m}^3/\text{s}$ 和 $23.0 \times 10^6 \text{ m}^3/\text{s}$，呈现出其年际变化过程中典型的峰值特征；不难推论，作为东、黄海流系主干的黑潮，若反常地向东海输入大量高温、高盐的海水，其后果必将导致海水比容的增大并引起海平面的上升；由于这些变化又往往与日本南部海洋中的黑潮大弯曲及西北太平洋上的副高变异相联系，因此亦有人称其为"黑潮大弯曲对东海海平面变化的影响"。再者，热带太平洋经常发生的厄尔尼诺和拉尼娜现象，通常总会给全球气候、特别是北半球带来严重的影响，其中环流的调整与变化也必然导致东、西太平洋海面的升降变化，对此，一些学者的早期研究也都予以证实，即厄尔尼诺期间中国沿海海面通常会出现 5 ~ 15 cm 的下降；以本项研究中 1963 年的海平面异常事件为例，它的出现恰巧既是 1959—1963 年黑潮大弯曲的结束年份，又是 1963 年厄尔尼诺的发生年份，其间大气环流出现异常的基本特征是：东亚高空槽与地面寒潮（强冷空气）频繁活动，导致中国沿海持续不断的西北大风出现，浙江省沿海亦出现长时间、大范围的减水，致使 1963 年成为近 50 年来海平面最低的年份；必须指出，由于厄尔尼诺为一种非固定周期的海气相互作用事件，它的"周期"一般被认为在 2 ~ 7 年的范围之间，因此，它对海平面波动变化的影响亦可能对应地在 2 ~ 7 年之间。还有，一些众所周知的天文周期，如 18.61 年（月球轨道升交点西行周期）、11.13 年（太阳黑子活动周期）、8.85 年（月球近地点和远地点的移动周期）、3.57 年（天文分潮周期）和 1.19 年（地极移动周期）等，这些也必然在不同程度上对海平面的波动变化产生影响；有关研究表明，我国沿海交点分潮的振幅在 2 ~ 4 cm 之间，这就意味着在 18.61 年期间海平面将由此产生 4 ~ 8 cm 的升降变化；进一步的计算表明，东海沿岸某测站 18.61 年分潮、8.85 年分潮和 1.19 年分潮的振幅分别为 3.38 cm、0.60 cm

和 1.58 cm，从而在定量上表征了这些长周期天文要素对海平面变化的作用。

对浙江沿海各验潮站海平面数据进行平均（图 11.4）（浙江省海洋与渔业局，2011），结果表明浙江沿海年平均海平面变化与全国基本一致（图 11.1），呈明显上升趋势。20 世纪 70 年代中期经历了一次小的高峰期，80 年代海平面有所回落，90 年代以后海平面回升，1981—2011 年，全省各代表站海平面平均累计上升约 70 mm，平均上升速率为 2.4 mm/a。概括来说，浙江沿海近 50 年来海平面变化的基本特征是：波动多、变幅大，上升趋势明显，总体上具有合理的地理分布与变化上的一致性与同步性。

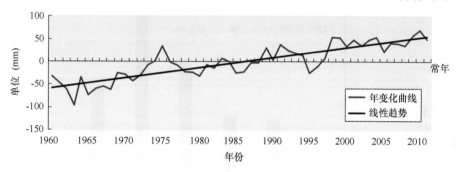

图 11.4　浙江沿海年平均海平面变化及趋势

## 11.2.2.2　浙江现代海平面变化的主要影响因素

现代海平面上升可分为由气候变暖引起的全球性海平面上升（亦称绝对海平面上升）和区域性的相对海平面上升两种。前者是由全球温室气体的排放量增加、气温升高、海水增温引起的水体热膨胀和冰盖融化所致，后者主要是由沿海地区地壳垂直运动、超采地下水引起地面沉降、台风风暴潮和温带风暴潮及河口水位的趋势性抬升等因素所致。在所有这些因素中，影响海平面上升的主要因素可归纳为以下两个。

（1）全球气候变暖

这是世界性的环境问题，20 世纪全球气温升高约 0.5℃，引起全球海平面上升了 15 cm。全球海平面上升是海水热膨胀和冰盖融化的共同贡献。Warrick 和 Oerlemans（1990）对全球海平面上升的影响因素进行了估计，中国沿岸海域作为世界大洋的一部分，这一影响与全球其他海区是一样的。

另一方面，全球气候变暖使热带海洋温度升高，有利于台风的生成和发展。随着温度的升高，西北太平洋台风发生频率及登陆频率均呈增大趋势。台风发生频率和强度加大，北太平洋台风的发生频率将相应增加。有关研究表明，当全球气温升高 1.513 时，西北太平洋台风发生频率增加 2 倍左右，在中国登陆的台风频率将增加 1.76 倍，从而更加剧了海平面上升及其对沿海地区的灾害风险程度。

根据政府间气候变化委员会（IPCC）1990 年的评价报告，预测 21 世纪海平面将加速上升。至 2100 年，全球海平面将上升 31～110 cm，最佳估计值为 66 cm；

**281**

2030 年，海平面上升最佳估计值为 18 cm；2070 年，海平面上升最佳估计值为 44 cm。杜碧兰（1997）认为中国沿岸海域 21 世纪海平面总体是上升的：黄海沿岸至 2050 年海平面将上升 2.8 cm，至 2100 年海平面将上升 31.1 cm；而东海沿岸海平面估计上升幅度较大，至 2030 年海平面将上升 13.5 cm，至 2050 年海平面将上升 22.5 cm，至 2100 年海平面将上升 64.8 cm（图 11.5）。据世界绝大部分验潮站的资料，近百年来海平面上升是确定无疑的。

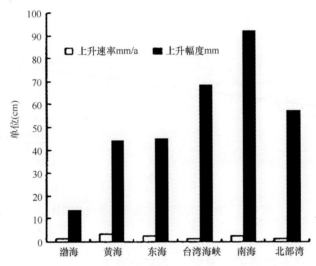

图 11.5　中国各海区海平面上升与速率上升幅度

（2）沿海地区地壳垂直运动和地面沉降

有关研究对晚更新世以来中国沿海的古海平面和近 50 年来中国沿海相对海平面的变化趋势和特征进行了分析研究，研究结果表明，中国沿岸现代相对海平面的上升速率为 1.7 mm/a ± 0.3 mm/a。由于中国大陆岸线漫长，沿岸的相对海平面变化主要取决于沿海地区地壳的垂直运动和地面沉降，且地区差异较大。目前，人类活动引起的地面沉降仍难以有效控制，地面沉降加剧了海平面的上升。它不仅取决于当地经济发展的社会经济因素，而且在很大程度上取决于当地政府的决策，因此沿海地区的地壳垂直运动的预测有较大困难。

长江三角洲及其邻近的地区处于地壳运动缓慢沉降区。苏北至杭州湾，构造下沉速率为 0.4~1.2 mm/a，上海地区为 1~2 mm/a。该地区又是由于过量抽取地下水而造成的严重局部地面沉降区。其中，在上海全市面积约为 6 000 km$^2$ 的土地上，1956—1965 年间地面累积沉降量达 5 cm 以上的面积已达 500 km$^2$。虽然自 1966 年采取控制措施后，地面沉降得到一定控制，甚至曾有一定回升，但自 1972 年以后，地面沉降率仍比较大，1972—1989 年市区平均沉降速率为 3 mm/a，1985—1990 年的数字表明，市中心区及浦东区地面沉降速率达 6~7 mm/a。

长江三角洲及邻近地区的相对海平面上升速率，实际上远远超出由于全球气候变暖而引起的全球性海平面上升速率。将21世纪全球性海平面上升按最佳估计值计算，本地区的构造下沉取 1.5 mm/a，抽取地下水所致的局部地面沉降按 3 mm/a，得到长江三角洲及邻近地区的相对海平面上升估计值（表11.2）。

**表 11.2　21 世纪长江三角及邻近地区相对海平面上升估计值**　　单位：cm

| 年份 | 全球海平面上升 | 本区构造下沉 | 局部地面沉降 | 相对海平面上升 |
|---|---|---|---|---|
| 2030 | 18 | 6 | 12 | 36 |
| 2050 | 30 | 9 | 18 | 57 |
| 2070 | 44 | 12 | 24 | 80 |
| 2100 | 66 | 17 | 33 | 116 |

当然我国沿海海平面变化的研究表明，浙江沿海海平面"波动－上升"的机制是十分复杂的，其中，既有与全球的气温、大洋海温上升的直接联系，也有长周期天文要素的作用，还有江河径流、海洋与大气环流变异（如黑潮变异、厄尔尼诺和拉尼娜现象）的影响。

## 11.2.3　浙江沿海现代海平面变化趋势预测研究

以浙江沿海乍浦等 11 个验潮站的年平均海面为样本，利用线性模型和非线性模型两种方法对浙江省沿海海平面的上升进行了定量分析（表11.3 和表11.4）。

**表 11.3　浙江沿海线性模型海平面上升的预测（相对于 2000 年）**

| 样本 | 测站\预测 | 乍浦 | 澉浦 | 长涂 | 定海 | 镇海 | 西泽 | 健跳 | 海门 | 坎门 | 龙湾 | 瑞安 | 平均 |
|---|---|---|---|---|---|---|---|---|---|---|---|---|---|
| 一类 | 至 2030 年上升（cm） | 10 | 10 | 7 | 9 | 10 | 4 | 7 | 8 | 5 | 7 | 4 | 7 |
| | 至 2050 年上升（cm） | 16 | 16 | 11 | 16 | 17 | 6 | 12 | 13 | 9 | 12 | 7 | 12 |
| 二类 | 至 2030 年上升（cm） | 12 | 10 | 6 | 7 | 11 | 2 | 12 | 7 | 5 | 6 | 2 | 7 |
| | 至 2050 年上升（cm） | 19 | 17 | 10 | 11 | 18 | 3 | 19 | 11 | 9 | 10 | 4 | 12 |

**表 11.4　浙江沿海非线性模型海平面上升的预测（相对于 2000 年）**

| 样本 | 测站\预测 | 乍浦 | 澉浦 | 长涂 | 定海 | 镇海 | 西泽 | 健跳 | 海门 | 坎门 | 龙湾 | 瑞安 | 平均 |
|---|---|---|---|---|---|---|---|---|---|---|---|---|---|
| 非线性不含周期项 | 至 2030 年上升（cm） | 10 | 10 | 7 | 9 | 10 | 4 | 7 | 8 | 5 | 7 | 4 | 7 |
| | 至 2050 年上升（cm） | 14 | 23 | 6 | 18 | 43 | 8 | 29 | 7 | 10 | 25 | 21 | 17 |
| | 至 21 世纪 30 年代最大可上升（cm） | 12 | 18 | 5 | 14 | 32 | 6 | 20 | 5 | 8 | 19 | 16 | 14 |
| | 至 21 世纪 50 年代最大可上升（cm） | 14 | 24 | 7 | 21 | 46 | 9 | 37 | 7 | 12 | 30 | 24 | 21 |

续表 11.4

| 样本 | 测站<br>预测 | 乍浦 | 澉浦 | 长涂 | 定海 | 镇海 | 西泽 | 健跳 | 海门 | 坎门 | 龙湾 | 瑞安 | 平均 |
|---|---|---|---|---|---|---|---|---|---|---|---|---|---|
| 非线性含周期项 | 至 2030 年上升（cm） | 12 | 4 | 4 | 9 | 29 | 3 | 11 | 2 | 7 | 15 | 12 | 10 |
| | 至 2050 年上升（cm） | 15 | 19 | 1 | 12 | 2 | 8 | 21 | 2 | 9 | 21 | 13 | 13 |
| | 至 21 世纪 30 年代最大可上升（cm） | 15 | 17 | 4 | 11 | 32 | 8 | 21 | 2 | 9 | 21 | 13 | 13 |
| | 至 21 世纪 50 年代最大可上升（cm） | 16 | 22 | 7 | 22 | 47 | 12 | 35 | 7 | 14 | 30 | 23 | 22 |

从表 11.3 的线性模型海平面上升的预测结果来看，2030 年和 2050 年平均海平面将相对上升 7 cm 和 12 cm，而利用非线性模型预测的海平面上升量值要更大一些。综合分析、归纳后认为：①至 2030 年，全省沿海相对于 2000 年海平面上升为 11 ~ 12 cm，至 21 世纪 30 年代最大可上升 15 ~ 16 cm；②至 2050 年，相对于 2000 年全省沿海海平面上升 18 ~ 19 cm，至 21 世纪 50 年代，海平面最大上升可达 22 cm。这两项预测，可作为浙江沿海未来半个世纪中海平面上升合理、可靠的推荐值。经对比、评估，本项研究的预测结果介于联合国政府间气候事业委员会（IPCC）三次（1990 年、1992 年和 1995 年）发表的预测值之间，略高于其 1995 年发表的最佳估计，具有良好可比性。

## 11.3 海平面上升对浙江沿海的潜在影响

海平面上升是一个缓慢过程，但长期积累足以影响到沿海地区特别是海岸带地区的自然和生态环境的许多方面，而且，海平面上升的危害往住是在与天文大潮、风暴潮、洪水和暴雨等短期突发性事件叠加时才能充分显现出来。因此，海平面上升的这种影响比任何一种自然灾害都要广泛和深入，从而影响到沿海地区经济和社会的各个方面。

### 11.3.1 海平面上升对沿海环境的影响

海平面上升最突出的影响是加重海岸带地区的自然灾害，主要表现在以下几个方面。

#### 11.3.1.1 沿海低洼地的淹没

海平面上升将淹没沿海低洼地区的土地，耕地面积、林牧业面积和城市面积将相应减少，这些面积上的各行业产值将受到损失。沿海地区一般人口密度较大，海平面上升对低地的淹没将迫使这些地区的居民搬迁。这些负面效益带来的损失随着当地的地理环境条件和海平面上升速率的不同而不同。另外，由于海平面上升是一种缓变型灾害，它的潜在的危害性会影响一个地区的正常的规划和发展，这种灾害影响的次生效应也是不容忽视的。

### 11.3.1.2　海岸和潮滩侵蚀

就长江三角洲而言，虽然长江每年携带丰富泥沙入海，提供了长江口及浙江沿岸造滩泥沙的来源，但本地区内受侵蚀岸段的侵蚀速度和侵蚀范围仍不断增加。如，杭州湾北侧海岸多为侵蚀岸段。其中，芦潮港长约 25 km 的岸段近 30 年来以大约 40 m/a 的速率在后退。在现有保护措施下，如果海平面上升 30 cm、65 cm 和 100 cm（即到 2025 年、2060 年和 2080 年），预估长江三角洲沿岸侵蚀岸段大约增至 425 km、450 km 和 480 km（安旭东等，2001）。

显然海平面上升所造成的海岸后退还将带来海岸土地和潮滩地的损失。海平面上升引起的沿岸动力因素的加剧和破波带的上移，对海堤的破坏力也会大大增加。

### 11.3.1.3　沿海湿地的损失和湿地动物的迁徙

我国沿海滩涂湿地约有 $200 \times 10^4$ $hm^2$。海平面上升将使湿地面积减少，其结果不仅使滩涂湿地的自然景观遭到严重破坏，重要经济鱼、虾、蟹、贝类生息、繁衍场所消失，许多珍稀濒危野生动植物绝迹，而且大大降低了滩涂湿地调节气候、储水分洪、抵御风暴潮及护岸保田等的能力。对海平面上升对长江三角洲附近沿海潮滩和湿地的影响进行了初步研究（朱季文等，1994），结果表明，从江苏灌河口至钱塘江口 1 028 km 长岸线的沿海地区，共有潮滩面积 3 956 $km^2$（1990 年），湿地面积 1 252 $km^2$（1990 年）。若海平面上升 0.5 m 和 1.0 m 时，潮滩面积分别比 1990 年减少 9.296 $km^2$ 和 16.796 $km^2$，湿地面积减少 2 096 $km^2$ 和 2 896 $km^2$，并发生高级类型向低级类型（盐土草甸→高位沼泽→低位沼泽）的退化。由于湿地的丧失，原湿地中栖息的动植物，尤其是水禽将发生相适应的环境迁徙，亦可能超越国界。

### 11.3.1.4　台风和风暴潮灾害加剧

全球变暖会使热带海洋温度升高，有利于台风的生成和发展。根据 1987 年 Emanuel 的台风模拟结果表明，全球变暖将会使台风强度增大，并预测到 21 世纪中期大气中 $CO_2$ 浓度加倍时，台风强度将会增大 40% ～ 50%（杜碧兰，1997）。王建等（1991）根据模型预测结果指出，随着温度的升高，西北太平洋台风发生频率及在中国登陆台风频率，均呈增大趋势。当温度升高 1.5℃ 时，西北太平洋台风发生频率增加 2 倍左右，在中国登陆台风的频率也将增加 1.76 倍。

**285**

随着台风发生频率和强度的加大，风暴潮在中国沿岸发生的频率和强度也会相应增大，从而更加剧了海平面上升对沿海地区的灾害影响程度。浙江省属亚热带温暖多雨气候，年平均气温15.5℃左右，多年平均降雨量为1 038 mm。常有台风和热带风暴袭击，所产生的风暴增水遇上天文大潮可引起特大高潮位，造成风暴潮灾。从舟山市的受灾情况看，风暴潮是造成台风灾害的主要因子，风暴潮导致海堤倒塌、咸潮倒灌、淹没农田和盐田，冲走海水养殖，使工厂、民房进水，直接危及各地经济建设和威胁人民的生命财产安全。

未来海平面的上升会导致风暴潮位进一步增高，从而使风暴潮灾的发生频率增加，破坏力增强。根据该地区多年实测潮位资料，可推算出海平面上升30 cm、65 cm和100 cm时，其原来极值潮位的重现期将大大缩短。

## 11.3.1.5　洪涝威胁加重

我国沿海地区地面高程低于5 m的脆弱带面积为$14.39 \times 10^4$ km$^2$，约占沿海11省、市、区面积（未含台湾省及港澳地区）的11.3%，其中河口三角洲和滨海平原面积广阔，海拔高度一般在1.5～4 m之间，易受洪涝灾害的袭击。江河下游和河口地区，近年来由于上、中游水土流失而河床淤积严重，海平面上升势必会对洪水起顶托壅高作用，从而增加洪水的威胁。如，据测算（杜碧兰，1997），珠江三角洲广州市百年一遇的高潮位现为3.61 m，相当于海平面上升65 cm后的10～20年一遇的高潮位（3.55～3.78 m）；黄埔港现在的百年一遇高潮位为3.18 m，相当于海平面上升65 cm后的10年一遇高潮位（3.19 m）。因此，海平面上升对多年一遇潮位的变化，同样会影响到洪涝灾害的加剧。

## 11.3.1.6　沿海城市排污困难加大

海平面上升将使沿海城市的市政排污工程原设计标高降低，并使原有的自然排灌系统失效，使城镇污水排放发生困难，甚至倒灌。从而影响到各主要三角洲地区的水质劣变，水域污染加重，必须重新改造或设计新的排水系统工程。同时，由于海平面上升，入渗量增加，地下水位抬高，亦加大了汛期排水压力。

## 11.3.1.7　咸潮上溯加重

由于海平面上升还会导致海水入侵，除海咸水入侵沿海地下含水层外，沿海江河的潮水顶托范围沿河上溯，影响河流两岸城镇的淡水供应和饮用水水质。以钱塘江为例，杭州市生活用水主要依靠钱塘江径流，早在1996年之前，每年总有一段时间，杭州市自来水带有浓浓的咸味。1996年完工的抗咸工程，大大改善了市民的生活用水。然而近几年钱塘江流域遭受了较强的干旱，新安江水库下泄水量急剧减少，无法抵御汹涌的咸潮。如2003年杭州遭咸潮入侵已有10次之多，其中有3次迫使自来水厂降压供水，仅 11 月上旬的一次就使 10 万人家用水吃紧。因此对于由于海平面上升导致的咸水入侵，浙江省应该有更深刻的危机感和紧迫感。海平面的抬升，主要反映在入侵咸潮水体的增加和边界相对氯度值的增加对钱塘江上游各取水口的影响。程杭平（2002）在综合考虑钱塘江的径流、地形和边界氯度变化等因素后，通过数学模型预测了不同的平均海平面抬升值对取水口的影响，结果表明：①若海平面抬升 0.10 m，杭州市各主要取水口南星桥至珊瑚沙一带氯度最大增值在 70～75 mg/L，相对增幅在 3.1%～4.6%；平均值增值在 7～28 mg/L，平均增幅在 4.4%～8.2%。而七堡以下河段平均增值在 53～93 mg/L，其影响幅度为 2.78%～3.70%。②若海平面抬升 0.50 m，在杭州市各取水口（南星桥至珊瑚沙）最大值增值在 233～246 mg/L，平均值增值在 58～101 mg/L，最大增值幅度为 9.6%～16.3%，平均增幅在 16.0%～26.7%；统计 100 mg/L 的等氯度线则向上游推移上溯了 5.4 km（图 11.6）。

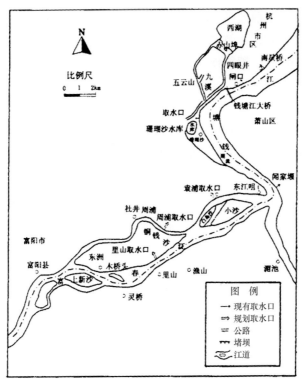

图 11.6　钱塘江取水口位置

### 11.3.1.8　对海塘工程的影响

浙江省海岸一半以上属开敞式海岸，其余为河口海湾或半封闭型海湾型海岸，地处不同海岸及不同断面形式的海塘，它们受海平面上升的影响也不相同。假设海平面三种上升幅度为 10 cm、20 cm 和 50 cm，并选择不同断面形式的海塘：斜坡式、直立式、混合式（或折式），分别讨论海平面上升对设计高潮位和海塘塘顶设计高程的影响。

浙江省沿海潮位站不同设计年高潮位的级差不算大，以台州海门站为例，重现期为 100 年一遇、50 年一遇、20 年一遇和 10 年一遇的高潮位分别为 7.36 m、7.04 m、6.63 m 和 6.32 m。它们之间的差级依次为 0.32 m、0.41 m 和 0.31 m。有的站级差还要小，如宁波站 100 年、50 年、20 年和 10 年一遇高潮位分别为 5.34 m、5.16 m、4.93 m 和 4.74 m，其级差依次为 0.18 m、0.23 m 和 0.19 m。这就说明海平面上升 20～50 cm，原有的设计高潮位值将下降一个至二个级别。

另一方面，海平面上升对海塘塘顶高程设计值的影响也不小，因为海塘塘顶高程设计值包括三个方面：设计高潮位 + 波浪爬高 + 安全超高。设计高潮位的影响如上所述，而波浪爬高的计算值也同样受海平面上升的影响。但海平面升高引起波浪爬高的增值大小还与塘前波高、周期、波长、水深以及海塘的断面、外坡形式和结构等因素密切相关。如，开敞式海岸，其海域宽阔、风区长，多受风、涌混合浪的作用，这类波浪的特点是周期较大、波长较长，与海湾型海岸有很大不同，由于海平面上升后，塘前水深增加，波浪爬高则明显增大。

（1）开敞式海岸海塘，当海平面上升 10 cm 时，波浪爬高增加值一般为 10～20 cm；当海平面上升 20 cm 时，波浪爬高增加值一般为 20～40 cm；当海平面上升 50 cm 时，波浪爬高增加值一般为 40～70 cm，呈逐渐增大之势。

（2）海湾型海岸海塘，当海平面上升 10～20 cm 时，波浪爬高增加值一般为 10～20 cm；当海平面上升 50 cm 时，波浪爬高增加值一般为 30～50 cm。

（3）半封闭式海湾中的海塘，当海平面上升 10～50 cm 时，其爬高增加值范围均小于 10 cm。

以上结果表明，开敞式海岸海塘的波浪爬高值明显大于海湾或某些半封闭型港湾中的波浪爬高值，开敞式海塘波浪爬高增值甚至超过海平面升高值，海平面升高后，不仅抬升了潮位，还抬升了波浪爬高值。这是海塘设计时必须考虑的。潮位增值与波浪爬高增值对海塘的影响有所不同，前者必须考虑使塘顶大于设计高潮位与安全超高之和，而后者应该使塘顶高于波浪爬高的高度，但当塘身结构允许超浪时，波浪爬高高度可以适度超过塘顶高度。

## 11.3.2　海平面上升对沿海地区经济社会的影响

海平面上升对沿海脆弱区的潜在经济影响的负面效应是很大的，首先是沿海集中的城市和工业区的损失；其次是耕地、湿地、盐田等的损失。虽然海平面上升也会扩大沿海和沿江的水域面积，可以发展水产养殖业提高原土地生产的经济附加值，但经济损失的负面影响远大于正面效应。

采用一元回归的直线预测模型，基于 1980—1990 年影响区内各市、区、县的国民生产总值（GNP）或社会总产值（包括工业、农业、交通、商业、建设）的增长统计结果，并考虑海平面不同上升情况对各市、区、县的影响系数（即某市、区、县海水可能淹没范围占该市、区、县总面积的百分比），对长江三角洲及江苏和浙北沿岸脆弱地区可能淹没范围的经济损失情况进行了评估和预测（杜碧兰，1997）。结果表明（表 11.5），长江三角洲及江苏和浙北沿岸地区，在有防潮设施情况下，海平面在历史最高潮位上升 30 cm、65 cm 和 100 cm 时，淹没区的淹没面积和淹没经济损失情况列于表 5 中。当海平面上升 30 cm 时，1990 年、2000 年和 2030 年的淹没损失分别为 13 亿元、38 亿元和 96 亿元；当海平面上升 65 cm 时，相应的淹没损失为 417 亿元、990 亿元和 2 372 亿元。若与无防潮设施情况相比，分别减少 1 935 亿元、5 623 亿元和 13 671 亿元，显示出防护措施的有效性。

表 11.5　海平面上升中国沿海主要脆弱区可能淹没的经济损失估计（亿元）

| | | 上升 30 cm | | | 上升 65 cm | | | 上升 100 cm | | |
|---|---|---|---|---|---|---|---|---|---|---|
| | | 1990 | 2000 | 2030 | 1990 | 2000 | 2030 | 1990 | 2000 | 2030 |
| 历史最高潮位 | 淹没面积（km$^2$） | | 898 | | | 27 241 | | | 52 091 | |
| | 淹没损失（亿元） | 13 | 38 | 96 | 417 | 990 | 2 372 | 2 376 | 6 556 | 15 995 |
| 百年一遇高潮位 | 淹没面积（km$^2$） | | 4 015 | | | 31 001 | | | 57 532 | |
| | 淹没损失（亿元） | 130 | 425 | 1 020 | 471 | 1 101 | 2 636 | 2 249 | 6 297 | 15 349 |

海平面上升对沿海地区带来的风险和危害，除了环境和经济影响外，就是社会影响。因为海平面上升可能使一些沿海地区原来从事农业、盐业、水产养殖业人员，被迫或部分被迫从事渔业或其他职业，这种社会经济的改变对沿海经济的持续发展，会带来一些不利影响（不排除个别地区带来的有利影响）。而受灾人口的数量，随着海平面不断上升和淹没区的扩大，也会不断增加。因此，沿海脆弱地区应提前考虑，若防潮工程跟不上或防护措施失效，所造成的淹没区受灾人口的合理安置以及为其谋求新的生计等问题。所以，对海平面上升引起受灾人口的估计是沿海地区适应对策中的重要环节。

综上所述，在可预见的未来几十年内，浙江沿海的海平面上升将广泛地影响到社会与经济发展的各个方面，造成一定程度的严重后果。第一，海平面上升后，浙江全省的海岸带包括河口、海湾及开阔海岸的防潮堤塘，特别是开敞式海塘，将面临设防标准不足的局面，原有的 100 年一遇或 50 年一遇的海塘届时将达不到防御标准，特别是海平面上升导致风暴潮加剧、海浪冲击和爬高增大，还将使现有部分海塘可能受到破坏；第二，海平面上升后，浙江沿海的洪、涝灾害也将随之加大，在长江三角洲的钱塘江口和杭州湾北岸的杭嘉湖平原，在杭州湾南岸的宁绍平原及大片"三北"围垦的新生地，原本就有地势低洼和水道纵横的特点，在浙南温台滨海平原又因潮差大、台风影响频繁和产流、汇流、洪水下泄迅速等自然条件，这些均可因海平面上升后潮汐顶托增大的作用使之城乡排涝的环境进一步恶化，现有的排涝标准低、设备老化、排涝渠道淤塞、过水断面不足等诸多矛盾届时将更加尖锐和突出；第三，海平面上升后，浙江沿海河口的水资源和水环境将不同程度地受到盐化影响，以位于钱塘江河口段两岸的杭州市为例，在海平面抬升 0.3 m 的影响下，南星桥至珊瑚沙的自来水厂各个取水口氯度的最大增值将达到 118 ~ 158 mg/L，对应的最大增幅达 6.5% ~ 10.7%，河段中 100 mg/L 的等氯度线可向上游推进 4 km；第四，海平面上升后，浙江沿海可围垦的海涂资源面积将相应减少，围滩造地的难度与投资也随之增大，已围海涂的排水条件也更加不利，以杭州湾南岸慈溪市滩涂资源为例，海平面海上升 0.1 m，原有吴淞基面零线至 2 m 等高线之间的海涂面积将减少 1.45 万亩，以浙南鳌江口南侧的滩涂淤涨为例，海平面每上升 0.1 m，滩涂等高线将内缩 130 m，因而在很大程度上减缓了原有滩涂向外淤涨的速率，据最新统计，全省沿海海涂面积 2 285 km²，各滩涂坡度虽不尽相同，受海平面上升的影响程度也各不相同，但总量减少所导致的土地和经济的损失将是巨大的；第五，海平面上升后，浙江沿海的港口功能也将受到不同程度的影响而导致港口功能的减弱，其中的关键因素主要体现在对于现有码头、堆场和港区仓库原设计标高功能的影响，海平面上升后，按交通部《海港水文规范》所确定的设计高（低）潮位、极端高（低）潮位都将与原有设计、建筑物标高中的取值之间存在一定的高差，设计波要素也会出现差异，这样一来，因海平面上升所引发的实际高潮位将会更加接近甚至等于现有码头平台的标高，尤其在风暴增水和海浪的共同作用下，码头及堆场受淹的可能频率将会增大，从而影响到原有港口码头的功能。

## 11.4　浙江沿海海平面上升的预防对策与建议

为了防御海平面上升的灾害，我们认为应注意以下几个方面。

（1）加强对海平面上升的监测和预警。一切对策，必须建立在对海平面上升及其影响有比较准确的认识的基础上。由于各地海平面上升的速度不同，自然环境和经济发展情况各异。因此，必须加强对浙江省沿海各地的潮位观测、地壳形变的长期观测，以及海洋水文、海滩动态监测，并建立相应的预警系统。尤其要加强验潮测站基础工作的力度。

（2）进一步加强包括风暴和暴雨洪水在内的各项水情实时监测及预报系统的建设，编制水情风险图，制定防御潮、洪灾害的应急预案，适时修正防潮警戒水位。

（3）修订有关规划和环境建设标准。沿海地区特别是经济发达地区，要把适应全球气候变暖和海平面上升的影响问题，纳入发展规划，要按适应对策调整经济发展布局、区域发展计划、土地利用规划，限制海岸带人口增长和向海岸带迁移人口等。同时，要考虑未来海平面上升可能产生的影响，如淡水供给减少、河床淤积和航道受阻等，对现行的环境、建设标准等进行修订。

（4）修建堤坝等防护工程设施，提高堤坝的抗御能力，制定生态系统保护措施。要兴建海岸防护工程，以有效地防御海岸侵蚀、风暴潮、洪涝等灾害的袭击。保护滨海湿地、红树林等促淤护岸的生态系统，在高潮滩种植芦苇等护滩植物，促淤保滩、消浪减浪。

（5）切实做好加固加高海塘及其附属建筑物的规划与建设，提高沿海工程的设计潮位和设计波高，以保证新修建的沿海工程不会受海平面上升的影响。经过近年来的大规模建设，浙江省沿海的标准海塘大多数已达 50 年一遇或 100 年一遇的标准，使抵御台风暴潮的能力上了一个"台阶"。但是随着沿海经济的快速发展、海塘保护区内的资产值和生产力的不断增长、人口进一步地聚集，若干年后原有的防御标准会逐步不适应新的保护对象。因此，面对海平面上升而引发的海塘防御标准下降的新情况，已建标准塘的防御能力应按海塘建设管理条例的要求适时开展安全鉴定，特别是重要地段和位于中低滩的海塘要按照海平面抬升后的设计潮位值重新进行复核。对即将新建或改建的海塘，宜采用考虑海平面上升因素的设计潮位。海平面上升后风暴潮的侵害将加剧，因此今后新建或修建海塘时要更注重海塘结构形式和建筑材料，考虑增加护面的抗风浪强度，降低风浪爬高。

（6）加强海塘管理和维护，对浙江沿海已建成的 1 300 km 标准塘开展有效的安全监测和跟踪评估：①适应海塘工程数据库，及时更新、掌握海塘运行状况。结合塘体沉降与海平面上升等因素，对现有海塘的状况，包括防御能力、使用功能和寿命，特别是海塘防潮浪标准等，根据海塘管理条例要求，开展安全鉴定，并进行复核、分析与评估；②对浙江省《浙江省海塘工程技术规定》的有关内容进行必要修改与补充。

（7）对现有的排水设施进行全面的调查和评估，全面增强和完善排水系统的建设。首先应新增和改建排水设施，沿海城市和农村要提高排水（排涝）能力，以应对逐渐抬高的海平面，目前许多地方的排水设施连当前防潮标准都未达到，因此需要新建和改建一批排水泵站和挡潮闸，防止海水倒灌和积涝，对老化的设备要更新。制定排涝规划时要充分考虑外江潮位抬高的变化趋势，留有余地。其次要整治河道，清除障碍，保证河道通畅，增加河道调蓄能力和排水能力。必要时拓宽河道，增加排水流量，以适应海平面上升的影响。

（8）建议浙江省港口管理及规划、建设部门，结合目前研究得到的海平面上升预测，在港口码头维护和泊位新建、改建或扩建中，对原有设计参数进行复校，制定对应措施或方案，维护港口码头功能，促进港口发展。

## 11.5 结论

浙江沿海各验潮站长期观测结果表明，浙江沿海现代海平面变化与全国基本一致，呈明显上升趋势。20世纪70年代中期经历了一次小的高峰期，80年代海平面有所回落，90年代以后海平面回升，1981—2011年，全省各代表站海平面平均累计上升约70 mm，平均上升速率为2.4 mm/a。浙江沿海近50年来海平面变化的基本特征是：波动多、变幅大，上升趋势明显，总体上具有合理的地理分布与变化上的一致性与同步性。

运用数值模型预测浙江沿海海平面变化：①至2030年，全省沿海相对于2000年海平面上升为11~12 cm，至21世纪30年代最大可上升15~16 cm；②至2050年，相对于2000年全省沿海海平面上升18~19 cm，至21世纪50年代，海平面最大上升可达22 cm。

浙江沿海海平面上升将广泛地影响到沿海地区社会与经济发展的各个方面。第一，海平面上升后，浙江全省的海岸带包括河口、海湾及开阔海岸的防潮堤塘，特别是开敞式海塘，将面临设防标准不足的局面，原有的100年一遇或50年一遇的海塘届时将达不到防御标准，海平面上升导致风暴潮加剧、海浪冲击和爬高增大，现有部分海塘可能受到破坏；第二，海平面上升后，浙江沿海的洪、涝灾害也将随之加大；第三，海平面上升后，浙江沿海河口的水资源和水环境将不同程度地受到咸化影响；第四，海平面上升后，浙江沿海可围垦的海涂资源面积将相应减少，围滩造地的难度与投资也随之增大，已围海涂的排水条件也更加不利；第五，海平面上升后，浙江沿海的港口功能也将受到不同程度的影响而导致港口功能的减弱。

针对浙江沿海海平面上升这种状况，提出以下几点建议：①加强海塘管理和维护，对浙江沿海已建成的1 300 km标准塘开展有效的安全监测和跟踪评估。②对现有的排水设施进行全面的调查和评估，增加、改建和更新现有设备，清除河障，整治河道，提高调蓄及排水能力以适应海平面上升的影响。③进一步加强包括风暴和暴雨洪水在内的各项水情实时监测及预报系统的建设，编制水情风险图，制定防御潮、洪灾害的应急预案，适时修正、防潮警戒水位。④全面规划，全面开发和保护淡水资源，不断提高对江河引水和水库蓄、泄的科学调度水平，进一步加强和提高各河口段沿程氯度监测及预报的水平。⑤科学地维护滩涂与湿地良好的生态系统与占、补的合理平衡，应当成为当务之急，滩涂资源应视为极其珍贵的国土资源实施谨慎的开发利用。⑥海平面变化研究，与验潮观测的基础工作休戚相关，应不断加强测站基础工作的力度。⑦建议浙江省港口管理及规划、建设部门，结合目前研究给出的海平面上升预测，在港口码头维护和泊位新建、改建或扩建中，对原有设计参数进行复校，制定对应措施或方案，维护港口码头功能，促进港口发展。

# 参 考 文 献

安旭东，朱继业，陈浮，等 . 2001. 全球变化对长江三角洲土地持续利用的影响及其对策 . 长江流域资源与环境，10（3）：266 – 272.

程杭平 . 2002. 平均海平面抬高对钱塘江盐度入侵的影响分析 . 浙江水利科技，6：1 – 4.

杜碧兰 . 1997. 海平面上升对中国沿海主要脆弱区的影响及对策 . 北京：海洋出版社 .

金翔龙 . 1992. 东海海洋地质 . 北京：海洋出版社 .

刘振夏，印萍，S. Berne，等 . 2001. 第四纪东海的海进层序和海退层序 . 科学通报，46 卷增刊，74 – 79.

秦蕴珊 . 1987. 东海地质 . 北京：科学出版社 .

王建，等 . 1991. 全球变暖后影响我国的台风频率的可能变化 . 气候变化与环境问题全国学术研讨会论文之五二 . 1 – 4.

徐家声，高建西，谢福缘 . 1981. 最末一次冰期的黄海——黄海古地理若干新资料的获得及研究 . 中国科学，05.

许东禹 . 1997. 中国东海地质 . 北京：地震出版社 .

羊天柱，应仁方，张俊彪，等 . 1999. 浙江沿岸基准面调查和分析 . 东海海洋，17（1）：1 – 7.

朱季文，季子修，等 . 1994. 海平面上升对长江三角洲及邻近地区的影响 . 地理科学，14（2）：109 – 118.

Warrick R A, Oerlemans H. 1990. Sea level raise, climate change – the ipcc scientific assessment. Cambridge：Cambridge University Press：257 – 282.

# 第12章 浙江跨海大桥工程对海洋环境影响的趋势分析

跨海大桥指的是横跨海峡，海湾和海岛的海上桥梁，这类桥梁的跨度一般都比较长，从几千米到数十千米，施工环境复杂，对施工技术的要求较高，是顶尖桥梁技术的体现。

改革开放后，中国经济和社会发展迅速。我国确定了优先发展沿海和沿江地区经济，继而带动中西部地区经济的发展战略。在沿海开放带中，已初步形成了长三角、环渤海及东南沿海三个经济区。当前制约沿海地区进一步发展的重要因素之一就是交通运输设施发展滞后。为了连接北、中、南三大经济圈的陆上通道，中华人民共和国交通部于"八五"计划期间提出了建成12条"五纵七横"国道主干线。其中的主干线同江—三亚线（黑龙江、同江—海南三亚，图12.1）从北到南，贯穿沿海三大经济圈，是极为重要的交通大动脉。但这一大动脉上依次分布着渤海海峡、长江口、杭州湾、珠江口和琼州海峡五大缺口，从而使得运距大大增加，延缓了运输时间，提高了运输的成本，而跨海大桥的建设则可以大大减少运输距离，有较好的经济效益和社会效益。因此，在我国沿海建设跨海大桥势在必行。

目前，各沿海地区为了经济社会的发展，缩短与周边地区之间的时空距离，推动地区之间的合作与交流，纷纷投入巨资修建跨海大桥。浙江省作为海洋大省，跨海大桥的修建更是方兴未艾。跨海大桥由于横跨海峡、海湾，桥梁跨度较长，工程规模宏大，施工工艺复杂，容易引起周围海洋环境的变化。而海洋环境是一个独特的生态系统，虽具有较大的环境容量，但也很容易受到海洋工程建设以及人类活动的影响。

尽管在跨海大桥建设之前已经进行过工程可行性研究与环境影响评价，跨海大桥工程完成之后，大桥的存在和日常运行究竟对海洋环境产生怎样的影响，如人工岛建设会对周围的水动力环境以及海底地形地貌与冲淤环境有什么影响，大桥的存在对海洋水环境、沉积物环境、生态环境和渔业资源的影响又如何，这些问题都还需要进一步地跟踪监测和研究。

因此，本项目拟在系统调研全球跨海大桥对海洋环境影响研究成果的基础上，结合杭州湾跨海大桥的具体情况，收集与整理大桥附近海域的海洋水文动力环境、地形地貌与冲淤环境、海水水质环境、海洋沉积物环境、海洋生态环境、渔业资源等资料，通过前后对比，初步分析和探讨跨海大桥工程对海洋环境的影响趋势，为

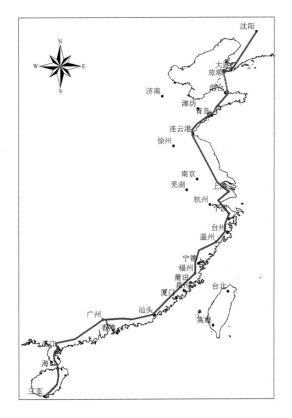

图 12.1　同江—三亚线的沿海线路
同江—三亚线贯穿了渤海湾、长江口、杭州湾、珠江口和琼
州海峡五个重要的海湾、河口和海峡

跨海大桥的科学管理提供技术支持。

## 12.1　我国跨海大桥的类型及其地理分布

按照技术类型来划分，跨海大桥可以分成悬索桥、斜拉桥、梁式桥、拱桥和其他类型桥梁。在世界上其他国家的跨海大桥中，悬索桥所占比例最高，达到40%，其次是斜拉桥和梁式桥。其原因是悬索桥建筑技术应用较早，斜拉桥出现则较晚，而梁式桥的技术相对古老。跨海大桥主要分布在发达国家。根据早期统计数据（不包含中国），跨海大桥分布数量最多的前三位国家是日本、美国和丹麦（柳新华等，2006）。我国的跨海大桥主要分布在东南沿海等经济较发达的地区（表12.1），工程数量最高的为福建省，其次为广东省，浙江省和山东省并列第三（唐寰澄，2004；柳新华等，2006）。虽然中国的跨海大桥建设起步较晚，但是跨海大桥工程量巨大，除梁式桥以外，大量采用与推广斜拉桥和悬索桥，说明我国的现代桥梁科技突飞猛进。

表 12.1　中国主要跨海大桥名录（修改自柳新华等，2006）

| 跨海大桥名称 | 省市 | 全长（m） | 技术类型 |
|---|---|---|---|
| 环胶州湾高速公路大桥 | 山东青岛 | 3061 | 梁式桥 |
| 养马岛跨海大桥 | 山东烟台 | 870 | 拱桥 |
| 东海大桥 | 上海、浙江 | 26000 | 梁式桥、斜拉桥 |
| 朱家尖海峡大桥 | 浙江舟山 | 2706 | 梁式桥 |
| 厦门大桥 | 福建厦门 | 2070 | 梁式桥 |
| 海沧大桥 | 福建厦门 | 5927 | 悬索桥 |
| 后渚大桥 | 福建泉州 | 2100 | 梁式桥 |
| 汕头海湾大桥 | 广东汕头 | 2500 | 梁式桥、悬索桥 |
| 虎门大桥 | 广东东莞 | 4600 | 悬索桥 |
| 铁山港跨海大桥 | 广西北海 | 2900 | 梁式桥 |
| 西湾跨海大桥（3座） | 广西防城港 | 1551 | 梁式桥 |
| 海口世纪大桥 | 海南海口 | 2664 | 斜拉桥 |
| 澳凼大桥 | 澳门 | 2567 | 梁式桥 |
| 中葡友谊大桥 | 澳门 | 4414 | 斜拉桥 |
| 莲花大桥 | 澳门 | 1781 | 梁式桥 |
| 西湾大桥 | 澳门 | 2200 | 斜拉桥 |
| 青马大桥 | 香港 | 2200 | 悬索桥 |
| 汲水门大桥 | 香港 | 820 | 斜拉桥 |
| 汀九大桥 | 香港 | 1875 | 斜拉桥 |
| 澎湖跨海大桥 | 台湾 | 2494 | 梁式桥 |
| 青岛海湾大桥 | 山东青岛 | 35400 | 悬索桥、斜拉桥 |
| 宁波杭州湾跨海大桥 | 浙江宁波 | 36000 | 斜拉桥 |
| 舟山大陆连岛工程 | 浙江舟山 | 48000 | 悬索桥、斜拉桥、刚构桥、梁式桥 |
| 杏林大桥 | 福建厦门 | 8530 | 梁式桥 |
| 南澳跨海大桥 | 广东南澳 | 10880 | 梁式桥 |
| 湛江海湾大桥 | 广东湛江 | 4024 | 斜拉桥 |
| 深圳湾公路大桥 | 广东深圳 | 4770 | 斜拉桥 |
| 昂船洲大桥 | 香港 | 1600 | 斜拉桥 |
| 大连湾跨海大桥 | 辽宁大连 | 17980 | 未定 |
| 长山东水道跨海大桥 | 辽宁大连 | 1675 | 未定 |
| 菊花岛跨海大桥 | 辽宁葫芦岛 | 4000 | 斜拉桥 |
| 海阳即墨跨海大桥 | 山东烟台、青岛 | 3300 | 斜拉桥 |
| 长会口跨海大桥 | 山东威海 | 2000 | 斜拉桥 |
| 萧山杭州湾跨海大桥 | 浙江萧山 | 4500 | 斜拉桥 |
| 绍兴杭州湾跨海大桥 | 浙江绍兴 | 16000 | 斜拉桥 |
| 玉环乐清跨海大桥 | 浙江玉环 | 10000 | 斜拉桥 |
| 厦漳跨海大桥 | 福建厦门、漳州 | 12300 | 斜拉桥 |
| 厦金跨海大桥 | 福建、台湾 | 未定 | 未定 |
| 集美大桥 | 福建厦门 | 84300 | 梁式桥 |
| 泉州湾跨海大桥 | 福建泉州 | 8000 | 斜拉桥 |
| 港珠澳跨海大桥 | 香港、澳门、珠海 | 50000 | 斜拉桥 |
| 琼州海峡跨海大桥 | 广东、海南 | 22500 | 斜拉桥 |
| 文昌海口跨海大桥 | 海南海口 | 4000 | 未定 |
| 青龙大桥 | 香港 | 1900 | 悬索桥 |
| 金门大桥 | 台湾 | 5400 | 脊背桥 |

## 12.2　国内外跨海大桥工程及对海洋环境的影响

### 12.2.1　世界跨海大桥工程概述

世界上最早的跨海大桥是美国金门大桥，于 1937 年动工建设。根据 2006 年的不完全统计数据，目前世界上其他国家已建、在建和拟建的跨海大桥一共 67 座，已建 53 座，在建 3 座，拟建 11 座（柳新华等，2006）。

目前，洲际跨海大桥（包括拟建的工程）主要有连接欧洲和非洲的直布罗陀海峡大桥，连接欧洲和亚洲的伊斯坦布尔桥、曼墨脱桥和博斯普鲁斯海峡三桥，及连接美洲与亚洲的白令海峡大桥（唐寰澄，2004）。

厄勒海峡大桥（Oresund Strait Bridge）是跨海大桥的经典范例。该大桥也称欧尔松大桥，连接哥本哈根和瑞典第三大城市马尔默，于 1995 年开始动工。全长 16 km，由西侧的海底隧道、中间的人工岛和跨海大桥三部分组成。中间的人工岛长 4 050 m，将两侧工程连在一起。东侧的跨海大桥长 7 845 m，上为 4 车道高速公路，下为对开火车道，共有 51 座桥墩，中间是斜拉索桥，跨度 490 m，高度 55 m，是目前世界上承重量最大的斜拉桥。厄勒海峡大桥的东桥建有 200 m 高的中央桥墩和 57 m 高的船舶通过空间，保证过往海峡的船只从桥底顺利通行。大桥工程经过两国政府的认真论证和调查研究，对确保大桥不影响进入波罗的海的水流及减少对海洋生物破坏等都作了严格的规定，因此这座跨海大桥以"对海洋环境造成的影响最小"而闻名，被誉为"零方案（Zero Solution）"（唐寰澄，2004）。

自 1937 年以来，全球的跨海大桥的建设进入了一个快速发展期，成为人类跨越海峡关隘的有力手段，也促进了工程技术上的发展。同时，随着跨海大桥建设的推进，环境影响问题也逐渐进入政府、工程界、科学界和公众的思考范围，成为跨海大桥工程的一个重要考量问题。

### 12.2.2　中国跨海大桥工程概述

截至 2006 年，我国已建、在建和拟建的跨海大桥共 47 座。已建 20 座，在建 8 座，拟建 19 座（柳新华等，2006）。截至 2011 年，在建的 8 座大桥基本上已竣工，拟建的大桥也有 4 座竣工。从长远看，我国仅需要建设的大型跨海工程就有 5 项，需要跨越"三大海峡"和"两大海湾"，从北向南依次为：渤海海峡跨海工程、杭州湾跨海工程（包括上海—宁波通道和舟山大陆连岛工程）、台湾海峡跨海工程、珠江口伶仃洋跨海工程（珠海—香港—澳门）、琼州海峡跨海工程。目前这五项大型工程中已建成或者在建的跨海大桥有：东海大桥，杭州湾大桥，舟山大陆连岛工程（由岑港大桥、响礁门大桥、桃夭门大桥、西堠门大桥及金塘大桥组成）和港珠澳大桥。此外，计划中还有一系列跨越海湾（如辽宁大连湾、青岛胶州湾等）或联结海岛（如辽宁长山群岛、山东庙岛群岛、浙江舟山群岛等）的中小型跨海工程（柳新华等，2006）。斜拉桥和悬索桥是当前我国跨海桥梁的主要类型。这两种跨海桥梁在国内虽然出现较晚，但发展却很快。海口世纪大桥、宁波杭州湾跨海大桥即是斜拉桥的代表作，而虎门大桥、海沧大桥则是悬索桥的代表作。未来将要兴建的跨海大桥，也将更多地采用这两项技术。

在我国，跨海大桥工程建设项目尽管起步晚，但是工程数量众多，项目规模巨大，还有规划中的跨越渤海海峡、台湾海峡、琼州海峡等这样的特大型工程。在跨海大桥工程建设中应高度重视环境保护。跨海通道促进经济的发展，也对自然环境产生影响。因此在设计和建造跨海通道时，为了与环境协调发展，应尽量采用先进的技术和科学的理念来避免或者减少对海域环境的影响。在跨海大桥工程完成后，应该对跨海大桥的后续影响进行跟踪监测和管理，使得跨海大桥对环境的负面影响降低到最低水平。

## 12.2.3 跨海大桥工程对海洋环境的影响

跨海大桥工程对海洋环境的影响主要有以下 3 个方面：①改变原有的水动力条件和水体交换过程，使得海洋水动力环境发生变化；②改变原有的泥沙运动规律和输送途径，引起沉积地貌环境的变化；③对近海生态系统和渔业资源的影响。

跨海大桥的桥墩会改变原来的海洋水动力环境，特别是流场的特征。由于桥墩的存在，会增加桥位水域阻力并减小过水断面（Stigebrandt，1992；庞启秀等，2008）。Stigebrandt（1992）的研究发现跨海大桥对水动力的影响大小取决于水域阻力的数量级，数量级越高，影响的程度和范围越大。同时，由于过水断面的减小，径流和海水之间的交换过程也会受到影响，导致混合区水体含氧量和盐度的变化，从而对近海生态系统产生影响（Stigebrandt，1992）。跨海大桥对水动力过程的影响不仅仅局限于地表水，跨海大桥的建立也能影响周边地区地下水的运动过程，从而进一步扩大对周边环境的影响（Gautam et al.，2004）。研究人员通过地下水位检测井的长时间数据进行分析，发现日本东京湾附近的一个跨海大桥的建立能对地下水位产生显著的影响，特别是在桥梁施工期间，地下水位有明显的下降（Gautam et al.，2004）。

跨海大桥的建设对海洋地形地貌和冲淤环境也能造成影响。在施工过程中，涉及开挖、疏浚、回填土等一系列与沉积物有关的施工工艺。这些施工过程能在短时间尺度内对地形地貌和冲淤过程产生剧烈影响。通常来说，这种影响的结果是造成水体短时间尺度内悬浮物浓度的显著增加，这种悬浮物的浓度增加甚至能够影响到下游 10 km 范围内的水体，进而影响到生态系统（Wellman et al.，2000）。另外，由于海洋水动力条件的改变，在跨海大桥建成之后，沉积物的输送和空间分布会发生变化，对海岸地貌产生长期的影响。研究已经表明，当大桥建成以后，桥墩附近床面受桥墩阻水产生的绕流和上升流的作用，会形成局部冲刷坑。由于水动力条件和纳潮量的变化，跨海大桥的存在还能在更大的范围内引起沉积物的空间再分配，影响潮间带的冲淤过程和地形变化，但是这个变化过程非常复杂并且与时间尺度有关，在各个地方的表现也各不相同，需要积累长时间的地貌和冲淤变化数据来进行进一步的研究（伍东岭等，2005；Cuvilliez et al. ，2009）。

　　跨海大桥对近海生态系统和渔业资源也能产生影响。首先，水体中悬沙浓度的改变对海草和蚌类等敏感性种群能产生显著的影响，导致海草和蚌类的死亡（SKANSKA，2009）。由于海草和蚌类是许多鱼类和水生动物的食物来源，海草和蚌类的死亡会对食物链产生影响，导致整个生态系统的变化。其次，冲淤过程的变化会使得蟹类等底栖筑穴动物受到显著影响。对比研究发现，由于受到桥梁工程的影响，底栖动物的丰度和出现频率有显著下降（Ogbeibu & Victor，1988）。最后，由于跨海大桥的存在起到了遮挡光线的作用，会影响到一些对光敏感的飞行生物，也会对海水表层鱼群的迁徙路线产生影响。比如最近的一项研究表明由于桥梁的存在，借助光的方向来定位的昆虫会受到干扰，飞行路线发生改变，不再经过跨海大桥附近水域，导致水中以蜉蝣等昆虫为食物源的种群发生衰亡（Malnas et al. ，2011）。

　　早在 20 世纪 70 年代，科学家就已经发现桥梁的建设对鱼类有着较明显的负面影响，这种负面影响主要体现在鱼类数量、重量和多样性的减少（Miller，1974；Barton，1977），而桥梁工程影响鱼类的一个重要原因就是悬浮物浓度的提高。国外学者研究了悬浮物对鳟孵化率和鱼苗成活率的影响。结果表明，随着悬浮物浓度的增高，鳟孵化率下降明显；随着持续时间加长，鳟鱼苗成活率呈下降趋势（Bisson，1982；Sigler，1984）。由于局部悬浮物浓度增高，水色透明度下降，抑制浮游植物繁殖生长，从而导致海域初级生产力下降，进而影响以浮游植物为食的浮游动物的丰度，影响鱼类幼体的摄食率，最终影响其发育和变态（罗冬莲，2010）。以厦漳跨海大桥为例，依据 2007 年 5 月评价水域渔业资源调查资料，定量估算施工期悬浮物对九龙江口鱼卵仔稚鱼资源的损失量。结果表明，厦漳跨海大桥施工期悬浮物造成鱼卵资源损失量为 14.0 t；仔稚鱼资源损失量为 96.8 t（罗冬莲，2010）。但是，研究人员也发现，在某些区域，渔业资源能够在桥梁建设完工后慢慢恢复。比如洋山港以及东海大桥的建设过程中发现在 2003 年上半年正式实施后，渔获物重量密度整体上呈现出先降低的趋势，并在 2005 年达到最低值，此后逐年升高。渔获物尾数密度呈现增加的趋势，说明渔业资源在工程结束后逐步恢复（叶金清，徐兆礼，2011）。

　　截至目前，跨海大桥对海洋环境影响最小的案例来自位于瑞典和丹麦之间厄勒海峡大桥（图 12.2）。这是一条行车铁路两用，横跨厄勒海峡的大桥。其大桥隧道两者结合的长度，是全欧洲最长的行车铁路两用的大桥隧道。这条大桥连接丹麦首都哥本哈根和瑞典城市马尔默这两个都会区，而欧洲 E20 公路则在桥上经过。厄勒海峡大桥桥塔高 204 m，大桥则全长 7 845 m，大概是瑞典和丹麦大陆距离的一半。而其余的部分则处在 Peberholm（Pepper islet）这个人工岛上，有 4 055 m 长。由于大桥的设计将跨海工程对海洋环境的影响降到了最低点，厄勒海峡大桥获得国际桥梁与建筑工程协会颁发的"杰出建筑工程奖"，用以奖励它在环保等方面的成就。

图 12.2  厄勒海峡跨海大桥，首都哥本哈根和瑞典城市马尔默，
以对海洋环境影响最小化著称，被称为"零方案"

厄勒海峡大桥符合瑞典和丹麦两个国家最严格的环保要求。在水动力方面，厄勒海峡大桥的设计者将大桥对波罗的海的水流阻挡作用减小到最低程度，水流、盐度和水体含氧量在工程完成前后的变化范围不超过 5‰。人工岛的建设则是在原有岛屿的基础上，将人工岛建在水动力条件很弱的地方，尽量减少对原来水循环过程的影响，同时将原有的人工岸线进行缩短来进行补偿。为了建造人工岛，需要从海底挖土 $7.5 \times 10^6$ m³，整个过程中沉积物的溢出率被控制在 5% 以内，使得水体中悬浮物浓度的增加最小化。同时，在整个施工过程中，对底栖动物和植物进行全面持续的跟踪调查，对生态系统的变化进行严密的监控。人工岛则被建成一个受保护的海洋生物栖息地，补偿由于造桥产生的生态破外。除了以上等环保设计之外，光照条件的变化和空气质量的变化也纳入了整个设计的考虑范围，正是因为这些环保设计方案的使用，使得厄勒海峡跨海大桥成为跨海大桥最成功的一个范例。

跨海大桥中也不乏对海洋环境造成非常大的负面影响的案例。位于澳洲西部的 Garden Island 跨海大桥在 20 世纪 70 年代建成。在随后 30 多年的追踪观测当中发现这座跨海大桥，特别是跨海大桥当中部分的海上堤道，对海洋环境负面影响非常大。这座跨海大桥总长 4.5 km，其中 3.3 km 为砾石堤。由于这个海上工程的存在，降低了海水与湾内水体 40%的交换量，大量的海草底床在工程建成后的 10 年内消亡，因此，在时隔 30 多年后，现在澳洲政府正在考虑拆除这座跨海大桥。

通过对跨海大桥影响海洋环境的分析，不难看出，跨海大桥工程建设对于海洋环境有着显著而且长期的影响，这种影响主要表现在对水动力环境的影响，对地形地貌与冲淤环境的影响，以及对近海生态系统和渔业资源的影响。通过对国外一些案例的分析，发现跨海大桥对海洋环境的影响可以通过方案设计的优化来减小，同时也需要长时间的后续监测来全面了解工程对海洋环境的系统影响。

## 12.3　浙江省跨海大桥工程及对海洋环境影响简介

### 12.3.1　浙江省跨海大桥类型与建设现状

浙江高速公路是中国国家高速公路网重要的组成部分。浙江高速公路规划将建成"两纵两横十八连三绕三通道"，共计约 5 000 km。其中的"三通道"是指杭州湾宁波通道及接线、杭州湾绍兴通道和杭州湾萧山通道，"两横"则包含了舟山大陆连岛高速公路。在这些高速公路网的建设中，杭州湾跨海大桥的建设（包括宁波杭州湾跨海大桥、萧山杭州湾跨海大桥和绍兴杭州湾跨海大桥）与舟山大陆连岛工程的建设起到了关键的连接作用，为浙江省充分发挥得天独厚的自然资源优势，实现经济社会的持续快速发展提供可靠的交通保证，而且对于加快浙江海洋经济的发展和港航强省的建设，使浙江在长三角地区的经济发展中发挥更为积极的作用，也具有重大的现实意义和深远的战略意义。同时，浙江省的跨海大桥建设还能与周边区域的经济产生良性的合作共赢。杭州湾口的宁波北仑港和舟山群岛的深水泊位与上海港联合，可以形成中国东方大港和上海航运中心。为此需要建造跨越长江口和杭州湾的通道以及连接舟山各岛的联岛工程。

杭州湾跨海大桥所处的杭州湾地区是世界三大强潮海湾之一。平均每年受到台风影响 1.6 次。杭州湾最大潮差 8.87 m，最大涨急流速达到 4 m/s，潮流严峻是桥梁工程主要需要克服的技术难点（唐寰澄，2004）。同时，南岸滩涂地下存在沼气，也给大桥的工程建设带来了一定的困难。为了克服桥长、地质条件复杂等困难，杭州湾跨海大桥建设中采用多种先进技术。其中，大直径超长钢管桩整体沉桩技术、预应力混凝土箱梁整体预制、大型平板车梁上运梁工艺、海工耐久混凝土技术是大桥建设中的亮点。

杭州湾大桥桥宽 33 m，为双向六车道，设计时速 100 km，设计使用寿命 100 年以上。杭州湾大桥全长 36 km，是目前世界上最长的跨海大桥。大桥设有南、北两个航道，其中北航道宽 325 m，高 47 m，可通航 3.5 万吨级船舶；南航道宽 125 m，高 31 m，可通航 3 000 吨级船舶。在离南岸约 14 km 处，设计有一个面积达

12 000 $m^2$ 的交通服务救援海上平台（王仁贵，2008）。

舟山地处我国东南沿海长江口南侧、杭州湾外缘的东海洋面上，背靠沪杭甬等大中城市群和长江三角洲辽阔腹地，面向广袤的太平洋，是一座美丽的千岛之城，港口、旅游、渔业等海洋资源十分丰富，尤其是舟山深水岸线众多，港域宽阔，航道畅通，建造深水良港的自然条件十分优越。但千百年来其与大陆的联系一直只能靠舟楫往来，交通不便成为制约舟山发展的最大瓶颈。舟山大陆连岛工程的建成，将从根本上改变这一现状，使舟山的交通完全融入国家高速公路网络（浙江省舟山连岛工程指挥部，2011）。

舟山位于长江、钱塘江、甬江的入海口，深水区有 38 处，岸线约为 185 km，是难得的洲际良港。舟山大陆连岛工程位于舟山岛西北部，起于我国第四大岛舟山本岛，途经里钓、富翅、册子、金塘四岛，跨越五个水道和灰鳖洋，至宁波镇海登陆，全长约 50 km，由岑港大桥、响礁门大桥、桃夭门大桥、西堠门大桥、金塘大桥五座跨海大桥及接线公路组成，是中国规模最大的岛陆联络工程（唐寰澄，2004）。岑港大桥、响礁门大桥、桃夭门大桥作为地方项目于 2006 年 1 月 1 日建成通车。西堠门大桥、金塘大桥两个特大跨海大桥项目概算总投资 100.6 亿元，于 2005 年由国家发改委分别核准立项。

2005 年 5 月 20 日，西堠门大桥全面开工，标志着舟山连岛工程正式开始。同年 11 月 25 日，金塘大桥开工。2009 年 11 月 2 日两桥同时通过交工验收。2009 年 12 月 25 日，舟山大陆连岛工程实现全线通车。

东海大桥是上海国际航运中心洋山深水港区的重要配套工程，始于上海市浦东新区芦潮港，南跨杭州湾北部海域，直达浙江省嵊泗县小洋山岛，为洋山深水港区集装箱陆路集疏运和供水、供电、通信等需求提供服务。东海大桥全线可分为约 2.3 km 的陆上段，海堤至大乌龟岛之间约 25.5 km 的海上段，大乌龟至小洋山岛之间约 3.5 km 的港桥连接段，总长约为 31 km。大桥按双向六车道加紧急停车带的高速公路标准设计，桥宽 31.5 m，设计车速 80 km/h。东海大桥工程 2002 年 6 月 26 日正式开工建设，历经 35 个月的艰苦施工，于 2005 年 5 月 25 日实现结构贯通。大桥全线按高速公路标准设计，设计使用年限为 100 年。大桥的最大主航通孔，离海面净高达 40 m，相当于 10 层楼高，可满足万吨级货轮的通航要求。

## 12.3.2 跨海大桥对浙江省海洋环境的影响

目前，浙江省最主要的跨海大桥工程为杭州湾跨海大桥、舟山大陆连岛工程和洋山港东海大桥工程。其中，洋山港工程中东海跨海大桥所在的崎岖列岛比较靠外，相对来说对环境影响较小。杭州湾跨海大桥对海洋环境的影响将在下一章节中详细介绍，本章节主要阐述舟山大陆连岛工程和洋山深水港工程对浙江省海洋环境的影响。

舟山市大陆连岛工程（岑港大桥、响礁门大桥、桃夭门大桥、西堠门大桥、金塘大桥）建成后，与舟山本岛相连的册子岛、里钓岛、富翅岛、金塘岛等岛屿，再加上通过朱家尖海峡大桥与本岛连为一体的朱家尖岛的面积，使舟山本岛的陆域面积扩大了 35.1%，达到 679.07 km²，相当于新加坡和香港本岛面积之和，为舟山市的经济发展提供了广阔的空间（邱建英，2002）。同时，跨海大桥工程也会对海洋环境产生影响，特别是连岛造地工程将改变周围的水动力条件，势必引起海域泥沙输移的变化，重新调整海床高程，使之与水流相适应（娄海峰等，2010）。

金塘大桥是舟山连岛工程中最长的一座大桥，全长 26 540 m，连接浙江省舟山市金塘岛和宁波市镇海区。主航道桥采用主跨 620 m 的双塔双索面斜拉桥方案，通航等级为 5 万吨级，是外海中已建成的最长斜拉桥。

金塘大桥东起舟山市金塘岛，西至宁波市镇海区新泓口的，为舟山大陆连岛工程的主体。大桥全长为 18.5 km，海面桥墩近 350 个，桥墩附近海床冲刷深度主要包括因风浪和潮流引起的自然冲刷、因建桥使过水断面缩窄而产生的一般冲刷和桥墩阻水形成的马蹄形漩流引起的局部冲刷。娄海峰等（2010）用水动力模型对连岛造地后的影响做了模拟，发现连岛造陆工程截断了北部岛屿间的横向流动，对周边海域的流场和海床有一定的影响，而且影响幅度基本随工程规模的扩大而增大。韩海骞等（2009）采用海域实测地形资料分析了桥轴线附近的海床自然冲刷，利用水槽正态模型试验模拟研究了桥墩附近的一般冲刷和局部冲刷。研究表明，该大桥所处海域总体上趋于动态平衡状态，桥轴线东段微冲、西段微淤。运行期金塘大桥附近的海床自然冲刷，一般均在 1.1 m 以内，仅在主槽附近较大，约 5 m。但是在潮流作用下潮流作用下桥墩附近的一般冲刷和局部冲刷均明显大于自然冲刷幅度，说明跨海大桥对冲淤地形有显著的影响。另外，熊绍隆等（2008）利用水文实测资料对金塘大桥的水动力和冲淤过程进行了模拟，发现由于桥墩的阻水作用，使该桥所在海域海流流速整体上略有减小，减小量一般在 5% 以内；桥墩间因海流集中使流速有所增加，因此建桥会使主航道航深有所增加。

洋山深水港区位于杭州湾口的崎岖列岛，由大、小洋山等数十个岛屿组成。工程规模大，施工过程复杂，诸如围海造地、修筑堤坝、建造码头、航道疏浚、架设桥梁和铺设管道等主体工程有可能对洋山海域以及杭州湾生态环境产生明显的影响（徐兆礼等，2010）。

东海大桥是洋山港工程的一个重要组成部分，东海大桥全线可分为约 2.3 km 的陆上段，海堤至大乌龟岛之间约 25.5 km 的海上段，大乌龟至小洋山岛之间约 3.5 km 的港桥连接段，总长约为 31 km。其中对海洋环境影响较大的主要为 599 个桥墩的海上施工（徐兆礼等，2010）。

洋山港海域多岛屿、多汊道，是由大、小洋山两条岛链围成的喇叭口形的海域，潮汐水道以落潮流为主、高含沙量、强潮流，泥沙运动主要以悬沙为主。通道内潮流基本为东南—西北向往复流,潮流平均流速在1.0 m/s,最大流速都在2.0 m/s以上,含沙量在1.0 kg/m³以上(左书华等,2011)。洋山港工程所在的崎岖列岛岛链狭道水域是潮流对泥沙运动起控制作用的典型区域。在洋山港工程实施前,在高流速动力条件下,整个狭道水域呈现冲刷状态(俞航等,2008)。

洋山工程群对洋山港及杭州湾的水动力和冲淤过程影响可以通过模型与工程后的水文地形观测来进行追踪。孙志国(2003)从宏观流场研究芦洋跨海大桥建设方案对进出杭州湾的潮流产生的影响,利用桥墩物理模型测定的等效底摩阻系数,研究建桥前后在桥轴线上的流速、流量变化。经过数值计算及对计算结果的比较分析,认为芦洋跨海大桥的建设对杭州湾潮流场的影响不大,不会影响整个杭州湾的潮流场特征。刘伟祎(2007)根据长期的实测数据发现,从海床地形演变趋势上看,东海大桥工程的建设则对工程区范围内产生明显的影响,但影响范围有限,持续时间也较短。洋山港工程建设以后,在不建设新的大型工程情况下,海床地形将进入不断调整的过程,最终逐渐趋向相对稳定。李鹏等(2008)通过在洋山港工程实施后的短期追踪观测,发现由于工程对北岛链潮汐汊道的封堵,潮动力总体有所减弱;涨、落潮主流与工程前相比发生约20°右偏。在垂直方向上涨、落潮动力,涨、落潮历时存在分异现象,建议针对跨海大桥的具体影响应该进行长期的追踪监测。万新宁(2008)的分析表明,工程实施后洋山海域在宏观上仍受周边海域大环境的泥沙场制约,工程前后含沙量没有异常变动。但由于峡道地形的改变,局部含沙量分布发生了一些变化。从整体上来说,洋山港工程对杭州湾的冲淤环境是有影响的,但是对这种影响有必要建立长期的监测系统。

在我国,根据渔业水质标准(GB 11607 - 89),人为增加悬浮物浓度大于10 mg/L,对鱼类生长将造成影响。高浓度悬浮颗粒最直接的影响是削弱了水体中的真光层厚度,从而降低了海洋初级生产力,浮游植物生物量的减少,会引起以浮游植物为饵料的浮游动物生物量相应地减少,进而影响到鱼类等生物量的减少(徐兆礼等,2010)。

工程施工前2001年对浮游动物的监测数据,施工过程中的2004年和2005年监测数据,以及施工完成后2006年和2007年的监测数据,这三者之间的变化十分明显。2003年5月和8月两季的总生物量急剧下降,可能是受到东海大桥打桩、港口北围堤等工程施工的影响,水域生态发生改变,致使生物量大幅下降。整体工程于2005年底正式结束并投入使用,所以2006年监测已恢复到工程前同期水平,并于2007年达到6年监测的最高值。类似的,底栖动物密度也在工程开始之后下降,在工程完成后的几年逐渐恢复到原先的水平(叶金清,徐兆礼,2011)。

在渔业资源方面洋山工程在2003年上半年正式实施后,渔获物重量密度整体上呈现出先降低的趋势。并在2005年达到最低值,在工程完成之后,逐年升高,渔业资源得到缓慢恢复。同时,研究还发现工程作业均没有对鱼卵仔鱼种数和数量造成明显的影响（叶金清，徐兆礼，2011）。

洋山深水港工程的环境影响主要表现在对物理环境的影响（如水动力和冲淤过程）和对生态环境的影响上，具有以下两个特征：其一，影响主要发生在施工期，而营运过程中形成的污染物外排量很少，对海洋环境影响有限；其二，主要影响因子，就污染物而言，是施工产生的悬浮物，就非污染因子而言，主要表现在泥沙填埋过程对底栖动物的影响和生物栖息地的丧失（叶金清，徐兆礼，2011）。

综上所述，跨海大桥对海洋环境的影响是一个长期并且复杂的过程，某些影响是可逆的，比如对生态系统和渔业资源的影响，能够在工程结束后逐渐恢复。但是也有某些影响是不可逆的，比如流场的改变。因此要了解跨海大桥工程对海洋环境的影响，必须在工程完成之后进行持续的观察和检测，对于可逆的过程，需要确定恢复的时间长度，对于不可逆的过程，需要把握其影响程度。在此，我们提出在考虑对跨海大桥工程的环境影响中，需要加入影响的趋势进行分析。在下一节中，我们将会用杭州湾跨海大桥作为例子，对跨海大桥的环境影响趋势进行个案分析。

## 12.4　跨海大桥对海洋环境影响的趋势分析——以杭州湾跨海大桥为例

### 12.4.1　杭州湾跨海大桥建设概况

杭州湾跨海大桥是我国国道主干线同江—三亚线和国家高速公路沈阳—海口高速公路跨越杭州湾的最便捷通道。杭州湾跨海大桥的建成，可以有效地将宁波、舟山等浙东南地区与上海连接起来，与沪杭、杭甬高速公路一起构成沪杭甬"经济金三角"和"交通金三角"，对浙江省的未来发展有重要的意义（王仁贵，2008）。

杭州湾跨海大桥（图 12.3）历经 10 年论证，在 2003 年 11 月 14 日开工，于 2008 年 5 月 1 日竣工。杭州湾跨海大桥起于杭州湾北岸东西大道和乍嘉苏高速公路交点以南约 2.5 km、乍浦港以西约 6 km 的郑家埭，跨越杭州湾后上跨位于丰收闸东北约 3 km 处的慈溪市十塘海堤，经九塘、八塘海堤后止于水湾路，工程全长 36 km。工程包括北引线、北引桥、北航道桥、中引桥、南航道桥、南引桥、南引线、海中平台、两岸服务区、匝道桥及交通工程沿线设施等（王勇，2008）。

杭州湾位于我国东部沿海的中段，北临长江三角洲，南依慈北平原，东为星罗棋布的舟山群岛，西以澉浦为界与钱塘江相接。杭州湾是我国最大的喇叭口形海湾，面积约 5 000 km²，平均水深 8～10 m，海底地形平坦。湾顶在澉浦附近，宽约 20 km，湾口在上海南汇咀至宁波镇海，宽约 100 km。杭州湾内高潮位变化自湾口向湾顶沿程逐渐增高，低潮位逐渐降低。如北岸湾口芦潮港站的平均高、低潮位分别为 1.8 m 和 −1.40 m，湾顶澉浦站平均高、低潮分别达到 3.05 m 和 −2.55 m。杭州

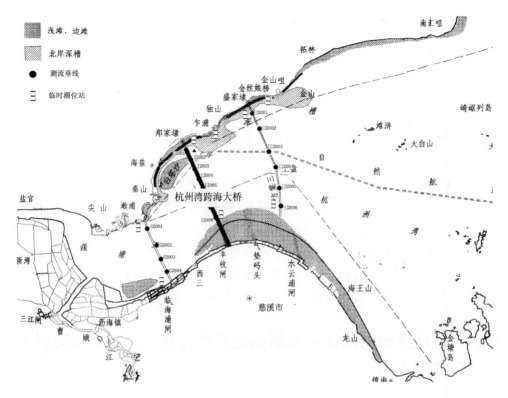

图 12.3　杭州湾跨海大桥位置

湾水域潮差自湾口向湾顶逐渐增大，北岸湾口芦潮港站平均潮差为 3.21 m，至湾顶澉浦站增大到 5.60 m；南岸湾口镇海站平均潮差为 1.73 m，至湾顶附近陶家路站为5.53 m。自 20 世纪 60 年代末以来钱塘江河口开展了大片治江围涂，致使进潮量减少，河床淤积，而引起高潮位抬高，潮差增大。另外，杭州湾地区水动力作用强，最大涨急流速达到 4 m/s，潮流严峻是桥梁工程主要需要克服的技术难点（王勇，2008）。

杭州湾桥位处的底床总体上处于整体比较稳定的状态，冲淤特点为东冲夏淤，北冲南淤。桥位处受波浪影响较小，年平均波高 0.2 m，但全年 1.5 m 以上的波高仅占 0.6%，桥区水域的波浪基本为风浪，涌浪比例仅占 1.4%。"9711"号台风过程中，实测最大波高为 3.5 m。桥位处的主要不良地质条件为软土层和浅层沼气，浅层沼气主要分布在南岸的滩涂区（王勇，2008）。

根据实地调查，杭州湾海域浮游植物大部分属于沿岸低盐广温广布生态类群。该区也有中肋骨条藻等赤潮生物出现，但细胞密度较低。浮游植物的生物多样性偏低（平均小于 2），无高生物量密集区，生态较稳定。该区域浮游动物优势种类为太平洋纺锤水蚤、长额刺糠虾、不列颠高手水母、左突唇角水蚤、捷氏歪水蚤和江湖独眼钩虾。生物多样性指数在 1.279~2.185，变幅不大，平均偏低（<2），反映出

杭州湾海域浮游动物种类贫乏，分布均匀，群落结构简单。底栖动物以甲壳类居首。底栖生物多样性指数较低，种类贫乏，生物量和栖息密度较低，分布均匀，优势种为广盐性和河口半咸种类。上述情况主要是杭州湾复杂的海况和不稳定环境造成的（王勇，2008）。

除了浮游生物和底栖生物之外，杭州湾内的潮间带上还分布着盐沼植被群落和底栖动物群落。从海向陆，植被逐渐由海三棱藨草群落过渡到獐毛草或芦苇群落；更向内则有结缕草群落、狗尾草与白茅群落等。主要群落植被的面积可达 10 000 m² 以上，高度可达 25 cm 以上，盖度范围为 10% ~ 40%。潮滩上的底栖动物群落则以蟹类、贝类和多毛类动物为主（王勇，2008）。

杭州湾渔业资源种类按其生态习性划分，分属三种类型：近海类资源、溯河降海性资源和沿岸河口类资源。近海类资源受季节变化影响明显，春季产卵季节由近海进入浅海区产卵，孵化后的幼体及成体在浅海区索饵生长，入冬后随着水温下降，这些生物种类逐渐移向外海深水区越冬，代表种有鲳鱼、黄鲫、日本鳀鱼、鮸鱼等产卵群体。溯河降海性鱼类资源有鳗鲡苗和凤鲚等，鳗鲡苗每年春季由外海进入杭州湾河口洄游。沿岸河口类资源较多，主要分布在河口及浅海区，是主要捕捞对象，其中龙头鱼、棘头梅童鱼等为小型经济鱼类，脊尾白虾、安氏白虾、长臂虾、管鞭虾、虾蛄等为颇有经济价值的中型虾类，鲀、舌鳎为中型经济鱼类，细螯虾、中国毛虾等属小型鱼虾类。这些资源的主要产卵区及其幼体、成体的栖息区在河口、沿岸浅水区或岩礁间。由于这类资源的产卵区及其幼体的栖息区在河口沿岸水域，因此最有可能受水环境污染的影响（王勇，2008）。

从杭州湾的基本状况可以分析得到：①杭州湾的潮差大，水动力强，因此跨海大桥的建设必须考虑到对水动力条件的影响，以及与此相关的冲淤变化和悬浮物浓度变化；②杭州湾的浮游生物和底栖生物多样性低，因此生态环境比较脆弱，必须关注大桥建设对生态系统的影响。因此，在下面的章节中，就杭州湾跨海大桥对海洋物理环境的影响（水动力、悬浮物和冲淤）和对海洋生态系统（包括渔业资源）的影响分别进行讨论。

## 12.4.2　杭州湾跨海大桥对海洋物理环境的影响

根据《杭州湾公路大桥工程环境影响报告书》（浙江省环境保护科学研究设计院，2002），杭州湾跨海大桥建成后会减少过水断面面积，使桥址海域附近的局部潮流场发生改变，在桥址附近处产生阻水和潮位抬高现象。杭州湾水体中泥沙含量较高，由于建设大桥后在一定程度上改变了局部海域潮流场和泥沙冲淤的动态平衡，将会对桥址处及其上、下游一定范围内的海床面和岸滩产生一定幅度的冲刷和淤积，有可能对海床面和岸线的稳定性产生一定影响。通航孔桥基础采用钻孔摩擦桩加承台的基础形式，水下基础挖掘将产生钻渣和泥沙，这些钻渣和泥沙将就近抛海。由于钻孔和抛泥作业，会造成局部范围内水体含沙量增加造成淤积，同时增加了海水的混浊度。

由于本建设项目的桥梁基础建设会造成局部范围潮流场变化和阻水现象，同时潮流场变化还将导致水体含沙量变化。利用二维潮流与泥沙数学模型，可以对潮流场和泥砂场现状进行模拟，并在此基础上预测大桥建成后潮流及泥沙运动的变动情况。

二维潮流模拟结果预测建桥工程后的潮流，无论涨潮还是落潮，在桥址附近流速会有所减小，流速减小10%的范围小于1 000 m；流速减小5%的范围在2 000 ~ 2 500 m以内。总的来讲，影响范围局限在工程附近区域。工程后，大潮期间不论涨潮平均流速或落潮平均流速，在桥址两侧都有不同程度的减小，减小幅度大于10%的东西范围约达1 000 m，减小幅度大于5%的东西范围约宽2 500 m；此外，在乍浦港附近水域，落潮平均流速变化在1% ~ 2%以内，而涨潮的平均流速减小5%的区域沿岸线长为1 000 m左右。另外，工程后，小潮期间的潮流变化范围与大潮期间相似，不同之处在于小潮期间流速变化的等值线较疏，其流速减少大于10%的范围较大潮期小，影响范围的直径为500 m左右；与大潮期相似，在乍浦港附近水域，落潮平均流速变化在1% ~ 2%，而涨潮时平均流速减小5%的范围也接近1 000 m。最后，水动力模拟还预测无论大潮还是小潮，在局部水域的流速有所增加，如北岸郑家埭沿岸流速有所增大，增大幅度达5%的东西范围约1 000 m，离岸1 000 m左右。

潮位计算结果表明，建桥后潮位的影响甚小。在乍浦潮差频率1%的大潮条件下，高潮时桥位下游水位略有抬高，1 000 m以内的附近区域抬高2 ~ 3 cm，至乍浦抬高幅度在1 cm左右，桥位上游高潮位有所降低，1 000 m以外降低1 ~ 2 cm；低潮位则相反，桥位上游有所抬高，1 000 m以内附近区域水位变化在2 ~ 3 cm之间，澉浦以上基本没有影响，桥位下游变化甚小，至乍浦水位降低幅度在1 cm以内。总之，桥墩与桥桩1 000 m以外，无论高潮位或低潮位的变化，均在1 ~ 2 cm以内。原因为研究水域的潮波具有驻波性质，最大流速出现在中潮位附近，因此桥位桩引起的壅水在高平潮与低平潮时的影响微小，而涨、落急时桥位附近区域的水位可达5 ~ 7 cm。

将水动力模型的结果应用到冲淤模型，计算得到工程后底床的冲淤状况为：①大潮期间，在桥位两侧都有不同程度的淤积，一个潮周期内的淤积量最大可达1 ~ 1.5 mm，但其范围较小，桥位两侧可达2 000 ~ 2 500 m；②小潮期间，桥位两侧的冲淤分布与大潮相似，但其量值较小。一个潮周期内大于1 mm淤积量的范围在桥位两侧1 000 m左右；③无论是大潮还是小潮，郑家埭桥位起点附近沿岸水域有一个冲刷区，一个潮周期内的冲刷量可达0.5 mm，但范围不大。

海域施工期间，主桥墩和一部分桥桩施工产生的钻渣和泥沙就近抛海，会造成海水含沙量上升、透明度下降。根据产生的钻渣和泥沙数量以及钻渣就近抛海的地点，选择二维数学模型悬浮泥沙扩散方程进行计算的结果表明施工 24 小时后主桥墩附近 2 500 m 范围内悬浮泥沙增加值大于 100 mg/L，最大值可超过 1 000 mg/L；在往返潮流的作用下，其沉积厚度大于 0.1 m 的东西向范围约达 2 000 m，在此范围内增加的淤积厚度超过 0.5 m 在 500 m 范围内。按照《海水水质标准》（GB3097）的要求一类海水水质的悬浮物人为增加的量应小于等于 10 mg/L；二类、三类海水水质的悬浮物人为增加的量应小于等于 100 mg/L；四类海水水质的悬浮物人为增加的量应小于等于 150 mg/L，大桥施工期间挖掘桥墩下部结构基础产生的钻渣和泥沙就近排放后，扩散至附近水体的悬浮物增量大大超过了标准。

利用悬浮泥沙扩散模型和底床的冲淤模拟结果，可以预测到在桥的两侧 2 000 m 左右的范围内有 0.3～0.7 m 的冲淤带。在乍浦港沿岸处有 0.3～0.4 m 的淤积区，在郑家埭离岸水域有 0.3～0.5 m 的冲刷区。故此，可以认为沉降在海床上的钻渣泥沙的增量，属于大桥建成后的变化范围之内，随着施工的结束，水体中悬浮泥沙的增量将趋于零，海床面上增加的沉积部分，由于大环境水动力条件没有改变，因此在强潮流的作用下，根据模型的结果，其影响将逐步减小。

## 12.4.3　杭州湾跨海大桥对海洋生态系统的影响

根据杭州湾公路大桥工程的特点，主要是由项目建设引起海域物理方面的变化，而影响海域生态系统的。至于污染的影响，主要是施工期船舶排污的影响，这类影响只要落实环保和清洁生产措施，其影响是可以消除的。因此在本章节中重点讨论物理环境变化对海域生态系统的影响。

根据《杭州湾公路大桥工程环境影响报告书》，由于桥址附近的潮流场变化以及海床与岸滩的冲淤变化，有可能对海洋生物尤其是潮间带生物和底栖生物的栖息环境产生一定影响。大桥建成后，将直接占用海域水面约 1 km²，南、北两岸将分别占用滩地约 0.168 km² 和 0.131 km²，用于引线建设。南岸还将占用部分已围滩地用于施工场地与监控、通信、收费设施建设，这些占地将对潮滩生物的栖息地产生影响。同时，工期间钻渣和泥沙抛海，将在一定范围内增加海水中悬浮泥沙的含量，也将在一定范围内增加海床面上泥沙的淤积量，影响水生生物的生长环境。

根据环境影响预测结果，建设项目竣工后，受桥墩挑流和束流的影响，桥孔上、下游的流速将出现不对称的变化，相应的潮位也有一定的改变。另外，桥墩的阻水作用影响上、下游水体的交换。这些影响都可能导致盐度的变化，据推算，盐度变幅为未建桥前的 5%～10%。由于项目建设海域的栖居或洄游的生物有以广温广盐种为主的特点，因此，在《杭州湾公路大桥工程环境影响报告书》中认为盐度变化对底栖和浮游生物的栖息、游泳生物的迁徙路线以及渔业资源的生态环境不构成明显的影响。

根据环境影响预测结果，运营期间，主桥墩附近顺流 500 m 范围的水体中悬浮物含量将增加 $0.1 \sim 1.0 \ kg/m^3$，顺流 800 m 范围内的海床面增加的淤积量在 $0.1 \sim 1.0 \ m$ 之间。然而工程竣工以后，由于总的悬浮物来源环境没有发生变化，不同季节、不同潮期、不同潮时的悬浮物含量变化规律将固定下来，《杭州湾公路大桥工程环境影响报告书》中认为水体中悬浮物含量的总体和局部变化将很小，因此悬沙浓度引起的生态系统变化不显著。

根据环境影响预测结果，项目建成后，桥址附近海床和沿岸滩涂的冲淤变化趋势为：涨、落潮最大流速时，桥址附近海床面有 $0.5 \ m \sim 1.0 \ m$ 厚的淤积区，桥墩之间顺流 1 000 m 范围内有冲刷区。本建设项目所在海域的自然环境为强潮区，调查结果显示工程区最大流速可达 3 m/s，海底表层沉积物多为粉砂或砂质，黏土成分小于 10%，多为坚实的铁板沙，有机质含量低，因此，极大地限制了底栖生物的生长，较大型的底栖生物很少。底栖生物主要种类为具有游泳能力的虾类和鱼类，优势种为安氏白虾，并由安氏白虾和葛氏长臂虾组成河口低盐群落。生物量范围在 $0.01 \sim 0.08 \ g/m^2$ 之间，密度范围在 $0.5 \sim 5$ 个/$m^2$ 之间。因此在《杭州湾公路大桥工程环境影响报告书》中认为在中部海域，由泥沙冲淤引起的对海底生态的影响不甚明显。

浅海滩涂的冲淤变化对底栖生物将有一定影响。由于近岸地段黏土含量在 20% ~ 30% 之间，较适宜于一些多毛类和贝类的穴居生活。如焦河蓝蛤和多鳃齿纹沙蚕是近岸区的主要底栖生物，其生物量可分别达到 0.05 和 $0.15 \ g/m^2$，栖息密度可分别达 5 ~ 25 个/$m^2$。《杭州湾公路大桥工程环境影响报告书》认为工程竣工以后，南副航道桥桥墩之间的冲刷区和桥址附近 $0.5 \sim 1.0 \ m$ 厚的淤积区，将使这一部分底栖生物的生存环境处于不稳定的状态。

大桥和引线施工与运营期间对海域渔业资源与渔业生产的影响，基本与海域生态环境的影响相同。即由于水流、水位变化引起的盐度、悬浮泥沙、溶解氧变化对游泳生物栖息环境的影响；施工与运营期间光、声、波、振动、震动等物理干扰，一定面积水面、滩涂的占用，会对海域的渔业资源和渔业生产造成一定的影响；建桥期间钻渣泥沙抛海，施工船舶含油污水排海，以及运营期间潜在的船舶事故溢油与桥面车载化学品坠海事故，会造成环境污染。

《杭州湾公路大桥工程环境影响报告书》认为因通道工程的水工建筑物而引起的海床面和岸线变化，对渔业资源的影响可能体现为改变了部分洄游性鱼类的活动区。然而，由于大部分鱼类对悬浮物含量高值区出于本能进行回避，绕道而行，故这种影响的程度是有限的，时间一长又会形成一种新的洄游活动区。此外在大桥两侧 1 000 m 范围内，捕捞生产将受到抑制。

### 12.4.4　杭州湾跨海大桥对海洋环境影响的趋势分析

杭州湾跨海大桥在建设前已经通过模型和实地调查对大桥工程建设的环境影响

进行了评价和预测，这些工作为后续的海洋环境影响的趋势分析提供了很好的基础。对海洋环境影响的趋势分析包含三个方面的内容：①根据环境影响评价报告书、前期调查资料以及施工期的监察资料来确定工程对环境影响的主要影响因子；②根据主要影响因子来确定工程完工后进行后续观测的重点指标，积累一定时间长度的数据进行影响趋势分析；③根据影响趋势分析的结果确定长期监测的重点内容、范围和时间尺度，为管理者提供决策的技术支持。

根据本章前面章节的分析，可以获知杭州湾跨海大桥对环境的主要影响表现在：①引起水动力条件的改变，并引起冲淤过程的变化；②对生态系统的影响。在总结这两个主要影响因子的基础上，结合大桥建成后近期的监测数据，对这两个影响因子分别进行环境影响趋势分析，并提出今后需要进行长期监测的重点内容。

### 12.4.4.1　对水动力与冲淤过程的影响趋势分析

根据《杭州湾公路大桥工程环境影响报告书》的内容，可以知道杭州湾跨海大桥对水动力条件的改变非常有限，不论是水位还是流场，所发生的改变都具有局部性和局限性。熊绍隆等（2005）也利用实测资料和模型对杭州湾跨海大桥的建桥对水环境的影响，得出了杭州湾大桥的建设对水流的影响较小、且主要发生在桥位近区，对钱塘江涌潮基本没有影响，对上游泄洪无负面影响，对乍浦港与南北航道无明显不良影响的相似结论。由此可以推断，虽然杭州湾跨海大桥对水动力条件的改变不是工程的主要影响，其影响趋势并不明显。

根据《杭州湾公路大桥工程环境影响报告书》，对杭州湾大桥冲淤过程的预测认为郑家埭桥位起点附近沿岸水域有一个冲刷区，一个潮周期内的冲刷量可达0.5 mm，但范围不大。值得注意的是，在大桥建成后，姜小俊等（2010）对桥墩附近的局部冲刷进行了实测，用实测数据修正了模型，发现计算最深冲刷值与实测冲刷值基本一致，但是北主墩（郑家埭附近）出现了较大偏差，原因与北桥墩特殊的施工方法有关，导致桥墩附近的河床底质发生变化所致，该底质具有较强的抗冲特性，这是当初水槽建模时未能考虑到的。这说明在施工工程中出现了与原先环境影响预测不同的情况，需要进行后续的冲淤观测。同时，从总体上来看，由于采用了特殊的施工方法，导致底质抗冲刷能力增强，因此，从环境影响趋势分析来看，杭州湾大桥对冲淤过程的实际影响，特别是桥墩附近的冲刷过程影响，要优于预测的结果。

尽管杭州湾大桥附近的海域的冲淤影响优于预测结果，有两个新的问题必须在后续的监测中引起重视：①区别冲淤过程中的人为影响和自然影响；②离岸人工岛对冲淤过程的影响。

首先，杭州湾的冲淤过程非常复杂，有自然因素的影响也有大量人为活动的影响。曹佳等（2009）杭州湾北岸岸滩冲淤进行了30年时间尺度的分析，发现杭州湾北岸冲淤过程受多种动力因子的影响，除受潮流和风浪等动力因子的作用外，南汇边滩和杭州湾北岸围垦工程的影响及长江来沙量的减少是造成杭州湾北岸岸滩冲刷的两个重要因素。因此在对杭州湾跨海大桥的环境影响趋势分析中必须考虑到一个重要的问题，就是环境影响趋势分析必须区分来自杭州湾跨海大桥工程的影响和来自自然因素和其他工程的影响。这项工作需要大量的后续观测才能完成，也是将来环境影响趋势分析的一个重点需要研究的问题。

其次，在杭州湾跨海大桥的建设中采用了离岸人工岛的施工方案。人工岛就是为了一定的目的和用途利用人工吹填等方式在海中建造的岛屿。离岸人工岛设计上考虑了工程对河口、海岸的长期演变的影响，避免了因工程离岸太近而演变成连岛沙坝的可能性，极大降低了工程项目对附近区域生态环境的负面效应。人工岛作为一种海岸工程设施，对海岸必然会产生或多或少的影响。当人工岛距离海岸较近时，这种影响与岛式防波堤的情况类似。由于人工岛阻挡了波浪接近海岸，在防波堤后面形成了'波影区'，波影区内的波浪大大减弱，丧失了形成沿岸输沙的条件，也就中断了沿岸输沙的通路。因而在波影区及其上游造成淤积，在下游由于泥沙来源不足而造成冲刷。淤积首先在岸边开始，形成三角形淤积体。如果人工岛距离岸边足够近，淤积体逐渐发展最终将与人工岛连接起来，并最终形成连岛沙坝（孙秀峰，2011）。由于杭州湾跨海大桥的人工岛距离两岸较远，因此从长远看形成连岛沙坝的可能性比较低，但是会形成一定的淤积体，并且对流场产生一定的影响，这是今后后续监测中需要注意的一个内容。

### 12.4.4.2 对杭州湾生态系统的影响趋势分析

杭州湾跨海大桥对生态系统的影响主要是通过盐度变化和悬浮体浓度变化来进行预测的。根据环境影响预测结果，建设项目竣工后，桥墩的阻水作用影响上、下游水体的交换。这些影响都可能导致盐度的变化，据推算，盐度变幅为未建桥前的5%～10%。同时，根据环境影响预测结果主桥墩附近顺流500 m范围的水体中悬浮物含量将增加$0.1～1.0 \text{ kg/m}^3$。工程竣工以后，由于总的悬浮物来源环境没有发生变化，不同季节、不同潮期、不同潮时的悬浮物含量变化规律将固定下来，据此认为水体中悬浮物含量的总体和局部变化将很小，对生态系统的影响不大。盐度和悬浮泥沙的变化主要会影响到海湾生态系统的结构和功能。由于在杭州湾栖居或洄游的生物有以广温广盐种为主的特点，因此，从长期的趋势来看，盐度变化对于生态系统的影响不显著。但是由于施工过程较长，悬浮物浓度的时空变化在施工期间内非常剧烈，根据前人的研究，悬浮物浓度不仅能影响浮游植物的光合作用，而且这种影响能通过食物链进行传递，影响到营养级更高的种群。在国外的某些区域，无机悬浮物被认为是水域中最为普遍的污染，它主要通过增加水体浑浊度所产生的一系列负效应及沉降后的掩埋作用而对水体中各生物类群如浮游植物、浮游动物及鱼类等进行生理、行为、繁殖、生长等方面的影响，从而影响整个水生态系的种群动态及群落结构（白雪梅，徐兆礼，2000）。同时，悬浮物浓度的变化对鱼类的产卵、孵化、洄游等一系列活动都会造成影响，造成渔业资源的巨大损失。研究表明，跨海大桥对生态系统和渔业资源的影响需要几年甚至更长的时间才能逐渐消除（叶金清，徐兆礼，2011）。因此，从影响趋势分析来看，虽然根据环评报告的预测，悬浮物浓度的变化在工程建设后能恢复到施工前的水平，但是悬浮泥沙对生态系统的影响由于涉及更加复杂的过程，其影响是长期的，特别是会影响到群落结构和渔业资源的数量和质量。需要对施工期间悬浮物浓度的变化以及工程完成后悬浮泥沙造成的影响过程进行长期的观测，也需要对生态系统群落结构的响应和调整过程进行追踪。

　　值得注意的是，杭州湾跨海大桥工程对生态系统的影响非常复杂，后续的监测结果显示比《杭州湾公路大桥工程环境影响报告书》中的预测结果复杂得多。李欢欢（2007）在大桥建设后期对杭州湾南岸的潮间带生态系统进行了采样观测。他们的研究发现跨海大桥的建设是影响大型底栖动物功能群的一个重要人为干扰因子。在建设过程中，生活污水、建筑垃圾等对潮间带会造成一定的污染。高、中潮带的优势功能群是以小头虫与线虫为代表的碎屑食者，这些都是典型的污染指示种，表明这2个潮带受到较严重的环境污染。低潮带则没有发现小头虫，线虫数量也不多，这可能是因为低潮带每天绝大部分时间都被海水淹没，露出水面的时间有限，且受潮水及海浪冲刷的影响较大，从而降低了污染物的浓度，缩短了污染物的滞留时间。由于大桥的建设，不断有建筑材料的碎渣掉落，且有时直接往滩涂上倾倒石灰水等，使得原本适合尖锥拟蟹守螺和绊拟沼螺为代表的腹足类软体动物植食者和浮游生物食者生存的环境发生了较大的改变。比如，靠近大桥的土壤底质明显变硬，不适合植被的生长，浮游生物食者和某些植食者功能群类型的物种就会因失去生存环境被迫迁移到更远的地方，从而在大桥附近逐渐消失。这说明大桥建设会在一定程度上改变大型底栖动物功能群结构。由于大型底栖生物群落的改变，必然将会导致食物链的摄食过程发生变化，导致整个水生生态系统结构与功能的改变，甚至进一步影响到鱼类等处于营养盐较高级别的物种。周燕等（2009）也对杭州湾南岸的大型底栖生物进行了研究，他们的结果也表明在2006—2007年，杭州湾生态监控区潮间带环境质量总体下降，6个潮间带断面环境质量从好到差依次为镇海港、慈溪十塘、嘉兴乍浦、慈溪庵东、上虞港和海宁尖山，人类活动对潮间带底栖生物的生存环境破坏逐年加剧，是该区生态环境质量下降的重要原因。因此，从影响趋势分析来看，杭州湾跨海大桥工程对生态系统产生了负面的影响，特别是对底栖动物产生了较为严重的影响。这种影响的范围和时间尺度目前还不清楚，需要进行进一步的观测和研究。

　　综上所述，根据对杭州湾跨海大桥施工期和完工期的后续观测资料，发现跨海

**313**

大桥工程对海洋环境的影响既有符合环境影响预测的，也有超过原先预期的影响。环境影响趋势分析表明杭州湾跨海大桥工程对海洋水动力环境的影响较小，符合原先的预期结果。特别是在北桥墩的建设过程中采用了特殊的工艺，使得北桥墩对冲淤过程的影响小于原先预测结果。悬浮物的影响趋势分析表明虽然悬浮物浓度变化在施工完成后能够很快恢复，但是由于悬浮物的浓度变化影响到了生物的繁殖与迁徙过程，所以悬浮物的对海洋环境的影响将是长期的，确定生态系统的恢复周期有待于后续的观测。跨海大桥工程对生态系统的影响趋势分析也表明跨海大桥的施工能对水生生态系统的结构和功能产生长远的影响。就目前的观测资料来说，潮间带的底栖生物群落已经受到了严重的影响，导致生态系统产生了结构性的调整。在此基础上，浮游生物群落也会受到影响。尽管生态系统的影响一直被认为是可逆的，这种影响还需要后续的监测来确定恢复的程度和周期。

根据杭州湾跨海大桥工程对海洋环境影响趋势分析，我们提出以下的后续重点监测内容建议。

（1）在杭州湾跨海大桥工程完工后进行后续的水动力监测，特别是收集离岸人工岛附近的冲淤变化、大桥附近海域水体悬浮物浓度的变化。

（2）持续对杭州湾内的生态系统和渔业资源进行监测，注意收集湾内和潮间带生态系统的基础数据，确定生态系统受影响的程度、范围和恢复周期，并根据数据分析结果提出人工干预的方案，比如在必要时进行人工增殖放流，促进生态系统的恢复。

（3）通过后续的监测数据来区分杭州湾跨海大桥与其他工程对杭州湾地区的影响，建立不同工程对环境影响的数据库并结合环境影响趋势分析，为将来不同类型的工程的影响提供参考标准。

## 12.5　结论

本项目在系统调研全球跨海大桥对海洋环境影响研究成果的基础上，结合杭州湾跨海大桥的具体情况，收集与整理大桥附近海域的海洋水文动力环境、地形地貌与冲淤环境、海洋沉积物环境、海洋生态环境、渔业资源等资料，通过前后对比，初步分析和探讨了跨海大桥工程对海洋环境的影响趋势。主要有以下结论。

（1）通过搜集全球的跨海大桥工程的影响研究成果，总结出跨海大桥对海洋环境的主要影响可以分为对物理环境的影响和对生态系统的影响。对物理环境的影响包括对水动力条件的影响和对冲淤过程的影响，是不可逆的过程。跨海大桥工程对物理环境的影响通过悬浮物浓度的变化能够传递到生态系统，虽然生态系统的变化是可逆的，但是恢复周期有待进一步研究。

（2）杭州湾跨海大桥对海洋环境的影响趋势分析表明杭州湾的水动力和冲淤环

境受到工程建设的影响较小，但是生态系统受到工程建设的影响较大，超过了预测的结果，而且这种影响是长期的，也是可逆的。

（3）根据环境影响趋势分析的结果，我们提出在杭州湾跨海大桥工程完工后有必要进行长期的监测，特别是监测生态系统的调整过程和恢复过程，在有必要的情况下进行人为干预，促进生态系统的恢复。

# 参 考 文 献

白雪梅，徐兆礼 . 2000. 底泥悬浮物对水生生物的影响 . 上海水产大学学报，9：65 – 68.

曹佳，茅志昌，沈焕庭 . 2009. 杭州湾北岸岸滩冲淤演变浅析 . 海洋学研究，27：1 – 9.

韩海骞，牛有象，熊绍隆，等，2009. 金塘大桥桥墩附近的海床冲刷 . 海洋学研究，27：101 – 106.

姜小俊，刘南，刘仁义，等 . 2010. 强潮地区桥墩局部冲刷模型验证方法研究——以杭州湾跨海大桥桥墩局部冲刷研究为例 . 浙江大学学报，27：112 – 116.

李欢欢 . 2007. 杭州湾南岸大桥建设区域大型底栖动物群落生态学研究 . 浙江师范大学硕士学位论文.

李鹏，杨世伦，徐小弟，等 . 2008. 洋山港区动力泥沙过程研究——兼论北岛链汊道封堵的影响 . 海洋通报，27：56 – 64.

刘玮祎 . 2007. 东海大桥沿线及邻近海域海床冲淤分析，华东师范大学硕士学位论文 .

柳新华，刘良忠，侯鲜明 . 2006. 国内外跨海通道发展百年回顾与前瞻 . 科技导报，24：78 – 89.

娄海峰，朱晓映，胡金春 . 2010. 连岛造地工程对潮流和海床影响的数值分析 . 170：7 – 12.

罗冬莲 . 2010. 悬浮物对鱼卵仔稚鱼的影响分析及其损失评估——以厦漳跨海大桥工程为例 . 海洋通报，29：439 – 443.

罗民波 . 2008. 长江河口底栖动物群落对大型工程的响应与生态修复研究 . 华东师范大学博士学位论文.

庞启秀，庄小将，黄哲浩，等 . 2008. 跨海大桥桥墩对周围海区水动力环境影响数值模拟 . 水道港口，29：16 – 20.

孙秀峰 . 2011. 人工岛（群）对河口海岸水沙环境的影响研究 . 中国海洋大学，硕士研究生学位论文.

孙志国 . 2003. 芦洋跨海大桥建设对潮流影响的数值模拟，大连理工大学硕士学位论文 .

唐寰澄，2004. 世界著名海峡交通工程 . 北京：中国铁道出版社.

万新宁 . 2008. 洋山海域峡道效应对于工程的综合响应 . 华东师范大学，博士研究生学位论文.

王仁贵（主编）. 2008. 杭州湾跨海大桥技术创新与应用 . 杭州：浙江科学技术出版社.

王勇（主编）. 2008. 杭州湾跨海大桥工程总结 . 北京：人民交通出版社.

伍冬领，邢艳，谢晓波，等 . 2005. 钱江四桥桥墩局部冲刷试验研究 . 桥梁建设，2：19 – 21.

熊绍隆，韩海骞，黄世昌，等 . 2008. 金塘大桥桥轴线优化及建桥对水流和航道的影响 . 海洋学研究，27：58 – 63.

熊绍隆，韩海骞，黄世昌 . 2005. 金塘大桥对宁波港的影响 . 中国港口工程建设新发展学术研讨会港口工程分会技术交流文集.

徐兆礼，李鸣，高倩，等 . 2010. 洋山工程影响海洋环境关键因子的分析 . 海洋环境科学，29：

617 – 635.

叶金清，徐兆礼.2011. 洋山工程影响海域生态系统恢复技术的研究. 环境工程（增刊），29：289 – 392.

俞航，陈沈良，谷国传.2008. 崎岖列岛海区水沙特征及近期冲淤演变. 海岸工程，27：10 – 20.

浙江省环境保护科学研究设计院.2002. 杭州湾公路大桥工程环境影响报告书.

浙江省舟山连岛工程指挥部.2011. 舟山大陆连岛工程简介.

周燕，龙华，余骏.2009. 应用大型底栖动物污染指数评价杭州湾潮间带环境质量. 海洋环境科学，28：473 – 481.

Barton B A, 1977. Short – term effects of highway construction on the limnology of a small stream in Southern Ontario. Freshwater Biology, 7：99 – 108.

Bisson P A, 1982. Avoidance of suspended sediment by juvenile Coho Salmon. North American Journal of Fish Management, 2：371 – 374.

Cuvilliez A, Deloffre J, Lafite R, Bessineton C, 2009. Morphological responses of an estuarine intertidal mudflat to constructions since 1978 to 2005：The Seine estuary (France). Geomorphology, 104：165 – 174.

Gautam M R, Watanabe K, Ohno H, 2004. Effect of bridge construction on floodplain hydrology—assessment by using monitored data and artificial neural network models. Journal of Hydrology, 292：182 – 197.

Malnas K, Polyak L, Prill E et al., 2011. Bridges as optical barriers and population disruptors for the mayfly Palingenia longicauda：an overlooked threat to freshwater biodiversity? Journal of Insect Conservation, 15：823 – 832

Miller J M, 1974. Nearshore distribution of Hawaiian marine fish larvae effects of water quality, turbidity and currents. The Early Life History of Fish, Springer Verlag Berlin：217 – 231.

Ogbeibu A E, Victor R, 1988. The Effects of Road and Bridge Construction on the Bank – Root Macrobenthic Invertebrates of a Southern Nigerian Stream. Environmental Pollution, 56：85 – 100.

Sigler J W, 1984. Effects of chronic turbidity on density and growth of Steelheads and Coho Salmon. Transition of American Fish Society, 113：142 – 150.

Skanska, 2009. Øresund Bridge, Sweden and Denmark. Skanska case study 49, 5pp.

Stigebrandt A, 1992. Bridge – Induced Flow Reduction in Sea Straits with Reference to Effects of a Planned Bridgeacross Öresund. Ambio, 21：130 – 134.

Wellman J C, Combs D L, Cook S B, 2000. Long – term impacts of bridge and culvert construction or replacement on fish communities and sediment characteristics of Streams. Journal of Freshwater Ecology, 15：317 – 328.

# 第13章 浙江省围填海现状及环境影响评价

　　土地是人类生存的最基本的要素之一，人类任何的社会及经济活动均离不开土地。目前，世界上的许多国家和地区人口与土地资源之间的矛盾日益显现，这一矛盾在沿海地区显得尤为突出，世界上 $50 \times 10^4$ km 的海岸线正面临着人口压力的挑战。数据显示，现世界有 60% 的人口挤在离海岸 100 km 的沿海地区，世界工业化地区有 50% 的人口居住在距海岸 1 km 的海岸带地区；人口在 1 000 万人以上的 16 个大城市，13 个是沿海城市；美洲及其他地区，新的居民居住开发计划，多半在沿海地区；中国沿海省区的总人口约 5 亿人；在这种沿海人口密度本来就大的条件下，人口趋海移动还在持续进行，全世界每天有 3 600 人移向沿海地区，人口趋海移动已经成为全球性问题（杨金森等，2000）。

　　大量人口挤在沿海地区，这必然造成生存空间不足、污染加重及其他生态环境和社会经济问题。尤其在发展中国家，估计有 2/3 的人口居住在沿岸地区（国家海洋局，1994）。在这种条件下，除了加大对存量建设用地的挖潜力度，提高土地资源集约利用水平外，人类对土地的争夺逐渐由陆地向覆盖了地球表面积 71% 的海洋拓展，沿海国家及地区越来越多地把围填海作为解决土地不足的重要手段，利用海洋空间资源来缓解人口与土地资源间的矛盾（刘容子，2001）。

　　我国有 13 多亿人口，其中大约有 41% 的人口聚集在沿海地域，沿海是我国经济最活跃的地域。伴随着工业化和城市化的发展，土地的需求在急剧地增加，在漫长的中国海岸线上，围填海工程也越来越多。据估算，新中国成立 60 多年来，通过围填海新增土地面积超过 1 800 万亩。近年来，我国加快了围填海造地的步伐，继曹妃甸大型围海造地之后，天津又完成了中国最大的围海造地工程——人工填海造陆 33.5 km$^2$。

　　浙江省山多地少，陆域面积约 $10 \times 10^4$ km$^2$，其中山地和丘陵占 70.4%，平原和盆地占 23.2%，河流和湖泊占 6.4%，耕地面积仅 208.17 $\times 10^4$ hm$^2$，故有"七山一水两分田"之说。人均耕地面积仅为全国人均耕地面积的 1/3，远远低于联合国确定的人均耕地面积的警戒线。尤其浙江沿海地区人口集中、密度大，占全省总人口的 49.8%，而陆域面积仅占全省总面积的 32%，人口与土地资源之间的矛盾尤为突出。有利的是，浙江省沿岸受长江入海泥沙扩散南下的影响，岸滩淤涨较快，海涂资源十分丰富，成为浙江省最主要的后备土地资源。近几十年来，通过围填海造地增加了土地面积，为浙江省经济社会快速发展提供了土地资源保障。

自新中国成立以来，伴随着耕地需求的急剧增加，以及工业发展和城市化的出现，许多农垦、养殖业和一大批国家、省重点基本建设项目落户围垦区。围填海不仅在满足国家经济发展需求方面，还在其他方面发挥了重要作用：①围垦是治江治水的重要措施，为防台御潮、防灾减灾、保一方平安发挥了重要作用。沿海地区治水结合围垦，每建设一个围垦工程，都增添一道高标准的御潮屏障，为防台减灾保平安发挥了巨大作用。在垦区水系沟通，水库增多，水面增大，既提高了排涝标准，又有效地提高了水资源保障能力。如，钱塘江往日江道游荡多变，两岸潮灾不断。钱塘江河口治理正是坚持了治江结合围垦、围垦服从治江的原则，不断治江围垦，缩窄江道，稳定河床，才使钱塘江江道得到了根本性的治理，两岸人民不再遭受潮灾侵袭；②围涂中注重水资源的开发利用。通过围垦，浙江省已建成库容在 $100 \times 10^4$ $m^3$ 以上的滩涂水库 17 座，面积为 $0.67 \times 10^4$ $hm^2$，增加了蓄水库容近 $3 \times 10^8$ $m^3$，缓解了缺水地区的用水矛盾。沿海垦区是浙江省重要的粮棉油、畜禽、水产品、蔬菜等农副产品生产基地，同时也是无公害、绿色食品的密集区。2005 年，全省沿海滩涂垦区生产粮食 $32.6 \times 10^4$ t，棉花 $0.6 \times 10^4$ t，油料 $1 \times 10^4$ t，水产品 $15.9 \times 10^4$ t，水果 $6.6 \times 10^4$ t，蔬菜 $123.8 \times 10^4$ t，极大地丰富了市场，增加了社会供给；③在浙江省的围区内营造了数千千米的防护林带，形成一道道绿色屏障，改善了当地的生态环境；④通过围垦造地，缓解了浙江省人多地少、劳动力过剩的矛盾，增加了就业机会。同时，培育了新的经济增长点，促进了区域经济的健康发展，提升了乡镇经济的实力，取得了明显的综合效益。据 2005 年调查资料测算，全省海涂围垦区实现生产总值 1 341 亿元，占全省生产总值的比重达 10%；吸纳各类就业人员 227 万人，占全省从业人员的 7.0%，大大拓宽了就业渠道。

尽管围海造地的社会经济效益明显，但对生态环境造成的影响不容忽视。近年来，风暴潮、赤潮等海洋灾害在世界范围内呈明显上升趋势，这其中可能也有其他一些因素的干扰，但围填海进程加快起到了不可忽视的影响。由于围填海工程造成的大片海域丧失、滨海湿地干涸、渔业资源退化、环境污染加剧等，这将直接影响人们未来的生存和社会经济的持续发展。因此，人们必须认识到人类是需要永续发展的，应当在追求经济增长的同时，还需同时关注到围填海的社会价值、生态环境价值，及对其他海洋资源开发利用的影响。这就需要我们对于目前围填海的现状有个清楚的认识，并将其对环境的影响进行一个科学的评估，以此来更好地管理围填海，让其为经济发展和人类社会发展服务。本项目即以浙江省的围填海现状为例，评估其对于环境的影响，为科学合理地开发利用和保护海涂资源，保障浙江海洋经济的可持续发展提供科学依据。

## 13.1　国内、外围填海发展进程

### 13.1.1　国外围填海发展进程

国外围填海的历史比较久远，尤其是像日本、荷兰和韩国等国土面积小的沿海国家，无论是围海造地的技术方法还是管理水平都处于世界领先地位，值得我们研究和借鉴。对国外的围海造地历史和现状进行研究，有助于正确估量我国围海造地的发展阶段，有助于梳理我国的围填海管理思路（孙丽，2009）。

1）日本

从围海造地的规模、主要用途和类型来看，我国目前的围海造地态势与日本 20 世纪 60 年代有很多相似之处。日本的围海造地经验可为我国提供很好的学习教材。

日本国土面积小，人口众多，早在 400 多年前，东京就开始围海造地，主要用作农业用地。冈山县在 16 世纪末就将鹿儿岛湾填埋了 90%，围垦出了上万公顷的良田。九州的佐贺县，经过上百年的不断围垦，增加了约 1/3 的耕地。东京湾、大阪湾、伊势湾以及北九州市等都以各自的港口海湾为中心填造了大量土地，形成了日本著名的"四大工业地带"。

"二战"后，特别是日本经济高速发展的 20 世纪七八十年代，东京湾的填海工程进入了一个新的阶段。随着大生产的发展，大量的生活垃圾需要处理，由于处理成本高，东京人开始将垃圾和泥沙作为填海造地的主要材料。由于日本的城市和工业基地多集中在太平洋沿岸的狭长地带，为了增加工业和城市建设用地，许多城市只有向海洋要地，其中沿海城市约 1/3 的土地是通过填海获取的。到 1978 年，日本人造陆地面积累计约 737 $km^2$，形成长达 1 000 km 余的沿海工业地带（考察团报告，2007）。濑户内海，从 1975 年到 2000 年的 25 年间，填海造出的土地超过了 136 $km^2$。

进入 20 世纪 80 年代后期，日本的围海造地开始进行结构化调整，填海用途逐步转向第三产业，并开始更多地考虑围海造地的环境影响和综合效益，围海造地的规模和速度相对五六十年代都大大减小。

90 年代以后，由于日本经济增长的放缓，以及人口的负增长，对土地的需求趋于平缓，日本的围填海面积总体成逐年下降趋势，特别是工业用填海造地面积下降最为明显。至 2005 年，日本围填海总面积已经不足 1975 年的 1/4，每年的填海造地面积只有 5 $km^2$ 左右，且主要局限在码头填海，所占面积超过 70%，工业、住宅和绿化用地的填海面积已不足 1975 年的 2%。

日本的神户人工岛、六甲人工岛和关西国际机场工程是世界上有名的围海造地工程。神户人工岛位于兵库县神户市南约 3 km 的海面上，呈长方形，东西长 3 km、南北宽 2.1 km，总面积 4.4 km$^2$，是世界上最大的一座人造海上城市。为了适应神户港经济贸易不断发展和港口货物吞吐量日益增长的需要，1966 年神户人工岛工程开工，共投资 5 300 亿日元（约合 26.4 亿多美元），共填土石方 8 × 10$^7$ m$^3$，历时 15 年，于 1981 年建成。在修建神户港人工岛的同时，神户市于 1972 年开始，又用了 15 年的时间，建造了总面积为 5.8 km$^2$ 的六甲人工岛，并建有一座高 297 m 的世界第一吊桥，把人工岛与神户市区连结起来。

由于大阪周边用地吃紧，1989 年日本政府再次决定通过填海造地修建年客流量高达 3 000 万人的世界级机场，通过 5 年的填海工程，用 1.8 × 10$^8$ m$^3$ 的土方，在原先水深达 17～18 m 的海里填出 5.11 km$^2$ 的机场用地。该项工程耗资 14 085 亿日元（约合 130 亿美元），于 1994 年正式投入使用。为了满足需要，日本又通过填海把机场岛面积扩大到 13 km$^2$，工程于 2007 年完工。

日本还有一个庞大的计划，用 200 年的时间，环绕日本建造 700 个人工岛，以实现扩大国土面积 1.15 × 10$^4$ km$^2$，解决日本经济发展的需要。

2）荷兰

荷兰的围海造地历史早、规模大、技术要求高，对我国实施围填海工程具有重要借鉴作用。荷兰的围海造地有近 800 年的历史，前后可分三个阶段：1953 年前，为居住和生活进行的大规模土地围垦；1953—1979 年，为安全进行围垦；1979—2000 年，为安全和河口生态环境保护进行围垦。荷兰著名的围海造地工程有须德海工程和三角洲工程。

须德海原是伸入北海的海湾，面积 3 388 km$^2$。1918 年荷兰议会通过了 C. 莱利提出的须德海围垦方案，工程于 1920 年开始实施。该工程是一项大型挡潮围垦工程，主要包括 32.5 km 的拦河大堤和 5 个垦区。拦河大堤横截海湾颈部，把须德海与外海隔开，通过排咸纳淡，使内湖变成淡水湖，即艾瑟尔湖。湖内洼地分成 5 个垦区，分期开发。每个垦区均先修建长堤，再抽干湖水，然后进行开垦种植。其中，4 个垦区已经开发完成，共开垦土地 1 650 km$^2$，另有一个垦区面积 600 km$^2$，尚未进行垦殖。

三角洲工程位于荷兰莱茵河、马斯河及谢尔德河三角洲地带。1958 年荷兰国会批准了三角洲委员会提出的治理方案，开始对该三角洲进行治理。该工程是一项大型挡潮和河口控制工程，整个工程包括 12 个大项目，1954 年开始设计，1956 年动工，1986 年宣布竣工并正式启用，共耗资 120 亿荷兰盾。一些海湾的入口被大坝封闭，使得海岸线缩短了 700 km。荷兰实施的这一工程运用了其在水利建设方面取得的新的科研和技术成果。为保护该地区的一些海洋动、植物不受工程影响而消失，在兴建东斯凯尔德海湾 8 km 长的大坝时，采用了非完全封闭式大坝的设计方案，共修建了 65 个高度为 30~40 m、重 18 000 t 的坝墩，安装了 62 个巨型活动钢板闸门 (Watson and Finkl, 1990)。目前，由于围垦带来的负面作用，部分围垦项目放弃或破坝恢复海洋生态。

### 3) 韩国

韩国的海岸线长达 11 542 km，海岸线与陆地的比例位于世界前列，平均每 1 km² 土地上有 24.4 km 的海岸线。韩国的湿地面积占国土面积的 2.4%，其中位于西海岸的 2 393 km² 湿地中有 83% 为潮间带湿地。韩国漫长且曲折的海岸线以及大面积的潮间带湿地，有利于围海造地的开展。

韩国的围海造地历史开始于日本殖民地时期，随着韩国经济的发展，围海造地的规模也由小变大。工业化以前，从 1946 年到 1960 年围海造地总面积仅为 6.3 km²，60 年代工业化开始以后，围填海的数量、面积、规模都开始变大（表 13.1）。

表 13.1　韩国围填海发展进程

| 时　期 | 围填海项目的数量 | 围填海面积（km²） | 平均单个项目面积（×10⁻² km²） | 备注 |
|---|---|---|---|---|
| 1946—1960 | 177 | 6.3 | 3.6 | |
| 1961—1969 | 1136 | 172.2 | 15.2 | 第一次国家经济规划 |
| 1970—1979 | 233 | 193.7 | 83.1 | 第一次大规模工程启动 |
| 1980—1989 | 63 | 93.1 | 147.7 | 包括很多私营部门项目 |
| 1990—1999 | 89 | 14.03 | 15.7 | 包括新万金工程 |
| 2000—2002 | 33 | 0.77 | 5.9 | |

*引自文献（孙丽，2009）。

70 年代，韩国政府制定政策鼓励农业发展，并开始发展制造业，第一次大规模的围海造地工程开始。80 年代，韩国政府为重化工业制定了动态政策，围海造地规模有所缩减。从 90 年代开始，尽管围海造地数量和规模减小，但仍然对湿地造成了严重破坏。

尽管 80 年代以后韩国的围海造地有所控制，但仍进行了几个比较大规模的围海造地工程。如韩国的仁川国际机场就是通过建造长度为 17.3 km 的围海大堤，将两个海岛之间水深 1 m 的海域围堵后填埋建成的。此外，1987—1994 年还进行了庞大的始华湖围海计划，将安山和西花之间的海域围起来，自然注入淡水，希望形成淡水湖，但由于流入的自然水不足，且随着周边工业园和城市的开发，污染物流入始华湖，到了 1996 年前后始华湖的污染成为社会问题。1996 年当局开始实验性地实施始华湖外海放流，1998 年正式进行外海水的流入和湖内水的放流工作，2000 年彻底放弃了始华湖的淡水化计划，改建为潮汐发电站。

而 1991 年启动的新万金工程计划也颇有争议。该计划将在韩国西部海岸群山与扶安之间的海湾筑起一条 33 km 长的大坝，拒海水于坝外，开发面积为 401 km²，其中土地为 283 km²，淡水湖 118 km²。1998 年，因环境团体提出滩涂保护等环境问题而成为争论焦点，并一度提上法庭，围海造地工程也被迫停止。2001 年，政府确定计划措施，采取了渐进开发方式，于 2010 年竣工完成。

从日本、荷兰和韩国等围填海历史悠久的国家来看，都经历一个从大规模围海造地到理性回归的过程。在整个过程中，无论是减少每年围填海的面积还是破坝，都是基于生态环境的考虑，这也是我国在围填海过程中亟须考虑的问题。

### 13.1.2 我国围填海发展进程

几千年来，我国海岸线经历了一个漫长复杂的变化过程。中国早在汉代就开始围填海，唐宋时江浙围填海规模逐年扩大。在隋唐以后，岸线总体趋势向海推进加快，陆域面积随之扩大。但由于相当一部分成陆土地，地势低洼，土质咸涩，淡水资源短缺，长期以来开发耕种较少，尤其是环渤海沿海地区。随着我国人口的逐步增加，生产力条件的逐步改善，劳动人民为了求生存，求发展，结合海岸自然演变，修建了数千千米的各种形式、不同标准的海堤，为我国增加了巨大的土地面积。

一般认为，新中国成立以来先后兴起了以下四次大的围填海热潮。

（1）20 世纪 50 年代中期至 20 世纪 70 年代，围填海主要为了围海晒盐和扩展农业用地。围填海造田成为当时陆域耕地不足、海洋资源尚未开发的情况下，为了解决粮食问题的必然选择，而围垦工程虽然对环境造成局部影响，海洋污染轻微，生物多样性丰富度略有下降，但总体上海洋环境生态仍维持较好水平。

（2）20 世纪 80 年代中后期到 20 世纪 90 年代初，主要是海涂围垦发展养殖业。该时期的围填海活动仍以围海为主，主要集中在海涂发育的地区，确实也给当地渔民带来了很好的经济收益。而同时，大规模围填海工程对海洋生态环境造成的影响也初步体现，海洋环境生态已呈恶化的趋势。

（3）从 20 世纪 90 年代起，沿海海涂被大量挤占用来种地或搞地产开发。这次的热潮极大地推动了沿海地区的经济发展，海洋经济在沿海地区的经济地位越来越重要。总的来说，该时期的围填海虽然对经济建设、城市发展贡献大，但却是以牺牲海洋生态环境作为代价。

（4）2002 年以后，随着《中华人民共和国海域使用管理法》出台，围填海的管理得到加强，各级政府都增强了海洋意识。该时期的围填海因经济社会建设的需要十分频繁，在海域使用管理日渐完善的情况下，所付出的环境代价改变了以前不可控制和不可预测的局面（兰香，2009）。

纵观围填海历史发展的四个阶段，围填海经历了由围垦用于农业、渔业、水产养殖，逐渐向港口、临港工业发展的趋势（图 13.1）。

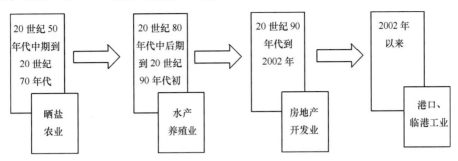

图 13.1　我国围填海开发的进程及用途演变（兰香，2009）

## 13.2　浙江省围填海的历史和现状

### 13.2.1　浙江省围填海的历史

浙江省围填海历史悠久。西汉时，海盐县就开始利用围垦发展晒盐业。东汉时，为防御海潮灾害，开始修筑海塘，以钱塘江河口两岸最为壮观，至明清时期，筑成了构筑精细、高大雄伟的钱塘江海塘。

历史上，钱塘江口江宽水浅，主槽游荡不定，曾出现走北（北大门）、走中（中小门）、走南（南大门），史称"三门变迁"。直至乾隆四十二年（1777 年）钱塘江口主槽基本稳定在北大门，至嘉庆十八年（1813 年）原位于江北属海宁县的褚山、河庄山，此时已位于钱塘江南岸，划归萧山县。原南大门涨出了大片的滩涂资源，沿江群众陆续筑堤围涂、垦殖，逐步形成了南沙大堤的雏形。1949 年以后对南沙大堤加固加宽，抛石防塌，重点地段修筑了丁坝、盘头，保护围涂成果。1966 年在九号坝下游围涂 $0.15 \times 10^4 \text{ hm}^2$，拉开了萧山南沙大堤外大规模治江围涂的序幕，紧接着在头蓬以北、以东结合江道整治，接连进行了大规模的围垦，开发滩涂资源（徐承翔和俞勇强，2003）。

杭州湾南岸的慈溪市，旧称"三北"，11 世纪初海岸大致在临山、浒山、龙山一带，经过两个世纪建成了大沽塘，13 世纪以后的 600 年，慈溪市岸线的推移速度平均约为 25 m/a，1949 年以后采取了促淤围垦措施，滩涂淤涨速度明显加快，至 2004 年已建成海塘 10 条，使岸线向外推移 16 km。余姚、慈溪、镇海之北部的"三北平原"就是由逐步围涂形成的。

浙江省东南沿海自鄞奉平原向南，直到温瑞平原，历代都有筑塘御潮围涂的记载。鄞州大嵩地区在雍正年间至民国时期，筑塘围涂多处：有咸丰八年到民国初所建的新石塘、横山塘、咸安塘和中央塘等。鄞奉平原以南的宁海、象山两县，由于濒临东海和象山港、三门湾，历代多筑塘围田，其中象山县的岳头塘，于明成化年间再筑而成，围田达 $0.133 \times 10^4$ hm$^2$。

温（岭）黄（岩）平原自元代以来，随着海涂的淤涨，逐步向外增筑海塘。温岭市金清港南岸的海塘已从头塘进展到清朝光绪年间的七塘，黄岩县（现台州市椒江区、路桥区）在金清港北岸的海塘从正德年间（1506—1521 年）建成洪浦塘后，清代康熙十六年至光绪二十二年又先后建有头塘、二塘、三塘、四塘、五塘、六塘。从 1951 年七塘开始至 2004 年已筑至十塘。

温（州）瑞（安）平原，距今六七千年前还是一片汪洋，现瑞安境内的帆游山当时在海中，大罗山还是一个孤岛，其后在唐、宋、明、清年代，修建了 4 道海塘：第一条围涂筑堤建于唐代，北起乐清城关，南至平阳钱仓（现苍南）；第二条建于宋代，围成江南海涂 $0.667 \times 10^4$ hm$^2$；第三条为明代所建，岸线向外推移不小于 5 km，围成 $0.267 \times 10^4$ hm$^2$ 海涂；第四条建于清康熙至道光年间，塘线向外迁移不小于 5 km，围成 $0.373 \times 10^4$ hm$^2$ 海涂（卢晓燕和曾金年，2006）。

### 13.2.2　浙江省围填海的现状

自 1950 年至 2004 年底，浙江省共围垦滩涂面积达 282.37 万亩（见图 13.2），其中，嘉兴市 9.07 万亩，杭州市 65.25 万亩，绍兴市 40.84 万亩，宁波市 74.37 万亩，台州市 53.87 万亩，温州市 18.65 万亩，舟山市 20.32 万亩。从地理分布区域来看，围填海主要分布在钱塘江、椒江、瓯江、飞云江、鳌江等河口两岸，以及杭州湾、三门湾、浦坝港、乐清湾等海湾。围成的新土地为浙江沿海的电力、化工、港口、机场、高速公路、经济开发区、乡镇企业等提供了宝贵的土地资源，先后建成了诸如镇海炼油化工厂、台州电厂、北仑电厂、嘉兴电厂、秦山核电厂、钱江开发区、舟山东港开发区等大型企业。

据《浙江省滩涂围垦总体规划》（2005—2020 年），全省适宜造地的滩涂区面积约为 262 万亩。根据对围垦项目的划分原则和全省工农业、交通、养殖及城镇、港口建设对土地资源的需求，至 2020 年规划围填海建设项目 117 处，总建设规模 192 万亩。自 2005 年《规划》实施以来至 2012 年底，全省滩涂围垦总规模已达到 787 km$^2$（118 万亩），约占《规划》确定的建设规模的 61%，其中已圈围 613 km$^2$（92 万亩），筹建待圈围 174 km$^2$（26 万亩）。

## 13.3　浙江省围填海环境影响评价

### 13.3.1　对滨海湿地生态环境的影响

滨海湿地是指沿海岸线分布的低潮时水深不超过 6 m 的滨海浅水区域到陆域受

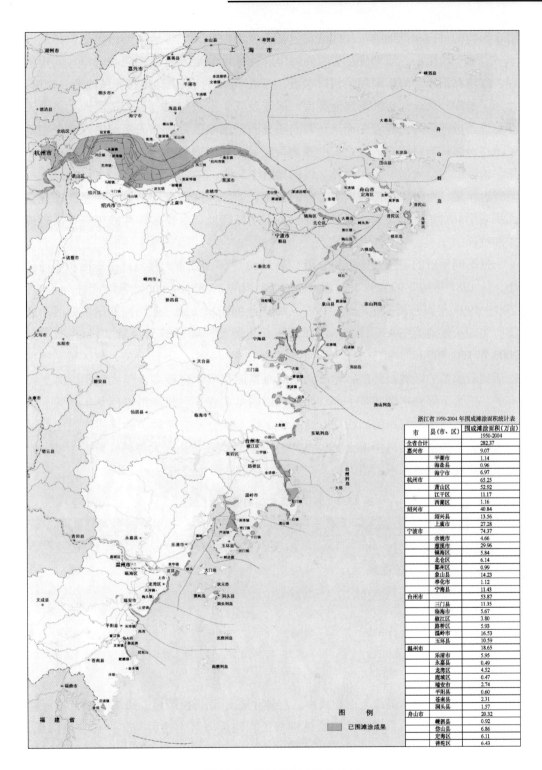

浙江省1950-2004年围成滩涂面积统计表

| 市 | 县(市、区) | 围成滩涂面积(万亩) |
|---|---|---|
| | | 1950-2004 |
| 全省合计 | | 282.37 |
| 嘉兴市 | | 9.07 |
| | 平湖市 | 1.14 |
| | 海盐县 | 0.96 |
| | 海宁市 | 6.97 |
| 杭州市 | | 65.25 |
| | 萧山区 | 52.92 |
| | 江干区 | 11.17 |
| | 西湖区 | 1.16 |
| 绍兴市 | | 40.84 |
| | 绍兴县 | 13.56 |
| | 上虞市 | 27.28 |
| 宁波市 | | 74.37 |
| | 余姚市 | 4.66 |
| | 慈溪市 | 29.96 |
| | 镇海区 | 5.84 |
| | 北仑区 | 6.14 |
| | 鄞州区 | 0.99 |
| | 象山县 | 14.23 |
| | 奉化市 | 1.12 |
| | 宁海县 | 11.43 |
| 台州市 | | 53.87 |
| | 三门县 | 11.35 |
| | 临海市 | 5.67 |
| | 椒江区 | 3.80 |
| | 路桥区 | 5.93 |
| | 温岭市 | 16.53 |
| | 玉环县 | 10.59 |
| 温州市 | | 18.65 |
| | 乐清市 | 5.95 |
| | 永嘉县 | 0.49 |
| | 龙湾区 | 4.52 |
| | 鹿城区 | 0.47 |
| | 瑞安市 | 2.74 |
| | 平阳县 | 0.60 |
| | 苍南县 | 2.31 |
| | 洞头县 | 1.57 |
| 舟山市 | | 20.32 |
| | 嵊泗县 | 0.92 |
| | 岱山县 | 6.86 |
| | 定海区 | 6.11 |
| | 普陀区 | 6.43 |

图 例

█ 已围滩涂成果

图 13.2  浙江省围填海分布
引自《浙江省滩涂围垦总体规划(2005—2020年)》

**325**

海水影响的过饱和低地的一片区域，包括天然湿地和人工湿地，天然湿地包括浅海水域、潮下水生层、珊瑚礁、岩石性海岸、砂砾质海岸、粉砂淤泥质海岸、滨岸沼泽、红树林沼泽、海岸潟湖、河口水域、三角洲湿地；人工湿地指养殖池塘、盐田、水田、水库。从浙江省滨海湿地类型、演变及其生态效应来看，人工湿地大多由天然湿地通过围填海工程转变而来，其向陆分布范围难以界定。天然湿地的演变主要发生在海岸线与海图 0 m 线之间的潮间带区域，其类型包括岩石性海岸、砂砾质海岸、粉砂淤泥质海岸、滨岸沼泽、红树林沼泽 5 种。

近年来，由于大规模围填海工程的实施，浙江天然滨海湿地退化明显，表现为面积减小、自然景观丧失、质量下降、生态功能降低、生物多样性减少等一系列现象和过程。

据不同年份的遥感影像资料分析（表13.2）[1]，浙江省天然滨海湿地面积明显减小，从 1987 年的 2 975.87 $km^2$ 减少到 2008 年的 2 285.14 $km^2$。从时间序列来看，1987—1997 年间面积变化不大，1997—2008 年间面积骤减，此与同期围填海活动加剧有关。从湿地类型来看，滨岸沼泽面积变化最大，从 1987 年 434.29 $km^2$ 减少到 2008 年 120.79 $km^2$，此与滨岸沼泽主要发育在潮间带中、上部有关，该区域是围填海活动最频繁的区域；其次，粉砂淤泥质海岸面积减少也较多，与大型围填海工程有关，围垦下限到达潮间带下部，如瓯江口围垦工程、台州湾沿岸围垦工程等。岩石性海岸和砂砾质海岸的面积均有所减少，也与部分基岩岸段、砂砾质岸段的围垦工程有关，如象山县爵溪镇于 1992—1994 年葱镇南小岭头至大燕礁修筑了东塘，原爵溪沙滩处于围垦区内而消失，其南面的下沙湾沙滩也遭侵蚀，面积减小。

表 13.2　浙江省天然滨海湿地面积变化　　　　　　　　单位：$km^2$

|  | 1987 年 | 1992 年 | 1997 年 | 2002 年 | 2008 年 |
|---|---|---|---|---|---|
| 岩石性海岸 | 64.95 | 64.43 | 64.36 | 60.68 | 60.58 |
| 砂砾质海岸 | 79.35 | 79.27 | 78.83 | 75.23 | 64.84 |
| 粉砂淤泥质海岸 | 2 397.28 | 2 376.84 | 2 338.76 | 2 237.80 | 2 038.25 |
| 滨岸沼泽 | 434.29 | 419.71 | 319.27 | 231.35 | 120.79 |
| 红树林沼泽 | 0.00 | 0.00 | 0.00 | 0.00 | 0.68 |
| 合计 | 2 975.87 | 2 940.25 | 2 801.22 | 2 605.06 | 2 285.14 |

围填海导致天然湿地大面积减小，湿地生态环境受损严重，极大地改变了海洋生物赖以生存的自然条件，从而致使围海工程附近海区生物种类多样性普遍降低，优势种和群落结构也发生改变。此外，围填海工程直接影响到鱼、虾的栖息环境，破坏鱼类的洄游规律，这也是近年来渔业资源急剧衰退的重要原因（谢挺等，

---

① 国家海洋局第二海洋研究所，2012，浙江省海岛、海岸带调查成果集成报告。

2009）。

### 13.3.2 对水动力环境的影响

围填海工程改变了海岸线轮廓，导致水动力场变化。特别在半封闭海湾区，围海造地减少了海湾的纳潮量，水交换能力减弱，海水的自净能力也随之减弱，污染物排放入海后不易稀释扩散，致使海湾水质恶化。加上围海造陆区常用于修造船业、临港海运业和其他临港工业，各种污染物较多，尤其是各种污水、油污直接排入大海，导致海水富营养化的可能性大大增加，导致赤潮发生的概率也大大增加，给海水养殖业和海洋渔业生产带来巨大的危害（张元和等，2006）。

以象山港为例，1950—2003 年围填海面积约 42 km$^2$，2003—2010 年围填海面积约 35 km$^2$，象山港水域面积减少，流场变化，进而导致整个海湾纳水体积和纳潮量减少。经计算，2003 年和 2010 年纳潮量相对于 1963 年分别减少了 8.6% 和 12.6%（表 13.3）（曾相明等，2011）。

表 13.3　象山港纳潮量及其变化　　　　单位：×10$^8$ m$^3$

| | 大潮平均 | 中潮平均 | 小潮平均 | 全潮平均 |
|---|---|---|---|---|
| 1963 年 | 20.507 | 16.763 | 11.459 | 16.317 |
| 2003 年 | 18.686 | 15.311 | 10.544 | 14.913 |
| 2010 年 | 17.906 | 14.634 | 10.041 | 14.256 |
| 2003 年相对 1963 年变化率 | -8.9% | -8.7% | -8.0% | -8.6% |
| 2010 年相对 1963 年变化率 | -12.7% | -12.7% | -12.4% | -12.6% |

象山港为狭长形半封闭海湾，水交换能力相对有限，且水交换能力的纵向变化明显。1963 年，湾口交换了 90% 以上的水体，而湾顶铁港和黄墩港的水交换率不足 10%。象山港围填海对其总的水交换率影响明显。1963 年，交换 30 天、60 天和 90 天后全象山港湾的平均水交换率分别为 59.3%、66.4% 和 71.7%。2003 年，交换 30 天、60 天和 90 天后全象山港湾的平均水交换率分别为 56.1%，63.5% 和 68.9%，与 1963 年相比，相对减小率分别为 5.3%，4.5% 和 3.9%。2010 年，交换 30、60 和 90 天后全象山港湾的平均水交换率分别为 54.7%，61.9% 和 67.3%，与 1963 年相比，相对减小率分别为 7.7%，6.8% 和 6.1%。围填海对各分区的水交换率影响也十分明显，除黄墩港由于围填海面积过广、前后统计区域差异较大等原因，其平均水交换率变大外，其他区域水交换率都在减小。相对于 1963 年情况，2003 年交换 30 天后各分区平均水交换率的最大相对减小率为 29.3%，交换 60 天后最大相对减小率为 15.4%，而交换 90 天后最大相对减小率则为 9.1%。同样，相对于 1963 年情况，2010 年交换 30 天后分区平均水交换率的最大相对减小率为 35.0%，交换 60 天后最大相对减小率为 20.2%，而交换 90 天后最大相对减小率则为 13.1%

（曾相明等，2011）。

### 13.3.3 对沉积地貌环境的影响

围填海工程区岸线轮廓改变，导致水动力环境发生改变，进而引起周边海域沉积地貌环境变化以达到新的动态平衡。在开敞岸段，围填海影响局限在工程区附近，主要表现为潮滩淤涨外推。在半封闭海湾区，围填海工程则可能导致海湾动力、沉积环境发生突变，水交换能力减弱，泥沙淤积加快，生态环境恶化。

以三门湾为例（夏小明，2011），该湾为典型的半封闭强潮海湾，岸线曲折，港汊纵横，众多港汊呈指状深嵌内陆，犹如伸开五指的手掌，港汊之间普遍发育舌状潮滩（图13.3）。湾口宽22 km，从湾口到湾顶纵深42 km，海域面积775 km²，其中潮滩面积295 km²，占海域总面积的38%。

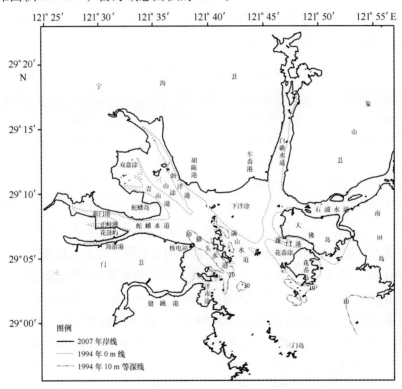

图13.3　三门湾形势

据志书记载，自唐朝以来，三门湾沿海就有垦种和养殖活动，20世纪初，政府就着手开辟三门湾商埠（巡检司）和利用滩涂资源，综合发展农、渔、盐综合经济。1949年以来，沿海人口剧增，为解决土地与水资源缺乏的矛盾，三门湾围填海活动日趋频繁。至2007年底，三门湾围填海面积达27.5×10⁴亩（183.3 km²），占三门湾海域面积的23.7%，潮滩总面积的62%。大面积的围填海工程主要出现在20

世纪 70 年代，20 世纪 80 年代后逐渐减少（表 13.4）（夏小明，2011）。2003 年后，三门湾围填海又进入新一轮高峰期（图 13.4）。

**表 13.4　三门湾围填海面积统计表**　　　　　　　　单位：亩

| 时间 | 宁海县 | 象山县 | 三门县 | 合计 | 占总面积的百分比（%） |
|---|---|---|---|---|---|
| 50 年代 | 6 110 | 1 190 | 5 700 | 13 000 | 4 |
| 60 年代 | 26 603 | 7 646 | 8 430 | 42 679 | 16 |
| 70 年代 | 57 330 | 45 138 | 15 643 | 118 111 | 43 |
| 80 年代 | 18 075 | 3 240 | 17 450 | 38 765 | 14 |
| 90 年代 | | 750 | 12 600 | 13 350 | 5 |
| 2000—2007 年 | 18 100 | 3 705 | 27 235 | 49 040 | 18 |
| 总计 | 126 218 | 61 669 | 87 058 | 274 945 | 100 |

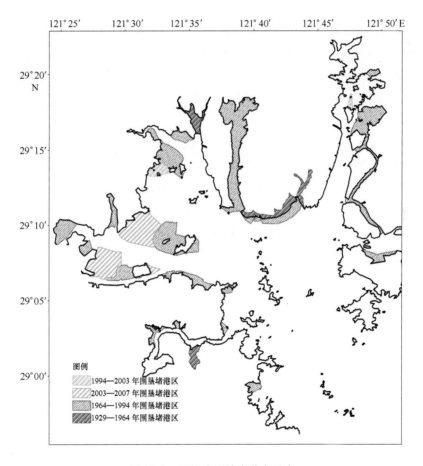

图 13.4　三门湾围填海分布示意

据估算，围涂堵港工程使三门湾的海域面积减少，进出海湾的潮量也明显减少，

1964 年至 2007 年，围填海导致纳潮海湾海域面积减少了 142.7 km²，纳潮量相应减少了 25.5%（表 13.5）（夏小明，2011）。

表 13.5　三门湾纳潮海湾的海域面积与纳潮量变化

| | 1964 年 | 1994 年 | 2003 年 | 2007 年 |
|---|---|---|---|---|
| 海域面积（km²） | 558.26 | 454.57 | 440.18 | 415.59 |
| 纳潮量（×10⁶ m³） | 3 014.60 | 2 454.68 | 2 376.97 | 2 244.19 |

纳潮量减少整体上降低了潮流速度，削弱了落潮优势流，三门湾潮汐汊道系统也随之进行着沉积地貌的阶段性、区域性均衡调整（夏小明，2011），主要表现在以下 3 个方面：①原先岬角湾岙相间的曲折海岸线逐渐平直化，海岸线类型也由以前的基岩岸线为主演变为人工岸线为主。②潮滩淤涨加快。围涂工程一般在原滩涂的高、中滩部位进行，原来潮滩"S"形均衡剖面变得不完整。为适应新的边界和动力泥沙条件，悬浮泥沙在原中低滩部位强淤积并逐步达到或接近原高滩高程，潮滩不断淤积加高外推，经过数年或数十年的过程，重新达到均衡状态。堵港工程则把原有的港汊筑坝堵塞，坝下快速充填淤积形成潮滩。③汊道、深槽快速淤积（表 13.6），范围缩减。胡陈港，1974 年口门深槽水深 7 m，1976 年堵口后，坝前骤淤 5～7 m（图 13.5），汊道几乎淤积消失并与下洋涂连成一片。沥洋港，1964 年口门深槽水深 14.6 m。1964—1994 年，平均淤积 1～3 m，口门深槽水深则减小为 11.7 m。1994—2003 年，汊道继续淤积，平均淤积 1～3 m，口门深槽水深则减小为 9.3 m。青山港，近 40 年来变化不大，平均淤积不足 1 m。1964 年口门深槽水深 7.2 m，1994 年为 7.0 m，2003 年水深仍有 6.6 m。1964—1994 年，青山港、猫头水道 5 m 等深线一直贯通；2003 年已经断开，青山港内发育为一条独立的 5 m 封闭等深线。蛇蟠水道，1964 年口门深槽最大水深 11.8 m；1964—1994 年，平均淤积 1～2 m，口门深槽最大水深则减小为 10.4 m。1994—2003 年，微冲微淤，幅度在 −1～1 m，口门深槽最大水深减小为 9.7 m。旗门港，是蛇蟠水道的次一级潮汐支汊，自 1964 年以来一直处于淤积状态。1964 年口门深槽最大水深 7.8 m，5 m 等深线与蛇蟠水道贯通。1994 年口门深槽最大水深减小为 6.6 m，5 m 等深线与蛇蟠水道已断开。正屿港，也是蛇蟠水道的次一级潮汐支汊。1964 年口门深槽最大水深 7.8 m，5 m 等深线与蛇蟠水道贯通。1994 年口门深槽最大水深减小为 6.6 m。2007 年，由于晏站涂围涂堵港工程，正屿港消失。三门核电站前沿的猫头水道，1964 年以来一直处于快速淤积状态，当时最大水深为 50 m，2003 年淤浅为 45.4 m。近年来，猫头水道上游又实施了蛇蟠涂、晏站涂等大型围垦工程，预计猫头水道将进入特快淤积状态。

表 13.6　三门湾各典型汊道口门深槽最大水深变化　　　　　单位：m

| 年份 | 沥洋港 | 青山港 | 旗门港 | 正屿港 | 蛇蟠水道 | 猫头水道 |
|---|---|---|---|---|---|---|
| 1964 | 14.6 | 7.2 | 7.8 | 5.8 | 11.8 | 50 |
| 1994 | 11.7 | 7.0 | 6.6 | 4.9 | 10.4 | 46.4 |
| 2003 | 9.3 | 6.6 | | | 9.7 | 45.4 |

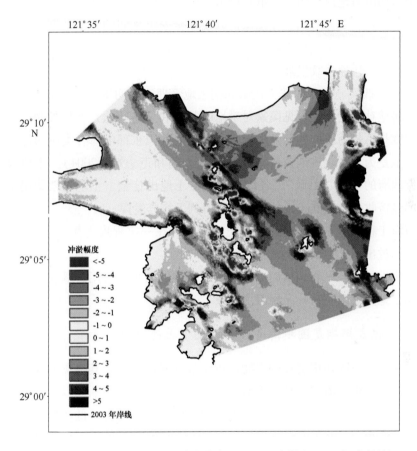

图 13.5　1964—2003 年三门湾冲淤分布（"＋"为淤积，"－"为侵蚀）

# 13.4　浙江省围填海存在问题的原因分析及对策建议

## 13.4.1　大规模围填海存在问题的原因分析

近岸海域是我国重要的宝贵资源，同时海域具有极大的经济价值、生态价值和社会价值，目前一方面加速着资源的开发利用，另一方面也在积极采取措施保护资源（刘伟和刘百桥，2008）。大规模围填海给我国近岸海域资源和生态环境带来了

**331**

极大的破坏，就目前浙江省的围填海现状而言，主要存在着围填海推进速度过快、方式不合理以及管理不到位等一系列问题，而造成这些问题的主要原因有以下几个方面。

### 13.4.1.1 利益驱使是围填海工程泛滥的根本

我国东部沿海地区经历了改革开放 30 多年来的经济持续的快速增长，如何解决和协调经济增长、资源节约、环境保护以及社会安定之间的关系是摆在各级政府管理机构的首要任务。土地作为城市一种特殊的紧缺资源，如何开拓和经营土地也直接关系到城市的快速持续发展。

2004 年修改实施的《中华人民共和国土地管理法》明确提出了土地用途管制制度和占用耕地补偿制度，可见国家对耕地的数量和用途转化是严格控制的。但耕地的占补制度是不是为耕地的开发转用留了缝隙，我国东部沿海各类围填海工程泛滥很大程度上是为了解决耕地占补平衡的（刘光远和王志斌，2004）。土地收益已经成为地方政府的"第二财政"，各级政府通过土地出让金、土地有偿使用费等获得了较大的经济收益，使其土地的资本特性得到了充分发挥。

围填海工程实施一方面可以增加土地面积，在一定程度上缓解建设用地紧张，另一方面通过出让土地获取土地收益增加财政收入，更为重要的是实施围填海可以有效实现耕地的占补平衡，从而扩大城市近郊耕地的实际占用，既获得巨大的土地收益增加了地方财政收入，又规避了政策。

### 13.4.1.2 权责模糊是围填海管理和处置不善的重要因素

海岸带作为海陆作用交互的产物，海岸带的属性决定了其权责的模糊。我国对沿海海涂的定义中，海洋行政主管部门将海涂界定为平均高潮线以下低潮线以上的海域，国土资源管理部门将沿海海涂界定为沿海大潮高潮位与低潮位之间的潮浸地带。两部门对海涂的表述虽然有所不同，但海涂既属于土地，又是海域的组成部分。

《中华人民共和国海洋环境保护法》中明确规定国家海洋行政主管部门行使海洋环境监督管理权的部门分别负责各自所辖水域的监测、监视，其他有关部门根据全国海洋环境监测网的分工，分别负责对入海河口、主要排污口的监测。对于海域的环境监测有效性进行了行政割裂，这使得海域环境完整性的保护存在着政策模糊。

### 13.4.1.3 资源和环境意识淡薄是围填海审批和实施的源头

近岸海域作为我国特殊的宝贵资源，长久以来各级政府均存在重开发轻保护的特点，1989 年国务院颁布的《中华人民共和国环境保护法》中强调了海洋是环境的重要组成部分，并强调海洋环境保护是我国环境保护的重要内容，但 2002 年颁布实施的《中华人民共和国海域使用管理法》，国家才正式要求单位和个人通过登记来使用海域，并对海域使用情况进行定期的统计，统筹安排各行业用海，保护生态，保障海洋可持续利用。而相应的土地资源、森林资源以及动物资源等管理和保护相关法律法规却远早于海洋资源。

近海养殖和捕捞是沿海农民重要的产业形式，我国出台的《中华人民共和国渔业法》中明确表示国家鼓励全民所有制单位、集体所有制单位和个人充分利用适于养殖的水域、滩涂，发展养殖业。2002 年出台的《中华人民共和国海域使用管理法》中明确表示了养殖用海 15 年的最高使用期限；同期国家出台了相关海域使用有偿制度以及征收试行标准等，养殖增殖用海采用收益还原法进行测算，按 15 年计，结果介于 2.57 万 ~ 6.42 万元/hm² 之间，其中 I 级海域为 6.42 万元/hm²，II 级海域为 5.14 万元/hm²，III 级海域为 3.85 万元/hm²，IV 级海域为 2.57 万元/hm²。

海洋资源的低值出让是海洋生态环境恶化的重要原因，政府和公众对海洋资源重视不足，海洋环境保护意识淡薄是近岸海域环境问题的重要根源。

## 13.4.2　加强围填海管理的对策建议

海洋特别是近岸海域是我国特殊且珍贵的资源，我们应着眼于长远利益，加强海洋资源的管理和保护，这不仅可以有效保障资源区域可持续发展，而且是综合国力持续增长和社会和谐的重要保证。

### 13.4.2.1　国家主导与地方结合

加强围填海管理根本是实施综合性的海洋管理。综合性的海洋管理它不是对海域的某一部分、某一行业、某一具体内容实施管理，而是要立足全部海域的根本和长远利益（管华诗和王曙光，2002）。政府作为海洋权益的主体，有进一步推进海洋开发和保护的权利，国家主导必须加强。

国家主导加强主要体现在：海洋意识和观念必须强化，近岸海域作为我国宝贵的基础资源其政治权益、经济利益以及生态利益必须重视；国家海洋行政部门职能应强化，长期以来海洋管理涉及多部门，行业管理缺乏主导是海洋管理的弊端，必须强化国家海洋行政部门的职能，明确其在海洋综合管理的主导地位；国家性质的海洋立法必须加强，海洋立法应着重从行业立法转向综合立法，由事后立法转向为预测立法；国家主导还表现在开发和保护海洋必须兼顾生态效益，优化经济效益。

地方结合主要体现在：科学落实国家海洋政策，最大限度地维护海洋的国家权益和价值；地区海洋产业的发展应同国家产业优化政策相符合；地方政府强化海洋职能部门的行政范围和职责，真正使地方海洋行政部门成为地方海洋行政管理、决策的主体；地方政府必须加强海洋执法和海洋地立法工作。

### 13.4.2.2　科学规划与专家论证

大规模的围填海涉及多部门、多行业，是一项综合性强、交互性密的专项系统工程，国家和地方政府应强化围填海规划。目前围填海规划所涉及的具体内容应包括以下6个方面。

（1）以统计资料和调研的形式相结合，摸清目前围填海工程项目的规模、数量、用途和开发现状，了解目前围填海工程报审、审批、执行、管理和政策的现状，研究目前围填海工程的论证、决策和监督现状，分析政府、企业和个人在围填海中的"角色"，推究目前围填海工程的经济、生态和社会效益，预测未来围填海的趋势。

（2）制定近期围填海规划的整体目标。在分析、论证、比较的基础上提出未来经济发展5～10年内围填海的客观总需求，在围填海综合评估体系基础上确定未来5～10年内可能允许围填海的总规模，在总量控制的基础上提出围填海禁止区、限制区和控制区的分级标准，并确定各级围填海区域的具体岸线、总体控制目标、开发利用类型、规划，提出各级围填海工程项目的审批管理制度。

（3）落实海洋功能区划。针对不同海洋功能区，综合分析围填海工程的规模、数量和利用类型对各类功能区的综合影响。制定和确定各级各类功能区域内禁止开发、限制开发和控制开发的具体岸段、目标和开发利用规划。协调和落实海洋功能区划中可能出现的"行政接界"和"部门接界"。针对重点海域制定围填海项目的专项规划，协调重点海域的开发利用、环境保护和综合发展。

（4）确定围填海的分级。提出围填海禁止实施区、限制实施区和控制实施区的分类原则，建立归一化的围填海分级的指标体系，提出指标考核和专家论证的具体模式和程序，制定围填海各级区域内的报审、审批、论证、实施、执行、开发和监督管理制度，提出各级区域内围填海项目的指导政策，建立跟踪性的论证、监督和审查措施，提出协调国家利益和省市利益的具体措施和方针。

（5）实施各级围填海规划的审批管理制度。要明确分级规划的具体审批程序，明确各级政府和海洋管理部门在围填海项目审批中的权责，要提出和制定围填海工程的科学论证体系、申报体系、审批体系和管理体系，要协调海洋围填海开发利用与海域环境保护的利益分析，确定各级围填海项目工程的报审类别和内容。

（6）加强海洋价值意识和环保意识，一方面要加强对近岸海域功能与价值认识的研究，海洋不仅具有资源价值，更具有生态价值，而海洋价值的体现则属于一个历史范畴，其价值随经济、技术以及社会的发展而扩大；同时海洋生态价值不仅是区域性的，而且是全球性的，因此对待海洋生态价值量应包括现行价值和潜在价值。

### 13.4.2.3　法制监督与公众参与

我国目前的海洋法律多数是2000年以后制定的，而且多数海洋法律具有明显的行业特色，综合性的法律少。法律主体具有行业特性，这在一定程度上弱化了海洋违法的成本和实质。海洋执法的主体具有行业特性，而行业部门往往具有独立性，这也弱化了海洋违法本身的交互性。加强综合性海洋立法、加强主导性海洋执法、加强交互性海洋司法对于我国大规模围填海管理具有重要的现实意义。

要制订围填海利益补偿办法，建立失海渔农民的社会统筹补偿机制。围填海不能以牺牲失海渔农民的利益为代价，解决失海渔农民的问题必须从全面建设小康社会的宏伟目标和促进渔农民增收、社会稳定和各项事业全面、协调发展的高度来认识。已获得政府或有关部门发放海域使用权证或养殖证的单位和个人，应当服从经依法批准的围填海建设的需要，并由业主单位给予合理的补偿，同时为渔农民办理养老保险、分得部分围成土地、加强就业培训等，扩大失海渔农民的基本生活保障面，鼓励其向第二、第三产业转移。解决好失海渔农民的社会统筹补偿机制问题关系的不仅仅是渔农民的利益，而且关系到经济社会平衡、协调、快速发展，事关改革发展稳定的大局。鉴于目前国家还没有统一的围填海用海的补偿办法，对围填海项目造成的失海渔农民的补偿标准难以掌握，尚未形成明确的利益补偿机制，往往导致海域"征用"、补偿工作旷日持久、纠纷不断。建议国家对此问题进行立题调研，通过调研制订相应的补偿办法和标准。

大规模围填海具有广泛的社会性，公众参与是加强围填海管理的基础手段（王棋和于中海，2005）。公众参与主要体现在：普及和加强海洋国土意识，彻底改变海洋是开发处女地的落后观念（陈炜，2007）；提高公众参与的知情权，加强公众参与在海洋管理和决策中的地位；宣传国家产业政策和海洋政策，在政策上支持涉海居民职业转型。

## 13.5 结论

（1）从日本、荷兰和韩国等围填海历史悠久的国家来看，都经历一个从大规模围海造地到理性回归的过程。在整个过程中，无论是减少每年围填海的面积还是破坝，都是基于生态环境的考虑，这也是我国在围填海过程中亟须考虑的问题。

（2）浙江省的围填海增加了土地面积，为经济建设提供了广阔的发展空间，促进经济社会发展。同时围填海也是治江治水的重要措施。通过围填海，浙江省已建成库容在 $100 \times 10^4 \ m^3$ 以上的滩涂水库 17 座，面积为 $0.67 \times 10^4 \ hm^2$，增加了蓄水库容近 $3 \times 10^8 \ m^3$，缓解了缺水地区的用水矛盾。营造了数千千米的防护林带，形成一道道绿色屏障，改善了当地的生态环境。通过围垦造地，缓解了浙江省人多地少、劳动力过剩的矛盾，增加了就业机会。

（3）围海造地，增加陆域土地资源，从目前来看是解决土地紧张和经济发展制约的有效途径，但是大面积围海造地导致湿地生态、水动力、沉积地貌等显著变化，严重影响海洋生态环境保护与资源的合理利用。

（4）就目前浙江省的围填海现状而言，主要存在着围填海推进速度过快、方式不合理以及管理不到位等一系列问题，而造成这些问题的主要原因包括以下几个方面：利益驱使、权责模糊以及资源和环境意识淡薄。为了能更好地对围填海进行管理，必须做到：国家主导与地方结合；科学规划与专家论证；法制监督与公众参与。

## 参 考 文 献

陈炜 . 2007. 现代海洋意识的培养与教育 . 海洋与渔业，6：25 - 27.

陈增奇，陈飞星，李占玲，等 . 2005. 滨海湿地生态经济的综合评价模型 . 海洋学研究，23（3）：
  47 - 54.

管华诗，王曙光 . 2002. 海洋管理概论 . 青岛：中国海洋大学出版社 .

国家海洋局海岛海岸带管理司 . 1994. 1993 年世界海岸大会文献资料汇编 . 8：23.

郝艳萍 . 2007. 渤海治理的对策和建议 . 济南：山东省社会科学院海洋经济研究所 .

考察团报告 . 2007. 日本围填海管理的启示与思考 . 海洋开发与管理，6：3 - 8.

兰香 . 2009. 围填海可持续开发利用的路径探讨—以环渤海地区为例 . 中国海洋大学硕士学位
  论文 .

刘光远，王志斌 . 2004. 新编土地法教程 . 北京：北京大学出版社 .

刘容子 . 2001. 福建省海湾围填海规划社会经济影响评价 . 北京：科学出版社，9.

刘伟，刘百桥 . 2008. 我国围填海现状、问题及调控对策 . 广州环境科学，23（2）：26 - 30.

卢晓燕，曾金年 . 2006. 浙江省滩涂资源的动态变化分析 . 海洋学研究，24（增刊）：67 - 72.

孙丽 . 2009. 中外围海造地管理的比较研究 . 中国海洋大学硕士论文，1 - 68.

王棋，于中海 . 2005. 我国海洋综合管理中公众参与的现状分析及其对策 . 海洋信息，4：24 - 26.

夏小明 . 2011. 三门湾潮汐汊道系统的稳定性 . 浙江大学博士学位论文 .

谢挺，胡益峰，郭鹏军 . 2009. 舟山海域围填海工程对海洋环境的影响及防治措施与对策 . 海洋
  环境科学，28（增刊 1）：105 - 108.

徐承翔，俞勇强 . 2003. 浙江省滩涂围垦发展综述 . 浙江水利科技，1：8 - 10.

杨金森，秦德润，王松霈 . 2000. 海岸带和海洋生态经济管理 . 北京：海洋出版社，56 - 78.

曾相明，管卫兵，潘冲 . 2011. 象山港多年围填海工程对水动力影响的累积效应 . 海洋学研究，
  29（1）：73 - 83.

张元和，卢静，陆州舜 . 2006. 浙江省涉海工程建设项目海洋环境影响评价管理现状及其思考 .
  海洋开发与管理，23（4）：84 - 90.

Watson I, Finkl C W Jr. 1990. State of the art in storm - surge protection: The Netherlands Delta Project.
  Journal of Coastal Research, 6（3）：739 - 764.

# 第14章　浙江省海洋资源合理
开发利用的原则分析

海洋资源是指海岸带和海洋中一切能供人类利用的天然物质、能量和空间的总称 [《海洋学术语 海洋资源学》（GB/T 19834—2005）]，按其属性可分为海洋生物资源、海底矿产资源、海水资源、海洋能资源和海洋空间资源，按其有无生命分为海洋生物资源和海洋非生物资源，按其能否再生分为海洋可再生资源和海洋不可再生资源。

海洋资源开发利用是随着人类文明的发展而逐渐成熟与发展起来的。随着科学技术的进步，海洋资源不断被发现，人类的海洋价值观发生了深刻变化，海洋对于人类生存和发展的重大战略意义受到普遍重视，各国政府都从全球发展战略高度对待海洋问题。事实上，谁能最早、最好、最充分地开发利用海洋，谁就能从海洋中获得最大利益、就可能成为未来真正的大国、强国。进入21世纪，各沿海国家都把开发的目标瞄准海洋，这也是当今社会和经济发展的必然选择。

20世纪80年代以来，我国经济建设取得了举世瞩目的成就，特别是90年代后，我国海洋经济增长大大高于国民经济的增长速度，近年来更是依托海洋，加快海洋资源的综合开发利用，发展海洋新兴产业，使其成为经济发展的突破口。同样的，浙江海洋经济也取得了巨大的进步，海洋产业增长快速，基础设施有较大改善。可以说，浙江海洋经济发展已经具备了前所未有的物质基础和动力。据统计，2010年浙江省海洋生产总值（海洋经济增加值）3 774.7亿元，比上年增长25.8%，其中第一产业286.7亿元，第二产业1 599亿元，第三产业1 889.1亿元，分别比上年增长20.3%、28.7%、24.3%，海洋经济占全省GDP的比重达13.6%，比上年上升0.5个百分点。海洋产业三大结构比例为7.6∶42.4∶50。浙江海洋经济发展呈现出良好势头，约占全国海洋经济总量的1/10，并在港航物流服务业、船舶工业、海水利用业等领域处于全国前列。只要充分发挥浙江省海洋资源优势，不断提高海洋产业科技含量，增加附加值，大力调整海洋产业结构，浙江的海洋经济事业发展无疑将具备强大的后发优势。

浙江地处东海之滨，位于长江黄金水道入海口，对内是江海联运枢纽，对外是远东国际航运要冲，浙江沿海地区位于我国"T"字形经济带和长三角世界级城市群的核心区。浙江省海洋资源丰富，具有较大优势的主要有"港"（深水岸线与港口航道资源）、"涂"（沿海滩涂资源）、"景"（滨海旅游资源）、"渔"（海洋渔业与生物资源）、"能"（海洋能资源）、"油"（海洋油气资源）等。上述几类海洋资

源具有两个共同特点：①属于浙江省优势海洋资源；②在浙江省发展海洋经济强省
战略的路线图中处于重要的地位，为浙江省加快发展海洋经济，建设海洋强省，提
供了优越的区位条件和坚实的资源基础。因此，通过剖析浙江省重要海洋资源数量
及其与海洋经济和社会发展目标的关系，对科学合理利用浙江省海洋资源，建设资
源节约型海洋经济体系，具有重要的现实意义。

## 14.1 浙江省重要海洋资源及其开发利用状况

### 14.1.1 浙江省深水岸线资源及其开发利用状况

#### 14.1.1.1 浙江省深水岸线资源分布

根据"我国近海海洋综合调查与评价"专项浙江省海岸带和海岛调查的结果，
浙江省海岸线总长6 715 km，其中大陆海岸线2 218 km，海岛岸线长度4 417 km。

从深水岸线资源的前沿水深情况来看（表14.1），浙江省10 m以上深水岸线分
布于100多处，总长481.8 km，其中前沿水深大于10 m的深水岸线为212.4 km，
占44.1%，前沿水深大于15 m的岸线长度19.2 km，占4.0%，前沿水深大于20 m
的深水岸线为250.2 km，占51.9%（图14.1）。

从沿海地市拥有深水岸线资源的情况来看（表14.1），舟山市拥有深水岸线资
源286.1 km，占浙江省总量的59.4%；其次是宁波市，拥有10 m以上深水岸线
102.7 km，占全省的21.3%。嘉兴、台州和温州分别拥有深水岸线资源31.5 km、
32.6 km和28.9 km，占全省的比例为6.5%、6.8%和6.0%（图14.2）。

**表14.1 浙江省沿海五市深水岸线资源量①**　　　　　　　　　单位：km

| 地区 | 深水岸线长度 | | | | | | 小计 | |
| | >10 m | | >15 m | | >20 m | | | |
| | 长度 (km) | 占该地比例 (%) | 长度 (km) | 占该地比例 (%) | 长度 (km) | 占该地比例 (%) | 长度 (km) | 占全省比例 (%) |
|---|---|---|---|---|---|---|---|---|
| 嘉兴 | 26.3 | 83.5 | | | 5.2 | 16.5 | 31.5 | 6.5 |
| 宁波 | 57.4 | 55.9 | | | 45.3 | 44.1 | 102.7 | 21.3 |
| 舟山 | 95.0 | 33.2 | 19.2 | 6.7 | 171.9 | 60.1 | 286.1 | 59.4 |
| 台州 | 17.0 | 52.1 | | | 15.6 | 47.9 | 32.6 | 6.8 |
| 温州 | 16.7 | 57.8 | | | 12.2 | 42.2 | 28.9 | 6.0 |
| 全省合计 | 212.4 | 44.1 | 19.2 | 4.0 | 250.2 | 51.9 | 481.8 | 100.0 |

① 国家海洋局第二海洋研究所，2011，浙江省重要海洋资源及其承载力评价报告。

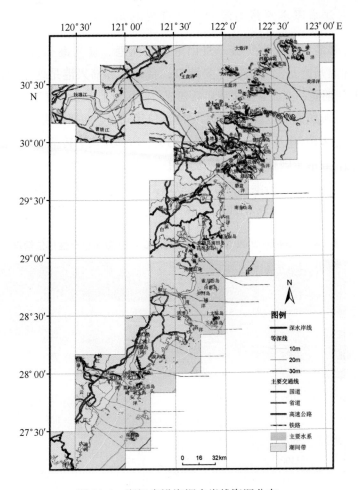

图 14.1　浙江省沿海深水岸线资源分布

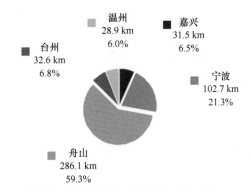

图 14.2　浙江省沿海五市深水岸线长度及其比例

浙江海洋资源环境与海洋开发

### 14.1.1.2 浙江省深水岸线与港口资源开发利用状况

浙江省沿海港口主要有宁波—舟山港、温州港、嘉兴港和台州港。其中，宁波—舟山港和温州港是全国沿海主要港口，台州港和嘉兴港是地区性重要港口。

"十一五"期间，浙江省沿海港口新建成万吨级以上深水泊位78个，约为前10个五年计划建成万吨级级泊位数的总和。沿海港口建成北仑四期集装箱码头、岙山30万吨级原油码头、大榭30万吨级中油燃料油码头、六横煤炭中转基地等一批大型化、专业化深水泊位，建成全国首条30万吨级航道——宁波—舟山港虾峙门口外航道。

至2010年底，全省沿海港口拥有万吨级以上深水泊位159个。2010年，全省沿海港口累计完成货物吞吐量78 459.7×10⁴ t，累计完成旅客吞吐量1 066.3万人（表14.2）。

表14.2  2001—2009年浙江省沿海港口吞吐量和生产性泊位情况

| 年份 | 分港 | 吞吐量（×10⁴ t） | 外贸吞吐量（×10⁴ t） | 集装箱吞吐量（×10⁴ TEU） | 生产性泊位（个） | 深水泊位（个） |
|---|---|---|---|---|---|---|
| 2001 | 宁波港 | 12852 | 5192.8 | 121.3 | 132 | 30 |
| | 温州港 | 1314 | 155.95 | 10 | 80 | 7 |
| | 台州港 | 1024 | 106.8 | 3.36 | 79 | 1 |
| | 舟山港 | 3281 | 598.94 | | | |
| | 嘉兴港 | 1019 | 107 | | 10 | 6 |
| 2002 | 宁波港 | 15398 | | 185.9 | 175 | 30 |
| | 温州港 | 1676 | 192 | 15.03 | 76 | 7 |
| | 台州港 | 1100 | 114.2 | 3.47 | 79 | 1 |
| | 舟山港 | 4068 | 907.03 | 2.66 | 46 | 2 |
| | 嘉兴港 | 1130 | 167.75 | 0.08 | 12 | 8 |
| 2003 | 宁波港 | 18543 | | 277.22 | 145 | 34 |
| | 温州港 | 2338 | 179.06 | 18.11 | 78 | 7 |
| | 台州港 | 1457 | 158.5 | 4.43 | 36 | 1 |
| | 舟山港 | 5722 | 1929 | | 356 | 11 |
| | 嘉兴港 | 1328 | 200 | 0.8525 | 27 | 8 |
| 2004 | 宁波港 | 22586 | 10223 | 400.5 | 189 | 37 |
| | 温州港 | 2630 | 168.98 | 21.3 | 79 | 7 |
| | 台州港 | 2022 | 176.5 | 4.24 | 37 | 1 |
| | 舟山港 | 7359 | 2378.82 | 4.95 | 363 | 12 |
| | 嘉兴港 | 1349 | 204 | 1.66 | 28 | 9 |
| 2005 | 宁波港 | 26881 | 12800 | 520.8 | 297 | 48 |
| | 温州港 | 3102 | 144.8 | 23.02 | 81 | 9 |
| | 台州港 | 2067 | | 4.72 | 102 | 2 |

续表 14.2

| 年份 | 分港 | 吞吐量 (×10⁴ t) | 外贸吞吐量 (×10⁴ t) | 集装箱吞吐量 (×10⁴ TEU) | 生产性泊位 (个) | 深水泊位 (个) |
|---|---|---|---|---|---|---|
| 2005 | 舟山港 | 9052 | 2673 | | 385 | 12 |
| | 嘉兴港 | 1704 | 236.7 | 1.44 | 30 | 10 |
| 2006 | 宁波港 | 31000 | 14800 | 700 | 304 | 60 |
| | 温州港 | 3275.36 | 163.9 | 28.17 | 146 | 9 |
| | 台州港 | 2106.67 | 182.5 | 5.7 | 57 | 4 |
| | 舟山港 | 11418 | 3961 | 6.75 | 403 | 15 |
| | 嘉兴港 | 2248.12 | 266.11 | 4.55 | 30 | 10 |
| 2007 | 宁波—舟山港 | 47300 | 20235 | 943 | 703 | 84 |
| | 温州港 | 3495.9 | | 35.1 | 147 | 13 |
| | 台州港 | 3311.65 | 360 | 5.36 | 123 | 4 |
| | 嘉兴港 | 2417.58 | 285.27 | 3.71 | 35 | 14 |
| 2008 | 宁波—舟山港 | 52047 | 23057 | 1084.6 | 607 | 94 |
| | 温州港 | 4958 | 137.76 | 38.05 | 232 | 15 |
| | 台州港 | 3898 | 445 | 6.38 | 123 | 4 |
| | 嘉兴港 | 2834 | 258.6 | 10.07 | 36 | 15 |
| 2009 | 宁波—舟山港 | 57684 | 18000 | 1042.3 | 628 | 108 |
| | 温州港 | 5617 | | | 232 | 15 |
| | 台州港 | 4178 | 728 | 9.09 | 168 | 4 |
| | 嘉兴港 | 3485 | 351.5 | 20.2 | 38 | 16 |

## 14.1.2 浙江沿海滩涂资源及其开发利用状况

### 14.1.2.1 浙江沿海滩涂资源分布现状

浙江海洋沿岸滩涂发育普遍，海岸附近的粉砂淤泥质潮滩仍在不断淤涨。

按海图 0 m 线以上计，浙江省现有的海涂资源为 2 285.14 km²（大陆沿岸海涂约 1 853.48 km²，海岛海涂约 431.66 km²）。海涂类型主要是粉砂淤泥质滩（潮滩）、砂砾滩和岩石滩。粉砂淤泥质潮滩面积达 2 159.72 km²（占总面积的 94.5%）；其次是砂砾滩（64.84 km²，2.8%）和岩石滩（60.58 km²，2.7%），两者面积相差不大。

现有海涂资源的区域分布面积，宁波市现在最大（744.68 km²，32.59%），其次是温州市（656.07 km²，28.71%），再次是台州市（460.13 km²，20.13%）。上述三市海涂现在共占浙江海涂现有总面积81.43%。其余地区皆小，如杭州市仅有 11.20 km²（占0.49%）（表14.3）。

**341**

**表 14.3　浙江省沿海滩涂资源分布面积统计**

| 分布地区 | 滩涂面积（$km^2$） | 占总面积（%） |
|---|---|---|
| 舟山 | 184.421 963 | 8.07 |
| 嘉兴 | 141.398 307 | 6.19 |
| 杭州 | 11.196 094 | 0.49 |
| 绍兴 | 87.245 267 | 3.82 |
| 宁波 | 744.676 516 | 32.59 |
| 台州 | 460.127 870 | 20.13 |
| 温州 | 656.072 824 | 28.71 |
| 全省合计 | 2 285.138 841 | 100.00 |

### 14.1.2.2　浙江沿海滩涂资源开发利用状况

新中国成立后，浙江的滩涂围垦事业在各级政府的高度重视和支持下，得到长足发展。1958 年 8 月，省政府颁发了《浙江省围垦滩涂建设暂行规定》；1996 年 11 月，省人大审议通过了《浙江省滩涂围垦管理条例》；2002 年 7 月省政府批准了《浙江省滩涂围垦总体规划》（2005—2020 年），使浙江省的滩涂围垦事业逐步走向了法制化、规范化、科学化的发展轨道。

据统计，1950—2004 年浙江围涂 282.37 万亩，其中，嘉兴市 9.07 万亩，杭州市 65.25 万亩，绍兴市 40.84 万亩，宁波市 74.37 万亩，台州市 53.87 万亩，温州市 18.65 万亩，舟山市 20.32 万亩。

### 14.1.3　浙江海砂资源及其开发利用状况

#### 14.1.3.1　浙江浅海表层海砂资源分布

浙江浅海表层海砂资源主要集中分布在舟山海域，其次是宁波海域和温州海域，台州地区、嘉兴地区比较少见，各沿海地区海砂区分布面积统计见表 14.4。

舟山海域浅海表层海砂分布区面积为 1 171.02 $km^2$，占浙江省浅海表层海砂资源分布区的 79.61%，主要分布于潮流深潭区（如大鱼山南北、龟山航门—中峙山、黄泽山北、小衢山南、上海山、双子山和黄泽山、双屿门、笤帚门、青龙门、汀子门等）、水道区（大双岛西北、西、东白莲岛南北水道、头洋港至佛渡水道、葫芦水道、长白水道、白沙水道等）、岱山岛等潮下浅滩区、潮流沙脊区（七姊八妹、大猫洋南等）、玉盘洋海域砂质平原区、童岛海域砂质平原区；潜在资源量为 404 122.73 × $10^4$ $m^3$，占浙江省浅海表层海砂资源量的 80.41%。

宁波海域浅海表层海砂分布区面积为 132.14 $km^2$，占浙江省浅海表层海砂资源分布区的 8.98%，主要分布于紧邻舟山海域附近的大双岛西北、西、东白莲岛南北水道、头洋港至佛渡水道，汀子门和青龙门及东屿山西南潮流深槽，象山港内石沿港及其以西、西沪港口门、下湾门西北、高塘西北三门口、狮子口—铁港、珠门港—金高椅港潮流（汐）港汉等海域，潜在资源量为 $38\,100.84 \times 10^4\ m^3$，占浙江省浅海表层海砂资源量的 7.58%。

温州海域浅海表层海砂分布区面积为 $103.96\ km^2$，占浙江省浅海表层海砂资源分布区的 7.07%，主要分布于大门岛、小门岛、沙头水道、灵昆岛等水道、边滩、沙坎、潮流槽、潮下带海域、潜在资源量为 $49\,624.17 \times 10^4\ m^3$，占浙江省浅海表层海砂资源量的 9.87%。

嘉兴海域浅海表层海砂分布区面积为 $62.37\ km^2$，占浙江省浅海表层海砂资源分布区的 4.24%，潜在资源量为 $10\,382.08 \times 10^4\ m^3$，占浙江省浅海表层海砂资源分布量的 2.07%。

台州海域海砂分布区面积为 $1.49\ km^2$，占浙江省海砂资源分布区的面积不足 1%，潜在资源量为 $354.96 \times 10^4\ m^3$，占浙江省浅海表层海砂资源量不足 1%。

表 14.4　浙江浅海表层海砂潜在资源量统计

| 地区 | 面积（$km^2$） | 潜在资源量（$\times 10^4\ m^3$） | 潜在资源量（$1.7\ t/m^3$）（$\times 10^4\ t$） | 潜在资源量（$2.7\ t/m^3$）（$\times 10^4\ t$） |
|---|---|---|---|---|
| 嘉兴 | 62.37 | 10 382.08 | 17 649.54 | 28 031.62 |
| 宁波 | 132.14 | 38100.84 | 64 771.43 | 102 872.27 |
| 舟山 | 1 171.02 | 404 122.73 | 687 008.64 | 1 091 131.37 |
| 台州 | 1.49 | 354.96 | 603.44 | 958.40 |
| 温州 | 103.96 | 49 624.17 | 84 361.09 | 133 985.25 |
| 合计 | 1 470.98 | 502 584.78 | 854 394.13 | 1 356 978.91 |

### 14.1.3.2　浙江省海砂资源开发利用状况

20 世纪 90 年代沿海省市基础建设的快速发展对海砂资源的需求以及海砂资源自身的优势，很快催生了几乎遍布整个海岸线的海砂开采行为。调查表明，早在 20 世纪 80 年代初，宁波地区的河砂就已相当短缺，海砂成为自然的替代品并在个别建设项目得到小范围运用。20 世纪 80 年代后期，随着建筑业的蓬勃发展，需要大量的建筑用砂，因当时对建筑结构的耐久性认识不足，同时也受使用海砂的建筑物暂时没有出现问题的影响，海砂得到了较大规模的使用。据浙江省宁波市地方建筑材料管理处提供的数据看，仅 2003 年全年宁波市的用砂量就高达 $1\,000 \times 10^4\ t$，而海砂的用量占 80% 左右（郑荣跃等，2004）。浙江省经济发展较快，基本建设越来越大，建筑用砂越来越多，而陆域提供的河砂却越来越少，因此擅自去海域采砂的企业和个人日益增多。由于盲目开采，造成海砂资源浪费、生态环境恶化、海洋设施破坏。1999 年浙江省按照国土资源部《关于加强海砂开采管理的通知》和国家海洋局《海砂开采使用海域论证管理暂行办法》开始加强海砂资源开采管理，明确了海砂开采的程序，使海砂开采逐渐走上规范，海砂开采的混乱状况得到了有效的治理。

根据现国土资源部和国家海洋局颁发的关于加强海砂开采管理的有关规定，浙江省依据有关法规以及各地的海洋功能区划并结合当地海域海砂开采的实际情况进行综合整治。目前省内有温州市健能建材有限公司、舟山市瑞昌采砂有限公司和舟山向往石桥采砂装运工程有限公司 3 家取得国家海洋局批准的采砂区海域使用权证和国土资源部的采矿许可证。获得海砂开采权证且正在进行开采的海域仅有 4 个，总开采面积为 1.06 km²，主要分布在温州、宁波和舟山海域。

## 14.1.4 浙江滨海旅游资源及其开发利用状况

### 14.1.4.1 浙江滨海旅游资源分布

浙江海洋气候宜人，海洋风景独特，多种海洋自然景观（山、海、崖、岛、礁等）和千万种海洋生物齐聚汇浙江滨海。同时，浙江海洋开发历史较早，沉淀着丰富的历史文化遗产。浙江滨海旅游资源丰富多彩兼、类型齐备，自然与人文、海域与陆域、古代与现代、品尝与观赏等交相辉映，美不胜收。浙江有可供旅游开发的海岛景区 450 余处，包括国家级风景名胜区，如舟山普陀佛教圣地和嵊泗列岛等，以及省级风景名胜区如舟山桃花岛等。

浙江沿海是浙江省旅游资源最为集聚的区域，沿海 7 个重要城市的单体旅游资源数达 13 545 个，为全省总量的 3/4；而宁波、温州、台州和舟山四个市的单体旅游资源数分别为 1 900 个、3 279 个、1 782 个和 861 个，共计 7 822 个，为浙江沿海城市的 58%。沿海 36 个县级区域拥有各类单体 7 332 个，宁波、温州、台州和舟山 4 个市所辖县则共有 5 823 个单体，占 36 个沿海县的绝大多数（79.4%）（表 14.5）。

**表 14.5 浙江沿海地区旅游资源单体分布** 单位：个

| 范围 | 杭州市 | 宁波市 | 温州市 | 嘉兴市 | 绍兴市 | 舟山市 | 台州市 | 合计 |
|---|---|---|---|---|---|---|---|---|
| 沿海城市 7 个 | 2 706 | 1 900 | 3 279 | 1 156 | 1 861 | 861 | 1 782 | 13 545 |
| 沿海地带 36 个县（市区） | 502 | 1 900 | 1 979 | 479 | 529 | 861 | 1 083 | 7 332 |
| 262 个乡镇街道 | 89 | 810 | 926 | 250 | 13 | 861 | 624 | 3 573 |

注：根据 2003 年浙江省旅游资源普查资源整理统计。宁波与绍兴梁祝文化单体重复，故第二栏合计少 1 个，为 7 332 个。

浙江沿海旅游资源类型有所有 8 个主类，30 个亚类，141 个基本类型，覆盖全国旅游基本类型的 90%。八大主类是：建筑与设施类（F）、地文景观类（A）、水域风光类（B）、人文活动类（H）、遗址遗迹类（E）、生物景观类（C）、旅游商品类（G）和天象与气候景观类（D）。

## 14.1.4.2　浙江滨海旅游资源开发利用状况

浙江作为海洋大省，滨海旅游资源的分布极为广泛，沿海各地都具有发展旅游业的条件和潜力。近年来，浙江省旅游景区标准化建设不断加强，截至 2007 年末全省有国家 A 级景区 217 个，其中 5A 级景区 3 个、4A 级景区 72 个、3A 级景区 48 个、2A 级景区 77 个和 1A 级景区 8 个。其中，沿海城市共有 A 级景区 141 个，包括所有的 5A 级景区、72 个 4A 级景区、48 个 3A 级景区、37 个 2A 级景区和 5 个 1A 级景区。

浙江 7 个沿海各类旅游景区约有 264 处（表 14.6），去除部分重复约 16 处 A 级景区，则共有相对独立的旅游景区约 250 处，占全省总量的 66%。

表 14.6　2007 年沿海城市各类旅游景区（点）统计

| 沿海城市 | 5A 景区 | 4A 景区 | 3A 景区 | 2A 景区 | 1A 景区 | 国家级旅游区 | 省级旅游区 |
|---|---|---|---|---|---|---|---|
| 杭州市 | 1 | 18 | 7 | 1 | 0 | 2 | 1 |
| 宁波市 | 0 | 14 | 6 | 3 | 0 | 1 | 3 |
| 温州市 | 1 | 5 | 8 | 9 | 1 | 3 | 7 |
| 嘉兴市 | 0 | 7 | 2 | 12 | 0 | 0 | 1 |
| 绍兴市 | 0 | 8 | 2 | 10 | 0 | 1 | 7 |
| 台州市 | 0 | 5 | 4 | 3 | 0 | 3 | 4 |
| 舟山市 | 1 | 1 | 2 | 3 | 4 | 2 | 2 |
| 合计 | 3 | 58 | 34 | 41 | 5 | 12 | 25 |
| 全省 | 3 | 72 | 48 | 77 | 8 | 17 | 44 |

| 沿海城市 | 国家/省级旅游度假区 | 国家级/省级自然保护区 | 国家森林公园 | 爱国主义红色旅游 | 工业旅游示范点 | 农业旅游示范点 | 合计 |
|---|---|---|---|---|---|---|---|
| 杭州市 | 3 | 2 | 5 | 1 | 3 | 7 | 51 |
| 宁波市 | 2 | 1 | 2 | 3 | 4 | 7 | 46 |
| 温州市 | 1 | 3 | 5 | 1 | 7 | 0 | 51 |
| 嘉兴市 | 2 | 0 | 1 | 1 | 3 | 1 | 30 |
| 绍兴市 | 1 | 0 | 3 | 2 | 0 | 1 | 38 |
| 台州市 | 2 | 0 | 3 | 1 | 3 | 2 | 30 |
| 舟山市 | 0 | 1 | 0 | 1 | 0 | 1 | 18 |
| 合计 | 11 | 7 | 19 | 10 | 20 | 19 | 264 |
| 全省 | 16 | 17 | 33 | 10 | 26 | 37 | 408 |

注：根据浙江省旅游局（2007）《浙江省旅游概览》和各县（市、区）资料不完全统计；A 级景区与其他旅游景区有部分重叠。

### 14.1.5 浙江海洋能资源及其开发利用状况

#### 14.1.5.1 浙江海洋能资源分布

海洋能源可再生、分布面积广，但具有密度低、不稳定等特征。浙江沿海具有较丰富的海洋潮汐能、潮流能、波浪能等，以及风能等。

浙江各类海洋可再生能的资源量如下[①]：海洋潮汐能蕴藏量 $964.36 \times 10^4$ kW，理论年发电量 $844.36 \times 10^8$ kW·h，技术可装机量 $856.85 \times 10^4$ kW，年发电量 $37.5 \times 10^8$ kW·h，500 kW级以上可选站址19个，居全国第二；海洋潮流能蕴藏量 $519 \times 10^4$ kW，开发条件居全国之首；海洋波浪能近岸20 km内的蕴藏量 $196.79 \times 10^4$ kW，理论年发电量 $172.39 \times 10^8$ kW·h；技术可装机量 $191.60 \times 10^4$ kW，年发电量 $167.84 \times 10^8$ kW·h，全国第四；海洋风能总蕴藏量 $7\,550.0 \times 10^4$ kW，全国第六，技术可开发量 $5\,001.5 \times 10^4$ kW，全国第五；另外，主要河流入海口的海洋盐差能蕴藏量 $346 \times 10^4$ kW，理论年发电量 $303 \times 10^4$ kW·h，技术可装机量 $34.6 \times 10^4$ kW，年发电量 $15 \times 10^8$ kW·h，全国第四。

#### 14.1.5.2 浙江海洋能开发利用状况

中国规模最大、技术含量最高的潮汐电站是浙江省的江厦潮汐试验电站。该潮汐试验电站位于乐清湾末端的温岭市江厦港。江厦潮汐电站于1970年勘测选址，1972年列为国家重要科研项目，1972年在原围垦工程基础上兴建，1979年水工建筑竣工。电站1号、2号机组1980年5月发电。1985年12月3号、4号、5号机组并网发电。1986年起，电站转入了正常运行。总装机容量3 200 kW，年发电量稳定在 $600 \times 10^4$ kW·h。是当前我国最大、世界第四的潮汐电站。

浙江建成的主要潮流发电站在浙江省岱山县的龟山水道中，称为"万向"潮流电站。1982年开始，哈尔滨工程大学在国家科技部、地方政府和万向集团的支持下，研制供"万向"潮流实验电站使用的"万向Ⅰ"、"万向Ⅱ"潮流发电试验装置。"万向Ⅰ"70 kW潮流发电实验装置为漂浮式结构装置，与Kobold电站同一时期建成，是世界上第一个漂浮式潮流能试验电站。"万向Ⅱ"40 kW潮流发电实验装置为坐（海）底式结构装置；坐底式结构的潮流能试验电站于2005年12月建成于舟山岱山县高亭镇对港山之间的潮流水道中，它是世界上第一个坐海底立轴水轮机式海洋潮流试验电站，为设计水下潮流发电机组积累了技术和工程实践经验。舟山开发利用潮流能起步较早，2005年建成潮流能发电实验站及"海上生明月"灯塔，成为当时亚洲第一、世界第二潮流能发电站。

① 国家海洋技术中心，2011，我国海洋可再生能资源调查研究报告。

浙江海洋风能资源近年来得到大力开发。浙江规模第一的衢山风电场一期工程2008 年 10 月并网发电，它拥有 48 台风机，装机总容量 $4 \times 10^4$ kW；衢山岛风力发电场从建成到现在，已发电量超过 $2 \times 10^8$ kW·h。定海岑港风电场（装机容量 4.5 $\times 10^4$ kW）和长白风电场（装机容量 1.2 $\times 10^4$ kW）也在 2011 年建成发电。舟山正在推行建设两类风电场，近海风电场和岛上风电场。台州沿海风力发电基地将是大陈岛和温岭东海塘等，大陈岛风电场一期工程已建成运行。

## 14.2　浙江海洋资源合理开发利用的原则分析

海洋资源是自然资源的一个重要组成部分，在经济学意义上自然资源是一个动态概念，即同一种自然物质和能量，在某个社会不需要或因生产力水平所限不能利用，就不被视为资源；相反，由于社会发展的需要和生产力的进步，它将来则有可能成为资源。从经济学来看，海洋是人类赖以生存和发展的资源宝库或资源系统。海洋资源可以泛指海洋空间所存在的一切资源，在海洋自然力作用下形成并分布在海洋区域内的、可供人类开发利用的自然资源。经济学认为，海洋资源具有下述规范意义：①客观性或原质性，即必须是自然禀赋，而非人类劳动产物；②已知性，必须是人类已认识到的自然体和自然力；③有用性，能够对人类生产和生活产生效用；④稀缺性，数量有限、存在不同利益团体、个人及行业的竞争性利用（陈万灵等，2002）。不同资源的不同特性决定它的利用方式和内容，充分发挥每一种资源的特质才能使资源的使用价值实现对人的最大化。

### 14.2.1　海洋资源的基本属性

从自然特性角度来看，海洋资源具有整体复合性和区域性。海洋资源是由多种的资源要素复合而成的自然综合体，具有多层次、多组合、多功能等特点。由于海洋地理环境和气候条件不同，整个海洋的资源要素在不同海域的组合差异构成海洋资源的区域性特征。海洋资源的整体性和区域性特点要求我们在进行开发利用的管理活动中注意系统管理和差别措施。

1）资源的有限性

海洋资源虽然丰富，但并不是取之不尽，用之不竭。海洋资源大部分具有不可再生性，如矿产资源等，即使可再生资源，其再生能力也是有限的。如近海水产品的可捕量有限，如不注意保护、合理开发，超越其再生能力开发，也会造成资源枯竭。因此确定海洋资源的合理开发程度具有重要意义。

2）资源环境的脆弱性

海洋水体具有流动性，潮间带和近海水域水层浅，交换慢，环境复杂，海水自

**347**

净能力差，一旦受污染，容易引发病害，并能迅速蔓延整个海域，直接影响海洋水产业，同时对旅游业、人文景观以及人类的身体健康造成的损失也难以估量。因此必须注意海洋环境保护。

3）资源空间分布的复杂性

海洋资源的分布在空间区域上复合程度较高。海洋表面、海洋底部都广泛分布着各种资源，立体性强。另外在同一海区也存在多种资源。海洋资源区域功能的高度复杂性，使得海洋资源的开发效果明显，响应速度快，这样为合理选择开发方式增加了困难，要求必须强调综合利用，兼顾重点。

4）海陆开发联系的紧密性

一方面，海洋资源与陆地资源具有较好的互补性；另一方面，由于海洋资源的产品转化为商品的活动都是在陆地上进行，同时海洋污染的污染物80%来自陆地。因此海洋资源的开发应同陆地经济活动有机结合起来，实现海陆一体开发。这样才能把资源优势转化为经济优势，实现海洋资源的可持续发展。

5）资源的共享性与外部性

基于海洋资源的有限性和海洋环境的脆弱性，海洋资源的开发必须遵循可持续发展原则。而且，由于海洋资源的空间复合程度高，具有多层次、多组合、多功能等特点，在开发过程中要综合利用，兼顾到各种资源的价值，提高海洋资源的整体利用水平。综合利用必然要求实施综合管理，即对海洋资源的开发利用活动进行统筹的、立体的、分层次的全面管理。

同时，从经济学角度认识，海洋资源具有有限性和无限性、互补性及互代性、多宜性与使用方式的兼容性等特性。

（1）有限性和无限性。地球上海洋资源的数量总是有限的，并受到科技手段限制。海洋资源的利用潜力却是无限的，不少海洋生物资源具有再生性和可更新性，合理利用和加强保护可以达到永续利用。依靠科学技术进步，可以使以前未知的或不可利用的自然要素转入资源行列，扩大资源基础，使有限的资源获得无限的生产潜力。资源的有限性和无限性，正是海洋资源稀缺性的表现。

（2）互补性和互代性。海洋资源在功能或作用上具有差异，可以互补，具有相似性，可以互代。比如同海湾有沙滩资源，养殖和旅游可以互补，各种鱼类资源可以互代。利用资源相互替代性，可以使相对富集或具有可更新性的资源去替代贫乏的或可耗竭资源，缓和资源稀缺程度。

（3）多宜性和使用方式兼容性。海洋资源具有满足多种需要的多宜性特点，比如在一定海域可以捕捞、养殖及牧鱼，也可以开采矿物和制盐等。基于多宜性的利用方式具有兼容性，是对海洋资源开发利用进行经济分析的自然基础。海洋资源的利用方式可分为：①直接消费，如鲜鱼可直接食用等；②中间生产过程的消费性利用，比如原料投入并未使资源消失，只是形态或某些理化性质发生变化，如矿物资源投入生产等；③原位利用，一般是指对尚未开发的资源（原位资源 insitu resource）进行就地利用，如海底珊瑚礁、海岛风光的观赏。

（4）共享性与外部性。共享资源是指一定范围内任何主体都可享用的资源，如国家公园、野外游乐地、自然界的空气和阳光、世界公海等。海洋资源属于典型的公共资源，其产权难以界定，比如，海洋水体覆盖下的生物资源可以游动，深海和公海资源尤其如此。因此，海洋资源具有较强的非竞争性、非排他性和共享性，比如，海洋水体可以泊船、航行、捕鱼、养殖、排污等；可供多个开发主体共同开发利用，也产生了外部性，出现了掠夺性开发、破坏性排污等行为现象。

海洋资源的这种独特的基本属性，首先要求其经济价值和生态价值必须合一，海洋资源的经济价值一方面决定了人类对它的开发利用像其他物质资源一样以效率作为基本的价值取向，另一方面它又是组成地球生态系统和引起生态系统变化的重要因素，它的经济功能和生态功能相互依存、相互影响，故此，海洋资源的开发利用不能仅仅追求收益效率的最大化，还要考虑到海洋生态系统的平衡以及与其他生态系统的协调。其次，要保障海洋资源存在的自然性和利用的社会性合一，海洋资源是不依赖于人类而客观存在的自然要素，它们的发展、变化遵循一定的自然规律，因此，对海洋资源利用要遵循其自身的发展规律。总之，如何基于海洋资源的基本属性，综合利用海洋资源，协调海洋资源的各种功能，充分实现海洋资源效益的最大化始终是我们合理开发利用必须解决的问题。

## 14.2.2　海洋资源合理开发利用的指导思想

世界各国都在寻求一条既能保证经济增长和社会发展，又能维护生态环境良性循环的全新发展道路，即可持续发展道路。可持续发展战略的提出，不仅是当代人因有感于环境与资源问题的恶化日益严重，并威胁到人类的生存和发展，而做出的一种生存选择，也是人类的价值观念和生活方式的一场深刻变革。这种价值观与生活方式的变化，是同人类与自然关系的重新认识和思考分不开的。海洋资源的合理开发利用是海洋经济可持续发展的根本，在海洋资源的开发利用过程中，要确立以下的指导思想。

### 1）正确的主体观

正确的主体观，就是既要承认人是自然界长期发展的产物，从属于自然，不能认为人类是自然的主宰，可以对自然为所欲为，同时也不应忘记人所具有的实践性和主观能动性。既要反对停止合理利用海洋资源这种从一个极端走向另一个极端的观点；又要反对违反海洋资源的自然循环规律，毫无节制地开发利用海洋资源，把海洋资源当做取之不尽、用之不竭的，可以任意掠取。从根本上说，人类所面临的问题主要是人类自己造成的，因而最终解决这些问题也只有靠人类自己。

2）正确的自然观

正确的自然观，就是要坚持人是自然长期发展的产物，人是在自然中进化而来的，人从属于自然的，自然界是人类生存和发展的基础这一思想。无论海洋资源的开发、利用和保护，都要从这一观点出发。

3）正确的生存价值观

人类的生存和发展离不开生产，人对物质、能量和信息的需求完全取决于人所依存的现实的自然环境。树立正确的生存价值观，就是要坚持人与自然相互作用、和谐统一的辩证关系。对海洋资源而言，人与海洋的价值关系不仅表现为海洋是人类生命的源泉和为人类提供了许多资源，满足人类生存和发展的需要，而且还表现为人类自身对海洋资源的存在和发展负有不可推卸的责任和义务。人类只有对海洋资源的存在和发展做出应有的贡献，才有资格向海洋资源索取相应的回报。

4）正确的生存道德伦理观

人类只有一个地球，海洋资源是有限的。在坚持资源有限的前提下，在横向上要树立任何国家、地区和个人对其他国家、地区和个人发展的损害，都是对地球、对海洋环境的损害的观点；同时在纵向上注意协调发展的公平性，不能以牺牲人类后代生存和发展所必需的海洋资源为代价来求得自身的发展。抛弃"海洋资源无限论"和海洋资源是取之不尽、用之不竭的观点，强调以人与海洋资源的和谐统一、协调发展的原则来规范人类行为。尊重和善待海洋，就是尊重和善待我们自己，就是尊重和善待我们的未来。

5）正确的海洋资源发展保护观

尽管海洋浩瀚无边，但资源毕竟是有限的，如果人类不抱着节约、保护的态度，而是毫无节制地滥用，海洋资源迟早也会枯竭的。因此，对海洋资源的开发，一定要环保先行，制定好科学合理的开发计划，确保海洋资源可持续利用。在海洋开发上，决不能再走陆上建设中所走的先破坏、先污染，后治理的弯路，时刻要有海洋生态危机感，时刻要有海洋环保意识。保护海洋，也就是保护我们自己，也就是保护我们的未来。

## 14.2.3 海洋资源合理开发利用的主要原则

实施海洋资源合理开发利用的指导思想，以保证海洋经济发展和资源永续利用为目的，处理好经济效益和可持续发展的关系，正确处理好开发与保护、短期与长远、局部和整体的关系，转变生产方式和经济增长方式合理开发利用海洋资源，优化海洋生态环境，实现海洋经济发展与资源环境相协调，经济、生态、社会效益相统一，使海洋经济发展既满足当前发展的需要，又不威胁未来的发展。按照可持续发展的要求，把海洋产业化、现代化与海洋可持续发展有机结合起来，贯穿于海洋资源开发利用的始终。因此，在海洋资源的开发利用中，应坚持以下五项原则。

一经济效益原则。以经济效益为中心，以市场为导向，注意研究国内外市场需求情况，开发适应市场需要的海洋产品，提高海洋资源的经济效益。促进海洋经济增长方式从粗放型迅速向集约型的转变，节约能源，降低消耗，优化产业结构。强调科技进步，走技术密集、资金密集的集约化发展道路，发展新兴的海洋产业。

二适度利用原则。即资源利用的规模和速度要有一个适当的数量界线，即适合度。这个度对于海洋生物等可再生资源来说，就是不超出资源自身再生能力的临界点，以达到既能充分利用资源，又能保证资源总量不减少、质量不降低的目的。对于海洋金属和非金属矿产、海洋油气、地下卤水等不可再生资源，要坚持节约使用原则，以延长资源的使用年限。

三环境效益原则。对一种海洋资源的开发，应以不对其他海洋资源的开发利用造成损害或不危害生态环境为前提。把各种开发活动对海洋生态环境的负面影响减少到最低程度，决不能超过海洋的环境容量。科学合理地利用海洋资源，保持生态平衡，防止和减少由于人为活动引发和加重海洋灾害，防止只顾眼前利益和局部利益而牺牲长远利益和全局利益的行为。

四综合利用的原则。对海洋的开发应进行综合考虑，要有科学的统一规划，协调一致的行动。入海河流的沿岸、沿海带和岛屿的开发及产业发展必须综合规划，要避免顾此失彼，或一边建设一边破坏的现象，以及由此导致经济效益不佳、环境与生态破坏的后果。同时，在对资源的利用上通过对资源进行深加工达到多种目的应用，使单一的资源产生多种使用价值，提高资源的使用效率。如水产品除食用外，还可将其废弃物加工制成饲料、医药品，经济效益可大大提高。

五协调发展原则。海洋资源开发要与其陆地经济的开放、开发相协调。海洋经济发展要与陆域经济的发展相协调，要遵循多学科合作研究海洋的协调；各个产业发展要相互协调；各海区海洋经济发展相互协调；海洋与陆地经济发展的一体化；海洋重点开发区域与沿岸城市体系建设相结合；海洋资源开发规模与海洋资源、环境的容量相协调；海洋经济的发展目标与海洋环境保护相协调等。

## 14.3　浙江省海洋资源合理开发利用的对策和建议

《中国海洋 21 世纪议程》明确指出，海洋可持续发展的总体目标是建设良性循环的海洋生态系统，形成科学合理的海洋开发体系，促进海洋经济持续发展。其战略原则是把海洋可持续利用和海洋事业协调发展作为21世纪中国海洋工作的指导思想。必须坚持以发展海洋经济为中心、适度快速开发、海陆一体化开发、科教兴海和协调发展为原则。发展海洋经济并坚持走海洋可持续发展道路，是振兴我国经济的一项举足轻重战略决策，但如何才能把海洋资源的潜在优势转化为现实的经济优势，实现海洋经济可持续发展战略，完成科技兴海、以海兴国、建设海洋大国等战略目标，从浙江省的实际出发，目前应从以下几个方面努力。

### 14.3.1　进一步增强海洋意识，提高向海洋进军的紧迫性

我国的海洋意识总体上还是比较淡薄的，增强海洋意识特别是增强我们领导层的海洋意识仍然是一个十分重要的任务。我们的领导干部，大部分对陆地上的工作比较熟悉，然而对海洋工作的认识，不少领导干部的了解就很有限。为此，我们要进一步加强海洋意识的舆论宣传和教育工作，充分发挥舆论的导向作用。在加强全民海洋是国土、海洋是资源的宣传教育，使人们进一步认识海洋经济在国家经济建设中的地位优势的同时，政府决策部门应加强对发展海洋经济的开发研究，尽快制定发展海洋经济的方针、政策和措施。

### 14.3.2　树立可持续发展观念，坚持海洋资源开发利用与环境保护协调发展

增强海洋意识的另一个方面就是要牢固树立海洋可持续发展意识，要正确处理海洋资源开发与保护之间的关系。必须避免两个极端倾向：①不顾海洋生态环境承受能力，盲目开发，只讲经济效益，不讲环境保护；②片面强调保护海洋环境重要性，抑制海洋开发和沿海地区的经济发展。海洋资源开发利用是在海洋这个特殊环境中进行的，对海洋生态环境有重要影响。因此，在开发利用海洋资源的同时，要重视海洋生态环境的保护。海洋开发要与环境保护资源保护同步规划，协调发展，以确保资源的永续利用和海洋生态环境的健康发展、平衡。特别要实施海洋环境保护规划及重点海域整治规划，确保在海洋资源开发的同时保护海洋生态环境。

### 14.3.3　走科教兴海之路

现代海洋资源的开发利用是一项知识密集型和技术密集型的高技术事业，需要当今各先进学科的参与，因此必须走科教兴海之路，要提高海洋开发的生产力水平，推动海洋经济持续、快速、健康发展。通过开展海洋资源开发利用领域的关键技术和高新技术研究，提高科技水平，推进海洋科技产业化进程。①加强海洋开发技术机构的建设，提高现代化科技设施水平和海洋科技开发水平；②加速海洋科技人才的培养，一方面，制定和推行各个层次的海洋知识、海洋科技、海洋意识的宣传教

育计划，提高海洋开发劳动者的技能水平，培养海洋开发各个领域的高水平专业人才，保证海洋经济建设对劳动者和科技人才的长期需求；另一方面，要引进用好海洋科技人才，加强海洋科技队伍建设制定优惠政策，疏通人才流通渠道；③加强国内外海洋科技合作与交流，多方引进新技术、新设备、新成果，不断增强海洋开发的科技能力；④加强海洋科学技术研究与开发，重视基础研究，组织重大海洋开发项目的联合科技攻关，攻克海洋开发中亟须解决的科技难题；⑤引进推广先进实用技术，提高海洋开发的科技含量和水平。清洁生产技术，改进生产工艺，开发新技术，节省资源，减少废物，保证海洋的可持续利用。

### 14.3.4　加强海洋功能区划，合理调整海洋产业布局，优化海洋经济结构

根据海洋不同区域的状况和特点，结合海洋资源与空间的开发利用和社会经济等发展的需求，按照一定的指标体系和原则，划定具有特定主导功能，以利于资源合理开发利用，能够发挥最佳效益的区域。以海洋功能区划和海域使用规划为基础，通过对海域空间资源的合理配置，实现对海洋资源开发秩序的科学调控。用海洋功能区划来指导海洋资源的合理开发，引导生产力布局，建立各海区优化的海洋经济结构，促进海洋经济可持续发展。通过制度相关政策，调整海洋产业结构，支持发展海洋高科技产业和第三产业。

海洋产业结构，既可按我国三次产业的分类进行划分，也可按海洋产业的发展秩序的分类进行划分。按三次产业划分，将海洋渔业和滨海农业归为第一产业；将海洋油气业、滨海砂矿业、海盐及盐化工业、海水综合利用业、滨海采矿业等归为第二产业；将滨海旅游业、海洋交通运输业归为第三产业。海洋渔业、海洋交通运输业、海盐业等归为海洋传统产业，将海洋油气业、滨海旅游业、滨海砂矿业、深海盐化工业、海水直接利用业、海水养殖业和海洋服务业等归为海洋新兴产业，将深海采矿业、海洋能利用业、海水化学资源开发和海洋工程业等归为海洋未来产业。目前海洋产业的重点应发展海洋交通运输业、海洋油气业、滨海旅游业，缓解交通紧张状况，带动和促进沿海地区经济全面发展。积极发展海水直接利用、海洋药物、海洋保健品、海盐及盐化工业、海洋服务业等，使海洋产业群不断扩大。研究开发海洋高新技术，采取有效措施促进海洋高新技术产业化，逐步发展海洋能发电、海水淡化海水化学元素提取、深海采矿，以及新兴的海洋空间利用事业，不断形成海洋经济发展的新生长点。逐步将海洋第一、第二、第三产业的比例由目前的 5∶1∶4 调整为 2∶3∶5，尽快建立低消耗，高产出的海洋产业结构。

### 14.3.5　建立健全法规体系，坚持依法治海

海洋立法对维护国家海洋权益、管理和保护海洋资源环境，保证海洋可持续发展等方面起着至关重要的作用，也是依法治海的依据。至今为止我国的海洋法律制

度尽管尚不健全，还未形成比较完整的海洋法规体系，但是，关于海洋资源的开发利用方面，我国已经相继出台了《中华人民共和国海洋环境保护法》、《中华人民共和国海域使用管理法》、《中华人民共和国海岛保护法》等。浙江省应依据目前的海洋资源法律制度，结合浙江省的实际情况，强化执法机构及队伍的能力建设，将海洋资源开发工作纳入法制化的轨道。

### 14.3.6 建立海域使用审批和资源有偿使用制度

根据海域区位优势，海洋资源价值和丰度，向海洋资源开发利用活动的业主征收海域资源有偿使用金，所收资金用于资源保护工作，彻底解决海洋资源开发无序、无度、无偿现象，以及近岸海域的环境污染问题。

### 14.3.7 建设公益服务系统，提高产业综合效益

为了保障海上和沿海地带各种生产活动的正常进行，防御和减轻海洋自然灾害，提高海洋开发综合效益，需重点抓好以下三大公益服务系统的建设：①建立海洋环境监测网系统。在现有海洋监测站的基础上，利用现代科学技术手段建立海洋监测网系统。对近海海域及其相邻陆域，包括主要河口、海湾污水排海口和开发区邻岸海口等进行重点监测；②完善海洋自然灾害预警系统。包括监测系统、通信系统、预报系统和服务系统等；③发展海洋信息服务系统。海洋信息服务是指以海洋资源环境数据、经济统计资料、情报文献和科技档案为主要内容的信息服务。逐步发展海洋资源与环境信息系统，海洋经济和统计信息系统，海洋文献档案信息系统，海洋管理法规信息系统，海洋科技情报信息系统，海洋遥感测信息系统，海洋制图和信息产品制作系统，海洋信息技术支持系统等子系统，不断扩大信息，提高信息加工能力和质量，为海洋经济和海洋可持续发展事业服务。

## 14.4 结论

浙江地处我国的东部沿海，具有丰富的海洋资源，无论是从资源的绝对量还是资源的相对量来看，在全国沿海地区中居于前列。改革开放以来，凭借浙江得天独厚的区位优势以及先行优势，浙江沿海地区经济发展迅速，建立了良好的经济基础，这些都为推动海洋产业的发展提供了铺垫。但从浙江省海洋开发的现状来看，海洋开发取得的成就与其资源禀赋和发展机遇是极不相称的，与浙江省要建设海洋经济强省的总目标相比，也存在着不小的差距。开发海洋是 21 世纪人类社会实现可持续发展的重要战略，浙江省不仅要成为海洋经济大省，而且要成为海洋经济强省，因此，海洋资源的合理开发利用至关重要。

第一，要增强海洋意识，转变海洋观念。政府的海洋意识和海洋观念的强弱直

接影响海洋开发活动和海洋管理工作，大力开展宣传教育，认识海洋在国民经济和社会发展中具有的重要地位和作用，提高全民的海洋意识，是海洋管理工作得以强化的社会基础。

第二，优化海洋开发整体布局，充分合理利用海域，开发建设海洋经济区。以领海为核心，逐步形成覆盖管辖海域的不同类型的海洋经济区，包括临海经济带、海岸带综合经济带、海岛综合经济带等。

第三，继续实施"科技兴海"战略，推动海洋产业结构调整。稳定发展海洋渔业、海洋造船、海洋油气、海洋运输、海洋盐业、海洋旅游等海洋产业，加快推进海水综合利用、海洋化工、海洋药物、海洋环保等新兴海洋产业的形成和发展扩大海洋产业群。继续抓好国家"科技兴海"示范区和技术转移中心建设，鼓励有条件的地区建立地方的科技兴海示范区，不断调整海洋产业结构，加强海洋经济区建设，推动海洋产业发展。

第四，发挥浙江省的地区优势，优化区域布局，突出海洋开发产业重点。应根据海洋自然条件的优劣以及沿海地区经济社会发展状况，遵循市场经济规律，逐步调整不合理的区域布局和用海项目，建设一批优势突出的专业化海洋产业带，一个区域一个优势产品的特色海洋开发基地，提高海洋开发的综合效益。从浙江海洋资源优势看，从产业升级的总体趋势看，港口运输业、临港型工贸业等因产业关联度大，可以成为全省产业升级的重要先导产业；另外，海洋旅游业、海洋功能食品和海洋药物工业、海洋养殖业等由于市场需求大、比较效益高，可以成为很有前途的经济增长点。

第五，强化海洋资源管理，建立海洋综合管理体系。通过制度相关政策，调整海洋产业结构，支持发展海洋高科技产业和第三产业。同时要控制浙江省管辖海域内的各类违法活动及突发事件，及时查处各类违法破坏海洋资源和环境的行为。另外，还应当建立海洋灾害预警机制，减少或预防因海洋灾害而带来的不必要的损失。建立海域使用审批和资源有偿使用制度。根据海域区位优势，海洋资源价值和丰度，向海洋资源开发利用活动的业主征收海域资源有偿使用金，所收资金用于资源保护工作，彻底解决海洋资源开发无序、无度、无偿现象，以及近岸海域的环境污染问题，处理好海洋开发的近期与远期目标，开发与保护的关系。沿海各地积极推行海域使用证和海域有偿使用制度，使海洋综合管理逐渐步入法制化、规范化、制度化的轨道。

第六，理顺海洋传统产业与高新技术产业之间的关系。海洋是一个资源宝库，但是宝库的资源是有限的，海洋资源的开发从粗放型向集约型的转变，是实现海洋经济结构战略调整的必然选择。资源的有限性使集约化成为一种必要，以基因工程等为主新技术使资源的集约化开发成为可能。海洋经济的发展需要传统产业与高新技术的结合，因此浙江省必须在稳步发展传统产业的同时，注意对高新技术产业的

**355**

投入，做到两者兼顾，又不偏废，有轻重缓急，实现有层次的发展。

## 参 考 文 献

陈万灵，郭守前．2002．海洋资源特性及其管理方式．湛江海洋大学学报，22（2）：7－12.

国家海洋局．1996．中国海洋 21 世纪议程．北京：海洋出版社：8－10.

郑荣跃，袁丽莉，贺智敏．2004．宁波地区的海砂问题及其对策．混凝土，（10）：22－24.

# 第15章 浙江省海洋可再生能源 分析与探讨

随着人类社会的发展，对能源的需求迅速增长。目前世界主要能源是不可再生的石油、天然气、煤等矿石燃料，矿石燃料导致的环境污染和温室效应也有增无减。在陆地矿物燃料日趋枯竭和污染日趋严重的情况下，世界上一些主要的海洋国家纷纷把目光转向海洋，加大投入，促进和加快了人类开发利用海洋能源的步伐。

例如，英国从20世纪70年代开始，制定了强调能源多元化的能源政策，鼓励发展包括海洋能在内的多种可再生能源。1992年联合国环发大会后，进一步加强了对海洋能源的开发利用，把波浪发电研究放在新能源开发的首位，曾因投资多、技术领先而著称，在苏格兰西海岸兴建一座装机容量 $2 \times 10^4$ kW 的固定式波力电站。在潮汐能开发利用方面也进行了大规模的可行性研究和前期开发研究，并于1997年在塞汶河口建造一座装机容量为 8.640 MW，年发电量约为 $170 \times 10^8$ kW·h 的潮汐电站，英国已具有建造各种规模的潮汐电站的技术力量。日本在海洋能开发利用方面十分活跃，成立了海洋能转移委员会，仅从事波浪能技术研究的科技单位就有日本海洋科学技术中心等10多个，还成立了海洋温差发电研究所，并在海洋热能发电系统和换热器技术上领先于美国，取得了举世瞩目的成就。美国把促进可再生能源的发展作为国家能源政策的基石，由政府加大投入，制定各种优惠政策，经长期发展，成为世界上开发利用可再生能源最多的国家，其中尤为重视海洋发电技术的研究，1979年在夏威夷岛西部沿岸海域建成一座称为 MINI—OTCE 温差发电装置，其额定功率 50 kW，净出力 18.5 kW，这是世界上首次从海洋温差能获得具有实用意义的电力。法国早在20世纪60年代就投入巨资建造了至今仍是世界上容量最大的朗斯潮汐发电站。它建于法国朗斯河口，该站址潮差最大 13.4 m，平均 8 m。单库面积最高海平面时为 22 km²，平均海平面时为 12 km²。大坝高 12 m，宽 25 m，总长度 750 m，1966年投入运行，是第一个商业化电站。该电站装机24台，每台 $1 \times 10^4$ kW，共 $24 \times 10^4$ kW。设计年平均发电量 $5.44 \times 10^8$ kW·h。

我国石油天然气资源不足，我国原油进口量突破 $2.7 \times 10^8$ t，依存度达60%，严重影响到我国的能源安全。浙江省常规能源资源十分贫乏，能源自给率不断下降。如何解决不断增长的能源需求，保障浙江省经济社会的可持续发展，是浙江省面临的一项紧迫任务。浙江省位于东海之滨，拥有丰富的海洋能源，充分、合理、科学地开发利用它们，是浙江省经济发展的需要，也是能源结构调整的必然趋势。

我国开发海洋能起步很早，在 20 世纪 50 年代开始兴建潮汐电站。其中，江厦电站是中国最大的潮汐电站，目前已正常运行近 20 年。江厦电站总投资为 1 130 万元人民币，1974 年开始研建，至 1985 年完成。电站共安装 500 kW 机组 1 台、600 kW 机组 1 台和 700 kW 机组 3 台，总容量 3.2 MW。电站为单库双作用式，水库面积为 $1.58 \times 10^6$ m²，设计年发电量为 $10.7 \times 10^6$ kW·h。1996 年全年的净发电为 $5.02 \times 10^6$ kW·h，约为设计值的一半。但江厦电站总体说是成功的，为中国潮汐电站的建造、运行、管理等积累了丰富的经验。中国也是世界上主要的波能研究开发国家之一。从 20 世纪 80 年代初开始主要对固定式和漂浮式振荡水柱波能装置以及摆式波能装置等进行研究。1985 年中国科学院广州能源研究所开发成功利用对称翼透平的航标灯用波浪发电装置。经过十多年的发展，已有 60 W 至 450 W 的多种型号产品并多次改进，目前已累计生产 600 多台在中国沿海使用，并出口到日本等国家。"七五"期间，由该所牵头，在珠海市大万山岛研建了一座波浪电站并于 1990 年试发电成功。"八五"期间，由中国科学院广州能源研究所和国家海洋局天津海洋技术所分别研建了 20 kW 岸式电站、5 kW 后弯管漂浮式波力发电装置和 8 kW 摆式波浪电站，均试发电成功。"九五"期间，广州能源研究所在广东汕尾市遮浪研建了 100 kW 岸式振荡水柱电站。同时，由国家海洋技术中心研建的 100 kW 摆式波力电站，也在青岛即墨大官岛试运行成功。

80 年代初，哈尔滨工程大学开始研究一种直叶片的新型海流透平，获得较高的效率并于 1984 年完成 60 W 模型的实验室研究，之后开发出千瓦级装置在河流中进行试验。90 年代以来，中国开始建造海流能示范应用电站，在"八五"、"九五"科技攻关中均对海流能进行连续支持。目前，哈尔滨工程大学正在研建 75 kW 的潮流电站。意大利与中国合作在舟山地区开展了联合海流能资源调查，计划开发 140 kW 的示范电站。

1958 年根据全国潮汐发电会议的要求，在水利电力部勘测设计总局的领导下，完成了第一次全国沿岸潮汐能资源普查。1978 年开始，在水电部规划设计管理局领导下，由水电部水利水电规划设计院主持，沿海 9 省（市、区）的水利电力勘测设计院等单位参加，进行第二次全国沿岸潮汐能资源普查。不过，上述普查和区划工作至今已历时 20 年以上。因此，"我国近海海洋综合调查与评价"专项适时启动了综合调查项目"中国近海海洋可再生能源调查与研究"和综合评价项目"海洋可再生能源开发与利用前景评价"，由国家海洋技术中心牵头负责实施，本章内容主要依托上述调查和评价项目，并参考历史文献资料汇编。

## 15.1　浙江潮汐能资源分布特征

### 15.1.1　分析与评价方法

#### 15.1.1.1　蕴藏量计算

根据历史资料，确定潮汐能资源评价区，主要评价站址见表 15.1、图 15.1。

**表 15.1　浙江省潮汐站址统计**

| 序号 | 站址名称 | 地址 | 序号 | 站址名称 | 地址 |
|------|----------|------|------|----------|------|
| 1 | 乍浦 | 杭州湾 | 11 | 镇海湾 | 台山 |
| 2 | 黄湾 | 杭州湾 | 12 | 三丫港 | 阳江 |
| 3 | 西泽 | 象山港 | 13 | 北津港 | 阳江 |
| 4 | 黄墩港 | 象山港（宁海） | 14 | 炎亭港 | 苍南 |
| 5 | 岳井洋 | 三门湾（象山） | 15 | 牛鼻岔 | 牛鼻港（苍南） |
| 6 | 牛山—南田 | 三门湾 | 16 | 大渔湾 | 大渔湾（苍南） |
| 7 | 健跳港 | 三门湾（三门） | 17 | 信智 | 信智港（苍南） |
| 8 | 白带门 | 浦坝港（三门） | 18 | 雾城 | 雾城港（苍南） |
| 9 | 江厦 | 乐清湾（温岭） | 19 | 沿浦湾 | 沿浦湾（苍南） |
| 10 | 狗头门—西门山 | 乐清湾（乐清温岭） | | | |

俄罗斯伯恩斯坦对潮汐电站开发利用做过许多研究，他建议的估算公式得到广泛的承认和使用，他的公式可用于正规和不正规潮的情况。这些公式是在潮汐机理研究的基础上得出的，可以给出某一海域的潮汐能蕴藏量。计算时只需要所在港湾的平均潮差和港湾面积，不需要对该海域进行详细的勘查（尔·勃·伯恩斯坦，1996）。公式的形式类似于用于河川水电站的公式。

对潮汐来说，能量体现在一年中每个潮汐周期内水面的升高和降低，所以确定潮汐电站功率的主要参数不是流量和水头，而是海域面积 $F$（单位为 $km^2$）和潮差 $H$（单位为 m）。

假设在涨、落潮时海域内没有水面坡度，即整个海域水面是同时升降的，潮汐在涨、落潮周期内完成的功 $E$ 应是提升和下降的海水重量和重心的提升高度的乘积。海水重量可表示为 $HF\rho \times 10^6$ kN，提升高度为潮差 $H$ 的一半。故有

$$E = \frac{H}{2}HF\rho \times 10^6 \tag{15.1}$$

式中，$E$——功，单位为千焦（kJ）；

**359**

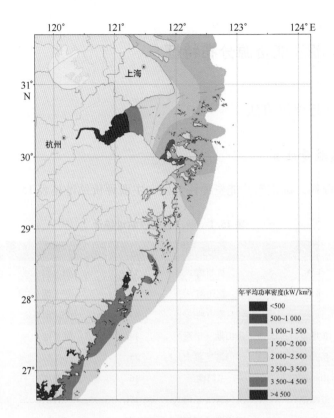

图 15.1 浙江省潮汐站址分布

$H$——平均潮差，单位为米（m）；

$F$——平均潮位时的海湾面积，单位为平方千米（$km^2$）；

$\rho$——海水容重，10.05 kN/$m^3$。

对于正规半日潮，因为一天内有 3.87 个半周期，故一天内潮汐所做的功为 3.87E，将其除以一天的秒数，即得潮汐日平均理论出力（单位为 kW）

$$P = 225H^2F \tag{15.2}$$

由此可以算出该海域的潮汐能年蕴藏量（单位为 kW·h）

$$E_a = 1.97 \times 10^6 H^2 F \tag{15.3}$$

上述式中 $H$ 应取平均值。

显然，单位面积海域的潮汐能蕴藏量与潮差的平方成正比。

式（15.3）可用于估计具有正规半日潮的海域的潮汐能蕴藏量，在大多数可以建潮汐电站的海岸边的潮汐正是具有正规半日潮性质。但是，在有些地方，潮汐过程含有明显的日周期分量，甚至日周期分量超过半日周期分量，这些混合潮也是可以被调节和利用的。

混合潮的能量及其潮汐能蕴藏量的估计较复杂，因为相互交替的周期内幅值是不一样的。随着比值 $\lambda = \dfrac{H_{K1} + H_{O1}}{H_{M2}}$ 的增加，一天内有一个周期振荡幅值逐步减少，到 $\lambda$ 超过 4 时，就几乎完全消失，潮汐成为全日潮。显然，在这种正规全日潮的极端情况下，一日内的周期数只有正规半日潮的一半，故在式（15.3）中应乘以系数 0.5。在潮汐性质介于正规半日潮和正规全日潮之间时，$\lambda$ 在 0.5 与 4 之间变化，因此需在公式中引进一个与 $\lambda$ 有关的线性系数来考虑潮汐性质的变化：

$$E = 1.97 \times 0.5 \times 10^6 H^2 F\left(\frac{15 - 2\lambda}{7}\right) \tag{15.4}$$

伯恩斯坦认为，上述估算还可以改进，可以对观测到的不同类型潮汐分别进行计算，也可以按调和分潮进行计算，然后再加起来。

### 15.1.1.2　技术可开发量计算

从式（15.2）、式（15.3）和式（15.4）得出的是潮汐能资源的理论蕴藏量，实际开发是不可能获得这么多能量的，技术可开发的潮汐能量和装机容量按下列经验公式估算：

（1）单向发电潮汐电站

①正规半日潮（陆德超等，1985）

$$N = 200 H^2 F \tag{15.5}$$
$$E = 0.4 \times 10^6 H^2 F \tag{15.6}$$

②正规全日潮

$$N = 100 H^2 F \tag{15.7}$$
$$E = 0.2 \times 10^6 H^2 F \tag{15.8}$$

（2）双向发电潮汐电站

①正规半日潮

$$N = 200 H^2 F \tag{15.9}$$
$$E = 0.55 \times 10^6 H^2 F \tag{15.10}$$

②正规全日潮

$$N = 100 H^2 F \tag{15.11}$$
$$E = 0.275 \times 10^6 H^2 F \tag{15.12}$$

式中，$N$——装机容量，单位为千瓦（kW）；

$E$——年发电量，单位为千瓦时（kW·h）；

$F$——港湾纳潮库面积，单位为平方千米（km²）；

$H$——平均潮差，单位为米（m）。

（3）混合潮型的潮汐电站

我国近海部分海域属混合潮（包括不正规半日潮和不正规全日潮），因此，上述按正规半日潮或正规全日潮推导的潮汐能技术可开发量计算方法不适用于混合潮

**361**

型，需要按代表年内典型潮位过程线进行调节计算。

## 15.1.2  浙江潮汐能资源分布

浙江省近海 10 m 等深线以内的蕴藏量为 $964.36 \times 10^4$ kW；本次调查的浙江省技术可开发量在 500 kW 以上的潮汐能坝址 19 个，技术可开发装机容量为 $856.85 \times 10^4$ kW，技术可开发年发电量为 $235.60 \times 10^8$ kW·h，见图 15.2、表 15.2。

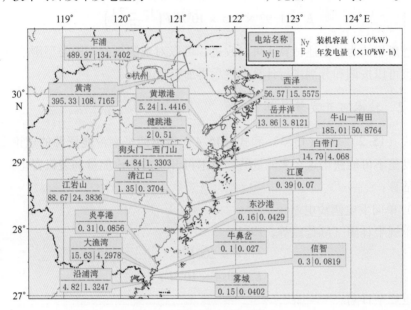

图 15.2  浙江省潮汐能资源分布

浙江省沿岸海域平均潮差为 2~5 m，并且分布变化较大，其中江厦潮差较大，平均潮差在 5 m 以上。按 10 m 等深线以浅的海域面积进行潮汐能统计得出，浙江省潮汐能功率密度全省平均值为 2 702 kW/km²。潮汐能主要分布在杭州湾、象山湾和乐清湾等港湾。如，钱塘江口平均功率密度 4 865 kW/km²，乐清湾为 4 761 kW/km²，特别是江厦站附近，潮汐能功率密度达到了 5 500 kW/km² 以上。

丰富区坝址数为 16 个，技术可开发装机容量 $1\ 203.82 \times 10^4$ kW，年发电量 $330.97 \times 10^8$ kW·h。较丰富区坝址数为 3 个，技术可开发装机容量 $75.67 \times 10^4$ kW，年发电量 $20.81 \times 10^8$ kW·h。

浙江省海岸曲折多港湾，开发潮汐能筑坝建库地形条件好，但浙江省沿岸泥沙质海较多，开发潮汐能多存在软基础处理问题。浙江省潮汐能资源主要分布在杭州湾、象山港、三门湾和乐清湾等港湾，这些港湾的技术可开发量都较大。

表 15.2　浙江省潮汐能蕴藏量和技术可开发量统计

| 序号 | 站址名称 | 地址 | GIS库区 采用面积 (km²) | 潮差 (m) 平均 | 潮差 (m) 最大 | 蕴藏量 装机容量 (×10⁴ kW) | 蕴藏量 年发电量 (×10⁸ kW·h) | 技术可开发量 装机容量 (×10⁴ kW) | 技术可开发量 年发电量 (×10⁸ kW·h) | 备注 |
|---|---|---|---|---|---|---|---|---|---|---|
| 1 | 乍浦 | 杭州湾 | 1 209.789 | 4.5 | 7.47 | 551.21 | 482.6151 | 489.97 | 134.7402 | |
| 2 | 黄湾 | 杭州湾 | 976.130 | 4.5 | 7.57 | 444.75 | 389.4027 | 395.33 | 108.7165 | * |
| 3 | 西洋 | 象山港 | 276.234 | 3.2 | 5.63 | 63.64 | 55.7241 | 56.57 | 15.5575 | |
| 4 | 黄墩港 | 象山港（宁海） | 17.145 | 3.91 | 6.02 | 5.90 | 5.1637 | 5.24 | 1.4416 | * |
| 5 | 岳井洋 | 三门湾（象山） | 44.876 | 3.93 | 6.61 | 15.60 | 13.6542 | 13.86 | 3.8121 | * |
| 6 | 牛山—南田 | 三门湾 | 456.803 | 4.5 | 5.9 | 208.13 | 182.2301 | 185.01 | 50.8764 | |
| 7 | 健跳港 | 三门湾（三门） | 9.015 | 4.19 | 7.28 | 3.56 | 3.1179 | 2.00 | 0.5100 | * |
| 8 | 白带门 | 浦坝港（三门） | 46.227 | 4 | 5.2 | 16.64 | 14.5708 | 14.79 | 4.0680 | |
| 9 | 江厦 | 乐清湾（温岭） | 1.468 | 5.08 | 8.39 | 0.85 | 0.7463 | 0.39 | 0.0700 | |
| 10 | 狗头门—西门门山 | 乐清湾（乐清温岭） | 11.944 | 4.5 | 5.2 | 5.44 | 4.7648 | 4.84 | 1.3303 | * |
| 11 | 清江口 | 乐清湾（乐清） | 2.923 | 4.8 | 0 | 1.52 | 1.3267 | 1.35 | 0.3704 | * |
| 12 | 江岩山 | 乐清湾 | 180.207 | 4.96 | 7.57 | 99.75 | 87.3376 | 88.67 | 24.3836 | |
| 13 | 东沙港 | 洞头岛 | 0.487 | 4 | 8 | 0.18 | 0.1535 | 0.16 | 0.0429 | |
| 14 | 炎亭港 | 苍南 | 0.882 | 4.2 | 0 | 0.35 | 0.3065 | 0.31 | 0.0856 | |
| 15 | 牛鼻岔 | 牛鼻港（苍南） | 0.278 | 4.2 | 0 | 0.11 | 0.0966 | 0.10 | 0.0270 | |
| 16 | 大渔湾 | 大渔湾（苍南） | 44.298 | 4.2 | 0 | 17.58 | 15.3939 | 15.63 | 4.2978 | |
| 17 | 信智 | 信智港（苍南） | 0.844 | 4.2 | 0 | 0.34 | 0.2933 | 0.30 | 0.0819 | |
| 18 | 雾城 | 雾城港（苍南） | 0.414 | 4.2 | 0 | 0.16 | 0.1439 | 0.15 | 0.0402 | |
| 19 | 沿浦湾 | 沿浦湾（苍南） | 13.654 | 4.2 | 5.2 | 5.42 | 4.7449 | 4.82 | 1.3247 | |
| 实际累计（扣减重复累计站址） | | | | | | 964.36 | 844.36 | 856.85 | 235.60 | |

注:1. 备注中为"*"为资源累计时应扣减站址;

2. 健跳港潮汐电站坝址技术可开发量采用 1999 年 3 月预可报告成果;

3. 江厦潮汐电站坝址为已建电站,采用目前实际值。

## 15.2 浙江潮流能资源分布特征

### 15.2.1 分析与评价方法

#### 15.2.1.1 蕴藏量计算

潮流能蕴藏量的评价范围主要为实测最大流速 1.28 m/s 以上的湾口、航门、水道等处的潮流能。采用基于潮流数值模拟的估算方法，主要采用海洋数值模式 POM（Princeton Ocean Model）（Blumberg et al., 1987），部分海域还使用了对浅水环境数值模拟效果更好的 ECOMSED 模式（Blumberg et al., 1999）。

利用数值模拟得出某海区的潮流调和常数后，可方便的得到潮流的模拟（预报）值。时段 $T$ 内平均的能流密度为

$$I = 0.5\rho \int_{t_0}^{t_0+T} V_{mdl}^3 \mathrm{d}t \tag{15.13}$$

对某水道而言，考虑水道截面积，则单位时间通过该水道断面的平均潮流能蕴藏量的计算公式为

$$\overline{P} = \frac{\rho}{2T} \int_{t_0}^{t_0+T} \int_0^L \int_{-H}^0 V_{mdl}(l,z,t)^3 \mathrm{d}l\mathrm{d}z\mathrm{d}t \tag{15.14}$$

式中，$\rho$——海水密度；

$V_{mdl}$——垂直于断面的流速大小（下标 $mdl$ 代表数值模拟结果）；

$t_0$——初始时刻；

$T$——取平均的时段；

$L$——与流速垂直的断面宽度；

$H$——断面水深。

#### 15.2.1.2 技术可开发量计算

基于 Flux 方法的思想（Black et al., 2004；2005），技术可开发量 $P_{\mathrm{Asite}}$ 即：

$$P_{\mathrm{Asite}} = \overline{P} \cdot SIF \tag{15.15}$$

式中，$SIF$——有效影响因子（上限一般取 20%），

水道（Inter - island channels）为 10% ~ 20%，

开阔水域（Open Sea Sites）为 10% ~ 20%，

海岬（Headlands）为 10% ~ 20%，

狭长海湾（Sea Loches）为 < 50%，

共振河口（Resonant estuaries）为 < 10%。

## 15.2.2　浙江潮流能资源分布

采用数值模拟进行重点调查区潮流能资源评估。采用大小模式区域多重嵌套的技术手段以满足模式分辨率和计算效率的要求。大区域模式涵盖我国近海,水平分辨率为 $4' \times 4'$,垂向 21 层;小区域模式覆盖各个潮流能重点开发区,水平分辨率视具体海域而定,一般在 $100 \sim 360$ m。在数值模拟的基础上计算各水道潮流能资源的蕴藏量和技术可开发量。

计算结果表明,浙江省近海潮流能资源极为丰富,是我国近海潮流能资源最富集的海域。浙江省近海潮流能蕴藏量可达 $517 \times 10^4$ kW,技术可开发量为 $103 \times 10^4$ kW。

浙江省近海重点调查海区各水道的潮流能资源统计见表 15.3。非重点调查海区的潮流能资源采用历史调查与评估的结果(王传崑等,1989),见表 15.4。需说明的是,由于条件所限,表 15.3 和表 15.4 列举的海区未必涵盖浙江省全部的强潮流区,故浙江省近海潮流能资源的实际蕴藏量应远大于上述统计值。

表 15.3　浙江省重点调查区各水道潮流能资源统计

| 序号 | 水道名称 | 潮流速度(m/s) | | 能流密度(kW/m²) | | | 蕴藏量 | 技术可开发量 |
|---|---|---|---|---|---|---|---|---|
| | | 大潮期平均 | 小潮期平均 | 大潮期 | 小潮期 | 年平均 | ($\times 10^4$ kW) | ($\times 10^4$ kW) |
| 1 | 杭州湾口北侧 | 1.52 | 0.71 | 3.29 | 0.36 | 1.23 | 15.951 | 3.190 |
| 2 | 龟山航门 | 2.77 | 1.16 | 21.22 | 1.76 | 8.16 | 23.200 | 4.640 |
| 3 | 灌门 | 2.62 | 1.08 | 15.86 | 1.22 | 6.06 | 10.040 | 2.008 |
| 4 | 西堠门水道 | 2.75 | 1.13 | 21.85 | 1.67 | 8.25 | 28.116 | 5.623 |
| 5 | 册子水道 | 0.88 | 0.34 | 4.07 | 0.28 | 1.5 | 9.135 | 1.827 |
| 6 | 金塘水道 | 1.27 | 0.53 | 1.91 | 0.15 | 0.73 | 5.108 | 1.022 |
| 7 | 螺头水道 | 2.06 | 0.84 | 7.53 | 0.57 | 2.87 | 27.392 | 5.478 |
| 8 | 清滋门 | 2.26 | 0.95 | 10.7 | 0.86 | 4.05 | 3.653 | 0.731 |
| 9 | 乌沙门 | 1.83 | 0.77 | 5.43 | 0.44 | 2.06 | 1.562 | 0.312 |
| 10 | 条扫门 | 1.64 | 0.64 | 5.6 | 0.37 | 2.09 | 6.612 | 1.322 |
| | 合　计 | | | | | | 130.769 | 26.153 |

表 15.4　浙江省非重点调查区各水道潮流能资源统计

| 序号 | 水道名称 | 最大功率密度（kW/m²） | 蕴藏量（×10⁴ kW） |
|---|---|---|---|
| 1 | 南汇 – 绿华 | 24.49 | 113.878 |
| 2 | 杭州湾口中部 | 16.46 | 103.757 |
| 3 | 杭州湾口南侧 | 5.09 | 12.454 |
| 4 | 象山港口 | 1.47 | 2.578 |
| 5 | 白礁水道 | 1.1 | 0.170 |
| 6 | 三门湾蛇蟠水道 | 2.52 | 0.505 |
| 7 | 头门山左侧 | 1.98 | 0.930 |
| 8 | 椒江口 | 9.64 | 3.133 |
| 9 | 长市岛至下万山 | 1.1 | 0.481 |
| 10 | 漩门湾 | 1.1 | 0.041 |
| 11 | 坎门港水道 | 1.1 | 0.113 |
| 12 | 乐清湾口 | 1.94 | 9.692 |
| 13 | 小洋山 – 大洋山 | 15.11 | 12.822 |
| 14 | 十六门 | 15.11 | 0.219 |
| 15 | 响水门 | 7.72 | 1.364 |
| 16 | 火烧门 | 4.48 | 0.903 |
| 17 | 盘峙南水道 | 8.69 | 0.877 |
| 18 | 岱山 – 大衢山 | 15.11 | 52.603 |
| 19 | 岱山水道 | 4.48 | 3.124 |
| 20 | 金鸡山 – 馒头山 | 1.87 | 8.179 |
| 21 | 白节峡 | 4.48 | 7.659 |
| 22 | 小板门 | 4.48 | 10.137 |
| 23 | 乌沙水道 | 3.8 | 2.870 |
| 24 | 虾峙门 | 6.31 | 7.438 |
| 25 | 悬山 – 笔架山 | 1.87 | 1.010 |
| 26 | 小凉潭 – 朱家山 | 8.69 | 12.208 |
| 27 | 大双山 – 虾峙岛 | 3.86 | 5.521 |
| 28 | 双屿门 | 2.52 | 4.387 |
| 29 | 桃花岛 – 大双山 | 6.39 | 6.942 |
| 合　计 | | — | 385.995 |

　　总体上，浙江省近海潮流资源质量很好。浙江省潮流能资源主要集中于舟山海域和杭州湾口，其中如龟山航门、西候门水道、杭州湾北部等处，属于潮流资源丰富区，实测最大流速可达 3.4 m/s。该海域水道众多，海况平稳、底质为基岩，且离岸较近，是我国近海潮流能资源开发利用最为理想的海域。

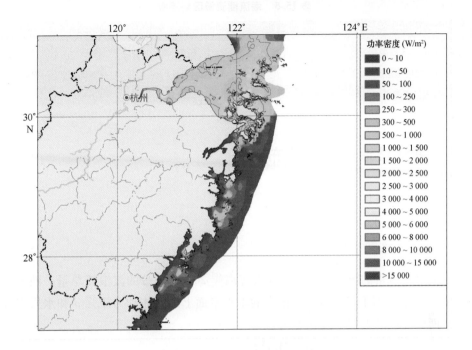

图 15.3　浙江省近海潮流能资源分布

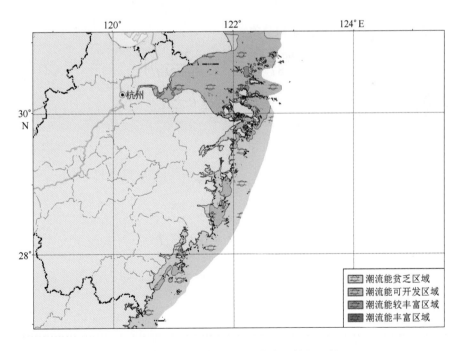

图 15.4　浙江省近海潮流能资源等级区划

表 15.5　潮流能资源区划等级

| 区划等级 | 丰富区 | 较丰富区 | 可利用区 | 贫乏区 |
|---|---|---|---|---|
| 区划类别编号 | 1 | 2 | 3 | 4 |
| 大潮平均功率密度（$P$）（kW/m²） | $P \geqslant 8$ | $8 > P \geqslant 4$ | $4 > P \geqslant 0.8$ | $P < 0.8$ |
| 最大流速参考值（$V$）（m/s） | $V \geqslant 2.5$ | $2.5 > V \geqslant 2$ | $2 > V \geqslant 1.2$ | $V < 1.2$ |

## 15.3　浙江波浪能资源分布特征

### 15.3.1　分析与评价方法

#### 15.3.1.1　蕴藏量计算

波浪能蕴藏量的统计范围：浙江近海离岸 20 km 一带的波浪能总量。波浪能功率密度 $P$ 等于作用于与传播方向正交的垂直平面上的液体动力压强 $p$ 和水质点通过这个平面的速度的乘积，因此 $P$ 为：

$$P = \frac{1}{T}\int_0^T\int_{-d}^0 (p + \rho gz)u\mathrm{d}t\mathrm{d}z \tag{15.16}$$

式中，水深处的液体动力压强 $p + \rho gz = \dfrac{\rho gH\cosh k(d+z)}{2\cosh kd}\cos(kx - ot)$

式 15.16 按时间 $T$ 和水深 $d$ 积分得：

$$P = \frac{\rho gH^2\lambda}{8T}\left[\frac{1}{2}\left(1 + \frac{2kd}{\sinh 2kd}\right)\right] \tag{15.17}$$

式中 $\left[\dfrac{1}{2}\left(1 + \dfrac{2kd}{\sinh 2kd}\right)\right]$ 为群速 $C_g$ 与波速 $C$ 之比。

在深水 $\left(d/\lambda \geqslant \dfrac{1}{2}\right)$ 中，$C_g/C = \dfrac{1}{2}$，则

$$P = \frac{\rho g^2}{32\pi}H^2T \tag{15.18}$$

对于实际波浪可表示为：

$$P = \frac{\rho g^2}{64\pi}H_{1/3}^2\bar{T} = 0.5H_{1/3}^2\bar{T} \tag{15.19}$$

在浅水 $\left(d/\lambda \leqslant \dfrac{1}{20}\right)$ 中，$C_g/C = 1$，且有 $C = \sqrt{gd}$，则

$$P = \frac{\rho gH^2}{8}\sqrt{gd} \tag{15.20}$$

在中等水深中，则

$$P = \bar{E} \cdot \left[\frac{gT}{2\pi}\tanh(kd)\right]\left[\frac{1}{2}\left(1 + \frac{2kd}{\sinh 2kd}\right)\right] \tag{15.21}$$

蕴藏量计算如下：

$$N = P \cdot L \tag{15.22}$$

式中，$N$——波浪能蕴藏量，单位为千瓦（kW）；

$L$——代表区段长度，单位为米（m）。

SWAN 波浪数值模式模拟给出的是在我国近海和沿岸浅水区的 $0.1° \times 0.1°$（约 10 km）的格点上，每 1 小时输出一次的有效波高和有效周期的值，输出数据范围为 10°N—45°N，105°E—135°E。从上述输出范围里挑选出离岸 20 km 的计算格点的有效波高和有效周期，代入波浪能理论平均功率密度计算公式，计算每个计算格点波浪能功率密度，单位为千瓦每米（kW/m），再用这些计算格点 2007 年和 2008 年每小时的波浪能功率求得每个计算格点的天、月、年波浪能平均功率密度，最终将计算格点的月、年波浪能平均功率密度乘每个计算格点代表区段的长度，得到计算格点代表区段的波浪能蕴藏量，单位为千瓦（kW）。累加浙江省近海各计算格点代表区段的波浪能蕴藏量，得到浙江省各月和年总的波浪能蕴藏量。

### 15.3.1.2　技术可开发量计算

波浪能技术可开发量计算方法还处于实验研究阶段，主要原因是波浪能开发利用的程度目前还没有达到风能开发利用那样成熟、广泛和普及。本报告中波浪能技术可开发量计算方法参考风能技术可开发量计算方法制定一个类似风能资源技术可开发量计算的方法。具体为：波浪能资源技术可开发量为年平均波功率密度 $F \geqslant 1$ kW/m 的海域波浪能资源蕴藏量值。

## 15.3.2　浙江波浪能资源分布

通过 2007—2008 年调查数据数值模拟及波浪能资源计算得到的浙江省近海波浪能月平均功率密度分布见图 15.5。

研究结果表明，浙江省波浪能蕴藏量为 $196.79 \times 10^4$ kW，理论年发电量 $172.39 \times 10^8$ kW·h；技术可开发装机容量为 $191.60 \times 10^4$ kW，年发电量为 $167.84 \times 10^8$ kW·h。浙江省近海波浪能资源丰富，大部分海域平均波高均在 0.5 m 以上，个别站点为 1.5 m 左右，最大波高为 8 m 左右。浙江省北部岱山和舟山群岛外围岛屿附近海域波浪能平均功率密度较大，普遍在 2.5 kW/m 以上，尤其是浪岗和东福山附近海域波浪能平均功率密度在 3.5 kW/m 以上，中部宁波市外海北渔山列岛以及南部大陈岛附近海域波浪能平均功率密度在 4 kW/m 以上。

#### 表 15.6　全国波浪能资源区划等级划分

| 区划等级 | 丰富区 | 较丰富区 | 可利用区 | 贫乏区 |
|---|---|---|---|---|
| 区划类别编号 | 1 | 2 | 3 | 4 |
| 波浪能功率密度（$P$）（kW/m） | $P \geqslant 4$ | $4 > P \geqslant 2$ | $2 > P \geqslant 1$ | $P < 1$ |

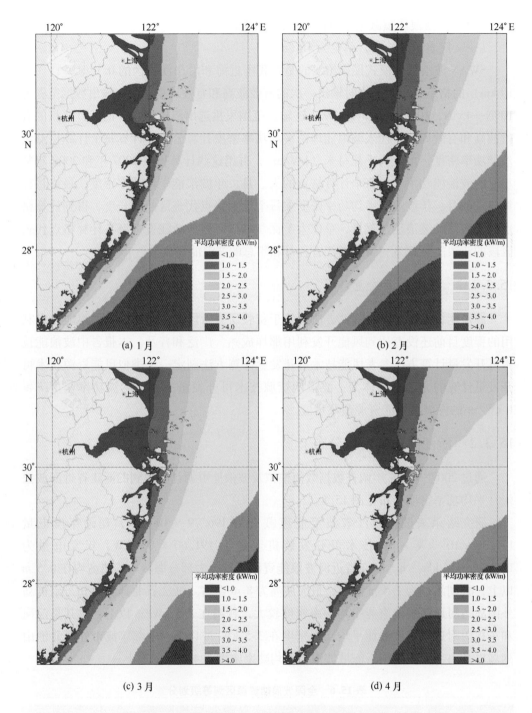

(a) 1 月      (b) 2 月

(c) 3 月      (d) 4 月

图 15.5　浙江省近海波浪能资源月平均功率密度分布（1）

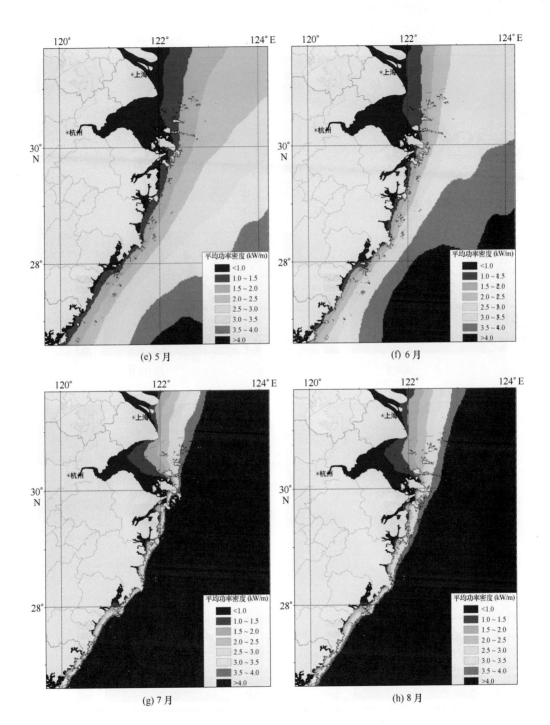

图 15.5　浙江省近海波浪能资源月平均功率密度分布（2）

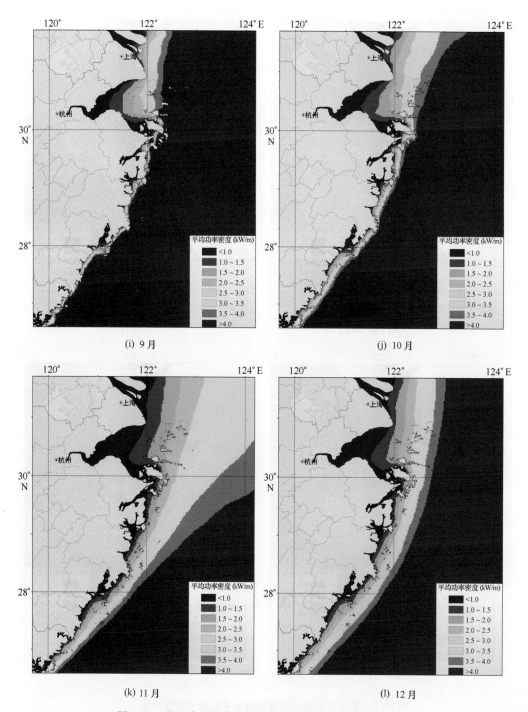

(i) 9 月    (j) 10 月

(k) 11 月    (l) 12 月

图 15.5　浙江省近海波浪能资源月平均功率密度分布（3）

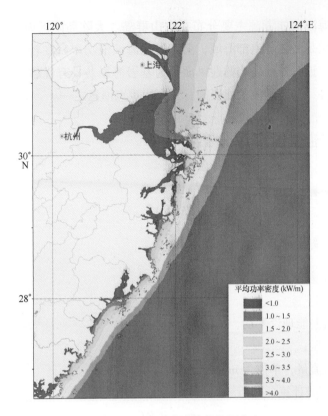

图 15.6　浙江省近海波浪能资源分布

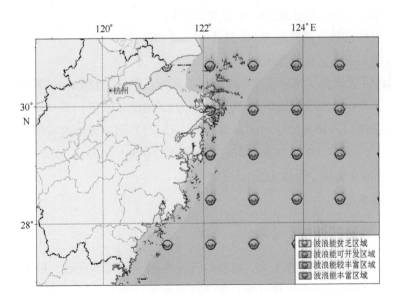

图 15.7　浙江省近海波浪能资源区划

浙江省近海波浪能资源主要分布在舟山群岛、大陈岛附近海域和浙江省北部、中部海域，其次是浙江省南部海域，浙江省近海波浪功率密度较高，波浪能资源蕴藏量丰富，许多近海外围岛屿的迎风面都为基岩海岸，具有优越的波浪能资源开发利用的环境条件，是我国波浪能资源开发利用重点海区之一。

## 15.4 浙江盐差能资源分布特征

### 15.4.1 分析与评价方法

#### 15.4.1.1 蕴藏量计算

海水中的盐差能理论可按以下公式计算：

$$N = \pi Q \tag{15.23}$$

式中，$N$——盐差能理论平均，单位为 kW；

$\pi$——渗透压；

$Q$——淡水流量，单位为 $m^3/s$。

渗透压由下式计算：

$$\pi = iCRT \tag{15.24}$$

式中，$i$——范特荷夫系数，对海水此值接近电离数 2；

$C$——液体的体积摩尔浓度，单位为 mol/L；

$R$——气体常数，通常取 $R = 8.31$ J/（mol·K）；

$T$——绝对温度，单位为 K。

海水中 Cl 元素体积摩尔浓度与氯度的关系为：$C = \rho \cdot Cl‰/m$，其中，$Cl‰$ 为海水的氯度，$Cl‰ = (S - 0.030)/1.8050$；$m$ 为 Cl 的摩尔浓度，35.45 g/mol；$\rho$ 为海水密度，这里取 $1.015 \times 10^3$ kg/m³。带入式（15.23）得盐差能蕴藏量计算公式：

$$N = (0.71 + 0.0026t)(S - 0.03)Q \times 1.0133 \times 10^5 \tag{15.25}$$

式中，$t$——海水温度，单位为℃；

$S$——海水盐度。

#### 15.4.1.2 技术可开发量计算

盐差能资源开发利用难度大，目前的开发利用手段都不成熟，根据施密特的观点，盐差能资源技术可开发量（Nt）定为资源蕴藏量的10%。

### 15.4.2 浙江盐差能资源分布

浙江省主要入海河流有钱塘江、瓯江、椒江、飞云江、甬江等，入海口盐差能

资源蕴藏量为 $346 \times 10^4$ kW，技术可开发量为 $34.6 \times 10^4$ kW，技术可开发年发电量为 $30.3 \times 10^8$ kW·h。浙江主要河口盐差能资源与分布见表 15.7，图 15.8。

表 15.7　浙江省主要河流入海口盐差能资源统计

| 河口 | 流量（m³/s） | 蕴藏量 | | 技术可开发量 | |
| --- | --- | --- | --- | --- | --- |
| | | 装机容量 | 年发电量 | 装机容量 | 年发电量 |
| | | （×10⁴ kW） | （×10⁸ kW·h） | （×10⁴ kW） | （×10⁸ kW·h） |
| 钱塘江口 | 697 | 169 | 148.0 | 16.9 | 14.8 |
| 瓯江口 | 347 | 69 | 60.4 | 6.9 | 6.0 |
| 椒江口 | 211 | 49 | 42.9 | 4.9 | 4.3 |
| 飞云江口 | 141 | 33 | 28.9 | 3.3 | 2.9 |
| 甬江口 | 109 | 26 | 22.8 | 2.6 | 2.3 |
| 合计 | | 346 | 303 | 34.6 | 30.3 |

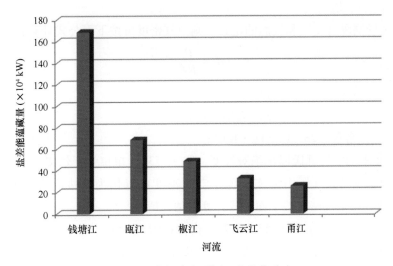

图 15.8　浙江省主要河口盐差能分布

# 15.5　浙江海洋风能资源分布特征

## 15.5.1　分析与评价方法

### 15.5.1.1　蕴藏量计算

海洋风能评估的范围是 50 m 等深线以浅海域，海洋风能蕴藏量和技术可开发量的统计范围是近海 10 m 高度的风能资源。

采用中尺度气象模式 MM5，重建 2007 年和 2008 年我国近海区域的逐小时、$0.1° \times 0.1°$ 分辨率网格点上的海面风场数据。海洋风能的分级依据我国 2004 年发布的《全国风能资源评价技术规定》。

风功率密度是指设定时段的平均风功率密度。风功率密度是与风向垂直的单位面积中风所具有的功率。

$$DWP = \frac{1}{2n} \sum_{i=1}^{n} \rho v_i^3 \qquad (15.26)$$

式中，$DWP$——平均风功率密度，单位为瓦每平方米（$W/m^2$）；

$n$——在设定时段内的记录数；

$\rho$——空气密度［当地年平均计算值，取决于气温和气压（海拔高度）］，单位为千克每立方米（$kg/m^3$）；

$v_i^3$——第 $i$ 记录的风速（$m/s$）值的立方。

注：$DWP$ 应是设定时段内逐小时风功率密度的平均值，不可用年（或月）平均风速计算年（或月）平均风功率密度。

如果风场测风有气压和气温的记录，则空气密度可按下面公式计算：

$$\rho = \frac{P}{RT} \qquad (15.27)$$

式中，$\rho$——空气密度，单位为千克每立方米（$kg/m^3$）；

$P$——年平均大气压力，单位为帕（$Pa$）；

$R$——气体常数［287 J/（$kg \cdot K$）］；

$T$——年平均空气开氏温标绝对温度（$\text{℃} + 273$），单位为开尔文（$K$）。

如果没有风场大气压力的实测值，空气密度可以作为海拔高度（$Z$）和气温（$T$）的函数，则空气密度按下面公式计算出估计值：

$$\rho = (353.05/T) \exp[-0.034(Z/T)] \qquad (15.28)$$

式中，$\rho$——空气密度，单位为千克每立方米（$kg/m^3$）；

$Z$——风场的海拔高度，单位为米（$m$）；

$T$——年平均空气开氏温标绝对温度（$\text{℃} + 273$），单位为开尔文（$K$）。

将计算得到的 $0.1° \times 0.1°$ 网格点上逐小时的风功率密度 DWP 进行时间平均，得到年平均风功率密度，并按 50 $W/m^2$ 间隔绘制等值线。假设某一区域年平均风功率密度具有 $n$ 个按照 50 $W/m^2$、100 $W/m^2$、150 $W/m^2$、200 $W/m^2$（根据需要 $P_i$ 以 50 $W/m^2$ 间隔递增）分级的风密度等值线，那么该区域的风能资源蕴藏量按《风电场风能资源评估方法》（GB/T 18710—2002）进行估算

$$E = \frac{1}{100} \sum_{i=1}^{n} S_i P_i \qquad (15.29)$$

式中，$E$——风能资源蕴藏量；

$n$——为风功率密度等级数；

$S_i$——为年平均风功率密度分布图中各风功率密度等值线间面积；

$P_i$——各风功率密度等值线间风功率代表值，根据需要 $P_i$ 以 50 $W/m^2$ 间隔递增，如可取为：

$P_1 = 25$ $W/m^2$（150~200 $W/m^2$ 区域风功率密度代表值），

$P_2 = 75$ $W/m^2$（200~250 $W/m^2$ 区域风功率密度代表值），

$P_3 = 125$ $W/m^2$（250~300 $W/m^2$ 区域风功率密度代表值）。

……（根据需要 $P_i$ 以 50 $W/m^2$ 间隔递增）。

### 15.5.1.2　技术可开发量计算

风能资源技术开发量为年平均功率密度 ≥150 $W/m^2$ 的区域风能资源蕴藏量值乘以 0.785（考虑到风机叶面实际扫过的面积）。风能资源技术开发量由下式计算：

$$E_u = 7.85 \times 10^{-3} \sum_{i=1}^{n} S_i P_i \qquad (15.30)$$

式中，$E_u$——风能资源技术开发量。

### 15.5.2　浙江海洋风能资源分布特征

通过 2007—2008 年调查数据数值模拟及风能资源计算得到的浙江省近海 50 m 等深线以浅海域 10 m 高度风能资源月平均风功率密度分布见图 15.9，年平均风功率密度分布见图 15.10。

浙江省近海 50 m 等深线以浅海域 10 m 高度风能资源总蕴藏量为 7 550.0 × $10^4$ kW，居全国第 6 位；技术可开发量为 5 001.5 × $10^4$ kW，年发电量 2 915.9 × $10^8$ kW·h，居全国第 5 位。

浙江省近海海洋风能丰富区占海域总面积的 47.5%，主要分布在舟山群岛附近海域、嘉兴东部钱塘江口、宁波市北部海域、宁波市东部海域、台州市东部海域和温州市东南部海域。浙江省近海风能区划及占全省海域的百分比见表 15.8，浙江省近海海洋风能区划图见图 15.11。

表 15.8　浙江省近海风能区划及占全省海域的百分比

| 指标 | 丰富区 | 较丰富区 | 可开发区 | 贫乏区 |
|---|---|---|---|---|
| 平均风功率密度（$W/m^2$） | >200 | 200~150 | 150~100 | <100 |
| 对应海域面积（×$10^4$ $km^2$） | 1.91 | 0.89 | 0.75 | 0.47 |
| 占全省近海海域的百分比（%） | 47.5 | 22.1 | 18.7 | 11.7 |
| 风能资源总蕴藏量（×$10^4$ kW） | 4 822.2 | 1 549.2 | 941.2 | 237.4 |
| 技术可开发量（×$10^4$ kW） | 3 785.4 | 1 216.1 | 0 | 0 |

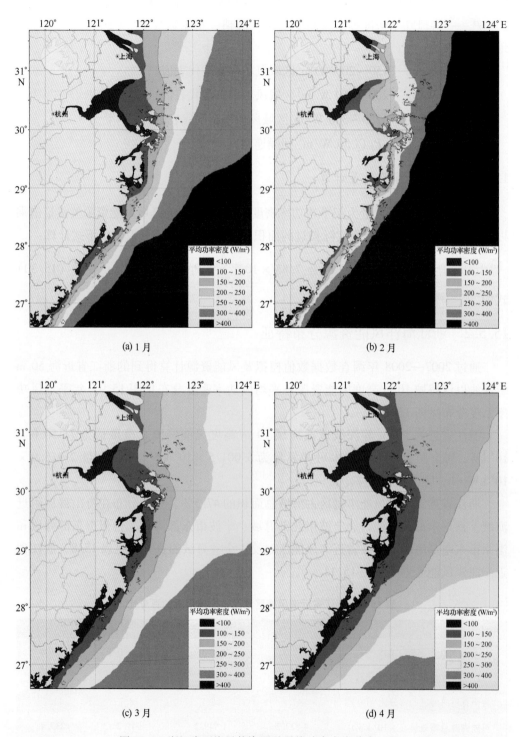

(a) 1 月

(b) 2 月

(c) 3 月

(d) 4 月

图 15.9　浙江省近海风能资源月平均功率密度分布（1）

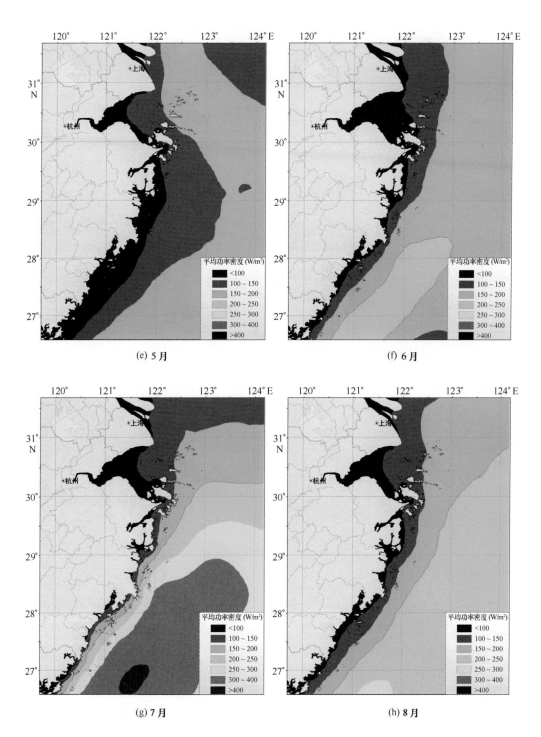

图 15.9　浙江省近海风能资源月平均功率密度分布（2）

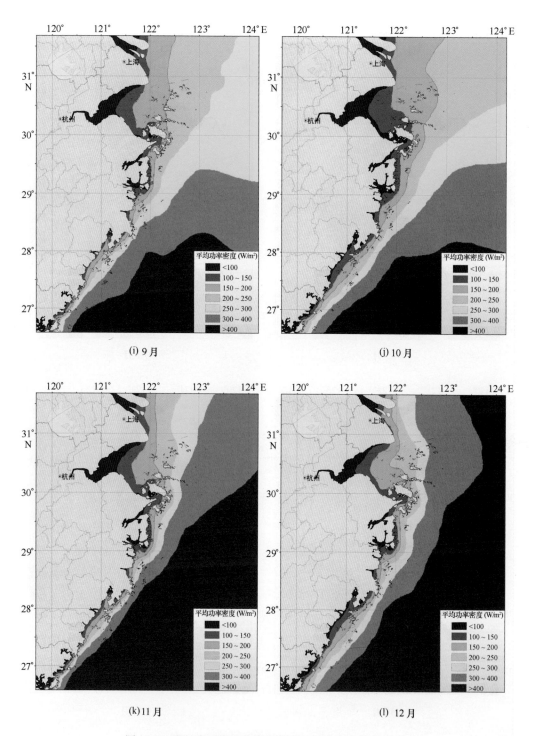

(i) 9 月

(j) 10 月

(k) 11 月

(l) 12 月

图 15.9　浙江省近海风能资源月平均功率密度分布（3）

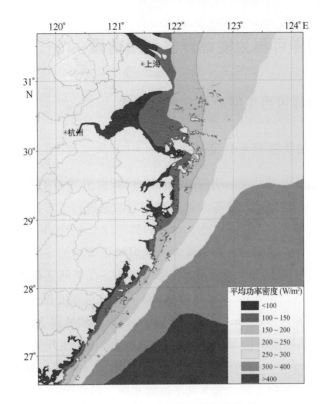

图 15.10　浙江省近海风能资源分布

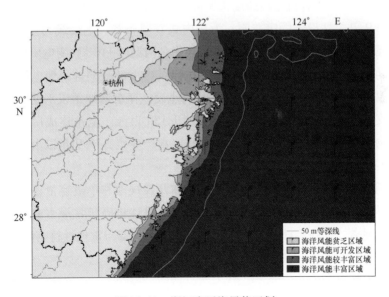

图 15.11　浙江省近海风能区划

　　浙江省近海海洋风功率密度高，资源蕴藏量丰富，海岛众多，具有开发海洋风能的优越条件。不利条件是受台风影响比较大，开发利用时应考虑抗台风影响。

**381**

## 15.6　浙江海洋可再生能源开发利用前景

### 15.6.1　浙江海洋可再生能源开发利用现状

#### 15.6.1.1　浙江潮汐能开发利用现状

潮汐能资源普查及其开发利用在浙江省始于20世纪50年代后期，20世纪80年代以来，在浙江乐清湾、健跳港等大中型潮汐电站站进行了考察、勘测、规划设计和可行性研究等大量的前期准备工作。目前的利用技术水平在国内仍处领先地位。

江厦潮汐试验电站位于浙江省乐清湾北端温岭市境内的江厦港，是中国目前规模最大、技术含量最高的潮汐电站，世界排位第四。江厦港系乐清湾北端一个狭长封闭式浅海半日潮港，长9 km，坝址处宽686 m、过水宽度仅350 m，是我国强潮海区之一，平均潮差为5.08 m，最大潮差为8.39 m；坝址以上港长5 km，集水面积为5.3 km²。电站枢纽由堤坝、泄水闸、发电厂房和升压开关等组成。堤坝为黏土心墙堆石坝，全长670 m。堤高15.5 m，堤顶宽5.5 m，堤底最大宽度172 m，泄水闸建于堤坝与发电厂房之间，为5孔平底泄水闸。每孔净宽3 m×4 m。发电厂房位于左岸，为挡水海工建筑物，建于由山丘开挖后的凝灰质基岩上，全长56.9 m，宽25 m，高25.2 m。各机组段跨度7.5 m。主厂房内设有15/3 t、净跨为9 m的桥机一台。升压开关站设于厂房左侧，为房内式双层布置。主接线为三机一变，共2个扩大单元，主变高压侧的一回路35 kV与华东网温岭110 kV变电所连接。运行后改进了自动装置的可靠性、水轮机空蚀、机组结构上的缺陷等，使电站的性能基本达到设计要求。该电站由于在"文革"时期建设，存在诸如延误工期、材料浪费等不合理开支，从而加大了投资，使总投资达1 130万元。电站建成后，库区内土地种植农作物和经济作物，水库水面和滩涂开展水产养殖，1999年以上综合利用总产值达3 700万元，净收入约780万元。

当前潮汐电站开发存在的主要问题是整体开发规模和单机容量还很小，水工建筑物结构形式和施工方法还欠先进，电站单位装机造价高于常规水电站，多数电站虽社会效益显著，而在不计社会成本的现状下尚不具备与常规燃料电站竞争的能力。

#### 15.6.1.2　浙江潮流能开发利用现状

浙江省内建成的主要潮流发电站是位于浙江省岱山县龟山水道的"万向"潮流电站。

哈尔滨工程大学在科技部、地方政府和万向集团的支持下，从1982年开始研究潮流能利用理论与技术，研制出"万向Ⅰ"、"万向Ⅱ"潮流发电试验装置。

"万向 I"为 70 kW 漂浮结构潮流实验电站，2002 年 1 月完成建造，水深 40～70 m，离岸 100 m，进行了海上试验。载体为双鸭首式船型，搭载水轮机、发电装置和控制系统；锚泊系统由 4 只重力锚块、锚链和浮筒组成；水轮机采用立轴可调角直叶式摆线式双转式机型，水轮机主轴输出端安装液压及控制系统进行调速，将机械能转换为稳定的压力能和稳定的输出转动，带动发电机工作，具有蓄电池充电控制、并网控制和相关的保护功能。"万向 I"和 Kobold 电站于同一时期建成，是世界上第一个漂浮式潮流能试验电站。

"万向 II"为 40 kW 坐海底结构式的潮流实验电站，2005 年 12 月建于岱山县高亭镇对港山之间的潮流水道中。该装置是一个独立供电系统，采用了可变角直叶片立轴 H 型双转子水轮机。载体呈双导流箱形，由机舱、浮箱、导流罩、沉箱和支腿构成，机械增速系统与发电机组密封于机舱中。电站沉没于水下坐在海底上运行发电，避免了潮流发动机组受强台风袭击的问题。电力通过海底电缆输送到岸上，经电能变换与控制等系统稳频稳压和储能供岸上灯塔照明。电站具有下潜和上浮功能便于安装维护。"万向 II"是世界上第一个坐海底立轴水轮机式海上潮流试验电站，为设计水下潮流发电机组积累了技术和工程实践经验。

舟山开发利用潮流能起步较早，2005 年建成潮流能发电实验站及配套的"海上生明月"灯塔，当时为亚洲第一、世界第二潮流能发电站。受联合国工业发展组织委托，我国与意大利在罗马签订了开发潮流能发电项目的合作协议，在舟山海域开发 120 kW 潮流能发电站，投资约 400 万元。该项目依靠意大利技术进行设计研发，在岱山县高亭船厂完成潮流能发电机样机试制，并在岱山龟山水道进行发电试验。为了提高潮流能发电装备的国产化率，与浙江大学共同实施省重大科技项目——国内第一台额定功率为 5 kW 的"水下风车"海流发电系统集成研究与关键部件制造。目前该项目进展顺利，"水下风车"已进行了海流试验，并发电成功。

### 15.6.1.3　浙江海洋风能开发利用现状

近年来，舟山市充分利用海洋风能资源优势，加快新能源开发步伐。衢山岛面积 70 多平方千米，是我国第六大岛，常年海风强劲。2008 年 10 月，总投资 4.8 亿元、装机总容量 $4 \times 10^4$ kW 的衢山风电场一期工程全部 48 台风机并网发电。作为省内规模第一的衢山岛风力发电场从建成到现在，已发电量超过 $2 \times 10^8$ kW·h，和发电能力相同的火电厂相比，每年可节省标煤 $6 \times 10^4$ t 以上。除了衢山岛，装机容量 $4.5 \times 10^4$ kW 的定海岑港风电场和 $1.2 \times 10^4$ kW 的长白风电场项目预计 2011 年可建成发电。计划投资 5 亿元、装机容量 $4.95 \times 10^4$ kW 的拷门陆域风电场项目和计划投资 5 亿元、一期装机容量 $4 \times 10^4$ kW 的大、小长涂岛区域风电场项目都已经在测风和风资源评估。总装机容量为 $4.5 \times 10^4$ kW 的舟山岑港风电项目已获得浙江省发改委核准，这是舟山市规划建设中的第七家风电场。舟山岑港风电项目场址位于岑港镇马目山、狮子山一带山脉，计划安装 30 台单机容量为 1 500 kW 的风力发电机组。目前，舟山正在积极推进近海风电场和岛上风电场建设，近海风电场重点在嵊泗、岱山、六横元山等近海海域进行规划布局，拟抓住风电场建设海上化和大型化的趋势，进行大型海上风机研发试验，开发生产国产大型海上风机。海上风电示范场规划建设规模为 $20 \times 10^4 \sim 50 \times 10^4$ kW，分两期建设，第一期选用 2.5 MW 级海上风机，第二期选用 5 兆瓦级海上风机。舟山将加快推进岱山拷门近海、大小长涂岛区域、衢山岛以西及七姊八妹岛海域的海上风电场项目建设。而岛上风电场，则争取长白风电场项目、嵊泗风电场项目和定海岑港风电场项目尽快开工建设，尽早竣工投运。

2011 年上半年，浙江省发改委批复出具了浙江中营北仑福泉山风电场项目服务联系单。中营北仑风电项目位于北仑区白峰镇和柴桥镇交界的双石人山、福泉山区域，准备安装单机 1.5 MW 风力发电机 33 台，总装机容量为 49.5 MW，同步建设 110 kV 升压变电所 1 座及生产生活配套设施。按照计划，北仑福泉山风电项目将于 2011 年 10 月完成项目核准。2012 年 10 月完成发电机组的安装、调试，2012 年 11 月并网试运行。预计建成后年发电量可达 $1.1 \times 10^8$ kW·h，与同功率火电机组相比，折合每年节约标煤 $3.8 \times 10^4$ t，减少二氧化碳排放 $9 \times 10^4$ t，减少二氧化硫排放 $462 \times 10^4$ t。此外，另一座总投资约 5 亿元的北仑穿山半岛风电项目目前也在建设中，拟建规模约 $4.95 \times 10^4$ kW，将安装 30 台风机和 1 座升压变电站。

在台州沿海，依托风力发电的能源基地包括大陈岛风电场和温岭东海塘风电场。投资 2.87 亿元的大陈岛风电场一期项目已建成运行。

## 15.6.2　浙江海洋可再生能源开发利用条件

### 15.6.2.1　浙江海洋可再生能源条件

浙江沿海位于亚热带季风气候区，潮强流急，风大浪高，具有较丰富的潮汐能、潮流能、波浪能、温差能、盐差能以及风能等海洋能资源。海洋能源具有大面积、低密度、不稳定、可再生等特征。

浙江省 500 kW 以上的潮汐能电站站址有 19 个，蕴藏量为 $964.36 \times 10^4$ kW，理论年发电量 $844.36 \times 10^8$ kW·h；技术可开发装机容量 $856.85 \times 10^4$ kW，年发电量 $37.5 \times 10^8$ kW·h。居全国第二位。

浙江省具开发价值的潮流水道有 37 条，蕴藏量 $519 \times 10^4$ kW，开发利用条件居全国沿海省区第一位。

浙江省近海离岸 20 km 区域内波浪能蕴藏量为 $196.79 \times 10^4$ kW，理论年发电量 $172.39 \times 10^8$ kW·h；技术可开发装机容量 $191.60 \times 10^4$ kW，年发电量 $167.84 \times 10^8$ kW·h；居全国各省排名第四位。

浙江省主要河流入海口盐差能蕴藏量为 $346 \times 10^4$ kW，理论年发电量 $303 \times 10^8$ kW·h；技术可开发装机容量 $34.6 \times 10^4$ kW，年发电量 $15 \times 10^8$ kW·h。居全国第四位。

浙江省风能资源总蕴藏量为 $7\,550.0 \times 10^4$ kW，居全国第 6 位，技术可开发量为 $5\,001.5 \times 10^4$ kW，居全国第五位。

浙江省已有温岭江厦、玉环海山等潮汐电站在正常运行，在舟山进行潮流能开发利用的实验，在大陈、嵊泗等处已建风力发电场，而波浪能目前仅局限于航标灯供电。

## 15.6.2.2　浙江海洋可再生能源开发利用的制约因素

### 1）财政气候

提取波浪能、潮汐能和海洋能的装置体积庞大，价格昂贵，其原因主要是：这些能源在海洋中的能量密度低；低温热力循环和许多波浪能装置的效率低；以及潮汐能发电的间歇性等。但在任何情况下，海洋能装置的运行成本均很低，而且不存在燃料成本问题。这与利用矿物性燃料发电形成鲜明的对比。建造矿物性燃料电站虽然投资较少，但运行期间的燃料成本却较高。在对这两种不同的能源从经济角度进行比较时，其结果是在很大程度上受到利率的影响。如果比较一下整个运行期间的成本值，高利率会大大降低整个运行期间的燃料成本值。另一方面，如果比较一下产品的单位成本，由于非矿物性燃料投资成本高，因此利率越高越使得非矿物性燃料发电处于不利地位。无论在哪种情况下，其结果都是一样的，即利率越高，投资大的项目的吸引力就越小。另外投资强度大的项目建设周期长，这是资金密集型项目受利率影响较大的另一个原因。在这种情况下，高利率提高了整体投资成本，使可再生能源更加难以取代矿物性燃料。

### 2）成本风险

投资强度大的项目面临的另一个障碍是，由于使用期内获得的利润并不比成本高出很多，再加上未来的事件及燃料价格的不确定性，因此投资强度大的项目在财政上不会有很强的生命力。正如贷方或投资方所认为的那样，投资成本受风险的影响。在他们看来，各种海洋能的开发利用的风险均比较大。波浪能和海洋热能的开发风险主要是技术不成熟所致；而潮汐能的风险主要在于具体坝址的工程与环境问题。在海洋能开发利用没有普及之前，或者至少在获得较多的商业性成功运行经验之前，风险因子将会使这种风险性项目的商业投资成本上升。

### 3）生态环境影响

尽管海洋能的开发利用是非常环保的，但是在一定程度上或多或少地对环境还会产生一定的影响，如，潮汐能，潮汐电站不但会改变潮差和潮流，还会改变海水温度和水质，改变程度的大小取决于电站规模与地理位置。据预测，加拿大芬地湾潮汐电站项目会使几百千米内的沿海潮差受到影响。各个电站的效益和影响因地而异，并且有一部分会相互抵消。拦潮坝对水库区生态既有有利影响，也有不利影响。如它会为水产养殖提供适宜的条件，但同时也会对地下水和排水等带来不利影响，并会加剧海岸侵蚀。

潮汐电站会影响鸟类生长环境及种群的生存。这些影响的程度也因地而异。在已调查过的坝址中，大部分都是具有国家和国际意义的鸟类栖息地，但目前还没有充分的证据证明这些坝址区特殊的生态特征消失后不会影响栖息在那里的鸟类种群。同时也没有发现在沿海的其他地方有适应这一些鸟类生存的环境。当然，不能因为潮汐电站建设对候鸟或当地鸟类的影响而笼统地反对开发利用潮汐能资源。但是为了尽量避免或减小任何潜在的问题，必须对每个待开发的坝址进行环境影响研究。从已调查研究过的大部分坝址来看，还没有找到能避免或减轻这些不利影响的合理办法。由于这些环境问题，位于湿地的坝址的开发将会受到限制。另外由于水轮机的运转可能会导致鱼类死亡，并会妨碍溯河产卵的鱼种的溯游，因此潮汐电站也对鱼类有着潜在影响。减少这些影响的办法并不是没有，但需要通过深入研究来寻找既经济又有效的方法。英国塞文河和加拿大芬地湾潮汐电站的设计中都考虑了鱼类死亡问题。而在法国朗斯潮汐电站，只是最近才发现有导致鱼类死亡的迹象，但到目前为止还没有任何证据证明朗斯电站对鱼类造成了重大影响。

建造拦潮坝给河口带来的最基本问题也是大坝对环境的影响问题。在世界各地，荒凉而布满岩石以及生态不发达的坝址甚少。因此要想在河口建造对环境不产生严重负影响的潮汐电站，就应等待今后出现不用建坝就能发电的技术。另外，为了避免电站在低水位时影响景观，应选好水轮机的位置，使它始终置于水下的近岸处。同时还需要研究减少或避免鱼类死亡或其他种群减少的有效方法。如果想用潮汐能取代碳水化合物燃料，那么这些潮汐能电站应不产生污染，并且大部分都应有良好的环境效益。

### 15.6.3  浙江海洋可再生能源开发利用前景

海洋被认为是地球上最后的资源宝库，也被称作为能量之海。21世纪海洋将在为人类提供生存空间、食品、矿物、能源及水资源等方面发挥重要作用，而海洋能源也将扮演重要角色。从技术及经济上的可行性，可持续发展的能源资源以及地球环境的生态平衡等方面分析，海洋能中的潮汐能作为成熟的技术将得到更大规模的利用；波浪能将逐步发展成为行业。近期主要是固定式，但大规模利用要发展漂浮式；可作为战略能源的海洋温差能将得到更进一步的发展，并将与海洋开发综合实施，建立海上独立生存空间和工业基地；潮流能也将在局部地区得到规模化应用。

潮汐能的大规模利用涉及大型的基础建设工程，在融资和环境评估方面都需要相当长的时间。大型潮汐电站的研建往往需要几代人的努力。因此，应重视对可行性分析的研究。目前，还应重视对机组技术的研究。在投资政策方面，可以考虑中央、地方及企业联合投资，也可参照风力发电的经验，在引进技术的同时，由国外贷款。

波浪能在经历了 10 多年的示范应用过程后，正稳步向商业化应用发展，且在降低成本和提高利用效率方面仍有很大的技术潜力。依靠波浪技术、海工技术以及透平机组技术的发展，波浪能利用的成本可望在 5～10 年的时间内，在目前的基础上下降 2～4 倍，达到成本低于每千瓦装机容量 1 万元人民币的水平。

中国在波能技术方面与国外先进水平差距不大。考虑到世界上波能丰富地区的资源是中国的 5～10 倍，以及中国在制造成本上的优势，因此发展外向型的波能利用行业大有可为，并且已在小型航标灯用波浪发电装置方面有良好的开端。因此，当前应加强百千瓦级机组的商业化工作，经小批量推广后，再根据欧洲的波能资源，设计制造出口型的装置。由于资源上的差别，中国的百千瓦级装置，经过改造，在欧洲则可达到兆瓦级的水平，单位千瓦的造价可望下降 2～3 倍。

从 21 世纪的观点和需求看，温差能利用应放到相当重要的位置，与能源利用、海洋高技术和国防科技综合考虑。海洋温差能的利用可以提供可持续发展的能源、淡水、生存空间并可以和海洋采矿与海洋养殖业共同发展，解决人类生存和发展的资源问题。需要安排开展的研究课题为：基础方面，重点研究低温差热力循环过程，解决高效强化传热及低压热力机组以及相应的热动力循环和海洋环境中的载荷问题。建立千瓦级的实验室模拟循环装置并开展相应的数值分析研究，提供设计技术；在技术项目方面，应尽早安排百千瓦级以上的综合利用实验装置，并可以考虑与南海的海洋开发和国土防卫工程相结合，作为海上独立环境的能源、淡水以人工环境（空调）和海上养殖场的综合设备。

中国是世界上海流能量资源密度最高的国家之一，发展海流能有良好的资源优势。海流能也应先建设百千瓦级的示范装置，解决机组的水下安装、维护和海洋环境中的生存问题。海流能和风能一样，可以发展"机群"，以一定的单机容量发展标准化设备，从而达到工业化生产以降低成本的目的。

综上所述，中国的海洋能利用，近期应重点发展百千瓦级的波浪、海流能机组及设备的产业化；结合工程项目发展万千瓦级潮汐电站；加强对温差能综合利用的技术研究，中、长期可以考虑的是，万千瓦级温差能综合海上生存空间系统，中大型海洋生物牧场。必须强调的是，海洋能的利用是和能源、海洋、国防和国土开发都紧密相关的领域，应当以发展和全局的观点来考虑。这一点尚未有得到应有的重视。

浙江省自改革开放以来的 30 多年，经济发展迅速，科技与经济实力不断增强。

随着现代化建设的步伐加快和城市化进程的推进，能源消耗量不断增加，近两年来，尽管受外部经济环境的影响，与前几年相比能源消耗上升速度有所放慢，但总体来说还呈正增长势态。由于浙江省本地常规能源资源十分贫乏，能源自给率不断下降，但这种状况为开发利用可再生能源资源提供了空间与机遇。

《中国新能源和可再生能源发展纲要》（1996—2010 年）中在目标与任务中明确提出：潮汐能的开发重点以浙江和福建等地区为主，2000 年以前开展低水头、大流量万千瓦级的全贯流机组及海工技术的试验和研究，开发能力达到 $5 \times 10^4$ kW；2010 年争取建成 $30 \times 10^4$ kW 实用型电站，年供能量达到 $31 \times 10^4$ t 标准煤。因此浙江省的海洋能源开发与利用是势在必行。但是，从总体来看，中国海洋能源开发与利用无论是科研水平，开发利用规模，还是产业发展等都同国际水平有很大差距。其主要问题是：①没有纳入国家能源建设计划；②没有纳入各级正常的财政拨款渠道；③缺乏鼓励推广及扶持新能源和可再生能源发展的、相应政策、法规等；④对新能源和可再生能源的投入太少；⑤商品化程度低，产业化薄弱。因此在浙江省海洋能源开发利用的实施过程中，应注意以下 5 点。

（1）制定发展规划，拓宽融资渠道

各级政府和有关部门要提高对可再生能源和农村能源重要战略地位的认识，切实加强领导。积极地、因地制宜地制定好可再生能源发展规划，把可再生能源和农村能源发展规划纳入国民经济发展总体规划，列入国家的各级财政预算。部门、地方和企业都要积极筹措资金，支持可再生能源发展。要鼓励资本市场敬资和外商直接投资，积极拓宽可再生能源融资的渠道。

（2）继续给予政策支持、资金扶持

可再生能源的推广应用虽然集社会、经济、环境效益于一体，但近期尚处于产业化的起步阶段，还不能形成适度经济规模，因此对这个产业要在财政、信贷、科收和价格等方面区别不同地区予以政策支持。近期拟研究风电、光伏发电的税收、电价等问题，并争取资金扶持，以支持可再生能源的发展。

（3）支持国产化工作、加快产业化的进程

可再生能源的发展经过三个五年计划的发展，现正处在向产业化转变的关键时期。各级政府要搞好示范项目的建设，大力支持其国产化的工作，逐步提高设备国产化比重，在引进、消化、吸收的基础上，逐步建立健全可再生能源产业。

（4）建立完善的科研、服务体系

促进科研成果转化，抓好产品质量的标准化、系列化和通用化，组织专业化生产，提高产品质量、降低生产成本、扩大市场销路。建立完善的国家质量监控体系，健全技术服务体系，做好售后服务工作。

（5）开展国际合作，引进国际先进技术和资金

积极开展对外交流与合作，做好培训和信息传播工作。积极利用外国政府和国

际金融组织的混合贷款。欢迎外国制造厂商在互惠互利的原则下来华投资办厂。有目的、有选择地引进消化吸收国外先进技术、工艺和关键设备，在高起点上发展我国可再生能源产业，加快和提离我国新能源技术的开发步伐与总体水平。

## 15.7　结论

本文对比分析了浙江省各种海洋可再生能资源的特点，探讨了各海洋可再生能资源在浙江省的发展前景、有利条件和制约因素，并提出浙江省海洋可再生能资源发展的重点方向及开发利用的合理建议。归纳起来有以下5点初步的认识。

(1) 在陆地矿物燃料日趋枯竭和污染日趋严重的形势下，世界上一些主要的海洋国家纷纷把目光转向海洋，加大投入，促进和加快人类开发利用海洋的步伐，摸清各种海洋能源的资源状况，制定相应的国家发展计划，组织科技项目到实用技术的试验，加大了人力物力的投入。

(2) 浙江省沿岸各种海洋可再生能资源十分丰富，如潮流能资源居全国沿海各省之首，占全国总量的51%。如此丰富的海洋能源是浙江省得天独厚的宝贵资源，充分、合理、科学的开发利用它们，是浙江省经济发展的需要，也是能源结构发展的必然趋势。

(3) 我国海洋可再生能资源的开发已有近40年的历史，迄今已建成潮汐电站8座。而且我国的海洋发电技术已有较好的基础和丰富的经验，小型潮汐发电技术基本成熟，已具备开发中型潮汐电站的技术条件，但是仍有许多关键技术问题亟须解决。

(4) 结合浙江省的海洋可再生能资源分布特点，以及开发利用的技术发展水平，近期应重点发展百千瓦级的波浪、海流能机组及设备的产业化；结合工程项目发展万千瓦级潮汐电站；加强对温差能综合利用的技术研究。

(5) 在海洋可再生能资源的开发利用中，应充分意识到开发利用对环境的影响、风险因素等一些制约性，并在政府的政策支持和资金扶持下进行，应制定相应的发展规划，并拓宽融资渠道，支持国产化工作、加快产业化的进程；并重视海洋可再生能资源开发技术的投入，建立完善的科研、服务体系，开展国际合作，引进国际先进技术和资金。

## 参 考 文 献

尔·勃·伯恩斯坦.1996.潮汐电站［M］.电力工业部华东勘测设计研究院,译.杭州:浙江大学出版社.

李植斌.1997.浙江省海岛区资源特征与开发研究.自然资源学报,12（2）:139-145.

陆德超,陈亚飞.1985.潮汐电站　水力发电技术知识丛书（第25分册）［M］.北京:中国水利电力出版社.

沈德昌.2011. 全球海上风电发展现状 ［J］. 太阳能，20：52 – 53.

史斗，郑卫军.2000. 我国能源战略发展研究.15（4）：406 – 414.

王传崑，陆德超，贺松泉，等.1989. 中国沿海农村海洋能资源区划 ［R］. 北京：国家海洋局科技司、水电部科技司.

中华人民共和国国家发展计划委员会基础产业发展司编.2000. 中国新能源与可再生能源 1999 白皮书. 北京：中国计划出版社，4.

Black，Veatch Consulting，Ltd. 2005. Phase II，U K tidal stream energy resource assessment. Marine Energy Challenge Report No. 107799/D/2200/03 ［R］. London：Carbon Trust.

Black，Veatch Consulting. 2004. Ltd. UK，Europe，and global tidal energy resource assessment. Marine Energy Challenge Report No. 107799/D/2100/05/1 ［R］. London：Carbon Trust.

Bryden I G，Grinsted T，Melville G T. 2004. Assessing the potential of a simple tidal channel to deliver useful energy ［J］. Applied Ocean Research：26：198 – 204.

Bryden I G，Melville G T. 2004. Choosing and evaluating sites for tidal current development ［J］. Proceedings of the Institution of Mechanical Engineers，Part A：Journal of Power and Energy：218：567 – 577.

IPCC. 2011. IPCC Special Report on Renewable Energy Sources and Climate Change Mitigation，Chapter 6 Ocean Energy ［R］. Prepared by Working Group III of the Intergovernmental Panel on Climate Change. Cambridge University Press，Cambridge，United Kingdom and New York，NY，USA. pp. 497 – 533.

# 第16章 浙江深水港口的发展空间分析

在经济全球化趋势的推动下，以资本和技术为主要形式的产业转移在世界范围内兴起，经济和贸易的快速发展，推动了港口运输业的发展，港口在国民经济中的地位进一步提升，港口功能不断拓展，已从传统的运输节点转为国际贸易的中心，作为本地区与外界物资和信息交换的重要载体。而沿海深水港口是一个国家综合运输体系的重要枢纽，是经济社会发展的重要支撑和参与全球经济技术合作与竞争的战略资源。

近20年来，由于大型船舶运营成本低，因此世界航运市场中的船舶呈现大型化趋势，目前，油船的吨位等级已达到 $47.6 \times 10^4$ t，$35.6 \times 10^4$ t 的矿石散货船也已出现。大型集装箱船舶所占的比例迅速增加，1996年初6 000 TEU的第五代集装箱船投入营运，1997年8 000 TEU的第六代集装箱船投入生产，载箱量10 000 TEU以上的第七代集装箱船也已经建造。为适应国内及国际船舶大型化趋势，有必要对深水港口的发展空间进行分析和评价。

浙江省位于我国经济最发达的长三角南翼，拥有海岸线6 700余千米，居全国第一位，其中以港口经济为主的海洋产业为浙江经济的发展做出了重要贡献。据测算，浙江省海洋经济生产总值从2006年的1 846亿元增加到2009年的3 002亿元、2010年近3 500亿元，约占全国海洋经济总量的1/10，并在港航物流服务业、船舶工业、海水利用业等领域处于全国前列。其中，2010年宁波—舟山港货物吞吐量达到 $6.27 \times 10^8$ t，集装箱吞吐量达1 314.4 $\times 10^4$ TEU，已成为全球最大综合港、第六大集装箱干线港，在全球沿海港口体系中的战略地位不断提升。

目前，浙江和山东、广东、福建一起被列为全国海洋经济发展试点省，这将极大推动浙江省海洋经济强省建设。国务院于2011年正式批复《浙江海洋经济发展示范区规划》，浙江海洋经济发展示范区建设上升为国家战略。浙江将打造"一核两翼三圈九区多岛"为空间布局的海洋经济大平台，宁波—舟山港海域、海岛及其依托城市是核心区；在产业布局上以环杭州湾产业带为北翼，成为引领长三角海洋经济发展的重要平台，以温州台州沿海产业带为南翼，与福建海西经济区接轨；杭州、宁波、温州三大沿海都市圈通过增强现代都市服务功能和科技支撑功能，为产业升级服务。在此基础上形成九个沿海产业集聚区，并推进舟山、温州、台州等地诸多岛屿的开发和保护。在此背景下，对浙江深水港口的发展空间进行分析和评价就显得尤为重要。

## 16.1 基本概念与评价方法

### 16.1.1 港口和深水岸线的基本概念

#### 16.1.1.1 港口

港口根据《中华人民共和国港口法》的定义，港口是指具有船舶进出、停泊、靠泊，旅客上下，货物装卸、驳运、储存等功能，具有相应的码头设施，由一定范围的水域和陆域组成的区域。港口可以由一个或者多个港区组成。

港口空间结构：港口由水域（水上部分）和陆域（陆上部分）共同组成（杨吾扬等，1986）。

1）水域

港口水域包括入港航道、锚地和港池。入港航道或者是天然的，或者是人工的，它是船舶出入的通道。

锚地是供入港船舶抛锚碇泊用的广大水面。

锚地虽然能防御风浪，但因其本身范围较大，同外海有一定的直接联系，故船只停泊并不十分平稳，装卸更为困难。这里主要是供待装卸船舶停泊，进行编解船队作业和装卸完毕待航船只停泊的水域。有时，吃水较大的轮船无法驶入较浅的港池作业，也在此停留，进行倒驳。

船舶在锚地碇泊采用两种方式，抛锚系泊和浮筒系泊。系泊的锚地距码头应近，以利运行作业。但要避开航道，以免影响生产调度。一般认为 2~3 n mile 较好。

2）港池和码头

港池是水域的一部分，而码头为陆域的一部分，它们是构成港口的核心部分。

港口水域内，对风浪有充分防护、形状有一定规则的较狭窄水面，称为港池或内港。港池直接同码头连接，其水深应保证在低水位时容许的最大船舶进出无阻。港池专为船舶装卸货物之用，其周围有驳岸，形成港口的泊岸线或码头线。

港池方向应尽量避免和当地盛行风向正交，以免船舶进港不便和靠岸时船舷碰撞岸壁。一般港池轴线与盛行风向的夹角应小于30°。在江河中，港池轴线方向一般应向下游，这样布置对于船舶出入港池比较便利，港内淤积也可减少。

港池形状一般为长方形或平行四边形。港池不宜过长，一般不应超过 1~1.5 km，但亦不应短于一个船位长度。港池宽度通常应具有设计船舶的总长度的 1.5 倍以上。

码头是与港池毗连的陆域部分，小的港口则实际上就是码头。在码头上设有装卸机械，进行货物的装卸作业；旅客则在客运码头上下。

港池和码头的布置形式是多种多样的。一般说来，码头线的布置主要有①顺岸式；②突堤式；③挖入式三类，但在一些大港中是结合布局的。

按货物运输的要求，码头趋向于专业化。最主要的专业化码头是以下 4 类：①散货码头：即装卸煤、矿石、谷物等的码头，采用皮带机和其他自动化专用机械系统。目前仍以顺岸式码头和突堤式码头为主。②件杂货码头：采用 10~25 t 的起重机装卸，多为从原有综合码头发展而成。③集装箱码头：配备有 40 t 大型集装箱起重机，为接运方便，要求码头后方纵深长，堆场大。④油码头：要求深水和广水域，对泊稳条件要求不严，故多在远岸深水区。

### 3）陆域

港口陆域包括港内所有陆上用地面积，分作业区和港口后方两部分。

在港口作业区内布置各种港口设备：装卸机械、前方仓库或堆场、对外交通线路、后方仓库及铁路、道路等。所有港内货物的装卸和运输都在作业区内进行。大型港口则包括较多作业区。

港口的各种辅助设备，如机修车间、车库、消防站、行政办公及生活服务设施等，通常设置在港口作业区的后方，以免同作业区干扰。

### 16.1.1.2　深水岸线

深水岸线是不可再生资源，是港口发展的基础和生命线。本书关于深水港口发展空间的分析和评价是以深水岸线为基础进行的。

港口深水岸线根据《港口深水岸线标准》（中华人民共和国交通部公告第 5 号，2004.03.10），港口深水岸线是指适宜建设一定吨级以上泊位的港口岸线。按照所在水域分为沿海港口深水岸线和内河港口深水岸线，分别制定标准。

沿海港口深水岸线是指适宜建设各类型万吨级及以上泊位的沿海港口岸线（含维持其正常运营所需的相关水域和陆域）。这里的沿海港口岸线范围是指沿海、长江南京长江大桥以下、珠江黄埔以下河段及各入海口门、其他主要入海河流感潮河段等水域内的港口岸线。

万吨海轮的平均吃水 9 m（杨吾扬等，1986），为保证船舶航行和港口作业安全，需要港口的港池水深和进港航道预留一定的富余水深（洪承礼，1999）。因此，以水深不小于 10 m 作为评价深水港口岸线的水深标准。

## 16.1.2 深水岸线资源评价方法

### 16.1.2.1 深水岸线资源的定义

深水岸线资源并没有统一的定义，目前的理解有两类。

广义的深水岸线资源只考虑水深的限制条件，将前沿水深符合深水岸线定义的岸段均视为深水岸线资源。

毋庸讳言，评价深水岸线资源的目的就是为了港口建设，而对一个待建港口的资源状况进行评价，除了水深条件以外，还有许多因素决定它是否宜建港口。影响港口建设条件优劣的因素主要包括水域建港条件、陆域建港条件和技术经济条件。港口建成之后，决定港口的发展和竞争力的因素还有港口腹地及交通运输条件、资源和能源供给、国家和地方产业发展布局等政策性因素。

因此，狭义的深水岸线资源是指前沿水深符合深水岸线的定义，在当时的社会经济发展和技术条件下、陆域和海域条件适于建设深水泊位的海岸空间资源。

### 16.1.2.2 评价指标

为简单直接起见，本文评价深水岸线资源主要考虑水域和陆域的建港条件及技术经济条件。

1）资源限制性指标

（1）前沿水深：深水岸线的前沿水深≥10 m。

（2）离岸距离：从港口码头建设的技术经济效益分析，栈桥长度≤1 000 m。

（3）深水岸线长度：可用建码头岸线长度及可安排码头泊位数。泊位长度一般包括两部分：①船舶的长度；②船与船之间必要的安全间隔。如青岛港规定，船舶靠泊时的泊位有效长度必须满足船舶总长的120%。以10 m深水岸线停靠万吨级海轮为例，一个泊位长度至少需要120～150 m；以20 m深水岸线停靠20万吨级巨轮为例，一个泊位长度需要400 m左右的长度。

（4）规划兼容性：拟建港的海域和陆域不能有功能冲突或不兼容的情况。

2）水域建设条件

（1）航道条件：航道长度，航道宽度，航道深度等条件；进港航道的技术参数要能满足靠泊船舶的要求。

（2）锚地条件：锚地大小，锚地与码头的距离，是否可供船舶避风、待泊等。

（3）港池水域条件：是否具有满足船舶进出港及回旋的足够水域；码头前沿水深及其维持是否满足船舶靠泊的要求。

（4）水文条件：潮汐类型，潮差，潮位；流速，流向；风浪，涌浪，混合浪；风暴潮等。

（5）气象条件：风（季风）；年平均结冰天数（不妨碍通航）；平均有雾天数，最长持续时间；平均降雨天数，年平均降雨量；平均气温，年最高气温，年最低气温等。

3）陆域建港条件

（1）陆域土地供给条件：是否能够满足港口作业区及港口后方用地需求。

（2）海岸地质地貌情况：与港口码头的建设成本及集疏港水路/公路/铁路的建设成本有关。

4）技术经济条件

与投资收益率、港口码头建设的技术与成本、运营管理的技术与成本等因素有关。

### 16.1.2.3　评价方法

（1）利用浙江省近海海洋综合调查与评价专项调查成果（海岛调查、海岸线调查、海域使用调查），以水深超过 10 m 的等深线为基线、1 000 m 距离作缓冲区分析，获得浙江沿海深水岸线的基本分布。

（2）针对每一处缓冲区分析所得的深水岸线，从其规模条件（可建深水泊位数≥1）、通航条件、陆域面积、与港口规划及海洋功能区划的兼容性等方面进行遴选。例如，对于海岛深水岸线，若后方岛屿面积小于 1 km² 则不予评价；未列入浙江沿海港口布局规划及四大港口总体规划（嘉兴港、宁波—舟山港、台州港、温州港）的区域也不予评价其深水岸线资源。如国家重点旅游风景名胜区、保护区等地的深水岸段不能建设生产性港口；跨海桥梁占用岸段和海域的一定范围内不能建设码头等。

（3）针对甄选后的深水岸线，应用 16.1.2.2 一节提出的指标进行评价。

深水港口岸线资源的长度量算：海岸线的长度具有分形特征，不同类型的海岸线曲折程度差别较大。为了使量算的深水岸线资源量具有可对比性，本文规定深水岸线资源的长度沿等深线（10 m、20 m）取顺直线段量取、以求接近港口建成后的码头前沿总长度，而不是量取海岸线的自然长度。

深水岸线离岸距离：对上述顺直线段取法线、量取法线与海岸线交点的最短距离；对于 1 000 m 缓冲区内同时拥有 10 m 和 20 m 深水岸线资源的岸段，采取就深不就浅的原则、不重复统计深水岸线的长度。

对于海岛区的深水岸线，其强常风向若无遮挡，一般也不考虑其建港可行性。

**395**

## 16.2 浙江深水岸线资源分布状况

浙江深水岸线资源极其丰富，为全国之冠。10 m 以深岸线有 100 多处，总长 481.8 km。其中，10～15 m 深的岸线为 212.4 km（44.1%），15～20 m 深的岸线长 19.2 km（4.0%），水深大于 20 m 的岸线 250.2 km（51.9%）。

### 16.2.1 嘉兴港深水岸线资源

#### 16.2.1.1 海岸线与港口概况

嘉兴市涉海县（区、市）包括平湖、海盐和海宁，大陆海岸线总长 108 km（贾建军，2011），海岛岸线长度 16 km（夏小明，2011），均为无居民海岛，见图 16.1。

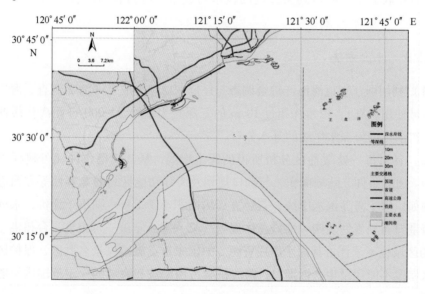

图 16.1 嘉兴市深水岸线分布

嘉兴港（原名乍浦港），是浙北地区唯一的海港和国家一类开放口岸、浙江沿海四大主要港口之一，也是长江三角洲地区港口群的重要一员。

根据嘉兴港总体规划（2006 版），嘉兴港包括独山、乍浦和海盐三个港区。

到 2010 年底，嘉兴港拥有外海生产性码头泊位 32 个，其中万吨级泊位 22 个。2010 年，嘉兴港货物吞吐量 $4\,431 \times 10^4$ t，外贸吞吐量完成 $447 \times 10^4$ t，集装箱吞吐量突破 $35 \times 10^4$ TEU。

### 16.2.1.2　嘉兴港区深水岸线资源分布情况

嘉兴港深水岸线资源总量 31.5 km，主要分布在独山港区和乍浦港区。海盐港区的秦山核电站周边有 3.4 km 的深水岸线资源，但是缺乏可供万吨级以上船舶进出港的深水航道，目前不具备开发条件。

1）独山港区

自然岸线约 16.3 km，深水岸线资源量 14 km，前沿水深 10～13 m，可布置 3 万～5 万吨级泊位，目前未利用深水岸线 12 km。

2）乍浦港区

自然岸线约 16.2 km，深水岸线资源量 5.2 km，前沿水深大于 10 m，可布置 1 万～3 万吨级泊位，未利用深水岸线 0.8 km。

3）杭州湾大桥岸段

位于武原镇至乍浦镇之间，可供建设万吨级以上深水岸线约 8.9 km，分布在杭州湾大桥北岸两侧，目前已有两座深水泊位在建。

4）秦山岸段

主要分布在秦山核电厂周边，深水岸线长 3.4 km。该处深水岸线没有相应的深水航道通达，目前尚不具备开发条件。

## 16.2.2　宁波—舟山港深水岸线资源

### 16.2.2.1　海岸线与港口概况

宁波—舟山海域北起杭州湾东部的花鸟山岛，南至石浦的牛头山岛，岸线蜿蜒曲折，港湾、河口和半岛众多，外海岛屿星罗棋布，南北跨度 220 km 左右。宁波市大陆岸线长 815 km（贾建军，2011）、岛屿岸线长 718 km，舟山市域海岛岸线长约 2 390 km（夏小明，2011），见图 16.2。

宁波—舟山港区域是我国港口资源最优秀和最丰富的地区。宁波港域包括甬江、镇海、北仑、穿山、大榭、梅山、象山港、石浦 8 个港区。舟山港域包括定海、老塘山、马岙、金塘、沈家门、六横、高亭、衢山、泗礁、绿华山、洋山 11 个港区。宁波港是我国大陆四大国际深水中转港之一，进港航道——虾峙门水道水深 20 m以上，可通行 30 万吨级船舶。根据叶银灿（2005）的研究结果，舟山海域适宜开发建港的深水岸段有 50 处，总长 246.7 km；其中水深 15 m 以上的岸线长

198.3 km，水深 20 m 以上的岸线 107.9 km，最大可支撑年吞吐能力约 $10 \times 10^8$ t。

改革开放以来，尤其是"十一五"期间，宁波—舟山港实现一体化后，已初步形成了"一干线四大基地"，即集装箱远洋干线港、国内最大的矿石中转基地、国内最大的原油转运基地、国内沿海最大的液体化工储运基地和华东地区重要的煤炭运输基地，成为上海国际航运中心的重要组成部分和深水外港，是国内发展最快的综合型大港，目前已与世界上 100 多个国家和地区的 600 多个港口通航。

截至 2009 年底，宁波—舟山港域拥有生产性泊位 628 个（宁波港 315 个，舟山港 313 个），其中深水泊位 108 个（宁波港 74 个，舟山港 34 个），包括 5 万吨级以上的特大型深水泊位 62 个，是全国拥有大型和特大型深水泊位最多的港口。2010 年底，舟山港万吨级泊位总数 41 个，其中 25 万吨级码头泊位 5 个。

2010 年，宁波—舟山港货物吞吐量已达到 $6.27 \times 10^8$ t，超越上海—洋山港成为全国乃至世界第一大港；集装箱吞吐量达 $1\ 315 \times 10^4$ TEU，排名跃升至国内第 3 位，跻身世界前 6 位。英国的《集装箱国际》在 2010 年 4 月将宁波港集团评为"世界五佳港口"，居中国第一大港。

### 16.2.2.2 宁波港域深水岸线资源分布情况

宁波港域内深水岸线资源总长 102.7 km，以集中连片的大陆岸线为主，主要分布在北仑区、象山港及三门湾等地，岛屿的深水岸线较少。从资源建港条件可以大致分为如下几段（见图 16.2）。

#### 1）北仑岸段

本岸段深水岸线总长 43.1 km，以基岩海岸和淤泥质平原海岸相间的峡道型港湾为特色。金塘、螺头水道为双通道峡谷型潮汐通道，是沿地质构造形成的潮流深槽，天然水深大、水流平顺、流速和含沙量较大，水深大部分逾 20 m，为天然深水通海航道。港湾沿岸的基岩岸段山丘直抵海边，岸坡陡、水流急，有的岸段迎风浪、陆域陡峭少平地，一般不宜建港。山间淤泥质平原海岸段陆域平坦、水域泊稳条件较好，深水近岸的岸段可发展 1 万 ~ 20 万吨级深水泊位

金塘水道南岸的北仑大锲平原岸线建港条件最佳，深水岸线长度 13.3 km，可建 1 万 ~ 20 万吨泊位。该区是宁波港建设深水泊位的主战场，已建成宁波北仑深水港区和石化、火力发电、粮食加工等临海工业企业码头，利用率近 100%。

大榭岛的北岙、大田湾、关外和下岙前沿水深超过 30 m，可建 20 万吨级以上泊位，深水岸线长约 10 km，目前利用率接近 80%。

穿鼻岛北部和穿山半岛北岸的童家峙和贺家是港口开发的优良岸段，前沿水深超过 30 m，深水岸线长约 10 km，目前正在建设北仑集装箱五期码头。

穿山港的穿山西口南侧 3 km 岸线、梅山岛南侧 7.5 km 岸线亦是开发深水港口

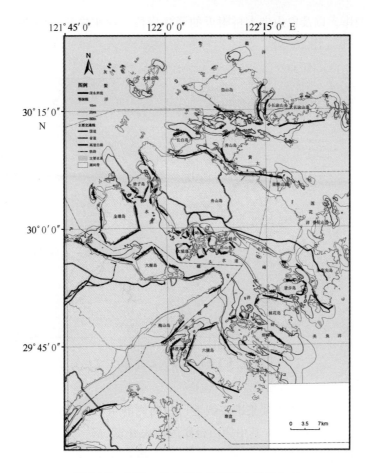

图16.2 宁波—舟山核心港区深水岸线分布

的优良岸段，已进入《宁波—舟山港总体规划》，目前梅山岛深水港口开发已经开始。

2）象山港

象山港位于穿山半岛与象山半岛之间，为一深入内陆的狭长半封闭海湾，港内海湾两侧毗连山丘，沿港岸线曲折（图16.3）。象山港口外岛屿众多，形成天然屏障，掩护条件较好。象山港周围无大河注入，湾内水深和岸滩稳定。象山港为向斜谷形成的峡道型潮汐通道海湾，纳潮量大，潮流深槽水深一般10～20 m，形成天然深水航道，但出海航门水深较小，佛渡水道和牛鼻山水道间的水深不足10 m的浅段分别长约6 km和15 km。象山港内多小型淤泥质平原海岸，陆域平坦、有一定纵深，可开山填海作为港口和临海工业用地。

象山港岸段深水岸线总长40 km左右，松岙—西周一线以东的湾口段比较集中，后方陆域条件较好，深水近岸，水域开阔；如松岙黄岩头和狮子头，西周乌沙山，黄避岙南北两岸，以及象山港大桥附近的贤痒岸段，深水岸线长约 29 km，开发利用率 30% ~ 50%（图 16.3）。

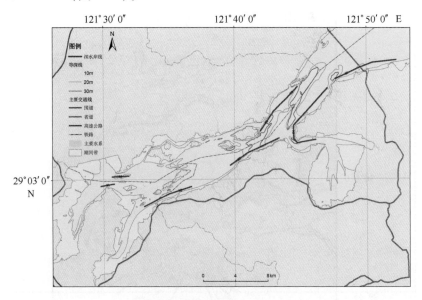

图 16.3　象山港深水岸线分布

象山港内湾深水岸线主要集中在铁港口门两侧的望台山和强蛟，以及黄墩港口外大佳何岸段，总长 11 km，其中望山台岸段尚未开发。

3）石浦

石浦港是浙江省第二大渔港和台湾渔船的避风补给基地，也是象山和宁海水陆物资中转口岸。石浦港是岛陆间的潮汐水道，水域狭长隐蔽，主槽水深基本稳定，沿岸多人工围滩，纵深不大，深水岸线资源零星分布，总长 19.3 km（图 16.4）。除石浦镇大陆沿岸外，港口岸线的开发程度很低。

16.2.2.3　舟山港域深水岸线资源及其分布

舟山港域以岛屿岸线为主，分散独立，深水岸线总长 286.1 km。这里仅对舟山港域具备较好开发条件的港口深水岸线资源进行评价。舟山群岛北部深水岸线资源分布见图 16.5。

1）金塘岛

金塘岛西、南、东三岸深水岸线总长超过 21 km，水路距宁波北仑港仅 1.9 n mile；岸滩稳定，水深大。西岸线包括木岙岸线和大浦口岸线，长约 6 km，10 m 等深线距岸 100 ~ 300 m，陆域较为宽阔，后方有大片盐田和农田。东南岸线上岙

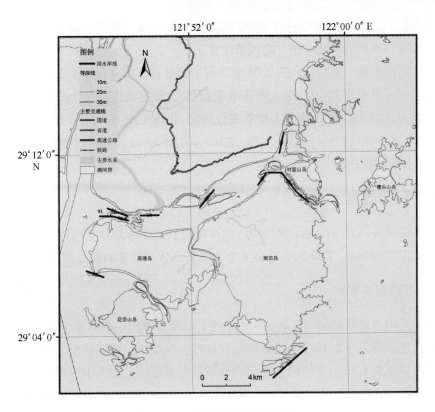

图 16.4　石浦港区深水岸线分布

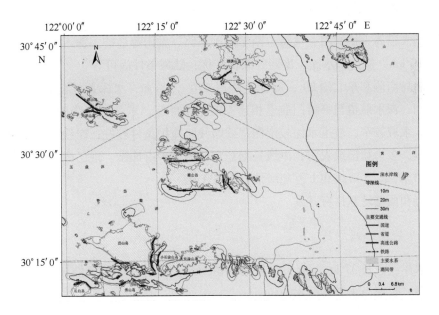

图 16.5　舟山群岛北部深水岸线资源分布

至北岙，长11.5 km，呈凸弧形；岸线后方的山体较高，紧逼岸边，陆域狭窄，水下岸坡较陡。该岸线水域宽阔，避风条件好。

金塘港区大浦口集装箱码头2005年5月开始建设，拟建设5个7万～10万吨级集装箱泊位（可兼靠15万吨级大型集装箱船舶），最终将形成5个总长为1 774 m、年通过能力达 $250 \times 10^4$ TEU的大型集装箱泊位。目前已建成2个7万吨级集装箱泊位（490 m长）和 $17.5 \times 10^4$ $m^2$ 堆场，2010年7月25日，大浦口集装箱码头1号、2号泊位开始试投产。

2）外钓、富翅、里钓

三岛位于舟山大陆连岛工程沿线，深水岸线长约3.3 km，前沿水深超过20 m，离岸距离不到300 m，但是后方陆域主要为基岩岛体。目前的开发程度很低。

3）野鸭山岸线

位于舟山本岛西南端，南起冒头山山岬，北至老塘山，深水岸线总长约10 km，开发利用率不到20%。该段岸线掩护条件良好，风浪小、流速较低，岸线顺直，深水前沿距岸不到1 km；岸线滩槽稳定，冲淤基本平衡；土层力学性质较好，埋深适中，分布稳定；陆域地势开阔平坦，纵深620～880 m，以农田和鱼塘为主；水域宽阔，航道可通航15万～25万吨级船舶。

4）大猫岛—岙山一线

包括大猫岛、摘箬山、盘峙、西蟹峙、东巨、岙山等岛屿，深水岸线零星分布，总长约19 km，航道、水深、岸距等条件较优，陆域条件尚可。

岙山岛南侧和东北侧20 m等深线距岸170～300 m，水深条件良好；南侧岸线水域宽阔，深水航道与虾峙门航道相连，泊稳条件好；东北侧岸线与长峙南岸线隔水相望，水域较窄，航道水深较南侧岸线略浅，掩护条件较好；岸线陆域纵深较大，开阔平坦，多为盐田或农田；岸线长期稳定，滩槽少有冲淤。现已建有30万级、25万级、10万级、5万级和1万吨级油码头各1座。

盘峙和西蟹峙东岸有开发。

5）朱家尖—蚂蚁岛

深水岸线总长37 km，分布于岛间水道两岸，航道和水深条件较好，后方陆域空间有限。目前尚未开发深水泊位。

6）六横岛、凉潭岛、佛渡岛岸线

六横岛深水岸线总长约30 km，其中西岸和东北岸约16 km已有较大规模的港口开发，南部 14 km 深水岸线待围垦工程全面竣工之后、将有大面积的陆域空间提供港口建设。东北岸线 10 m 等深线距岸 200 ~ 800 m，后方陆域宽阔、平坦，前方水域开阔，泊稳条件良好，通海航道顺畅；西北岸线深水逼岸，15 m 等深线距岸 180 ~ 500 m，后方陆域多山，仅在岸线中部涨起港附近有部分平原，此段的北部岸线水深大，水域靠近佛渡水道，后方有海积平原。

佛渡岛深水岸线长度约 7 km，凉潭岛深水岸线长度 1.6 km。两岛海岸线曲折，以基岩海岸为主，湾岙岬角相间，海洋水动力作用较强，深槽近岸，陆域空间有限。

位于六横岛的浙能中煤舟山煤电一体化项目煤炭中转码头一期于 2009 年 6 月开港，建有 15 万吨级、5 万吨级卸船泊位各 1 个，3.5 万吨级、2 万吨级、5 000 吨级装船泊位各 1 个，年吞吐能力 3 000 × 10⁴ t。后方堆场可堆存 310 × 10⁴ t 原煤。

由武钢、宁波港及和润集团三方合资的舟山武港码头工程项目位于凉潭岛，项目主要建设建设 25 万吨级兼靠 30 万吨级卸船泊位 1 个，5 万吨级船泊位 1 个，1 万吨级船泊位两个，预计工程将于 2011 年下半年完工并投入使用，武港码头建成后，将成为国内最大铁矿石码头，将形成年吞吐量超 3 000 × 10⁴ t 的国际一流铁矿砂中转码头。

7）马岙岸线（西）

位于舟山本岛的西北部，西起狮子山脚，东至团山西侧，长约 10.3 km；西段岸线的 10 m 等深线距岸 100 m，水域宽度大于 1 000 m，后方陆域较为宽阔，多为盐田和农田。航道经整治后，10 万吨级船舶可自由出入，15 万吨级船舶可乘潮进港。

8）马岙岸线（东）

西起浪洗，东至梁横山北端的大麦秆礁，长约 6.6 km。东段岸线的 10 m 等深线距岸为 50 ~ 2 100 m，中部有岬角（钓山）突出，岸线呈弧形，有大片滩涂现正在围填；水域开阔，但易受东北和偏东向波浪的影响，涨落潮流速为 2 ~ 3 kn；陆域大部分为盐田，纵深较大，该段岸线需围填后形成。航道 10 万吨级船舶自由出入，15 万吨级可乘潮入港。

9）秀山岛

秀山岛西南、西北和东北有深水岸线 8.1 km，前沿水深超过 20 m，开发程度不到 1/3。

10）岱山岛

岱山岛南部自浪激嘴向西至五虎礁，长约 5 km。10 m 等深线距岸 200 ~ 1 100 m，水域宽阔，避风条件良好，通海航道最浅水深 14 m；后方为大片盐田和农田，陆域平坦开阔,纵深较大;紧邻省级经济开发区。

岱山水道西侧岸线为岱山岛东岸,南北走向,岸线南起南峰山,北至大猫头,长约 7 km;20 m 等深线距岸 200～1 200 m,水域宽度 900～1 800 m;岱山水道南口通黄大洋,临近国际航线,5 万吨级以上船舶可乘潮进出;后方陆域纵深 600～1 000 m。

11)大小长涂岛

岱山水道的东侧为小长涂岛西侧岸线,隔岱山水道与岱山岛相望,北起野猫洞,南至酒坛山,岸线长 3.6 km,南北走向。15 m 等深线距岸 300～600 m;陆域较为狭窄,正在填海造陆;水域的掩护条件较好,通海航道顺畅。

大长涂岛南侧深水岸线长 11 km,水域开阔,但离岸较远,需要填海形成港域陆地空间。

12)衢山岛周边岸线

包括衢山、鼠浪湖、黄泽山等岛屿。

衢山岛东侧岸线和鼠浪湖岛西侧岸线之间是蛇移门水道,衢山岛东侧岸线从大砂头至外社依,长约 2.9 km,10 m 等深线距岸 300～1 000 m。岸线后方多山,陆域狭窄,需填海造陆;风浪掩护条件南段好于北段。鼠浪湖岛西侧深水岸线 4 km,10 m 等深线距岸 300～1 000 m,掩护条件较好,填海航道顺畅;但陆域较少,需填海造陆。

衢山岛南部深水岸线长约 14 km,10 m 等深线距岸 200～800 m 水深,20 m 等深线距岸 100～500 m,后方陆域狭窄,山体近岸,但有较多海湾,其滩涂可围填造陆;该岸线直面岱衢洋,风浪较大,掩护条件相对较弱。衢山岛北岸深水岸线 8.2 km,10 m 等深线离岸 300～1 500 m。

黄泽岛的岸线从黄泽小山至长山咀,长度约 4 km,后方陆域狭窄,需填海造陆。黄泽岛与双子山相对,两岛中部在海流作用下形成深槽,10 m 等深线距岸 200～600 m,水域的风浪较小,天然航道的水深大于 20 m。

13)马迹山、大小黄龙岛岸线

马迹山岛西北距上海芦潮港 31 海里,其西南、南面、东南三段深水岸线共 5.5 km。西南侧岸线长 2 km,前沿水深 20 m 左右,后方主要为浅滩,可围垦形成陆域面积约 10 km²。马迹山南侧岸线长约 1.7 km,前沿水深 20～30 m,目前建有上海宝钢马迹山矿石转运码头。马迹山东南侧岸线(东至泗礁岛关山)总长 3.6 km,水深 10～30 m,围垦可形成约 5 km² 土地。马迹山周边被岛屿环抱,掩护条件较好,ESE 向有深水航道与外海相通,水域开阔;但该水域的水流流速较大、易受外海长周期波的影响，对船舶靠泊不利。

宝钢马迹山港一期建有 1 个 25 万吨级卸船泊位（兼靠 30 万吨级）、1 个 3.5 万吨级装船泊位和容量为 $108 \times 10^4$ t 的矿石堆场，2002 年开港。二期工程于 2009 年竣工，扩建 1 万吨级、5 万吨级装船泊位各 1 个、30 万吨级卸船泊位 1 个，围海形成 0.32 km² 矿石堆场。2010 年吞吐量超过 5 000 万吨。

14）小洋山岸线

位于杭州湾口，经过连岛改造，现已形成深水岸线 13.5 km，水深 15 m。航道经东部的黄泽洋与外海相连，自然水深 11 m 左右；该海域水体含砂量较高，泥沙运动活跃。

目前已建成上海洋山港一期、二期、三期集装箱码头，泊位总长 5 600 m、拥有 16 个集装箱泊位。

15）大洋山岸线

大洋山北侧深水岸线长约 4.2 km，前沿水深 20 m、距岸 100～300 m，与小洋山岸线相望。大小洋山之间的水域宽阔，但掩护条件较差，易受偏西和东北向风浪的影响；近岸水域的流速较大，不利于船舶航行和靠离泊；航道经东部的黄泽洋与外海相连，自然水深 11 m 左右；该海域水体含砂量较高，泥沙运动活跃。

大洋山岸线作为上海洋山港 2020 年远望规划港区。

16）马鞍列岛

绿华、枸杞和嵊山等嵊泗县东北部大岛有深水岸线 14 km，水域开阔，航道条件优越，但是后方陆域多为基岩海岸，集疏远条件较差。

## 16.2.3 台州港深水岸线资源

### 16.2.3.1 海岸线与港口概况

台州市岸线总长 1 445 km，其中大陆海岸线 740 km、海岛岸线 705 km（夏小明，2011；贾建军，2011），岸线分布见图 16.6。

台州港是浙江沿海地区性重要港口，我国对外开放的一类口岸，承担腹地经济发展能源物资、原材料的中转运输，是集装箱运输的支线港和对台贸易的重要口岸。2001 年交通部以（2001）58 号文件批准台州市港口统一更名为台州港，实现"一城一港"、港城同名的发展格局。2007 年 2 月省政府批复《台州港总体规划》，确定台州港为一港六区，自北而南布置健跳、临海（头门）、黄岩、海门、温岭、大麦屿 6 个港区。台州港口已建、规划建港岸线 96.23 km，具备开发港口有利条件的深

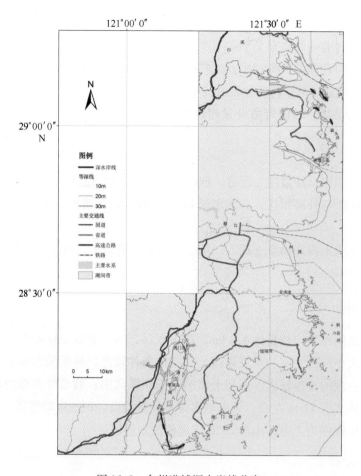

图 16.6 台州港域深水岸线分布

水岸线为 30.75 km，占港口岸线的 32%①。

截至 2009 年底，台州港共有生产性泊位 170 个，码头泊位长度为 9 895 m，其中万吨级以上的深水泊位 4 个，最大靠泊能力 74 000 t。

2010 年，台州港港口货物吞吐量完成 $4\,705.71 \times 10^4$ t，其中外贸吞吐量 $999.62 \times 10^4$ t；集装箱吞吐量完成 $12.16 \times 10^4$ TEU，首次突破 $10 \times 10^4$ TEU②。

### 16.2.3.2　台州港域深水岸线资源分布情况

台州港域深水岸线资源共有 8 处，总长 32.6 km，主要分布在三门湾、乐清湾以及上下大陈岛。除乐清湾东岸的大麦屿港区外，其他深水岸段的开发现状及前景均不理想。

---

① 据台州市港航管理局 http：//www.tzgh.gov.cn/www/ghgk/index.htm

② 据台州市政府网 http：//www.zjtz.gov.cn/zwgk/xxgk/044/05/0506/201101/t20110121_ 81181.shtml

### 1）三门湾

三门湾深水岸线长约 10 km，主要分布在潮流通道两岸，如田湾岛和下万山岛西部，猫头山咀，洋市涂和牛头咀，水域开阔，前沿水深多数超过 20 m，离岸距离小于 500 m；不过后方陆域空间不足、基本都是基岩海岸，且进出港航道水深条件不佳，仅 6 ~ 10 m。目前开发为码头的岸段不足 10%。

### 2）乐清湾

玉环岛南岸及西岸临乐清湾沿线共有深水岸线约 17 km。其中，西岸大麦屿港区以淤泥质海岸为主，间有低丘岬角；后方有较宽阔的滩涂可供围垦作为港口用地。大岩头至连屿段为潮流冲刷槽，深水岸线长约 11 km，主槽水深一般 10 ~ 30 m，自然状态滩槽长期稳定，水域宽阔，水深、滩窄、流强、少沙，淤积轻微，掩护条件好，建港条件最佳，是发展深水泊位的理想岸线。

南岸大岩头至黄门深水岸段长约 5 km，山丘直抵海边，陆域陡峭少平地，水深大部分逾 20 m，水流急，掩护条件较差，开发难度大。

### 3）上、下大陈岛

上、下大陈岛之间水道深度超过 20 m，水道南北两岸深水岸段长 6.2 km，建深水码头有以下优势：一是水深达 25 m，能建 30 万吨级码头；二是距离国际航线近，只有 12 km，外海开阔，无需引航；三是码头位于上、下大陈岛中间，避风性良好，后方陆域开阔。目前，台州市和椒江区政府正在积极争取中石油公司在大陈镇建设 30 万吨级石油码头，通过输油管道连接台州大陆的炼化基地（该项目已进入国家发改委十二五规划）。

## 16.2.4　温州港深水岸线资源

### 16.2.4.1　海岸线与港口概况

温州市岸线总长 1 173 km，其中大陆海岸线长 504 km（贾建军，2011），海岛岸线长 669 km（夏小明，2011），温州市深水岸线分布见图 16.7。

温州市是全国 45 个交通枢纽城市之一，浙江省三大中心城市之一。温州港位于我国东南沿海黄金海岸线中部，处在长江三角洲经济区内，地理位置优越，是浙南地区南北沿海海运、远洋运输的中心枢纽，也是我国沿海 25 个主要港口之一，在全国综合运输网中居于重要地位。

经过的长期建设，温州港已发展成为一个集河口港、深水海港于一体，大中小泊位配套的综合性港口。温州港目前有龙湾港区、七里港区、瑞安港区、鳌江港区，状元岙、大小门、乐清湾港区也相继开发，实现了温州港从河口港向外海深水港的跨越。

截至 2009 年底，温州港拥有生产性泊位 232 个，其中，万吨级以上泊位 15 个。2010 年，温州港货物吞吐量 $6\,408.18 \times 10^4$ t，集装箱吞吐量 $41.23 \times 10^4$ TEU。

### 16.2.4.2 温州港域深水岸线资源

温州港区深水岸线资源有 6 处，总长 28.9 km，主要分布在瓯江口北岸的七里岸段及洞头县大小门岛，状元岙岛和鹿西岛（图 16.7）。

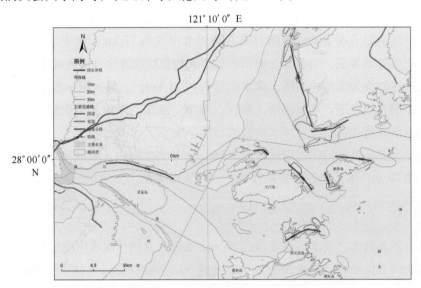

图 16.7 温州港域深水岸线分布

1）瓯江口

瓯江口北岸七里至黄华岸段水深大于 10 m 的深水岸线长约 10 km，离岸距离 100~400 m，水域有限，可建万吨级深水泊位。目前七里港区有一定程度的开发。

2）大小门岛

大小门岛港区是温州港总体规划确定的三大核心港区之一。小门岛北部岸段拥有水深超过 30 m、长 2.3 km 的深水岸段；大门岛东北深水岸段长 4.7 km、前沿水深超过 20 m。

根据大小门岛控制性详细规划，该港区规划布置 30 万吨级船坞 2 个，30 万吨级舾装码头 3 个，30 万吨级石油化工泊位 3 个，以及矿石泊位、煤炭泊位、液化气、散货等泊位码头二三十座。

3）状元岙岛

状元岙岛北岸 5 km 岸线前沿水深超过 30 m，岸距小于 700 m，进港航道自然水深 15 m，距国际航道仅 30 km，是温州港总体规划确定的三大核心枢纽港区之一。2008 年，状元岙港区一期建成 8 号、9 号两个 5 万吨级（兼靠 10 万吨级）多用途泊位及其配套设施。

状元岙港区二期工程（5 号、6 号、7 号泊位）建设规模为 3 个 5 万吨级（兼靠 10 万吨级）集装箱泊位及其配套设施，年设计集装箱吞吐能力为 $150 \times 10^4$ TEU，2009 年 3 月获准建设。

状元岙港区化工码头工程选址于规划元岙港区 C 区西侧，建设规模为 5 万吨级液体化工公用泊位（兼靠 8 万吨级）1 座，$20.4 \times 10^4$ $m^3$ 罐区及相应的配套设施，设计吞吐能力为 $250 \times 10^4$ t，工程可行性研究报告已于 2008 年通过省级审查，目前在建设中。

4）鹿栖岛

鹿栖岛北部和西南共有 6.7 km 深水岸段，前沿水深超过 10 m，离岸距离 100 ~ 900 m，具备万吨级深水泊位开发条件。

# 16.3　浙江省深水港口资源的开发利用

浙江省丰富的深水岸线资源，造就浙江沿海深水港口密布，有嘉兴港、宁波—舟山港、台州港和温州港等。宁波—舟山港和温州港是全国性重要港口，而台州港和嘉兴港等则是地区性港口。

## 16.3.1　嘉兴港

### 16.3.1.1　发展历程

嘉兴港中心港口所在地乍浦，自古就有"海口重镇"之称。唐设乍浦镇遏使，南宋设乍浦舶提司，元为乍浦市泊司，明为税课司，清康熙年间将乍浦被列为东南沿海 15 个口岸之一。鸦片战争时，乍浦港遭到毁灭性破坏，几成废墟。民国期间仅有百吨级船舶在乍浦搁滩靠泊作业。20 世纪 70 年代三年大建港时期，嘉兴港重显光彩。20 世纪 90 年代以来，特别是进入 21 世纪以后，嘉兴港建设进入了一个新的快速发展时期。

嘉兴港 1993 年 3 月被批准开办国轮外贸运输业务，同年 12 月外贸国轮到港；1994 年 5 月被批准临时接靠外国籍船舶，同年 8 月外轮到港；1996 年 1 月经国务院同意对外国籍船舶开放，2001 年 4 月被批准正式对外国籍船舶开放，属国家一类开放口岸。嘉兴港码头泊位基本情况见表 16.1。

1975 年，建成乍浦港区上海石化陈山 2 个 2.5 万吨级原油泊位；

1992 年，建成乍浦港区一期公用泊位工程万吨级、千吨级件杂货泊位各 1 个；

1995 年，建成独山港区嘉兴发电有限责任公司一期工程 3.5 万吨级煤炭泊位 1 个、千吨级重件综合泊位 1 个；

1996 年，建成乍浦港区上海石化陈山 5 万吨级原油泊位 1 个；

1997 年，建成海盐港区秦山核电站一期工程 3 千吨级重件泊位 1 个；

1998 年，建成乍浦港区金浙九龙石化陈山 1.5 万吨级成品油、液化气泊位 1 个；

1999 年，建成海盐港区华电能源 1 500 吨级液化气泊位 1 个；

2003 年，建成乍浦港区二期公用泊位 1.5 万吨级多用途、件杂货泊位各 1 个；

2004 年，建成独山港区浙江嘉华发电有限公司二期 3.5 万吨级煤炭泊位 1 个；

2005 年，建成乍浦港区二期公用泊位工程浙江五洲公司 2 个 1.5 万吨级多用途泊位和三期公用泊位工程嘉港 1.5 万吨级通用泊位 1 个、3 000 吨级滚装泊位 1 个；

2009 年，海盐港区 C1、C2 码头及仓储物流项目开工，拟建 1 万吨级（兼靠 2 万吨级船舶）多用途泊位 2 个，标志着海盐首个万吨级深水码头建设正式启动；

2009 年，乍浦港区 2 万吨级多用途富春码头、2 万吨级液体化工及油品泊位、三期 4 号泊位（嘉港石化）2 万吨级液体化工泊位（兼顾依靠 2 船 1 000 吨级船舶）竣工通过验收。

### 16.3.1.2 嘉兴港总体规划

嘉兴港是浙江省沿海地区性重要港口。它是长江三角洲港口群和上海国际航运中心的组成部分，是长三角河海联运的枢纽之一，杭嘉湖及周边地区发展外向型经济的重要口岸，建设杭州湾北岸产业带与打造先进制造业的基地，发展临港工业、现代物流、保税加工的重要依托。嘉兴港的港口功能主要是发展河海联运、装卸运输、临港工业、保税加工、现代物流、商务信息等功能。随着腹地经济、对外贸易发展，港口设施、集疏运系统的完善，将逐步发展成为集装箱支线港、河海联运枢纽港和现代化、多功能、综合性的港口。

1）港口特色

（1）河海联运

水运在嘉兴的综合运输体系中一直发挥着举足轻重的作用，过去只能承担建材、煤炭等大宗工业原材料的运输，不具备大规模运输工业产成品的条件。自 2004 年始，嘉兴港航部门引资投入内河基础建设。经多年努力，至 2010 年底，嘉兴内河港多用途港区建成投产，港区总占地面积 $32.6 \times 10^4 \ m^2$，拥有 1 000 吨级的码头泊位 10 个，设计年吞吐能力 $250 \times 10^4 \ t$，其中集装箱年吞吐量 $18 \times 10^4 \ TEU$。该港区可实现码头装卸、物流服务、海关三检和保积仓储"四合一"，企业物流链得到大幅度地整合优化。

目前，乍浦港区一期围堤陆域已建有内河港池，嘉兴港独山、乍浦、海盐三个港区海河联运项目均启动。独山港区"海河联运"项目——独山港区排涝应急航道项目已于 2008 年 3 月开工；海盐港区何家桥线改造工程于 2010 年 12 月开工建设；乍浦港区内河航道工程于 2010 年 3 月 15 日开工。这些项目建成后，嘉兴三个港区内河航道将与乍嘉苏航道相连，进而沟通整个浙北、苏南航道网，并可直达黄浦江、钱塘江水系，实现"海河联运"。

（2）错位发展

嘉兴港邻近上海港、宁波—舟山港两个大港，在实现自身发展的过程中，必须"找准定位，突出特色，扬长避短，错位发展"。

嘉兴港紧紧抓住煤炭等散货向上海周边港口分流的机遇，成为承接黄浦江沿岸煤炭转移的重要基地和浙北煤炭中转的重要节点；与此同时，全面加快河海联运设施建设，把嘉兴港建设成为浙北地区河海联运集疏运枢纽。

嘉兴港坚持以国资为主体的多元投入，创新投融资模式，积极引进以国资为主力军，同时吸纳外资、民资等多种形式的资本进入港口建设行业。

嘉兴港坚持区港联动，适度开展滩涂围垦，引进仓储、物流、工业等企业，通过利用港口土地引进项目再置换资金，进行滚动发展，破解了港口发展土地、资金难题。港口的发展带动后方引进一批规模较大的临港企业，带动了港口货物吞吐量和地区经济的发展，实现了区、港共同发展。

（3）与大海港合作

嘉兴港积极探索与邻近的上海港、宁波—舟山港等大海港集团合作，通过与大海港的合作将多元化建港思路推进到与大海港合作共赢的境界。

为响应国务院加快上海"国际航运中心"建设的要求，2009 年 9 月，独山港区与上港集团港口合作项目成功签约。

2008 年 3 月 10 日，嘉兴港与宁波港集团签订合作框架协议，共同发展大桥经济、共同打造大港品牌。合作三年来，嘉甬两港以资产和业务为纽带，形成干支相连、功能错位、资源互补的发展态势。借助于宁波港集团在集装箱运营方面的资金、技术、经营管理及市场优势，嘉兴港集装箱业务发展驶入"快车道"。集装箱吞吐量从合作前 2007 年的 $3.7 \times 10^4$ TEU，增至 2010 年的 $35 \times 10^4$ TEU，增长了 9 倍多。

宁波港集团于 2008 年 7 月股权收购乍浦港区一二期，实现了集装箱业务在浙北的成功布局，嘉兴港已成为宁波港集团开拓浙北乃至苏南、皖南的桥头堡。2008 年以来，宁波港集团累计投资 3 亿多元，增添 2 台集装箱桥吊、8 台龙门吊和新建 $7 \times 10^4$ m$^2$ 重箱堆场、$2 \times 10^4$ m$^2$ 空箱堆场，集装箱作业效率提升了近 1 倍。同时，设立了公共订舱平台，成立了"联合集海"船队和集卡车队，通过船代、货代、车队、码头联合"护航"集装箱业务。

2008 年，嘉兴—宁波集装箱航线正式开通。嘉兴—宁波集装箱航线发展成为浙北集装箱中转的主力航线，该航线 3 年来累计中转集装箱 $47 \times 10^4$ TEU，占到嘉兴港集装箱累计吞吐量的 72%。目前，已有 24 家干线船公司签约嘉兴—宁波集装箱航线。18 家船公司在乍浦设立办事处。

嘉甬两港合作开发海盐港区的步伐也同时加快。2008 年 8 月，两港签订了共同开发海盐港区的合作框架协议，达成了在海盐港区共同投资建设 10 个万吨级泊位的意向。目前，两港在海盐港区首期港口合作项目——海盐港区 C 区 1 号、2 号多用途码头项目已全面开工，标志着嘉兴宁波两港合作从乍浦港区扩展至海盐港区。另外，嘉兴宁波两港在海盐港区另一个港口合作项目——海盐港区 C 区 3 号、4 号多用途码头项目前期已启动，已完成岸线使用评估。

2）港口发展目标及功能区划

嘉兴港发展目标已有规划，计划到 2020 年，嘉兴港的乍浦、独山、海盐三个港区将共拥有生产性码头泊位 68 个（其中万吨级以上深水泊位 53 个、千吨级泊位 15 个），货物吞吐能力 $6\,360 \times 10^4$ t/a（其中集装箱吞吐能力 $70 \times 10^4$ TEU/a）；拥有 5 000 至 2 万吨级游轮、千吨级旅游客运泊位各 1 个。

（1）独山港区——是嘉兴港最具开发潜力的深水港区，以承担煤炭、粮食等大宗散货、液体化工品、件杂货运输及集装箱中转为主，后方建设粮食、煤炭物流园区，依托港口发展临港工业，逐步建设成为具有货物装卸储存、现代物流、临港工业等多功能的综合性港区。

（2）乍浦港区——是嘉兴港近期重点建设港区，主要建设液体化工、件杂货、多用途泊位（着力发展集装箱运输业务），后方建设综合物流园区，为浙江乍浦经济开发区、嘉兴出口加工区和嘉兴市及周边地区生产、生活所需原材料及产成品的运输服务，逐步建设成为具有货物装卸储存、保税加工、现代物流、商务信息等多功能的综合性港区。

（3）海盐港区——海盐港区是嘉兴港远期重点建设港区，主要建设散杂货、多用途泊位，后方建设散杂货物流园区，重点发展临港工业，为浙江海盐经济开发区、大桥新区和腹地生产、生活所需货物的运输及经济发展服务，逐步建设成为具有货物装卸储存、临港工业、现代物流等多功能的综合性港区。

16.3.1.3 "十一五" 发展

据统计，"十一五" 期间，嘉兴港累计完成水运建设投资 42.6 亿元，新（扩、改）建泊位 14 个，新增年货物吞吐能力 $1\,362 \times 10^4$ t；建成外海泊位 14 个，其中万吨级泊位 11 个，每年都有万吨级泊位建成投产。到 2010 年底，嘉兴港拥有外海生产性码头泊位 32 个，其中万吨级泊位 22 个（表 16.1）。2010 年嘉兴港实现货物吞吐量 $4\,432 \times 10^4$ t，接卸集装箱 $35 \times 10^4$ TEU。

表16.1 嘉兴港主要码头泊位基本情况
（引自嘉兴市港航局网页，数据更新至2005年）

| 港区 | 单位名称 | 码头泊位编号 | 结构型式 | 建成投产时间 | 泊位性质（货种） | 泊位 长度(m) | 吨级(t) | 数量(个) | 吞吐能力(×10⁴ t) | 吞吐能力(×10⁴ TEU) | 码头面高程(m) | 码头前沿泥面标高(m) | 岸壁机械 机械种类 | 负荷(t) | 数量(台) | 备注 |
|---|---|---|---|---|---|---|---|---|---|---|---|---|---|---|---|---|
| 独山港区 | 嘉兴发电有限责任公司 | D区5号、6号泊位 | 高桩梁板式 | 1995年 | 煤炭 | 321.0 | 35 000 | 1 | 350 | | 8.30 | -14.04 | 桥式抓斗卸船机 | 39 (1 250 t/h) | 2 | |
| | | | | | 散杂货 | | 1 000 | | 10 | | | | | | | |
| | 浙江嘉华发电有限公司 | D区4号泊位 | 高桩梁板式 | 2004年 | 煤炭 | 230.0 | 35 000 | 1 | 450 | | 8.30 | -14.00 | 桥式抓斗卸船机 | 40 (1 500 t/h) | 2 | |
| 乍浦港区 | 上海石油化工股份有限公司 | B区1号、2号泊位 | 钢结构外岛式 | 1975年 | 原油 | 638.4 | 25 000 | 2 | 250 | | 7.66 | -13.84 | 输油臂 | DN300 | 6 | |
| | 上海石油化工股份有限公司 | B区3号泊位 | 高桩梁板式 | 1998年 | 成品油 液化气 | 251.0 | 15 000 | 1 | 136 | | 7.66 | -13.84 | 输油臂 | DN250 | 2 | |
| | 上海石油化工股份有限公司 | B区4号泊位 | 墩式 | 1996年 | 原油 液化气 | 420.1 | 50 000 | 1 | 250 | | 7.66 | -17.04 | 输油臂 | DN300 | 4 | |
| | 浙江世航乍浦港口有限公司 | D区1号、2号泊位 | 高桩梁板式 | 1992年 | 件杂货 | 360.2 | 10 000 / 1 000 | 1 | 62 | | 7.66 | -13.14 | 门机 | 10 | 4 | |
| | 浙江五洲乍浦港口有限公司 | D区4号、5号泊位 | 高桩梁板式 | 2003年 | 多用途 | 336.0 | 15000 | 2 | 80 | 2 | 7.66 | -13.14 | 多用途门机 / 集装箱岸吊 / 门机 / 门机 | 35 / 40.5 / 16 / 10 | 1 / 1 / 1 / 2 | |

续表 16.1

| 港区 | 单位名称 | 码头泊位编号 | 结构型式 | 建成投产时间 | 泊位性质(货种) | 泊位长度(m) | 吨级(t) | 数量(个) | 吞吐能力(×10⁴t) | (×10⁴TEU) | 码头面高程(m) | 码头前沿泥面标高(m) | 岸壁机械种类 | 负荷(t) | 数量(台) | 备注 |
|---|---|---|---|---|---|---|---|---|---|---|---|---|---|---|---|---|
| 乍浦港区 | 嘉兴市乍浦开发集团有限公司 | D区7号、8号泊位 | 高桩梁板式 | 2005年 | 多用途 | 364 | 15000 | 2 | 98 | 8 | 7.66 | −13.14 | | | | |
| | 嘉兴市港口发展投资有限公司 | D区11号、12号泊位 | 高桩梁板式 | 2005年 | 通用 | 160 | 15000 | 1 | 60 | | 7.66 | −13.14 | 门机 | 16 | 2 | |
| | | | | | 滚装 | 187 | 3000 | 1 | | | | | | | | |
| 海盐港区 | 浙江海盐华电电源有限公司 | E区1号泊位 | 高桩梁板式 | 1999年 | 液化气 | 136.0 | 1500 | 1 | 6 | | 6.16 | −8.04 | 输油臂 | DN150 | 1 | |
| | 中铁大桥局集团有限公司 | D区1号泊位 | 高桩梁板式 | 2005年 | 大桥施工 | 110 | 3000 | 1 | | | 7.2 | −10.6 | | | | 大桥箱梁出运码头 |
| | 中港第二航务工程局 | E区14号泊位 | 高桩梁板式 | 2004年 | 大桥施工 | 107.9 | 3000 | 1 | | | 5.00 | −11.00 | 门机 | 400 | 1 | 大桥墩身出运码头 |
| | 核电秦山联营有限公司 | E区19号泊位 | 高桩梁板式 | 1997年 | 散杂货 | 147.0 | 3000 | 1 | 10 | | 7.55 | −8.44 | 扒杆吊 | 400 | 1 | |
| | | | | | 重件 | | | | | | | | 门机 | 5 | 2 | |

备注：表中码头面高程、码头前沿泥面标高以85国家高程为基准。乍浦地区的理论深度基准面在85国家高程基准面以下3.616 m处。

目前，总投资约 8.5 亿元的独山港区治江围涂工程全面完成，实现围涂面积 10 705 亩。总投资 9.18 亿元的海盐港区东段围涂工程一期已完成，实现围涂 7 000 亩；二期已实现主堤合拢，工程完工后预计可新增 5 600 亩围涂用地。

嘉兴港 2010 年全港在建港口项目达 15 个，其中新建港口项目 9 个、续建港口项目 6 个。独山港区 A2 泊位建成并完成交工验收。乍浦港区陈山 7 号、8 号结构加固改造工程已建成并投入运行。独山港区 B1B2 泊位栈桥及码头平台水工结构基本完成。嘉兴电厂三期煤码头、乍浦港区二期 3 号泊位、海盐港区 C1、C2 多用途泊位和乍浦港区内河航道东段工程先后开工，正顺利推进。此外，独山港区煤炭中转基地项目、独山港区 B23、B24 泊位、独山港区 B28 泊位、海盐港区 C3、C4 泊位、海盐港区 G2、G3 泊位等多个项目前期正抓紧开展中。

### 16.3.1.4　"十二五"规划

"十一五"期间，嘉兴港外海泊位日益增多的同时，泊位结构不甚合理，大型化、专业化水平不高等"短板"问题日益凸显。

嘉兴港"十二五"期间规划建设外海泊位 35 个，预计到"十二五"末全港将拥有外海泊位 67 个。

建设浙北煤炭中转基地项目被列入嘉兴港"十二五"规划中。浙北煤炭中转基地项目将建设 3 个 3.5 万吨级外海码头，同时建设相配套的 18 个 500 吨级内河泊位等设施，项目总投资约为 23 亿元。目前，该项目支线工程围堤工程已先行开工，项目已上报国家发改委待核准。

另外，为适应腹地化工产业发展，专业化工泊位同样成为"十二五"期间嘉兴港泊位建设的重头戏。据统计，目前嘉兴港乍浦港区现有化工产业需要的码头中转量近 $1\,800 \times 10^4$ t，而乍浦港区已投产的化工码头设计接卸能力总计还不到 $500 \times 10^4$ t。按照腹地化工产业发展规划，同时考虑到现有化工产业增能扩产，"十二五"期间嘉兴港腹地化工原料和产成品对码头需求缺口将近 $1\,400 \times 10^4$ t。因此，"十二五"期间嘉兴港规划建设化工泊位 9 个，可新增年吞吐能力超 $1\,000 \times 10^4$ t。

此外，一批服务于港口生产的拖轮泊位、航标工作船泊位等被列入嘉兴港"十二五"泊位建设规划中。随着"十二五"期间一大批规划泊位相继建成，预计到"十二五"末，嘉兴港全港将基本形成生产性泊位和港作船泊位兼顾、专业性泊位和通用泊位配套，煤炭、化工、集装箱、件杂货泊位兼具的规模化外海码头泊位群。

## 16.3.2　宁波—舟山港

### 16.3.2.1　发展历程

据史料记载，宁波港起源于古老的河姆渡。公元 752 年（唐天宝十一年），3 艘日本遣唐使船在宁波靠泊登岸，标志宁波港正式开埠。第一次鸦片战争后，上海、宁波及广州、厦门、福州五个口岸作为中国首批通商口岸，正式对外开埠。但是，开埠后的宁波港对上海港进口转运依赖严重（唐巧天，2008）。至1949年，宁波港的货物吞吐量仅 $4 \times 10^4$ t。

1）1949—1978 年

宁波由内河走向河口港，实现第一次跨越，舟山以渔业运输为主。

1949 年新中国成立后，宁波港加强港口建设，浚深航道，先后在白沙和江东两区建成小型泊位。

1970 年代"三年大建港"时期，宁波港开始了镇海港区的建设，由内河港走向河口港；1978 年 10 月建成万吨级和 3 000 吨级煤炭泊位各 1 个，结束了无深水泊位的历史。到 1978 年，宁波港年通过能力 $97 \times 10^4$ t，年货物吞吐量 $214 \times 10^4$ t。

舟山港则以渔业运输为主，货运集中在岛内运输，处于缓慢发展阶段。

2）1978—1992 年

宁波港由河口走向海港，实现第二次跨越，舟山建成第一个深水泊位。

1978 年以来，是宁波港发展历史上最快的时期。1979 年 6 月，国务院批准宁波港正式对外开放。1982 年建成北仑 10 万吨级进口铁矿石中转码头，这是我国第一个现代化的 10 万吨级矿石中转码头，标志着宁波港实现了从河口港到海港的第二次历史性跨越。

1989 年国家确定宁波港的北仑港区为中国大陆重点开发建设的四个国际深水中转港之一，同年，宁波港开始兴建第一个集装箱码头泊位，并于 1991 年投产。"七五"期镇海港区建成 3 000 至 1 万吨级杂货泊位 5 个，形成了一批石化和煤炭、杂货等码头，北仑港区建成 2.5 万吨级通用泊位 1 个。"八五"期间建成北仑港区二期工程深水泊位 6 个，镇海港区扩建液体化工泊位 1 个。

同期舟山城市和港口发展相对缓慢，社会运输需求主要以舟山本岛为主。1987 年老塘山港区建成的 1.5 万吨级通用杂货泊位改写了舟山港无深水码头的历史，掀开了舟山港口带动经济发展建设的序幕。

3）1992—2000 年

宁波确定"以港兴市，以市促港"的战略，集装箱运输快速发展，舟山的水水中转、临港工业及商贸码头呈现萌芽；矿石、原油中转运输系统雏形初现。

1990 年代，宁波港北仑港区 20 万吨级矿石中转码头和舟山港 20 万吨级岙山原油基地建成投产，为全国的大宗外贸物资中转运输起到了至关重要的作用，并成为腹地产业布局的重要依托。宁波港完成了全国 1/3 以上的外贸进口铁矿石的接卸量，中转范围覆盖至北方大连等地区。

1992 年宁波市提出 "以港兴市，以市促港" 的战略思路。1997 年，镇海港区 5 万吨级液体化工泊位的建成投产，成为我国当时大陆港口中规模最大的液化专用码头。此外，宁波港还先后建设了北仑电厂码头、算山石化、三星重工等大型码头，北仑地区初步形成一条绵延 20 多千米的临港工业带。该时期宁波港重要物资吞吐量增长迅猛，至 2000 年宁波港货物吞吐量已突破亿吨，成为中国大陆第三个亿吨港。

1991 年，宁波港第一个专业化集装箱泊位建成，1992 年投产 1 个 5 万吨级集装箱泊位，1999 年 3 月，三期集装箱码头开始开工建设。集装箱吞吐量也呈现快速增长，1992 年集装箱吞吐量仅为 $5.3 \times 10^4$ TEU，至 2000 年底集装箱吞吐量达到 $90.2 \times 10^4$ t，年均递增 42.4%。

同期，舟山港建设体现了岛屿和深水的双重特性，重点建设了岙山 20 万吨级原油码头泊位和老塘山二期 2.5 万吨级煤炭码头泊位，水水中转为特色的港口特色明显。

4) 2000 年至今

集装箱运输大跨越，综合运输系统不断完善，宁波—舟山一体化发展。

2000 年以后，我国经济进入全面快速发展时期。长江三角洲地区作为全国经济增长的热点，对外贸易规模的不断扩大。宁波港抓住机遇，在加强地方临港工业型港口建设的同时，成功向代表先进运输方式的集装箱、物流的第三代港口转型。宁波港集装箱运输迅猛增长，2001 年集装箱吞吐量突破百万标准箱，此后，宁波港集装箱吞吐量以两年翻一番的速度快速增长，连续 7 年集装箱吞吐量增幅位居全国港口首位。截至 2007 年底，宁波港域内已建设集装箱码头 15 个，通过能力 $523 \times 10^4$ TEU，完成吞吐量 $943 \times 10^4$ TEU。这期间，是宁波—舟山港建设最快的阶段。2000—2007 年的短短 7 年间，宁波—舟山港新增吞吐能力 $21\,926 \times 10^4$ t，而新中国成立以来至 2000 年共形成通过能力 $14\,404 \times 10^4$ t。

我国这一时期铁矿石、原油等能源物资进口量增长迅猛，宁波—舟山港作为运输系统中的重要组成部分，为长江沿线及浙江沿海地区中转了大量能源及原材料物资。根据统计，该地区每年所需要的外贸进口的原油和铁矿石约有 95% 和 60% 是由宁波港和舟山港进行接卸和中转的。

随着经济社会的快速发展，港口岸线资源不足与旺盛的港口运输需求之间的矛盾逐渐转变为沿海港口发展的主要矛盾，港口的发展已逐步转变为宁波和舟山并重的发展格局。舟山先后建设了马迹山 25 万吨级矿石码头泊位，老塘山三期 5 万吨级多用途等码头泊位，形成了一批万吨级以上深水泊位及千吨级以上中级泊位和陆岛交通码头，港口面貌得到很大改善。经过这一阶段的发展，舟山港已由单纯的渔港逐步成为渔业和货物运输并重的地区性港口，再成长为长三角及其沿线地区的原油、

**417**

矿石和煤炭等大宗散货中转为主的全国沿海主要港口。

为解决经济发展与港口岸线资源不足的突出矛盾，最大限度地利用港口资源，适应宁波港、舟山港并重发展的大趋势，促进地区经济社会地发展，浙江省委、省政府以舟山连岛工程的实施为契机、以金塘集装箱码头建设为突破口，提出宁波、舟山两港合并为"宁波—舟山港"，报交通部获得批准。2006 年 1 月 1 日，"宁波—舟山港"的名称正式启用。

### 16.3.2.2　宁波—舟山港总体规划

2009 年，《宁波—舟山港总体规划》获得交通运输部和浙江省政府的批复。这意味着宁波—舟山港作为我国沿海主要港口和国家综合运输体系重要枢纽的地位得以明确。

#### 1）港口特点

港口定位——宁波—舟山港和同处长三角的上海港一直存在一定的竞争关系，两港都在大力拓展集装箱和货物吞吐量。国家批复的上海航运中心和《宁波—舟山港总体规划》则明确，上海港将打造国际和国内集装箱中转的枢纽港，宁波—舟山港在集装箱领域则是打造干线港而不是中转枢纽港，而在能源、原材料等大宗物资方面则要打造中转港。

优势互补——宁波—舟山港一体化运营之后，宁波—舟山港将重点"统一开发"，将两港原来交叉的功能进一步分工。在两港一体化运作前，舟山港由于缺少资金，只有不到 10% 的深水岸线得到开发；而宁波港有资金和港口开发技术，但自身的深水岸线资源开发已经饱和。在货物吞吐量上，宁波—舟山港与上海港旗鼓相当，差距主要来自于集装箱吞吐量。宁波—舟山港未来的集装箱运输突破空间，主要阵地就在舟山港域。

#### 2）一港两域十九区

根据《宁波—舟山港总体规划》，宁波—舟山港将形成"一港两域十九区"的港口总体布局。其中宁波港域包括甬江、镇海、北仑、穿山、大榭、梅山、象山港、石浦 8 个港区；舟山港域包括定海、老塘山、马岙、金塘、沈家门、六横、高亭、衢山、泗礁、绿华山、洋山 11 个港区（表 16.2）。

宁波港域各港区功能如下。

（1）甬江港区——甬江港区自甬江大桥至招宝山大桥。主要为宁波城市物资运输服务，发挥海河联运优势，以散、杂货运输为主。

（2）镇海港区——镇海港区从招宝山大桥至甬江入海口北岸，包括宁波市辖区内的杭州湾南岸宜港岸线。发挥海铁联运优势，主要以石油化工品、内贸集装箱、

表 16.2　宁波—舟山港码头建设情况（引自《宁波—舟山港港总体规划》）

| 年份 | | 全部码头 | | | | 通用泊位 | | 集装箱 | | 专业码头 | | | | | | | | | |
|---|---|---|---|---|---|---|---|---|---|---|---|---|---|---|---|---|---|---|---|
| | | | | | | | | | | 原油 | | 铁矿石 | | | | 煤炭 | | | |
| | | 数量<br>(个) | 通过<br>能力<br>(×10⁴t) | 深水<br>数量<br>(个) | 深水<br>能力<br>(×10⁴t) | 数量<br>(个) | 通过<br>能力<br>(TEU) | 数量<br>(个) | 通过<br>能力<br>(×10⁴t) | 数量<br>(个) | 通过<br>能力<br>(×10⁴t) | 数量<br>(个) | 通过<br>能力<br>(×10⁴t) | 深水<br>数量<br>(个) | 深水<br>能力<br>(×10⁴t) | 数量<br>(个) | 通过<br>能力<br>(×10⁴t) | 深水<br>数量<br>(个) | 深水<br>能力<br>(×10⁴t) |
| 2000 | 总量 | 150 | 14 404 | 36 | 12 550 | 3 | 75 | 5 | 3 795 | 5 | 4 300 | 22 | 2 428 | 9 | 2 100 | 147 | 1 420 | 6 | 275 |
| 2005 | 总量 | 192 | 25 746 | 63 | 23 655 | 13 | 355 | 8 | 6019 | 7 | 7 100 | 22 | 2 428 | 9 | 2 100 | 154 | 2 230 | 12 | 1 055 |
| 2005 | 年均<br>增量 | 8.4 | 2 268.4 | 5.4 | 2 221 | 2 | 56 | 0.6 | 444.8 | 0.4 | 560 | | | | | 1.4 | 162 | 1.2 | 156 |
| 2007 | 总量 | 289 | 36 330 | 84 | 29 999 | 15 | 523 | 8 | 8 143 | 10 | 9 300 | 29 | 4 603 | 16 | 4 275 | 160 | 2 850 | 18 | 1 675 |
| 2007 | 年均<br>增量 | 48.5 | 5 292 | 10.5 | 3 172 | 1 | 84 | 0 | 1 062 | 1.5 | 1 100 | 3.5 | 1 087.5 | 3.5 | 1 087.5 | 3 | 310 | 3 | 310 |

注：码头泊位统计口径为中级及以上泊位，未包括 1000 吨级以下泊位；2000 年和 2005 年底数据为原宁波港和舟山港数据之和；通用泊位吞吐量为总吞吐量扣除煤、油、矿、箱、滚装、粮食、水泥、矿建等货类的吞吐量。

煤炭和散杂货运输为主。

（3）北仑港区——北仑港区自甬江口长跳咀至大榭岛大桥。以承担集装箱、大宗散货、石油化工品运输和散、杂货为主，是具有保税仓储、现代物流、临港工业开发等功能的现代化、多功能、综合性的大型深水港区。

（4）大榭港区——大榭港区包括大榭岛和穿鼻岛宜港岸线。以集装箱、石油化工品和散、杂货运输为主。

（5）穿山港区——穿山港区包括穿山半岛宜港岸线，北至大榭大桥，南至北仑与鄞州分界处。以集装箱运输为主，兼顾 LNG 和散、杂货运输功能。

（6）梅山港区——梅山港区包括梅山岛宜港岸线。以集装箱运输和保税、物流功能为主。

（7）象山港港区——象山港港区由鄞州区和北仑区交界，至象山县钱仓青湾山咀。以散杂货运输和电厂煤炭接卸为主，远期兼顾集装箱运输。

（8）石浦港区——石浦港区北起象山县钱仓青湾山咀，南至宁海县与台州三门县交界处的旗门。以煤炭、杂货等物资运输为主，并为陆岛交通和沿海客运服务。

舟山港域各港区功能如下。

（1）定海港区——定海港区位于舟山本岛南部，西起洋螺山灯桩与冷坑嘴，东至勾山浦，包括本岛南部的岙山、西蟹峙等岛屿。主要为城市生活物资运输、旅游和客运服务。岙山、西蟹峙等作业区以原油、成品油仓储、中转运输为主。

（2）老塘山港区——老塘山港区为洋螺山灯桩与冷坑嘴以西地区，包括册子、富翅、里钓、外钓等岛屿。以木材、粮食等散杂货运输为主。册子作业区为原油中转运输服务，里钓、外钓、富翅等作业区预留液体散货运输功能。

（3）金塘港区——金塘港区范围为金塘全岛。以集装箱运输为主，并发展现代物流业。

（4）马岙港区——马岙港区西起烟墩，东至钓山附近。是为临港产业服务为主的综合性港区，以石油化工品等液体散货、煤炭和散、杂货等运输为主。

（5）沈家门港区——沈家门港区北起麒麟山，东至半升洞，西到勾山浦，并包括普陀山、朱家尖、小干、马峙、鲁家峙、登步、桃花岛等虾峙以北诸岛。以省际、岛屿客运和当地物资运输为主，并发展邮轮运输。

（6）六横港区——六横港区范围包括六横、虾峙岛、凉潭、佛渡等桃花岛以南诸岛。六横岛以集装箱、煤炭、石油化工品运输为主，凉潭岛为矿石中转运输服务。

（7）高亭港区——高亭港区范围包括岱山本岛、和南部秀山诸岛及东部大长涂、小长涂等岛屿。主要为东海油气田储存中转和临港工业园区服务，以油气品、杂货运输为主。

（8）衢山港区——衢山港区范围包括衢山岛、黄泽山、鼠浪湖岛等。鼠浪湖作业区为矿石中转运输服务，衢山岛以大宗散货运输为主，黄泽作业区结合临港产业开发，发展石油化工品和大宗干散货运输。

（9）泗礁港区——泗礁港区包括泗礁岛及马迹山、金鸡、黄龙诸岛。主要承担大宗散货的储存和中转运输服务，结合港口后方土地适当发展临港工业。

（10）绿华山港区——绿华山港区包括嵊山、枸杞、东西绿华山和花鸟等诸岛。发挥深水和靠近长江口的优势，以水上过驳、水水中转为主，兼顾城市生活、旅游休闲服务。

（11）洋山港区——洋山港区包括大、小洋山岛及附近诸岛。重点发展集装箱运输、保税、物流及相关的综合服务功能。宁波—舟山港码头建设情况见表 16.2。

### 16.3.2.3 "十一五"发展

"十一五"期间，宁波港累计投入 133 亿元用于港口建设，构建起集装箱、矿石、石化、煤炭、件杂货运输"五大体系"。"十一五"规划中的港口重点建设项目北仑集装箱四期码头、大榭 E 港区 2 万吨级多用途码头、大榭关外 5 万吨级液体化工码头、大榭中油燃料油码头、大榭招商国际集装箱码头、北仑五期 7 号~9 号集装箱码头泊位等一批万吨级以上码头已经建设完成并投入使用；航道方面，象山港航道改造一期工程（3.5 万吨级航道）竣工。

"十一五"期间，宁波港新增万吨级以上码头泊位 31 个，新增货物吞吐能力约 $1.4 \times 10^8$ t，其中新增集装箱泊位 12 个，新增集装箱吞吐能力约 $720 \times 10^4$ TEU。期间，宁波港平均每年都有 2~3 个集装箱泊位投产，并通过码头体系、无水港体系、物流体系、服务体系的建设，形成了综合、立体、可持续发展的集装箱运输服务体系。截至 2009 年底，宁波港核定货物吞吐能力和集装箱吞吐能力分别达 $32\,783 \times 10^4$ t 和 $762 \times 10^4$ TEU，分别是 2005 年的 1.9 倍和 1.8 倍。

从 2005 年到 2009 年，宁波港货物吞吐量由 $2.68 \times 10^8$ t 增长到 $3.84 \times 10^8$ t，年均增幅达 9.4%；集装箱吞吐量由 $520 \times 10^4$ TEU 增加到 $1\,042.3 \times 10^4$ TEU，年均增幅 19% 以上，显示了强劲的发展活力。2009 年，宁波港连续 6 年居中国内地港口第 2 位，世界港口第 4 位；集装箱吞吐量世界排名由 2005 年的世界第 15 位提升到 2009 年的第 8 位，并于 2010 年跻身世界前 6 位。货物吞吐量见表 16.3。

表 16.3 宁波—舟山港货物吞吐量

| 年份 | 全部码头（$\times 10^4$ t） | 集装箱（TEU） | 原油（$\times 10^4$ t） | 铁矿石（$\times 10^4$ t） | 煤炭（$\times 10^4$ t） | 通用泊位（$\times 10^4$ t） |
|---|---|---|---|---|---|---|
| 2007 | 47 336 | 943.0 | 8 173 | 11 325 | 5 224 | 4 998 |
| 2009 | 57 684 | 1 050.3 | 11 783 | 14 089 | 6 227 | |

16.3.2.4 "十二五"规划

1）宁波港域

"十二五"期间，宁波沿海港口规划完成投资156.6亿元。新增码头泊位32个，其中新增集装箱泊位9个；新增货物吞吐能力$6\,807 \times 10^4$ t，新增集装箱吞吐能力$540 \times 10^4$ TEU。至2015年，预计宁波港域货物吞吐量将达到$4.5 \times 10^8$ t，集装箱吞吐量达到$1\,500 \times 10^4$ TEU。

沿海港口重点建设项目有：续建梅山港区1号~5号集装箱码头、大榭港区小田湾油品码头、穿山港区中宅煤炭码头、穿山港区五期集装箱码头10号~11号泊位、穿山港区LNG码头和大榭港区实华二期原油中转码头；新建镇海港区19号~20号液体化工码头、镇海港区通用散货码头、北仑港区建龙钢厂配套码头、北仑港区煤炭泊位改造工程、穿山港区1号集装箱码头、北仑港区亚洲纸浆业公司码头、象山港区圆山通用码头、石浦港区雷公山水上货运中心项目、大榭港区礁门通用泊位等码头项目。沿海航道主要是完成石浦港区下湾门航道建设。

2）舟山港域

舟山港充分发挥舟山群岛诸多岛屿及深水岸线资源优势，加快以散为主、集散并举的亚太地区主要的国际性枢纽港和国家战略物资储备基地、大宗商品交易基地、物流基地建设，加快构建集疏运网络、港口大宗商品交易平台、金融信息等服务支撑"三位一体"港航服务体系，增强对长三角、全国和东北亚地区的辐射，把舟山打造成世界著名的国际物流岛。

"十二五"期间，舟山市将加快港口开发建设。在已建成岙山、册子、马迹山、小洋山、老塘山等港口集群基础上，加快建设外钓、凉潭、鼠浪湖、东白莲、黄泽、马岙等国际性深水港口集群，重点开发衢山、大长涂、六横、金塘、洋山和本岛北部岸线，成为国际物流岛的核心区域。

## 16.3.3　台州港

### 16.3.3.1　发展历程

台州海岸线漫长，港湾优良，历来是对外交往的海上门户。海门港已有1 000多年的历史，南宋理宗时就有日本商船出入，19世纪起成为中国东南沿海重要的海上贸易口岸。大麦屿港区清朝道光年间港内大麦屿山和白墩建有埠头。

1990年国务院批准海门港为中国对外开放港口。2000年国家交通部批准以"三湾三港"为主体的台州市域内港口统一冠名为台州港，建设以台州湾海门港区为中心，三门湾的健跳港区和乐清湾的大麦屿港区为南北两翼的多功能、全方位、综合性的现代化港口。

2001 年台州港建成投产 2 万吨级多用途码头，结束了台州港无深水泊位的历史。2001 年 7 月，成立台州海事局，2003 年港务管理局和航运管理处合并为台州市港航管理局，统一管理台州市港口。随着大麦屿华能电厂 5 万吨级专用煤码头建成投产，集装箱深水泊位正在积极筹建，临海头门深水港区的开发工作进展顺利，台州港将步入河口港和深水海港并存、共同发展的新时期。

从 2006 年 6 月启动建设的大麦屿港区已有 5 座万吨级以上码头建成或在建。2010 年，大麦屿港吞吐量近 $2\,300 \times 10^4$ t，集装箱吞吐量将达 $4.2 \times 10^4$ TEU，两项指标分别占到台州港总量的 50% 和 40%。

2006 年年底，台州港"一港六区"共有生产性泊位 102 个，其中万吨级以上深水泊位 2 个，最大靠泊能力 2 万吨级。2010 年，台州港拥有万吨级以上深水泊位 4 个，最大靠泊能力 $7.4 \times 10^4$ t；货物吞吐量完成 $4\,705.71 \times 10^4$ t，集装箱吞吐量 $12.16 \times 10^4$ TEU。

## 16.3.3.2　台州港总体规划

《台州港总体规划》2005 年通过评审，2007 年获得浙江省政府批复。根据规划，台州港划分为临海、大麦屿、海门、黄岩、温岭、健跳 6 个港区。以临海和大麦屿港区为主，发展能适应沿海大型船舶运输和内陆转运为主的深水综合性港口；海门、黄岩、温岭分别服务主城区和温岭地区沿海运输，健跳港区以发展临港工业为主。最终形成各港区功能明确、优势互补、民营化特色突出、各港区联动发展的组合式港口。

台州港各港区功能分工如下。

（1）大麦屿港区——是台州市南部的综合性枢纽港区，充分发挥深水优势，为浙南及附近地区内外贸运输服务，重点发展外贸集装箱、煤炭、石化中转运输和物流园区建设，并随着两岸关系的改善，发展对台"三通"。

（2）临海港区——是为地区经济发展服务的综合性枢纽港区，临海港区的头门作业区是椒江口外的深水作业区，将以发展深水泊位为主，为台州市及周边腹地内外贸运输服务，并具有发展临港工业功能。椒江口内上游的灵江作业区的小泊位承担地方生产、生活所需的沿海、沿江物资运输。

（3）海门港区——以承担台州主城的生活、生产物资中小船运输为主，并发展旅游客运、发展临港加工业和物流，为市区经济发展服务的综合性港区。

（4）黄岩港区——服务市区和港区后方的产业发展，承担生活和生产物资的小船运输功能。

（5）温岭港区——以满足温岭市当地经济发展所需的生产、生活物资运输为主，结合临港工业开发，建设配套码头基础设施，提供原材料、物资运输。

（6）健跳港区——结合深水港口岸线资源和后方土地资源形成临港工业优势，为华东电力基地服务，依托现有修造船业的基础，发展修造船业。在发展临港工业同时，建设一批为地方经济发展服务的大、中、小泊位。

### 16.3.3.3　"十二五"规划

"十二五"期间，台州将着眼发挥海洋资源优势，规划建设由海门港区、临海港区、大麦屿港区、健跳港区、温岭港区和黄岩港区组成的组合式港口。至 2015 年，台州港建设各种吨级泊位 64 个，港口货物通过能力将达 $8\,172 \times 10^4$ t。

## 16.3.4　温州港

### 16.3.4.1　发展历程

温州港历史久远，早在唐代与日本就有民间商贸往来。1949 年之前，港口年吞吐量最高达 $50 \times 10^4$ t。新中国成立初期，温州港仅有 1 座浮码头，大部分来港船舶在锚地过驳，吞吐量 $12 \times 10^4$ t。

1957 年被国务院定为对外开放港口。1958 年起至 70 年代初建成老港区 1 ~ 6 号码头及安栏码头，具备接纳 3 000 吨级海轮的能力；"六五"期开辟杨府山港区，建成 5 000 吨级及 500 吨级煤炭专用泊位 2 个。

1989 年建成龙湾港区一期工程 2 个万吨级泊位，从此结束了温州港无深水泊位的历史。90 年代温州港开始了较大规模的建设，建成杨府山二期工程 5 000 吨级及 500 吨级件杂货泊位 2 个；同期在瓯江北岸的盘石建成温州电厂 2 万吨级煤炭专用泊位；1994 年七里港区一期工程破土动工，拉开了七里深水港区建设序幕，2000 年建成投产。

1997 年浙江华电能源有限公司小门岛 5 万吨级油气中转码头动工，标志着酝酿多年的外海深水港区进入实质性开发，1998 年建成投产，结束了温州港不能接纳 5 万吨级船舶的历史，跨入了河口港和深水海港并存、共同发展的新时期。

### 16.3.4.2　温州港总体规划

《温州港总体规划》2005 年出台，2008 年获得浙江省政府和国家发改委批复。根据规划，温州港划分为乐清湾港区、大小门岛港区、状元岙港区、瓯江港区、瑞安港区、平阳港区、苍南港区 7 个港区。其中，瓯江港区主功能是以城市生活物资运输为主，龙湾、灵昆、七里作业区主要承揽内贸集装箱、散货及杂货运输，兼顾客运，其他作业区承担城市生活、旅游和轮渡功能。

乐清湾港区是温州港最具发展潜力的港区，将充分发挥港口在区域物资运输中的枢纽作用，以集装箱、大宗散货和杂货运输为主，服务临港工业，拓展物流功能，逐步发展成为规模化、集约化的综合性港口。

此外，大小门岛港区以石油及化工品仓储、运输为主；状元岙港区以集装箱、散杂货运输为主，逐步发展成为综合性港区；瑞安、平阳、苍南 3 个港区以地方物资运输和服务临港工业为主。

温州港 4 个港区（不包括瓯南港区）规划码头岸线总长约 29.7 km，可建设各类生产性泊位 129 多个，其中深水泊位 89 多个，初步预计总通过能力可达亿吨以上。

温州港主要港区及作业区规划规模详见表 16.4。

表 16.4　温州港主要港区及作业区规划规模一览表　　单位：$\times 10^4$ t

| 港区 | | 码头岸线总长（m） | 陆域面积（hm²） | 深水泊位数（个） | 主要装卸货种 |
|---|---|---|---|---|---|
| 瓯江港区 | 龙湾作业区 | 1 483 | 60 | 4 | 散杂货、油气 |
| | 七里作业区 | 3 100 | 330 | 13 | 集装箱、散杂 |
| | 灵昆作业区 | 2 750 | 144 | 12 | 散杂、油、集装箱 |
| 大小门岛港区 | | 1 883 | 200 | 4 | 油、液化气、化工 |
| 乐清湾港区 | | 9 235 | 600 | 31 | 集装箱、化工、散杂 |
| 状元岙港区 | | 11 270 | 1 533 | 25 | 集装箱、散杂 |
| 合计 | | 29 721 | 2 867 | 89 | |

### 16.3.4.3　"十二五"规划

温州港发展有"四个定位"：把温州港建设成为浙西南、闽北、赣西、皖南等广大腹地服务的重要枢纽港、上海国际航运中心重要的支线港、大宗货物的中转集散港和区域性的商贸旅游港。

"十二五"时期，温州港总体发展目标是：投资百亿元建设港口基础设施，新建深水泊位 10 个以上，新增能力 $4\,000 \times 10^4$ t 以上；力争港口货物吞吐量达 1 亿吨、集装箱吞吐量 $100 \times 10^4$ TEU，跨入"亿吨大港、百万标准箱"行列，成为我国重要的综合性区域性枢纽港。

"十二五"期间，温州港将全力推进乐清湾港区开发建设，继续推进和完善状元岙港区建设，适时有序推进大小门岛港区开发建设，适度建设瓯江港区和瑞安、平阳、苍南港区。码头方面，重点加快乐清湾港区一期 2 个 5 万吨级多用途泊位、状元岙港区 1 个 5 万吨级化工泊位和大小门岛港区 2 个 5 000 吨级（兼靠万吨级）油品泊位等项目，加快形成集约化、规模化、现代化深水港区；航道方面，重点加快状元岙港区、乐清湾港区 10 万吨级航道建设，治理提升瓯江、飞云江、鳌江航道；集疏运方面，加快建立以港口为枢纽的集疏运网络，重点建设状元岙 77 省道洞头延伸线、乐清湾疏港公路和进港铁路。

## 16.4 深水岸线资源承载力及发展空间评价

### 16.4.1 研究进展综述

#### 16.4.1.1 承载力

关于承载力研究的起源最早可追溯到 1758 年法国经济学家 Quesnay 所著《经济核算表》一书，书中讨论了土地生产力与经济财富的关系；但直到 1921 年，人类生态学者 Park 和 Burgess 才确切提出了承载力（Carrying Capacity）的概念，认为承载力是"特定区域在某一特定环境条件（主要指生存空间、营养物质、阳光等生态因子的组合）下可维持某一物种个体的最大数量"（景跃军和陈英姿，2006）。

由于不同领域对承载力的认知差异，各种承载力的定义区别很大。目前，承载力定义的思路主要有以下两种（张亚东等，2008）：①承载力开发容量论或承载力开发规模论；②承载力支持可持续发展能力论。前者从生态系统出发，试图用一个具体的量，作为承载力评价的指标。后者从人类经济社会系统出发，用人口和经济社会规模作为承载能力的指标。

#### 16.4.1.2 资源承载力

由于土地是人类最基本的生产资料和最主要的劳动对象，早期的承载力研究集中体现在土地资源承载力方面，以土地—食物—人均消费—可承载人口为研究主线，多属于开发容量论。如，19 世纪 80 年代后期至 20 世纪初期，土地资源承载力研究现存土地到底可养活多少人口。任美锷先生是国内最早关注承载力研究的学者，他曾于 20 世纪 40 年代末研究了四川省农作物生产力分布，计算了以农业生产力为基础的土地承载力（任美锷，1991）。与土地相类似，水资源承载力也得到众多学者的关注，尤其是水资源相对匮乏的国家和地区（施雅风，曲耀光，1992；谢高地等，2005）。20 世纪 60 年代之后，随着经济发展对资源的需求不断增加，森林资源承载力，矿产资源承载力等概念也被提出。

资源承载力的传统研究具有以下几个缺陷：①对资源的理解过于狭隘，主要局限于自然资源；②将研究区域视为一个封闭、孤立的系统，从而得出"区域粮食产出总量从根本上决定着区域人口供养水平"的片面结论；③缺乏动态的观点，仅仅以目前的生活条件和生活水平标准来估算未来的资源承载能力（何敏和刘友兆，2003）。

20 世纪中期之后，可持续发展的概念逐渐得到世界各国政府、学者和公众的认可，承载力的定义也转向对可持续发展能力的评价。20 世纪 80 年代初，联合国教科文组织（UNESCO）提出了资源承载力的概念：一个国家或地区的资源承载力是指在可以预见到的期间内，利用本地能源及其自然资源和智力、技术等条件，在保证符合其社会文化准则的物质生活水平条件下，该国家或地区能持续供养的人口数量。我国综合自然地理学家牛文元（1994）也认为，"资源承载力是在可预见的时期内，利用当地能源和其他自然资源及智力、技术等，在保证与其社会文化准则相符的物质生活水平下能够持续供养的人口数量"。相对来说，承载力支持可持续发展能力论的观点容易理解，便于接受和操作。

景跃军和陈英姿（2006）在可持续发展的理念指引下，对资源承载力的研究进行了总结与思考，获得如下认识：①应将生态系统作为一个整体，在整体中研究其子系统的承载能力，不能单纯地追求某一子系统的最大资源承载力，资源承载力指的是适度资源承载力，而不是最大资源承载力；②资源承载力不是一个孤立、封闭的系统，而是一个开放的系统；理论上，在货币的媒介作用下，所有资源都将强烈地改变着资源承载状况与承载能力，尤其对于我国沿海发达地区更是如此；③资源承载力不是静态的，不能将资源承载力的研究限定于一个既定的时间点或时间段上，而应寻求长时间序列中的承载力的持续平衡增长，对承载力的评估应变成一种范围估计；④资源承载力不是固定的，其大小由人们对资源的需求决定。

随着中国人口增长和经济社会快速发展，中国资源短缺问题日益严重，已成为我国经济社会发展的严重制约因素。因此，资源承载力对于一个国家或地区的综合发展及发展规模是至关重要的。社会经济发展必须控制在资源承载力之内，这样才能通过以资源的可持续利用实现社会经济的可持续发展。

### 16.4.1.3  相对资源承载力

利用国外传统承载力评价方法对我国进行实例验证时，经常面临如下困境，即中国人口总量大、资源总量有限，源于西方国家的标准评估出的资源可承载人口数总是低于中国的实际人口，从而导致实际人口超载甚至严重超载的结论（李泽红等，2008）。

针对这一问题，黄宁生和匡耀求（2000）提出了相对资源承载力的概念，用来解决"人类活动应如何分布在既定面积但区域异质的国土范围"的问题。所谓相对资源承载力，即"以比具体研究区更大的一个或数个区域（参照区）作为对比标准，根据参照区的人均资源拥有量或消费量、研究区的资源存量，计算出研究区域的各类相对资源承载力"。这与传统资源承载力研究中注重食物绝对量计算不同。类似的方法已经在区域可持续发展评价模型和人口分布与资源关系的研究中得到应用。

相对资源承载力作为区域可持续性评价的一种方法，也存在技术上的困境，即很难找到理想的参照区。因为一个理想的参照区应该是区域更大、且已经被公认为是可持续的，否则得出的结论是否科学就值得商榷（李泽红等，2008）。尽管如此，相对资源承载力研究仍然是有意义的，通过测算出的区域相对资源人口和经济承载力值与相应区域实际人口规模和经济规模进行对比,可以清楚地看出该地区相对于上级区域的资源承载状态,能为合理调控区域人口和经济规模以及确定其未来开发策略提供指导性认识;通过区域内部各地区相对资源承载状况的具体分析,一定程度上可以为协调地区间人口与经济活动的空间分布和流向提供参考。

## 16.4.2 评价方法

### 16.4.2.1 深水岸线资源承载力的定义

根据可持续发展的理念、从资源承载力的视角来看,深水岸线资源承载力具有以下两层含义。

第一层含义基于深水岸线属于自然资源—海洋资源—海洋空间资源的认识,将深水岸线资源承载力定义为"一定区域内、为满足人类社会发展和基础设施建设的需要、可供建设深水泊位以支撑沿海港口货物吞吐量及其可持续增长的能力"。这个含义基本上属于开发容量论的范畴。

第二层含义将深水岸线资源扩展为深水港口资源,视其为自然资源、经济资源和社会资源的复合体;由于人依然是社会子系统的主要组成因素,因此,对于深水港口资源这一复合型资源的承载力来说,人是承载力中的承载对象。不过,随着社会的发展,由于中国的计划生育政策,公众生育理念的转变,经济发展方式的转型,以及居民生活水平的提高和消费观念的升级,资源承载力的承载对象已经不再是人口,采用能够综合反映社会发展水平、民众财富高低和人民生活富足程度的人均国内生产总值更为合适。与之相对应,能体现深水港口资源量的最直接指标是万吨以上深水泊位数,因为深水泊位数综合体现了深水岸线资源量及其开发程度、港口建设水平、港口作业设施的集约化程度、沿海港口货物吞吐能力、以海港为代表的交通运输业增加值等自然—经济—社会复合指标。

据此,可以将深水港口资源承载力的承载对象与资源建立如下逻辑联系:

深水港口资源承载力—万吨以上深水泊位数—沿海港口吞吐量—沿海港口旅客和货物周转量—交通运输业增加值—国内生产总值—人均国内生产总值—人口—人。

本文仅从开发容量的角度分析深水岸线资源承载力。

### 16.4.2.2 深水岸线资源承载力评价

1) 评价方法与数据来源

(1) 开发容量评价

从开发容量的角度研究深水岸线资源承载力,首先要解决单位长度的深水岸线可承载年吞吐能力的系数。

单位长度的深水岸线可承载年吞吐能力的系数可以通过以下公式进行计算：

$$C = \frac{1000 \times C_f}{L_p} \times C_p \tag{16.1}$$

式中，$C$——单位长度深水岸线可承载年吞吐能力系数，单位为 $10^4$ t/km；

$L_p$——单个深水泊位长度，单位为 m；

$C_p$——单个深水泊位吞吐能力系数；

$C_f$——深水岸线利用效率。

根据交通部发布的《2010 中国港口年鉴》，近年来全国新建深水泊位的平均长度为 300 m/深水泊位（参见表 16.5）。

如果在港口运行过程中，深水泊位留出 20% 的富余长度，则每个深水泊位实际占用深水岸线为 360 m，深水岸线的利用效率平均为 85%（见表 16.6）。

根据交通部发布的《全国公路水路交通运输行业发展统计公报》，近年来全国新建深水泊位的吞吐能力系数平均为 $276 \times 10^4$ t/深水泊位（见表 16.7）。

利用上述数据，可计算出 $C = 650$（$\times 10^4$ t/km 深水岸线）。这一结果与叶银灿（2005）的观点——每千米深水岸线可承载 $500 \times 10^4$ t 年吞吐能力比较接近。随着新建泊位的靠泊能力提升（如新建 5 万吨级、10 万吨级泊位的比例逐渐增加）、港口设施的升级、装卸作业效率的提高、港口主要货物类型与运输方式的转变（如集装箱业务的大幅提升），每千米深水岸线可承载的货物年吞吐能力会有一定幅度的提升和变化。

表 16.5　近年来全国新（扩）建万吨以上深水泊位长度情况

| 年份 | 新增深水泊位数（个） | 新增深水泊位长度（m） | 深水泊位长度系数（m/深水泊位） |
|---|---|---|---|
| 2008 | 96 | 28 169 | 293 |
| 2009 | 85 | 25 941 | 305 |
| 平均 | | | 299 |

表 16.6　深水岸线利用效率计算

| 深水岸线长度（m） | 可建深水泊位理论数（个） | 实际可建深水泊位数（个） | 深水岸线利用效率（%） |
|---|---|---|---|
| 500 | 1.4 | 1 | 72 |
| 1 000 | 2.8 | 2 | 72 |
| 2 000 | 5.6 | 5 | 90 |
| 3 000 | 8.3 | 8 | 96 |
| 6 000 | 16.7 | 16 | 94 |
| 平均 | | | 84.8 |

注：以单个深水泊位长度 300 m、泊位长度富余系数为 1.2 进行计算。

表 16.7　2001—2010 年全国新（扩）建万吨级以上深水泊位情况

| 年份 | 新增深水泊位数（个） | 新增吞吐能力（$\times 10^4$ t） | 深水泊位吞吐能力系数（$\times 10^4$ t/深水泊位） |
|------|------|------|------|
| 2001 | 18 | 5705 | 316.9 |
| 2002 | 14 | 3764 | 268.9 |
| 2003 | 36 | 6302 | 175.1 |
| 2004 | 38 | 9550 | 251.3 |
| 2005 | 83 | 20471 | 246.6 |
| 2006 | 111 | 30947 | 278.8 |
| 2007 | 114 | 30790 | 270.1 |
| 2008 | 96 | 29289 | 305.1 |
| 2009 | 85 | 31921 | 375.5 |
| 2010 | 69 | 19094 | 276.7 |
| 平均 | | | 276.5 |

深水岸线资源的开发容量评价过程如下。

①确定评价的时间节点；

②确定研究区的深水岸线资源量 $A$；

③根据深水岸线资源量 $A$ 和单位长度的深水岸线可承载年吞吐能力的系数 $C$，计算深水岸线资源的开发容量 $P$，即 $P = A \times C$。

（2）可持续发展与供需平衡评价

从可持续发展的角度研究深水岸线资源承载力，要考虑以下两层关系：①研究区深水岸线资源的供给能力及其可支撑的港口吞吐能力；②研究区沿海港口货物年吞吐能力的现状及其增长速率。

从供需平衡的角度评价深水岸线资源承载力（$DW_i$）的过程如下（参见图 16.8）：

①确定评价的时间节点；

②确定研究区的深水岸线资源资源量；

③根据沿海港口货物吞吐量（统计数据或规划预测值）和单位长度的深水岸线可承载年吞吐能力的系数（$C$）计算深水岸线资源需求量 $B$，即 $B =$ 沿海港口货物吞量/$C$；

④计算 $DW_i = A/B$，根据计算结果将研究区的深水岸线资源承载力分为强、弱、临界和超载 4 种状态。

承载力强——$DW_i > 3.0$，表明研究区深水岸线资源需求量不到深水岸线资源量的 33%；

承载力中——$3.0 \geq DW_i > 1.5$，表明研究区深水岸线资源需求量介于深水岸线资源量的 33% ~ 66%；

承载力弱——$1.5 \geq DW_i > 1.1$，表明研究区深水岸线资源需求量介于深水岸线资源量的 66% ~ 90%；

临界状态——1.1 ≥ $DW_i$ > 1.0，表明研究区深水岸线资源需求量介于深水岸线资源量的 90% ~ 100%；

超载状态——$DW_i$ ≤ 1.0，表明研究区深水岸线资源需求量超过深水岸线资源量。

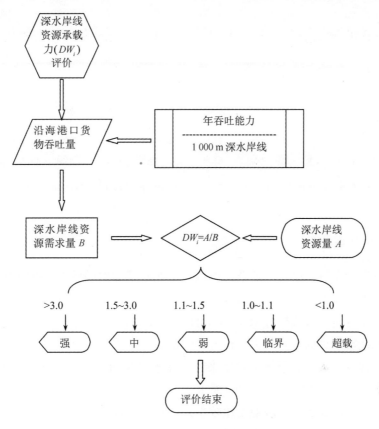

图 16.8    深水岸线资源评价流程

研究区沿海港口货物年吞吐能力的现状及其增长速率的数据主要根据交通运输部门和统计部门发布的统计数据和公报以及与港口发展有关的规划所作的沿海港口货物吞吐量的预测值。

浙江省年吞吐能力的现状及其增长速率的数据引用《浙江省沿海港口布局规划（2006—2010）》和浙江省国民经济和社会发展统计公报（浙江省统计局，2005，2010），分为 2005 年、2010 年和 2020 年 3 个时间节点。

嘉兴港、宁波—舟山港、台州港和温州港的年吞吐能力的现状及其增长速率的数据引用浙江省统计年鉴及上述四大港口的总体规划及其港口吞吐量预测报告，也分为 2005 年、2010 年和 2020 年 3 个时间节点。评价结果列于表 16.8。

表16.8    浙江省及四大港口深水岸线资源承载力评价

| 地区 (港区) | 深水岸线资源总量 | 深水岸线资源承载力评价 | | | | | | | | |
|---|---|---|---|---|---|---|---|---|---|---|
| | | 2005 年 | | | 2010 年 | | | 2020 年 | | |
| | | 沿海港口货物吞吐量 (×10⁴ t) | 深水岸线资源需求量 (km) | 深水岸线承载力评价 | 沿海港口货物吞吐量 (×10⁴ t) | 深水岸线资源需求量 (km) | 深水岸线承载力评价 | 沿海港口货物吞吐量 (×10⁴ t) | 深水岸线资源需求量 (km) | 深水岸线承载力评价 |
| 浙江省 | 481.8 | 43 000 | 66.0 ~ 86.0 | 强 | 78 245 | 120.4 ~ 156.5 | 强 | 91 000 | 140.0 ~ 182.0 | 中 - 强 |
| 嘉兴港 | 31.5 | 1704 | 2.6 ~ 3.4 | 强 | 4431 | 6.8 ~ 8.9 | 强 | 6450 | 9.9 ~ 12.9 | 中 - 强 |
| 宁波—舟山港 | 388.8 | 35933 | 55.0 ~ 72.0 | 强 | 62700 | 96.5 ~ 125.4 | 强 | 89000 | 137.0 ~ 178.0 | 中 |
| 台州港 | 32.6 | 2067 | 3.2 ~ 4.1 | 强 | 4706 | 7.8 ~ 9.4 | 强 | 7300 | 11.2 ~ 14.6 | 中 |
| 温州港 | 28.9 | 3102 | 4.8 ~ 6.2 | 强 | 6408 | 9.9 ~ 12.8 | 中 - 强 | 12000 | 18.5 ~ 24.0 | 弱 - 中 |

注：单位长度深水岸线可承载吞吐能力系数分别取 $500 \times 10^4$ 和 $650 \times 10^4$ t/km 深水岸线。

2）评价结果

从开发容量来看，以当前的港口设施、作业水平和船舶状态推算出单位长度的深水岸线能够承载吞吐量的系数为 $500 \times 10^4 \sim 650 \times 10^4$ t/km 深水岸线，则宁波—舟山港区深水岸线能够承载超过 $15 \times 10^8$ t 的吞吐量，而嘉兴港、台州港和温州港的深水岸线资源能够承载的吞吐量大约在 $1.5 \times 10^8$ t。

从可持续发展和供需平衡的角度来评价深水岸线资源承载力（见表16.8），结果表明，2005 年、2010 年浙江省的深水岸线资源承载力为强，2020 年为中—强，表明全省范围内的深水岸线资源量比较丰富，发展空间充裕。

具体到四大港口，2005 年的深水岸线需求量均未超过资源量的 1/3，承载力均为强。经过 5 年的快速发展，到了 2010 年，嘉兴港、宁波—舟山港和台州港的深水岸线资源承载力仍为强，而温州港的承载力降为中—强。

根据吞吐量预测，到 2020 年时，嘉兴港的深水岸线资源需求量不足资源量的 50%，承载力中—强；宁波—舟山港和台州港的深水岸线资源利用率为 1/3 ~ 2/3 之间，仍能保持 1/3 以上深水岸线资源量，承载力为中；而温州港由于深水岸线资源量较少，承载力为弱—中。

## 16.5　结论与建议

### 16.5.1　主要结论

1）深水岸线资源

浙江省沿海具有建港潜力、且前沿水深 10 m 以上深水岸线资源有 100 多处、总长近 482 km，其中前沿水深大于 10 m 的深水岸线为 212 km，占 44.1%，前沿水深大于 15 m 的岸线长度 19.2 km，占 4.0%，前沿水深大于 20 m 的深水岸线为 250 km，占 51.9%。

沿海各市中，舟山市拥有深水岸线资源 286.1 km，占浙江省总量的 59.4%；其次是宁波市，拥有 10 m 以上深水岸线 102.7 km，占全省 21.3%。嘉兴、台州和温州分别拥有深水岸线资源 31.5 km、32.6 km 和 28.9 km，占全省比例为 6.5%、6.8% 和 6.0%。

2）深水岸线资源承载力

从开发容量来看，以当前的港口设施、作业水平和船舶状态推算出单位长度的深水岸线能够承载吞吐量的系数为 $500 \times 10^4 \sim 650 \times 10^4$ t/km 深水岸线，则宁波—舟山港区深水岸线能够承载超过 $15 \times 10^8$ t 的吞吐量，而嘉兴港、台州港和温州港的深水岸线资源能够承载的吞吐量在 $1.5 \times 10^8$ t 左右。

利用供需平衡法对浙江省 2005 年、2010 年和 2020 年三个时间节点的深水岸线资源承载力进行评价，结果表明，全省范围内的深水岸线资源量比较丰富，承载力充裕。2005 年、2010 年浙江省的深水岸线资源承载力为强，2020 年为中—强，说明浙江深水港口还具有较大的发展空间。

沿海四大港口在 2005 年的深水岸线资源承载力均为强。到了 2010 年，嘉兴港、宁波—舟山港和台州港的深水岸线资源承载力仍为强，而温州港的承载力降为中—强。到 2020 年时，嘉兴港的深水岸线资源需求量不足资源量的 50%，承载力中—强；宁波—舟山港和台州港仍能保持 1/3 以上深水岸线资源量，承载力为中；而温州港由于深水岸线资源量较少，承载力为弱—中。

### 16.5.2　浙江省深水岸线资源利用及港口开发建设的建议

1）充分发挥深水岸线资源优势，巩固和发展宁波—舟山港

研究表明（中国自然资源丛书——海洋卷），浙江省深水岸线资源的质和量，

**433**

在中国沿海省区中都遥遥领先。在长三角地区沿海一线、直线距离 100 多千米的范围内，共存着上海、宁波—舟山港两个货物吞吐量雄居世界前两位、集装箱吞吐量同时跻身世界前六位的大港，这一现象的存在几乎是不可思议的。

上海港作为中国经济之都，有整个长三角地区，甚至长江流域为腹地，港口发展的速度和规模无论怎样都不会令人感到意外。然而，从上海副港和大宗货物转运起家的宁波—舟山港，到 2010 年发展为货物吞吐量世界第一，集装箱吞吐量世界第二的水平，如果没有极其优越的深水岸线资源，几乎是不可能的。

浙江省沿海港口的建设与发展，要充分利用沿江和沿海黄金经济带交汇的"T"字形区位优势，借力国家级的浙江海洋经济发展示范区规划，发挥宁波—舟山港的龙头作用，巩固其集装箱远洋干线港、国内最大的矿石中转基地、国内最大的原油转运基地、国内沿海最大的液体化工储运基地和华东地区重要的煤炭运输基地的地位。为此，在以下 3 个方面重点开展工作。

（1）充分发挥深水岸线资源优势，大力建设专业化深水泊位，巩固宁波—舟山港在远洋集装箱和大宗物资货物运输的优势地位。

（2）大力发展临港型产业，减少港口货物到港后转运环节，提高港口的吸引力。

（3）大力建设宁波—舟山港集疏运网络。包括推进舟山连岛工程直接岱山，建设沈海高速公路复线，提高杭甬运河的航道等级和货运能力，发挥杭州湾跨海大桥及嘉绍大桥的作用，积极促进中国沿海铁路南北贯通，以降低港口货物运输和港内转运成本，提高陆海联运、河海联运、港铁联运的效率，吸引更多的货流和物流，进一步巩固宁波—舟山港的直接腹地。

2）进一步整合港口资源，推进港口管理、建设和运行一体化

宁波—舟山港作为中国发展速度最快的大港，与浙江省政府确定并实施的港口一体化战略是密不可分的。实施港口一体化战略后，宁波港的腹地和产业优势，结合舟山港的深水岸线资源和转运能力，实现了优势互补、强强联手。

虽然宁波—舟山港统一了名称，但是由于法律的问题，两港合并很难突破行政分割。按照《港口法》中规定的"一市一港"原则，宁波不能拥有两个港口，而舟山和宁波又分属两港两市，所以一体化实际上与现行法律并不一致。一体化要落到实处，下一步就必须进行体制突破，统一或者合并海事、商检、海关等港口部门。

2011 年初，国家发改委批复了《浙江海洋经济发展示范区规划》，2011 年 6 月 30 日，国务院批准副省级的浙江舟山群岛新区成立。这一系列重大举措，标志着全国海洋经济发展试点工作正式进入实施阶段。国务院要求，浙江舟山群岛新区建设发展要突出海洋经济科学发展这一主题，以加快转变经济发展方式为主线，紧紧围绕建设海洋综合开发试验区这一核心功能定位，努力将新区建成我国大宗商品国际

储运中转加工交易中心、东部地区重要的海上开放门户、海洋海岛综合保护开发示范区、重要的现代海洋产业基地、陆海统筹发展先行区，为全国海洋经济发展试点和海洋综合保护开发工作积累宝贵经验。

以浙江海洋经济发展示范区规划及舟山群岛新区成立为契机，应该尽早成立一体化的宁波—舟山港航管理局、合署办公，使得宁波—舟山港的管理、建设和运行机制更加快速、高效，实现港口资源的效益最大化。

与此同时，浙江省港航管理部门可以考虑推广宁波—舟山港一体化的成功经验，试水温州—台州港一体化建设。《浙江省沿海港口布局规划》认为，合理开发环乐清湾深水岸线资源，是浙南温台港口发挥枢纽作用的关键。乐清湾东西两岸整体上同处一个海域，应通过统筹岸线资源开发，形成定位明确、结构合理、功能完善的现代化枢纽性港区，使环乐清湾港区成为浙南地区的运输枢纽和发展外向型经济的重要基础，带动以港口为依托的临港产业、物流园区的发展，形成环乐清湾产业集聚带。

温州—台州港一体化的战略重点有两个：一是确认并充分发挥温州港的区位优势和全国沿海主要港口的地位；二是充分利用台州港大麦屿港区的深水岸线资源，对瓯江口外深水港区进行统一规划和建设，提高温州—台州一体港的深水岸线资源集中度和深水港口资源的利用效率。

3）促进港间合作，提倡错位竞争

从全国沿海港口的高度来看，宁波—舟山港的发展，其实是与上海港进行港间合作、错位竞争、实现共赢的过程。近年来嘉兴港的货物吞吐量和集装箱吞吐量的迅速增加，也是定位准确，发挥河海联运优势，实施错位竞争战略，与上海港和宁波—舟山港两个大港进行合作的结果。当然，嘉兴港和宁波—舟山港的发展，离不开国家建设上海国际航运中心的战略。浙江北部两港的成功发展模式可以推广到台州港和温州港。

首先要找准台州港和温州港的优势，发挥台州港深浅结合和腹地化工产业的优势，发挥温州港的区位与腹地优势，同时，加强两港与宁波—舟山港的合作以及台州港和温州港的合作，实现浙江省沿海港口的良性发展和共赢结局。

# 参 考 文 献

何敏，刘友兆 . 2003. 江苏省相对资源承载力与可持续发展问题研究［J］. 中国人口·资源与环境，13（3）：81－85.

洪承礼 . 1999. 港口规划与布置（第二版）［M］. 北京：人民交通出版社，212.

黄宁生，匡耀求 . 2000. 广东相对资源承载力与可持续发展问题［J］. 经济地理，20（2）：52－56.

贾建军，等 . 2011. 浙江省海岸线专题调查研究报告［R］. 国家海洋局第二海洋研究所 .

景跃军，陈英姿.2006. 关于资源承载力的研究综述及思考［J］. 中国人口·资源与环境，16
　　（5）：11－14.

李泽红，董锁成，汤尚颖.2008. 相对资源承载力模型的改进及其实证分析［J］. 资源科学，30
　　（9）：1336－1342.

牛文元.1994. 持续发展导论［M］. 北京：科学出版社，1－6.

任美锷.1991. 任美锷地理论文选［C］. 北京：商务印书馆，422.

施雅风，曲耀光.1992. 乌鲁木齐河流域水资源承载力及其合理利用［J］. 北京：科学出版社，
　　94－111.

唐巧天.2008. 回眸与展望：上海港与宁波港的发展历程［J］. 南通大学学报社会科学版，24
　　（4）：30－34.

王任祥，王军锋，黄鹂.2005. 宁波港腹地拓展与多式连运体系的构建设［J］。经济丛刊，3：
　　32－34.

夏小明，等.2011. 浙江省海岛岸线专题调查研究报告［R］. 国家海洋局第二海洋研究所.

谢高地，周海林，等.2005. 中国水资源对发展的承载能力研究［J］. 资源科学，27（4）：2－7.

杨吾扬，张国伍，王富年，等.1986. 交通运输地理学［M］. 北京：商务印书馆，467.

叶银灿.2005. 舟山海域港口资源图集［Z］. 北京：海洋出版社，45.

殷文伟，牟敦果.2011. 宁波—舟山港腹地分析及对发展港口经济的意义［J］. 经济地理，31
　　（3）：447－452.

张亚冬，张骎，崔凯杰，等.2008. 港口环境承载力概念及其影响因素初探［J］. 水道港口，29
　　（5）：372－376.

浙江省统计局.2005 年浙江省国民经济和社会发展统计公报——据浙江省统计局网页 http：//
　　www.zj. stats. gov. cn/art/2006/3/13/art_ 164_ 86. html.

浙江省统计局.2010 年浙江省国民经济和社会发展统计公报——据浙江省统计局网页 http：//
　　www.zj. stats. gov. cn/art/2011/2/10/art_ 164_ 181. html.

浙江省沿海港口布局规划. 浙江省人民政府关于公布实施浙江省沿海港口布局规划的通知［Z］，
　　浙政发〔2006〕70 号.

中华人民共和国交通部《关于发布全国主要港口名录的公告》［Z］. 中国交通报，2004－11－09.